水处理科学与技术

活性污泥膨胀机理、成因及控制

彭永臻　郭建华　编著

科学出版社
北　京

内 容 简 介

本书是关于活性污泥膨胀的成因、机理、预防与控制研究方向的专著，由国内从事该领域研究近20年的专家撰写而成。全书共分10章，系统总结和归纳了国内外目前在污泥膨胀领域取得的研究成果和最新进展，在重点阐述丝状菌生理生态特性的基础上，详述污泥膨胀的成因和机理，客观评价和比较不同污泥膨胀的预防与控制方法，并提出针对不同污泥膨胀类型的不同控制方案。此外，还介绍专家系统和数学模型在污泥膨胀预防与控制中的应用。最后，为了给污泥膨胀研究领域的研究人员提供借鉴，本书还介绍了当前的研究热点，探讨了一些尚待解决的问题。

本书可供从事环境科学与工程、环境微生物学，特别是研究污水生物处理、污水处理厂优化运行与控制等方面的科研人员、高等院校师生阅读，也可作为污水处理厂运行管理人员、决策人员和工程设计人员的参考用书。

图书在版编目 CIP 数据

活性污泥膨胀机理、成因及控制/彭永臻，郭建华编著. —北京：科学出版社，2012.12

ISBN 978-7-03-035139-5

Ⅰ.①活… Ⅱ.①彭… ②郭… Ⅲ.①活性污泥膨胀-研究 Ⅳ.①X703

中国版本图书馆 CIP 数据核字（2012）第162775号

责任编辑：朱 丽 杨新改 / 责任校对：张怡君
责任印制：张 伟 / 封面设计：铭轩堂

科学出版社出版
北京东黄城根北街16号
邮政编码：100717
http://www.sciencep.com

北京虎彩文化传播有限公司印刷

科学出版社发行 各地新华书店经销

*

2012年12月第 一 版 开本：B5（720×1000）
2021年1月第四次印刷 印张：23 3/4 插页：4
字数：462 000

定价：148.00元

（如有印装质量问题，我社负责调换）

前　言

目前，我国面临着水资源短缺、水生态破坏、水环境污染等问题，特别是含氮磷营养物的污水排放导致的水体富营养化，给人们的生活和生产造成了诸多不利影响和危害。为提高城市污水的处理率和改善城市水环境质量，我国投入了大量的资金解决水污染严重的问题。“十一五”期间，我国兴建了大批城市污水处理厂，全国污水处理率从 2005 年的 52%已上升至 2010 年的 75%以上。虽然城市污水处理厂的设施建设取得了突出的成绩，但城市污水处理行业，还存在一些亟待解决的问题，例如城市污水处理厂的高效稳定运行。

在我国大约有 90%以上的城市污水处理厂和 50%以上的工业废水处理站采用活性污泥法。对于采用活性污泥法的城市污水处理厂来说，其高效稳定运行首先离不开正常的泥水分离效果，而污泥膨胀是活性污泥法自问世以来在运行管理中，一直困扰人们的难题之一，不仅发生率高，而且普遍存在。据不完全统计，目前国内约三分之一的污水处理厂每年会遭遇污泥膨胀问题。污泥膨胀的出现会对污水处理厂的运行造成很大危害，被认为是活性污泥法的“癌症”，严重时会出现因污泥大量流失而导致整个污水处理厂运行崩溃的情况。因此，预防和控制污泥膨胀成了国内外研究的热点和难点问题。

迄今为止，国外对污泥膨胀的机理、控制与预防进行了大量深入的研究，研究主要集中在丝状菌的分离与鉴定上，目前已经鉴别出了存在于不同条件下的各种优势丝状菌，并对各种丝状菌形态和生理特性进行了大量研究，认识到了丝状菌在活性污泥絮体的组成、结构和形态上发挥了重要作用，提出了丝状菌增殖的理论解释，进行了大量关于污泥膨胀的控制与预防和数学模型的研究。由于活性污泥膨胀长期困扰污水处理厂的稳定运行，国内对此也投入了大量的研究，研究方向和国外的大致相同，多集中在污泥膨胀的机理以及如何控制与预防污泥膨胀等方面。本课题组在过去和现在进行的试验研究中，经常遇到丝状菌污泥膨胀问题，对此本课题组对污泥膨胀的成因、机理和控制条件进行了系统的研究，经多年积累对各种类型的污泥膨胀的成因、基本机理与控制方法等有较坚实的理论基础。及时总结现有的研究成果，更全面地挖掘污泥膨胀发生的原因，有利于预防和控制污泥膨胀。

本书除了总结和分析国内外对活性污泥膨胀问题在不同时期的研究结果之外，还在重点阐述丝状菌生理生态特性的基础上，详述污泥膨胀的成因和机理，客观评价不同污泥膨胀的预防与控制方法，并提出针对不同污泥膨胀类型的不同控制方案。此外，还介绍专家系统在污泥膨胀预防与控制中的应用，并对解释污泥膨胀的数学模型进行汇总和归纳。最后，为了给从事相关方面研究的人员提供借鉴，本书还介绍当前的研究热点，探讨一些尚待解决的问题。

本书共 10 章，第 1 章简述活性污泥法中污泥膨胀的一些基础知识；第 2、3 章从微生物学的角度阐述活性污泥微生物的基本组成，以及常见的引发丝状菌污泥膨胀的丝状菌的形态特点、生理生态和分类鉴定的方法；第 4 章总结国内外现有的污泥膨胀的理论和学说；第 5、6 章系统分析可能引发污泥膨胀的因素，并探讨针对不同因素引发污泥膨胀的预防与控制措施；第 7 章介绍预防与控制污泥膨胀专家系统的开发过程和专家系统在污泥膨胀预防与控制中的作用和应用前景；第 8 章总结对比目前国内外公认的几个解释污泥膨胀的数学模型；第 9 章归纳世界各国预防和控制污泥膨胀的实践经验，包括不同国家污泥膨胀的成因、控制预防措施及所取得的效果；第 10 章总结截至发稿前国内外最新的污泥膨胀研究进展及研究热点，包括一些新技术在污泥膨胀控制中的应用。

彭永臻教授编写了本书的第 1、4、5、6 和 10 章，郭建华博士编写了第 2、3、6、7、8 和 9 章，四川大学的陈滢博士参与了第 1、4、5 和 6 章部分内容的编写，北京工业大学的杨雄、郑雅楠、黄慧珺和王中玮参与了本书的部分编辑校对与图表绘制工作，在此深表谢意。多年来，课题组的 10 余名博士和硕士研究生先后直接参与相关的试验研究工作，为本书的内容提供了大量素材，在此一并表示感谢。

本书得到了 2012 年度国家科学技术学术著作出版基金资助，本书内容涉及的研究工作得到了国家科技支撑计划、国家 863 计划、国家自然科学基金和北京市自然科学基金的支持，在此表示感谢。

本书的部分内容参考了国内外学者或者工程师的研究成果或者实际运行经验，在此向有关作者表示衷心感谢。由于作者水平有限，在诸多问题的研究和认识上尚欠深刻，书中难免有缺点和不妥之处，恳请读者批评指正。

作　者

2011 年 9 月

目　录

第 1 章　污泥膨胀的基本概念

1.1　活性污泥法

1.1.1　活性污泥法的起源

一百多年前，法国科学家发明了 Moris 池，这是最早的污水生物处理反应器，其中微生物在厌氧条件下生存，因此这也是最早的污水厌氧反应池。第一个生物滤池则是 1893 年在英国首先采用的，而现代应用最为广泛的活性污泥法（activated sludge process）则是在 1912～1913 年开始试验研究。1914 年，Arden 和 Lokett 在英国曼彻斯特市开创了世界上第一座活性污泥法污水处理试验厂。1916 年，美国正式建立了第一座活性污泥法污水处理厂。

活性污泥工艺最早的运行方式为充-排式，由于受当时技术条件限制，自动控制技术与设备还比较落后，这种运行方式操作繁琐，空气扩散装置易于堵塞，人们意识不到其独特的优越性。连续进水的推流式活性污泥工艺出现后，很快将其取代。可是随之而来的是经常出现的污泥沉降性能变差的问题。Donaldson[1] 首先提出推流式曝气池中活性污泥的返混现象（返混现象改变了曝气池内的水力特性，使活性污泥处于完全混合状态）是促使发生污泥膨胀的一个重要原因。他提出通过将推流曝气池分隔成不同的隔室，可改善污泥的沉降性能。在完全混合活性污泥工艺中，仍保持着连续进水的方式。后来，Pasveer[2] 研究了充-排式技术，开发了充-排式氧化沟。这种工艺在欧洲流行起来，一时之间，几乎所有的污水处理系统都转换为这种带有二沉池和污泥回流设备的连续流的氧化沟。Pasveer 的研究表明，间歇进水氧化沟的污泥沉降性能要好于连续进水的完全混合系统。在 20 世纪 60 年代末和 70 年代之间，Irvine[3] 和他的合作者重新将周期运行的活性污泥工艺命名为序批式反应器，即 SBR（sequencing batch reactor），该工艺又重新开始在世界范围内应用起来。很多研究者的调查表明，与完全混合活性污泥工艺和推流式活性污泥工艺相比，SBR 工艺内活性污泥的沉降性能最好，可以较好地控制污泥膨胀。近几年，随着计算机和自动控制技术的飞速发展，活性污泥法开发初期间歇操作复杂的问题得到解决，该技术得到更加广泛的应用，并且在其基础上又开发了一系列变形工艺，如 ICEAS 工艺、CASS 工艺、DAT-IAT 工艺、UNITANK 工艺和 MSBR 工艺等。

随着生物技术的发展，活性污泥法也在不断地发展进步。在实际生产上的广泛应用和技术上的不断革新改进，特别是近几十年来，在对其生物反应和净化机理深入研究的基础上，活性污泥法在生物学、反应动力学的理论以及在工艺方面都得到了长足的发展，出现了多种能够适应各种条件的工艺流程。目前，活性污泥法已经成为处理生活污水、城市污水和部分工业废水的主体工艺技术。

1.1.2 活性污泥法的应用

自 1914 年活性污泥法开创以来，随着活性污泥法的深入研究、工艺流程的不断改进和创新，它有更大的水质、水量适用范围和良好的操作稳定性。该法将厌氧引进到好氧工艺之中，在不增加或少增加费用的情况下，在去除有机物的同时完成脱氮除磷的任务，提高处理程度。活性污泥法还与其他工艺（如生物膜法，膜分离装置）组合使用，增加生化反应器中的生物量，提高生化反应效率且表现出良好的灵活性。经过 90 多年的发展与实践证明，活性污泥法是一种应用广泛并极具发展潜力的污水处理技术。

活性污泥法的发展过程大致可以分为以下三个阶段。

第一阶段（1881～1915 年），活性污泥法的早期阶段。随着 Moris 池和生物滤池的发明和应用，最终在 1914 年发明了活性污泥法。

第二阶段（1915～1960 年），活性污泥法的普及阶段。此阶段活性污泥处理技术被大量应用，活性污泥法成了城市废水处理的主要工艺，并在实践应用中不断发展，出现了很多活性污泥法改良工艺，如阶段曝气法、生物接触稳定法、完全混合曝气法、延时曝气法、纯氧曝气法等新工艺。厌氧活性污泥法也从传统的低效率消化池逐步发展到高效率消化池、二级消化池和两相消化池等新工艺。活性污泥法经过这一阶段的发展，应用领域也从最初的生活污水处理扩展到工业废水处理。

第三阶段（1961 年～至今），活性污泥法发展的新时期。在此阶段，随着对活性污泥的反应理论、净化功能、运行方式、工艺系统和微生物生理、生态学等方面的深入研究，以及单元操作理论、控制理论等的应用，活性污泥法在理论上更完善，在工程实际中积累了丰富的经验，并且又不断开发出多种新工艺，在处理效率、出水水质改善、减少投资、降低运行费用、提高运行稳定性等方面都得到大幅度提高。在此基础上，活性污泥法随着环境污染和能源危机的出现发生了巨大的飞跃，出现了很多新型污水处理工艺，如氧化沟、A-B 法、SBR 及其变形工艺、高浓度活性污泥法、深井曝气、流化床、升流式厌氧污泥床（UASB）反应器、厌氧内循环（IC）反应器、ABR 等，另外还产生了一系列厌氧、好氧相结合的活性污泥处理工艺，如 A/O、A^2/O 等。

目前，活性污泥法已成为城市生活污水和有机工业废水的有效处理方法和污水生物处理的主流方法。我国已建成的污水处理厂和在建的城市污水处理厂大多采用活性污泥法。由此可以看出，作为一种典型的污水二级处理技术，活性污泥法有着广阔的应用前景。

1.2　活性污泥的性质

1.2.1　活性污泥的组成和结构

活性污泥外观是矾花状絮凝颗粒(绒粒)，通称生物絮体。在混合液静置时，它们会立即絮凝成较大绒粒而下沉。活性污泥是活性污泥法处理系统中的主体。它不是一般的污泥，而是栖息着种类繁多、具有强大生命活力的微生物群体的生物絮凝体。在微生物群体新陈代谢功能的作用下，它具有将有机物污染物转化为稳定的无机物的能力，故此称之为“活性污泥”。

活性污泥是以细菌、微型动物为主的微生物与悬浮物质、胶体物质混杂在一起所形成的絮状体颗粒。良好的活性污泥具有很强的吸附分解有机物的能力和良好的沉降性能。絮体的大小取决于微生物的组成、数量以及污染物特征和某些外部环境因素。活性污泥颜色因污水水质不同而不同，一般为黄色或褐色，微具土壤味，密度为 1.002～1.006g/cm^3，含水率 99%左右。活性污泥通常都具有较大的比表面积，每毫升活性污泥的表面积大体上为 20～100cm^2。活性污泥中生存着各种微生物，构成了复杂的微生物相。在多数情况下，活性污泥中的主要微生物是细菌，伴之以营腐生的原生动物构成基本营养层次，然后是以细菌为食的掠食性原生动物占优势。

活性污泥中的固体物质含量因污泥类型的不同而变化，对于好氧污泥，固体物质含量一般都在 1%以下，是由有机固体物质与无机固体物质两部分所组成，其组成比例则因原污水水质不同而异，如城市污水的活性污泥，其中有机成分占 75%～85%。活性污泥中固体物质的有机成分，主要是由栖息在活性污泥上的微生物群体所组成。此外，在活性污泥上还夹杂着由入流污水挟入的有机固体物质，其中包括某些惰性的难为细菌摄取、利用的“难降解有机物质”。这些难降解有机物质包括微生物菌体经过自身氧化的残留物，如细胞膜、细胞壁等。活性污泥的无机组成部分，全部是由污水挟入的，至于微生物体内存在的无机盐类，由于数量极少，可忽略不计。

这样，活性污泥是由下列四部分物质所组成：①具有代谢功能活性的微生物群体(M_a)；②由污水挟入的并被微生物所吸附的有机物质(含难为细菌降解的惰性有机物)(M_i)；③微生物自身氧化的残留物(M_e)；④由污水挟入的无机物质(M_{ii})。

活性污泥中的微生物群体(M_a)主要由细菌所组成，其数量可占污泥中微生物总量的 90%～95%，在某些工业废水的活性污泥中，甚至可达 100%。此外，在活性污泥上还存活着多种真菌、原生动物和后生动物等。活性污泥中的有机物、细菌、原生动物与后生动物组成了一个小型的相对稳定的生态系统和食物链。

好氧活性污泥中，直接摄取污水中可溶性有机物的主要是异养型的原核细菌。在成熟的正常活性污泥中，每毫升活性污泥含细菌数量大致为 10^7～10^8 个。现已基本判明，可能在活性污泥上能够形成优势菌属的细菌主要有：产碱杆菌属（*Alcaligenes*）、芽孢杆菌属（*Bacillus*）、黄杆菌属（*Flavobacterium*）、动胶杆菌属（*Zoogloea*）、丛毛单胞菌属（*Comamonas*）、假单胞菌属（*Pseudomonas*）和大肠埃希氏杆菌（*Escherichia Coli*）等。此外，在活性污泥中还可能出现但一般不占优势的细菌有：无色杆菌属（*Achromobacter*）、微球菌属（*Microbaccus*）、诺卡氏菌属（*Nocardia*）和八叠球菌属（*Sarcina*）等。至于哪些种属的细菌在活性污泥中占优势，则又取决于原污水中有机污染物的性质。如含大量糖类和烃类的污水将使假单胞菌得到迅速增殖，而含蛋白质多的污水则有利于产碱杆菌的生长繁殖。

上述种属的细菌在适宜的环境条件下，都具有较高的增殖速率，世代时间仅为20～30min。具有较强的分解有机物并将其转化为稳定的无机物质的能力。另外，活性污泥中还存在一些世代时间较长的细菌，如氨氧化菌和亚硝酸盐氧化菌，它们的世代时间从 8 小时到数天不等，能够将废水中的氨氮依次氧化成亚硝酸盐和硝酸盐。

在活性污泥中，动胶杆菌属（*Zoogloea*）、假单胞菌属（*Pseudomonas*）、黄杆菌属（*Flavobacterium*）等在新陈代谢过程中能够形成絮凝体状团粒（即“菌胶团”），这类细菌被称为菌胶团细菌。细菌形成菌胶团后可防止被微型动物吞噬，并在一定程度上可免受毒物的影响。菌胶团细菌是构成活性污泥絮凝体的主要成分，有很强的吸附、氧化分解有机物的能力。菌胶团成熟以后有很好的沉降性能，能够促使混合液在二次沉淀池中迅速完成泥水分离过程。

在活性污泥中还会出现真菌，真菌的出现一般与水质有关，一些霉菌常出现于pH 较低的污水中。真菌的细胞结构较为复杂，而且种类繁多，与活性污泥处理系统有关的真菌是微小的腐生或寄生的丝状菌，它们具有较强的分解碳水化合物、脂肪、蛋白质及其他含氮化合物的功能。通常，丝状菌在活性污泥中可交叉穿织在菌胶团之间，是形成活性污泥絮凝体的骨架，使污泥具有良好的沉降性能。一定数量的丝状菌可使污泥保持高的净化效率、低的处理出水浓度和出水悬浮物浓度。但若大量异常的丝状菌增殖则会引发污泥膨胀。

在活性污泥中存活的原生动物常见的有肉足虫、鞭毛虫和纤毛虫等。通常后生动物在活性污泥中是不经常出现的。活性污泥系统中的后生动物有轮虫、线虫和瓢体虫。轮虫在有机物含量低、出水水质良好的完全氧化性活性污泥系统中才会出现，故轮虫的存在是处理效果较好的标志。通过显微镜的镜检，能够观察到出现在活性污泥中的原生动物，并辨别认定其种属，据此能够判断处理水水质的优劣。

图1-1所示是活性污泥法处理系统中活性污泥微生物随污水有机物浓度改变的演替规律。在活性污泥法处理系统中，净化污水的第一承担者，也是主要承担者是细菌，而摄食处理水中游离细菌，使污水进一步净化的原生动物则是污水净化的第二承担者，同时也是活性污泥生态系统的首次捕食者。后生动物摄食原生动物，是生态系统的第二捕食者。原生动物与细菌的关系主要为：①掠食关系，原生动物在食物链中处于捕食细菌的地位。一方面，原生动物通过对细菌的捕食，能促进细菌的生长，使细菌的生长能维持在对数生长期，防止种群的衰老，起着淘汰作用，提高细菌的活力，而且原生动物活动产生的溶解性有机物质（DOM）可被细菌再利用，促进了细菌的生长；另一方面，原生动物中存在的某些类型（如纤毛类）具有吞食游离细菌的巨大能力，而游离的细菌个体小、密度小，较难沉淀，易被出水带出而影响水质。原生动物以细菌为食饵，所以分散的细菌几乎都能除掉。有人证明，奇观独缩虫在自然水体中1h能吃掉3万个细菌。Curds等[4]在曝气池中接种纤毛类原生动物，出水大为改善。②絮凝作用，细菌生长到一定程度后就凝集成絮状物。这种絮状物为原生动物提供了着生的环境，反过来絮状物上的原生动物能加速絮凝过程。Curds等证明纤毛虫能分泌两种物质，一种称为P物质，是一种多糖类碳水化合物；另一种是属于单糖结构的葡萄糖及阿拉伯糖，表面电荷为负的悬浮颗粒会吸收这种P物质，通过悬浮颗粒表面电荷的改变，就使悬浮颗粒集结起来，形成絮状物。另外，纤毛虫还能分泌一种黏液，能把絮状物再联结起来。原生动物分泌的黏液对悬浮颗粒和细菌均有吸附能力。这就促进了菌胶团的形成和污水处理能力的提高。

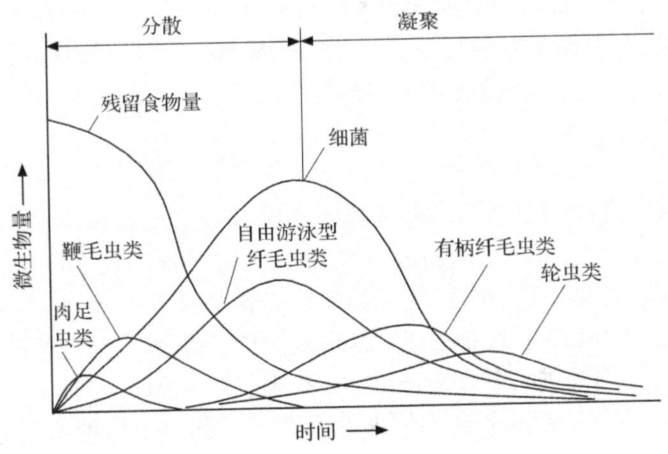

图1-1　活性污泥微生物随有机物浓度改变的演替

原生动物和后生动物合称为微型动物。微型动物对污水处理的作用除了前面所述，还有微型动物（特别是固着性的和匍匐性的微型动物）能迅速地沉降，在沉降过程中常把细菌裹进去或是细菌附着在微型动物的分泌物上，从而提高了细菌的去除率；微型动物的运动，提高了向污泥絮体内部和生物膜内的物质移动；微型动物的呼吸、消耗分散了能量，所以活性污泥的生成量随微型动物活动的增加而减少。

活性污泥中栖息着具有生命活力的各种微生物群体。当污水与其接触混合时，微生物细胞壁外黏液层吸附污水中的有机污染物，并在生物酶的作用下进行代谢、转化，自身也得到生长、繁殖。最后实现污水的无害化目标。

有关活性污泥法微生物学，包括污水处理中常见的原生动物和后生动物的详细内容具体见第2章。

1.2.2 活性污泥絮体的形成机理

活性污泥系统的成功运行需要污泥形成絮体结构，使污泥沉降加快且在沉淀池内能够适当浓缩；如果做不到这些，就会导致整个工艺的失败。单个的细菌是胶体粒子，在常规的沉淀池内不能沉淀。因此，它们必须被聚集起来，例如形成絮体。理想的活性污泥絮体个体大、密实、沉降快，能够产生浓稠的回流污泥和清澈、水质很好的上清液作为处理的出水。

絮凝是压缩的第一步，形成易于沉淀的絮体是优化活性污泥沉降性能的关键。如果缺少活性污泥絮体，可导致污泥分散生长。尽管已进行了大量的试验研究，但生物絮凝现象十分复杂，关于活性污泥絮体形成的机理，至今还没有一个统一的认识。比较有说服力的观点有如下几种：黏液说、电动势-含能说、聚β-羟基丁酸说、原生动物说、纤维素说、细菌胞外多聚物(extra celluar polymer，ECP)说、丝状菌网架结构说。其中，能够很好解释污泥絮体的形成和污泥膨胀现象，并且广为研究者接受的是Sezgin等[5]提出的丝状菌网架结构说。

1. *黏液说*[6]

该学说认为活性污泥絮体是由菌胶团细菌所分泌的黏液形成的。Butterfigld从活性污泥中分离出一种动胶杆菌，并认定活性污泥絮体是由该细菌分泌的一种明胶状物质黏结而成。处于游离状态的动胶杆菌能用鞭毛运动，凝聚时菌体外有夹膜类物质，菌体包埋于其中。若用水洗去夹膜类物质，菌体便能游离出来。Mitchell发现，当细菌进入老化阶段后，N就成了限制因素，菌体分泌的胞外聚合物增加，这种主要是多糖的聚合物使细菌聚在了一起形成活性污泥絮体。Tenney等认为，处于静止期的细菌能分泌出大量复杂的诸如多糖和多肽类的高分子电解质，并覆盖整个细胞表面，通过这类高分子物质的作用使细菌形成絮体。也有些研究者发现，分泌胞外聚合物的菌株并不一定形成絮体，而形成絮体的菌株也并不一定产生胞外聚合物，因此，产生胞外聚合物并非是细菌形成絮体的唯一原因。

2. 电动势-含能说[6]

Mckinny认为细菌细胞膜由脂蛋白等组成，易于离子化而带有较多的负电荷，菌体间存在排斥力。另外，菌体间也存在范德华引力。排斥力与菌体间距离的平方成反比，范德华引力与菌体间距离的7次方成反比。当两个带负电的菌体非常接近时，范德华引力就超过排斥力而使菌体结合。

该学说认为，在活性污泥处理系统中，有机物浓度高时，细菌繁殖快，能量水平高，排斥力大于范德华引力，絮体难以形成；有机物浓度降低后，细菌的繁殖速度减慢，动量水平下降，排斥力小于范德华力，菌体一旦碰撞便易形成污泥絮体。

3. 聚β-羟基丁酸说[6]

Crabtrae认为，活性污泥絮体是由聚β-羟基丁酸(PHB)形成的，微生物的絮凝作用，直接与细胞中的PHB的浓度相关。细菌细胞间凝聚成块可能为聚β-羟基丁酸积累所致。聚β-羟基丁酸大量累积形成了聚酯，聚酯互相结合使细菌由小凝聚块结合成大絮体。

絮体形成细菌(如动胶杆菌、芽孢杆菌、假单胞菌等)在碳源和能源丰富的时候，体内积储大量聚β-羟基丁酸，其量可达细胞干重的12%～15%。聚β-羟基丁酸是一种聚酯物质，当其在细菌体内大量积累时，能使细菌的细胞分裂不彻底，不能完全分离而彼此连接。当其异常增加时，还可能导致细菌死亡并将其释放于混合液中。释放出来的聚β-羟基丁酸与细菌能够相互凝聚而形成絮体。但是，也有研究证实，虽然一些细菌细胞在生物凝聚时存在PHB，但细菌的凝聚并不与PHB的浓度直接相关。因此，该学说也存在疑问。

4. 原生动物说[6]

该学说认为原生动物能分泌黏性物质以捕食细菌，而这种物质能促进生物絮凝，形成活性污泥絮体。Mckinney发现，在进入减衰增殖期后，四膜虫属细胞内出现球状物质，其死后这些物质便释放于混合液中，当原生动物与细菌共生时，细菌能与这些物质合为一体形成不定型絮体。Curds通过试验证明，草履虫能分泌多糖类物质，带负电的颗粒可以吸附这种多糖类物质并发生电荷变化而产生凝聚。但是有学者提出在某些情况下，活性污泥中几乎不存在原生动物，但是能可以形成良好的活性污泥絮体，因此认为该学说具有片面性。

5. 纤维素说[6]

用纤维素酶使由生枝动胶杆菌115和I-16-M两菌株形成的絮体解体，发现内部含有大量纤维，说明纤维对细菌的凝聚和活性污泥絮体的形成有重要作用。

Mulder 则认为，生物絮凝体是在两种细菌作用下形成的，一种能分泌具有纤维素性质的纤维；另一种是能分泌黏液，使细菌聚合成团。在两种细菌协同作用下，细菌聚合成絮体。

6. 细菌胞外聚合物说[6]

该学说认为细菌之所以产生凝聚作用，是与细菌本身分泌的胞外多聚物有关，这种胞外多聚物以架桥方式使生物产生凝聚，形成活性污泥絮体。胞外多聚物包括高分子多聚物(多糖、蛋白质、脂类物质、核酸、葡萄酸和胞壁酸)、低分子多聚物和金属离子(Ca^{2+}、Mg^{2+}等)。高分子多聚物中多糖类物质是最主要的，多糖类是生物体细胞膜的构成成分。ECP 可能来源于微生物的代谢产物、细胞自溶产物、废水自身等。大量的事实证明污水自身的性质对絮凝的影响很大，处理含有有限种类有机物的工业废水的活性污泥系统，比处理含多种相对分子质量较大的有机物质的生活污水的活性污泥系统更难形成絮体。活性污泥中的原生动物和细菌都可以产生胞外多聚物，但这两种微生物的作用究竟孰重孰轻还不清楚。大量的观察结果已证明，当出现原生动物时，能够形成良好的絮体，出水中悬浮固体的浓度低。尽管影响 ECP 形成的因素还不十分清楚，但可确认的一点是絮体形成菌(菌胶团菌)可产生 ECP。

仅仅含有 ECP 并不能保证一定产生生物絮凝作用，活性污泥生长的环境对絮凝也有影响。例如，离子强度和二价阳离子都对絮凝有很大影响。细菌带负电荷。必须有足够大的离子强度使单个细胞之间的距离足够小，才能使细菌通过 ECP 作用结合在一起；但也不能太大，否则会产生抗絮凝作用。研究表明，离子强度在 0.005～0.050 时，可使生物絮体结合更稳定。细胞表面和 ECP 都带负电荷，二价阳离子起到架桥作用，能使两者结合起来。因此，必须要保持适量的二价阳离子。活性污泥要获得良好的沉降性能，Ca^{2+} 和 Mg^{2+} 的浓度至少要保持在 0.35～1.0mmol/L 的范围内(Ca^{2+} 为 14～40mg/L，Mg^{2+} 为 8～24mg/L)。然而，实际需要的浓度究竟为多少，取决于废水中的离子强度。二价阳离子和一价阳离子的比也非常重要，当二价阳离子和一价阳离子的比值小于 0.5 时，污泥的沉降性能恶化。这可能是因二价阳离子和一价阳离子互相竞争细胞表面和 ECP 上的结合点的位置所致。

经验表明，污泥停留时间(sludge retention time，SRT)必须大于一个最小值，才能产生生物絮凝作用。产生这种情况可能是原生动物和细菌产生的 ECP 共同作用的结果。总的来说，原生动物的最大比生长速率比细菌低，当 SRT 小于原生动物生长所需的最小 SRT 时，不能发生生物絮凝作用。随着 SRT 的增长，每单位生物量的 ECP 量增加并接近于一个最大值，这个现象说明需要有一个 SRT 的最小值来保证下面两个速率的平衡，即菌胶团菌产生 ECP 的速率和细菌生长形成的新污泥表面积产生速率。尽管ECP是连续产生的，但当SRT较短时，新细菌的生成速率超过了ECP的产生速率，则生物絮凝作用不完全。只有通过延长SRT，降低细菌表面生成速率，才能有效起到生物絮凝的作用。

在活性污泥系统中，通常建议SRT至少为3天，才能取得良好的生物絮凝效果。然而，许多市政污水处理厂设计中，SRT缩短至1天，仍能达到良好的运行效果。这可能与市政污水中含有多种微生物有关。

胞外多聚物的产生是与细菌的增殖过程相对应的。在细菌的对数增殖期，胞外多聚物少。因此，在高负荷处理系统，出水中通常含有较多的游离细菌，透明度差，说明此时的生物絮凝作用差。在减衰增殖期，胞外多聚物多。因此，在延时曝气系统内，出水清澈，说明有良好的生物絮凝作用。

7. 丝状菌网架结构说[5-6]

生物絮凝形成了活性污泥絮体的微观结构。这种絮体相对较弱，容易被湍流剪切成小的絮体颗粒。因此，如果污泥絮体仅是由生物絮凝作用形成，会形成从沉淀速度快的大絮体到不能沉淀的小絮体等各种粒径的絮体颗粒。这种类型的污泥容易压缩，但出水水质差，上清液浑浊。此时，丝状菌的作用就突显出来了，丝状菌骨架可提高絮体的强度，加速絮体的沉淀，保持出水上清液的清澈。

丝状菌网架结构说提出活性污泥絮体中菌胶团菌与丝状菌的相对比例决定了其宏观结构。活性污泥絮体是由丝状菌作为絮体的骨架，菌胶团菌等微生物产生的多聚糖附着在其上面，形成了凝胶基质架，胶体物质和其他微生物附着在其上。

按照这种理论，可将活性污泥分为三种类型(见图1-2)。

(1) 丝状菌膨胀污泥：丝状菌过量生长，从絮体内向外伸出，丝状菌间的架桥作用干扰絮体间的接近，妨碍了絮体的沉淀和压实，使得絮体松散，沉淀压缩性能变差，污泥体积膨胀，具有高的污泥指数(SVI)。这种絮体个体较大，污泥沉淀后，上清液清澈。但是，沉淀速率慢给沉淀池处理能力带来了负面影响，污泥压缩性能变差致使回流污泥的污泥浓度降低、生物量减少，进而会影响整个系统的运行。

(2) 理想的活性污泥：菌胶团细菌和丝状菌两者之间有一个适当的比例关系，以丝状菌作为絮体的骨架，菌胶团菌附着在其上生长，形成个体较大、密度较大、沉降速度快、易在沉淀池中压缩的密实絮体。微小、沉降慢的颗粒少，上清液清澈。丝状菌主要为污泥絮体的骨架而不影响絮体的沉淀和压缩。这种絮体构成的活性污泥具有低的污泥指数，常小于150mL/g。

(3) 针状絮凝体污泥：活性污泥絮体内没有或只有少量丝状菌，絮体强度较小。菌胶团比较松散、脆弱，在曝气反应器中容易分裂成小而零碎的絮体，二沉池的上清液浑浊。

总之，活性污泥中需要适当比例的菌胶团细菌和丝状菌才能形成良好的活性

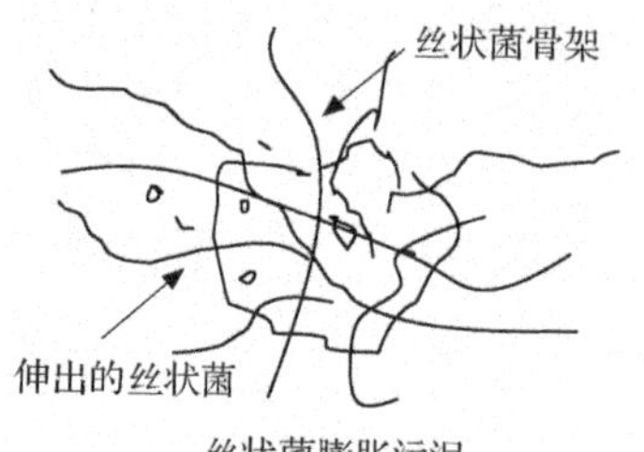

丝状菌膨胀污泥

丝状菌骨架

理想的活性污泥

分散的颗粒

针状絮凝体污泥

丝状菌膨胀污泥	理想的活性污泥	针状絮凝体污泥
1. 丝状菌占主体 2. 活性污泥絮体个体大、强度高 3. 丝状菌影响污泥沉淀和压缩 4. 上清液清澈 5. SVI较高	1. 丝状菌与絮体形成菌处于平衡状态 2. 活性污泥絮体个体大、强度高 3. 丝状菌不影响污泥沉淀和压缩 4. 上清液清澈 5. 低SVI	1. 不存在丝状菌 2. 活性污泥絮体个体较小且松散 3. 无丝状菌影响污泥沉降 4. 上清液清澈 5. 低SVI

图 1-2　丝状菌含量对活性污泥絮体性质的影响

污泥絮体。活性污泥絮体的不足或菌胶团细菌与丝状菌之间的生长平衡遭到破坏，都可能带来活性污泥沉降性变差的问题。不完全的活性污泥絮体会导致污泥分散生长，在泥水混合液中留有较高比例的细菌个体。因为它们不会沉淀，分散的细胞随出水流走，导致出水水质变差。在细菌絮凝的过程中，如果丝状菌数量太少，不足以将小的絮体颗粒牵连结合起来，使这些絮体能够抵抗外界的机械磨损，形成针状絮体。这种小絮体颗粒容易被割裂。在沉淀池内，颗粒较大的絮体沉降快，形成浓稠的沉淀污泥；个体较小的絮体沉降很慢，而且容易随出水流走。丝状菌污泥膨胀是因为丝状菌的过量生长，形成敞开结构的污泥絮体。沉淀时，上清液非常清澈，但因絮体的敞开结构，污泥沉降特别慢，在有限的沉淀时间内不能形成密实的沉淀污泥。因此，丝状菌污泥膨胀会严重影响二沉池的正常运行，如果不增加回流污泥比，会影响生物反应器内的生物量。

1.2.3　活性污泥的特性

活性污泥絮体是由活的和死的细菌，还有丝状菌、沉淀的盐、无机颗粒（如砂）和有机纤维等组成。游离的细菌、原生动物和后生动物等微型动物，有时还有藻类等出现在絮体边缘或在污泥絮体之间的水相中。本节介绍活性污泥絮体的几个特性和活性污泥中的微生物（严格地讲，有些微生物并不属于活性污泥絮体，因为它们游离于污泥絮体之外的水相中）。

1. 形态学上的特征

“Morphology”(形态学)这个单词来源于希腊语的“morphe”,即“形态”的意思。本书中形态的概念比较广,还包括活性污泥絮体的结构、紧密度和大小。

1) 形态

活性污泥絮体的形态是多样的,从近似圆形到与圆形截然不同的不规则形状,前者被称为圆形絮体,后者被称为不规则形状絮体。实际上,圆形絮体并不是非常的圆,而是也带些角。精确的圆形污泥絮体是很难看到的。同样情况下,不规则形状絮体沉降速度要比圆形慢些。

2) 结构

描述活性污泥絮体的结构要区分出以下两种情况:①封闭(紧凑)结构,活性污泥中细菌、无机颗粒等组分紧密地堆积在一起,无开放空隙,通常为黄褐色。②开放结构,污泥絮体中网状空隙与絮体外面液相连通。封闭的污泥絮体的沉降性能好。

采用鼓风曝气,当污泥负荷<0.3kgBOD_5/(kgMLSS·d)时,通常会形成封闭的污泥絮体;当污泥负荷>0.3kgBOD_5/(kgMLSS·d)时,污泥絮体多为不规则形状的开放结构。采用机械曝气,因为在曝气器周围湍流比较强,所以污泥絮体多为开放结构。

3) 紧密度

在显微镜下观察活性污泥絮体时,要注意区分“紧密”和“疏松”的污泥絮体。紧密的污泥絮体,絮体本身与外部的液相界限清晰;疏松的污泥絮体,边缘界线不清,许多细菌出现在污泥絮体边缘,但是这些细菌又没有真正附着在污泥絮体上。疏松的污泥絮体容易被破碎。

细菌之间相互凝聚形成污泥絮体有利于它们在恶劣的环境中生存。污泥絮体可以保护细菌不被原生动物所吞食,还可以避免水流的冲刷。食物越充足、快速生长的细菌越多越难形成良好的污泥絮体。因此,污泥负荷越高,活性污泥絮体越疏松。这点可以通过革兰氏染色来证实,高负荷污水处理厂的污泥絮体主要由革兰氏阴性菌组成;低负荷污水处理厂的污泥絮体主要由革兰氏阳性菌组成。革兰氏阳性菌的细胞表面是疏水性的,因此细菌更易互相黏附而不是悬浮于水相中。

4) 大小

污泥絮体大小对污泥初始沉降速率影响较大,絮体大的污泥沉降快。按平均直径,污泥絮体大小可分成三等。

大污泥絮体:絮体平均直径≥500μm;

中污泥絮体:絮体平均直径在 150～500μm;

细小污泥絮体:絮体平均直径≤150μm。

这里所说的污泥絮体平均直径并不是沉淀过程中肉眼可见的大块的污泥絮体(直径约 10mm),肉眼可见的污泥絮体(不包括颗粒污泥)互相之间黏结不紧密,容易破碎。这种松散的大絮体是由许多细小的絮体所组成的,而这些细小的絮体才是本书所介绍的真正的污泥絮体,其直径是在显微镜下用标准的测微尺量取的。当测量污泥絮体直径时,不包括从絮体内伸出的丝状菌菌丝部分。

活性污泥絮体的直径是变化的,而且总存在细小污泥絮体。当细小污泥絮体含量较少时,在二沉池的成层沉淀过程中,细小污泥絮体被成层的污泥捕获一同下沉,不会对出水造成太大影响,但是当细小污泥絮体比例超过 25%时,就会导致出水悬浮物增加。曝气方式对污泥絮体的直径也有影响,鼓风曝气系统内污泥絮体直径要大些,机械曝气系统内污泥絮体直径小。

圆形、封闭、紧密、个体大的污泥絮体沉降、浓缩性能良好,反之则沉降性能差。

Eikelboom 在他 2000 年的著作里采取另一种划分污泥絮体的标准[7],如下所示。

大污泥絮体:絮体平均直径>250μm;

中污泥絮体:絮体平均直径在 25~250μm;

细小污泥絮体:絮体平均直径<25μm。

2. 污泥絮体的组成特性

1) 多样性

活性污泥是由多种微生物所组成,包括细菌、真菌等丝状菌和原生动物、后生动物等微型动物以及藻类等。正因为活性污泥中微生物种类繁多,活性污泥系统才可同时去除多种污染物,应用范围广。

2) 菌落

活性污泥中主要有四种菌落,菌落主要由一种类型的细菌所组成。①菌胶团菌落:通常形成指状,经常出现在污泥负荷>1.5kgBOD_5/(kgMLSS·d)或缺乏营养物质的污水处理厂。另外,只能在新鲜的泥样中观察到菌胶团菌落,若泥样在冰箱内储存 2~3 天,该菌落会消失。②聚磷菌落:出现在生物除磷的污水处理厂,除磷菌形成紧凑、近似圆形的菌落。该菌落纳氏染色显黑色。③反硝化菌菌落:菌落形态与聚磷菌落相似,但是纳氏染色显黄褐色。④细菌菌落:大量细菌被一层厚厚的黏性物质包裹形成较大的菌落,但是菌落上细菌之间并不像其他菌落的细菌那样紧密的堆积在一起。该菌落同菌胶团菌落类似,也是在高负荷和缺乏某种营养物质时出现。

3) 无机颗粒或有机颗粒物

活性污泥的大部分是由活的或死的细菌所组成。另外,还有一些无机颗粒或有机颗粒物,这些颗粒物主要来自于进水。有机颗粒主要为纤维状的结构。无机颗粒主要是砂，其折射率较大，很容易在显微镜下观察到。活性污泥中颗粒物的类型和多少主要取决于污水处理系统中是否有沉砂池和初次沉淀池。

4）游离细菌

游离细菌是指那些没有黏附在絮体上，而是分散在水相的自由的细菌。在二沉池，它们不会随污泥絮体沉淀，因此它们对最终出水水质有副作用。

游离细菌的主要来源是进水和污泥絮体的解絮。在活性污泥中有些纤毛虫可以捕食游离细菌，这些原生动物对保持清澈的出水水质是不可缺少的。如果污泥负荷提高，游离细菌的数量也上升，从而导致原生动物的数量也增加。但是，当污泥龄较短时，就不能维持原生动物的数量。一般限定的污泥负荷是0.3～0.4kgBOD_5/(kgMLSS·d)，超过该值时，则出现大量的游离细菌，但是原生动物的数量将减少。在低污泥负荷的活性污泥系统，若出现大量的游离细菌，则有可能是氧气不足或进水中含毒性成分。

1.2.4　活性污泥的分类

目前，活性污泥分类的方法主要有两种。第一种是Eikelboom分类法，根据污泥负荷和曝气方式的不同将活性污泥分为以下三类。

1）第一类活性污泥

该类活性污泥的特点是出现在污泥负荷<0.2kgBOD_5/(kgMLSS·d)、机械曝气的污水处理厂。这种活性污泥主要出现在氧化沟中。

若没有大量丝状菌，该活性污泥具有以下特征：活性污泥絮体平均直径为25～250μm；很少有游离细菌；絮体呈圆形，有些有角；絮体不紧密，絮体是由许多分离的、密实的小絮体组成。当污泥中出现丝状菌，特别是微丝菌 *Microthrix parvicella* 时，将形成大的絮凝体，使污泥絮体的平均直径增加。*M. parvicella* 的数量随季节而变化，在夏季最少，冬季末达到最大值。

当采用生物去除营养物质工艺时，菌落的数量增多，特别是在夏季。在去除营养物质的工艺条件下，因为引入了缺氧段，游离细菌的数量增多。化学除磷时，添加铁盐，污泥絮体颜色呈棕色。当投加铝盐除磷时，污泥絮体的平均直径下降。

2）第二类活性污泥

第二类活性污泥出现在污泥负荷<0.2kgBOD_5/(kgMLSS·d)、鼓风曝气的污水处理厂。其具有下列特征：活性污泥絮体平均直径为25～1000μm，通常>500μm；很少有游离细菌；圆形；紧密；有时边缘不密实。

因为该类活性污泥所处环境湍流比第一类活性污泥少，污泥絮体更大、更紧密，从而该类活性污泥颜色更深。

3）第三类活性污泥

该类活性污泥出现在污泥负荷>0.2～0.3kgBOD_5/(kgMLSS·d)的污水处

理厂。污泥负荷高，相应的泥龄短，纤毛虫等原生动物不易生长，游离细菌数量较多，指状菌胶团较多。当采用鼓风曝气时，污泥絮体较大，但是形状不规则；采用机械曝气时，污泥絮体更小、更圆。

第二种分类方法将活性污泥分为：①丝状菌膨胀污泥；②理想的活性污泥；③针状絮凝体污泥；④颗粒污泥。

20 世纪 90 年代初期，在厌氧颗粒污泥研究的基础上，人们在好氧污水处理研究中发现，微生物细胞之间通过自身固定化能够生成结构规则、致密、沉降速度快、微生物群种多样的好氧颗粒污泥。好氧颗粒污泥外观一般为橙黄色，圆形或椭圆形，成熟的好氧颗粒污泥有光滑的表面。在厌氧/好氧交替工艺中，颗粒直径大多为 0.5～1.5mm 。经过适度冲洗、淘洗后的好氧颗粒污泥直径多为 1mm 左右。未经淘洗的颗粒污泥的全粒度分析表明，粒径在 0.5mm 以上的颗粒占全部污泥微粒的 20%，在保证良好沉降性的同时，又能保证在曝气时污泥具有良好的悬浮性和透气性。而在 SBR 反应器中，颗粒直径大多为 1.9～4.6mm，稳定状态下形成的颗粒光滑、致密，颗粒直径为 4.6mm。好氧颗粒污泥的含水率一般为 97%～98% ，低于普通活性污泥(含水率 99%以上)，因此可以保证反应器中持有大量的污泥。

研究表明，好氧颗粒污泥颗粒表面和周围存在大量的原生动物、后生动物，附着生长着大量钟虫，如累枝虫。这些累枝虫凭借其长柄，伸展到颗粒周围的空间，并不停地吞食细菌和固体食物颗粒。颗粒周围的液体中有很多草履虫、变形虫、水蚤、线虫和衣藻游动。颗粒本身的生物相极其丰富，主要是形态各异的细菌，有球菌、长短不一的杆菌等。

总的来说，好氧颗粒污泥具有以下优点：

①大量细菌形成颗粒状聚集体，是一个非常稳定的微生物生态系统，其中不同类型的微生物种群组成共生或互生体系，有利于形成适合细菌选择并栖息生长的生理生化条件，利于有机物的降解；②颗粒的形成有利于其中细菌对营养的吸收，增强了微生物的活性；③颗粒化使微生物间物质传输距离大大缩短，强化了生物降解过程；④在废水性质突然变化时(例如 pH 冲击、有毒物质的进入等)，颗粒污泥能够维持一个相对稳定的微环境，通过微生物种内及种间的协同作用及负反馈作用，降低影响，使代谢过程继续进行；⑤颗粒污泥通常具有一定的机械强度，可以避免因水流的剪切而破碎，导致微生物被洗出反应器，这对于有效截流微生物，增加固体停留时间都非常重要。

尽管目前好氧颗粒污泥在生产型的污水处理厂的实践很少，好氧污泥的颗粒化技术在一些特定废水的处理中具有良好的应用前景。

1.3　污泥沉降性能指标

活性污泥的沉降要经历絮凝沉淀、成层沉淀和压缩等全部过程，最后能够形成浓度很高的浓缩污泥层。

正常的活性污泥在30min内即可完成絮凝沉淀和成层沉淀过程，并进入压缩过程。压缩（浓缩）的进程比较缓慢，需时较长。

根据活性污泥在沉降-浓缩方面所具有的上述特性，建立了以活性污泥静置沉淀30min为基础的两项指标以表示其沉降-浓缩性能，即污泥沉降比和污泥容积指数。

此外，从微观层面，也建立了相应的表征污泥沉降性能的指标，包括丝状菌长度、丝状菌指数、丝状菌丰度和丝状菌数量等。

1.3.1　污泥沉降比

污泥沉降比又称30min沉降率（settling velocity，SV），是取1L曝气池的混合液在量筒内静置30min后所形成沉淀污泥的容积占原混合液容积的百分率。在实际操作中，污水处理厂工人往往用100mL的量筒进行测量。正常的活性污泥，其污泥浓度为1500～3000mg/L时，SV一般为15%～30%。

正常的活性污泥在静沉30min后，一般可接近它的最大密度，能反映出二沉池中污泥浓缩的情况。污泥沉降比在一定条件下能够反映曝气池运行过程的活性污泥量，可用以控制、调节剩余污泥的排放量。在污泥浓度一定的情况下，污泥沉降比能直接反映出污泥沉降性能和浓缩性能，通过它可及时发现污泥膨胀等异常现象的发生。

污泥沉降比SV的测定方法简单易行，是活性污泥法处理系统重要的运行参数。但在SV的测量中，污泥浓度不同，会给测量结果带来较大影响。沉降和浓缩性能相同的污泥，污泥浓度较大时，SV值也较大。当曝气池内的污泥浓度变化较大时，SV值无法与历史数据相比较。考虑到污泥浓度的变化，引入了污泥容积指数（SVI）这个参数。

1.3.2　污泥容积指数

污泥容积指数（sludge volume index，SVI）简称污泥指数。污泥指数的测定方法通常有三种：①未搅拌的标准污泥容积指数（SVI）；②搅拌的污泥容积指数（SSVI或$SVI_{3.5}$），初始污泥浓度为3.5g/L；③稀释污泥容积指数（DSVI）。下面对这三种SVI的测定方法加以介绍。

1. 未搅拌的标准污泥容积指数

其测定方法是从曝气池出口处取 1L 新鲜混合液放入量筒内，经过 30min 静沉后记录沉淀污泥所占的容积，用沉淀污泥的容积(mL/L)除以混合液的污泥浓度(g/L)。其计算式为

$$\mathrm{SVI}=\frac{\text{混合液(1L)30min 静沉形成的活性污泥容积(mL)}}{\text{混合液(1L) 中悬浮固体干重(g)}}=\frac{\mathrm{SV(mL/L)}}{\mathrm{MLSS(g/L)}} \tag{1-1}$$

式中，SVI 为未搅拌的标准污泥容积指数，简称污泥指数，mL/g(习惯上，只称数字，而把单位略去)；SV 为污泥沉降比，mL/L；MLSS 为混合液悬浮固体浓度，简称污泥浓度，g/L。

用污泥指数来表示污泥沉降性能更为合理，测定方法相对来说也比较简单。SVI 值可定量描述污泥的沉降性和压缩性，对生活污水及城市污水，此值以 70～100mL/g 为宜。SVI 值过低，说明泥粒细小，无机质含量高，缺乏活性；过高，说明污泥的沉降性能不好，并且已有产生污泥膨胀的可能。SVI 值为 150mL/g 被认为是膨胀污泥和非膨胀污泥之间的临界值。表 1-1 概括了 SVI 与活性污泥沉淀特性之间的关系。

表 1-1　SVI 与活性污泥沉降性之间的关系

SVI 范围/(mL/g)	污泥沉降性和压缩性能
<80	很好
80～150	适中
>150	差

通常把未搅拌的标准污泥容积指数(SVI)简称为污泥指数，是污水处理厂实际运行中经常采用的一个参数。在实际操作中，往往用 100mL 或 1000mL 的量筒进行测量。SVI 值可以反映活性污泥在二沉池内的沉降浓缩状况。实际测量时采用的容器直径太小，由于边壁效应，壁筒会对污泥的沉降有阻碍；二沉池内有吸泥机在不断回转，对污泥沉降有利；另外，污泥的初始浓度不同也会影响 SVI 值。因此人们对污泥指数的测定提出了一些修正，提出采用搅拌的污泥容积指数和稀释污泥容积指数。

2. 搅拌的污泥容积指数

测定搅拌的污泥容积指数(SSVI 或 $\mathrm{SVI}_{3.5}$)时污泥浓度要求为 3.5g/L。将活性污泥放入一个特制的如图 1-3 所示的透明塑料圆筒内进行测量。圆筒外径 100mm，垂直方向刻有 0～100mm 的刻度，并且安装有搅拌装置。

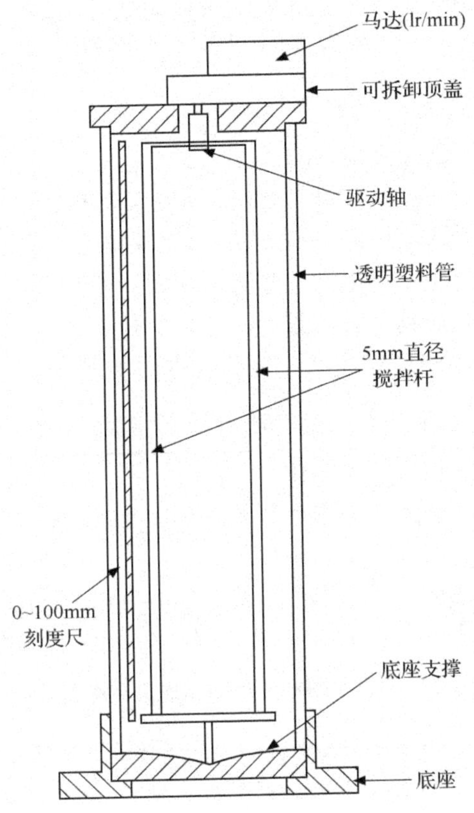

图 1-3　搅拌的污泥容积指数测定

测定前先确定混合液的污泥浓度。当污泥浓度大于 3.5g/L 时，需要用处理装置的出水将污泥浓度稀释至 3.5g/L；当污泥浓度小于 3.5g/L 时，要进行预沉淀或用回流污泥调整，使污泥浓度达到 3.5g/L。将污泥浓度为 3.5g/L 的混合液倒入前面所述的特制装置，立即启动搅拌装置。然后静沉 30min，记录沉淀污泥的体积。并按式(1-2)进行计算。

$$SSVI_{3.5} = \frac{\text{混合液(1L)30min 静沉形成的活性污泥容积(mL)}}{3.5(\text{g/L})} = \frac{\text{SV(mL/L)}}{\text{MLSS(g/L)}} \tag{1-2}$$

3. 稀释污泥容积指数

测定稀释污泥容积指数(DSVI)的方法是取几个 1L 的量筒，用澄清的二沉池出水按 2^n的倍数稀释混合液(如未稀释、1∶1 稀释、1∶3 稀释、1∶7 稀释)。然后用搅拌棒搅拌 30～60s，使得混合液充分混合均匀。最后静沉 30min，记录下第一个污泥沉降比小于等于 20%(SV≤20%)的沉淀污泥体积。并按式(1-3)计算。

$$\text{DSVI} = \frac{\text{混合液(1L)30min 静沉形成的活性污泥容积(mL)} \times 2^n}{\text{混合液(1L) 中悬浮固体干重(g)}} = \frac{\text{SV(mL/L)} \times 2^n}{\text{MLSS(g/L)}} \qquad (1\text{-}3)$$

式中，污泥浓度是指未进行稀释时的污泥浓度。

有些文献中，DSVI 特指将污泥浓度稀释为 1500mg/L 的 SVI 值。

上述三种测定污泥容积指数的方法所得结果略有不同。因此，在比较报道中的 SVI 值时，要确定所用的测定方法是否具有可比性。SSVI 或 DSVI 值在污泥浓度为 3.5g/L 时的结果最具有可重复性。表 1-2 比较这三种污泥容积指数的测定方法的异同。SVI 值与活性污泥的沉降性有直接关系。

表 1-2　三种不同污泥沉降指数的比较

指数	沉降仪器	低速搅拌	MLSS 浓度
标准污泥容积指数(SVI)	1L 量筒	不需要	曝气池内 MLSS 浓度
搅拌的污泥容积指数(SSVI 或 $SVI_{3.5}$)	特制仪器	需要	需要对污泥浓度进行调整，使之为 3.5g/L；或是测定几个 MLSS 浓度，利用插值法得到 3.5g/L 时的值
稀释污泥容积指数(DSVI)	1L 量筒	不需要	稀释后的混合液在量筒内的沉淀体积小于或等于 200mL/L

1.3.3　污泥成层沉降速度

从正常运行的曝气池中取出混合均匀的混合液于量筒内，可观察到如图 1-4 所示的沉降过程。沉降开始首先是絮凝过程，污泥颗粒与颗粒之间互相碰撞产生絮凝作用，使颗粒的粒径和质量逐渐增大，形成较大絮体，污泥絮体沉淀速度不断加快。正常的活性污泥，絮凝性能良好，该过程一般 1～2min 完成。然后进入成层沉降阶段(或称区域沉降、拥挤沉降)，相邻颗粒之间互相妨碍、干扰，沉速大的颗粒也无法超越沉速小的颗粒，各颗粒之间相对位置保持不变，污泥颗粒互相聚合成一个整体，整个泥层以整体形式快速下沉，与澄清水之间形成清晰的泥-水分界面，沉淀显示为界面下沉。随着底部污泥浓度的提高，絮体间开始彼此挤压，进入沉速逐渐减慢的压缩沉降阶段，颗粒间互相支撑，上层颗粒在重力作用下，挤出下层颗粒的间隙水，使污泥得到浓缩。最后，整个泥层被浓缩成一个浓度很高的浓缩污泥层出现在反应器底部，泥层上面是清水区(可能残留少许轻细泥粒)。

在污泥沉降过程中的成层沉降阶段，泥-水分界面的沉速始终为一常数，这个速度称为污泥成层沉降速度(zone settling velocity, ZSV)。ZSV 的大小可以反映出污泥沉降性能的好坏，ZSV 值越大，污泥的沉降性能则越好。

将活性污泥沉降过程中，泥-水分界界面高度随时间的变化绘制成曲线，即为活性污泥的沉降曲线（如图1-4所示）。曲线的斜率代表界面沉速。随着沉淀时间延长，界面高度下降，开始以等速下降，即成层沉降阶段。随着界面下沉，进入过渡沉淀区。由于污泥浓度增加，泥粒间隙小，缝隙水向上渗出阻力较大，界面下沉速度减慢，随着时间增长，愈来愈慢，直至最后基本为零，即为压缩沉降阶段。沉降曲线反映沉降过程的全貌，而SV和SVI只是曲线上的一个点。

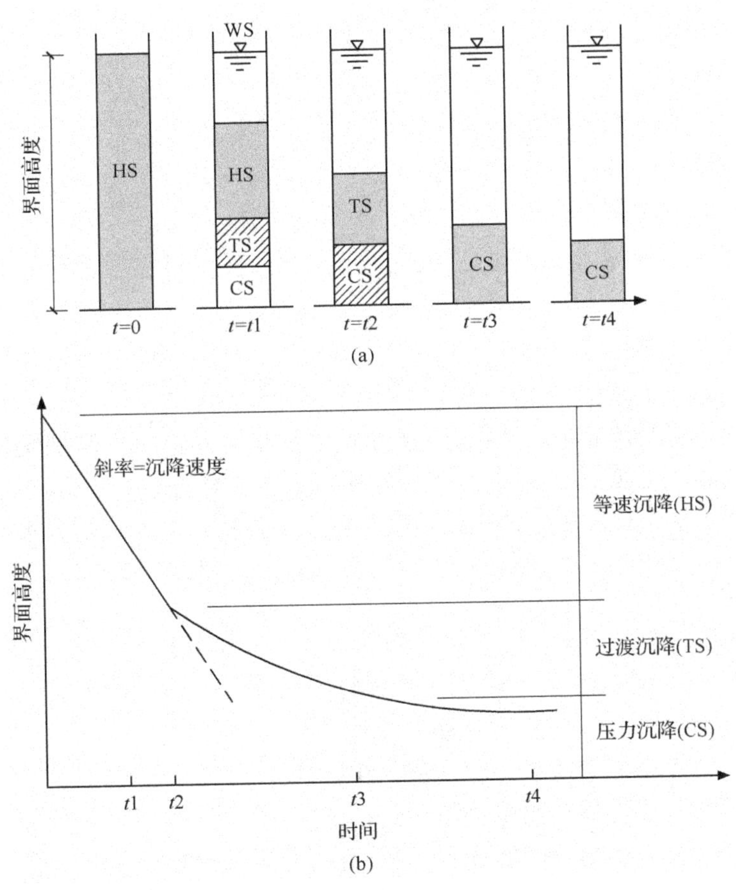

图1-4 活性污泥沉降过程及沉降曲线

污泥浓度对ZSV值有一定影响，并且与SVI值也有密切的关系，如图1-5所示。

1.3.4 丝状菌指数

丝状菌数量与污泥沉降性能有很大的关系。不同污水处理系统内丝状菌的数量差别很大，所以有必要对丝状菌的数量进行定量分析。原则上，可以对给定活性

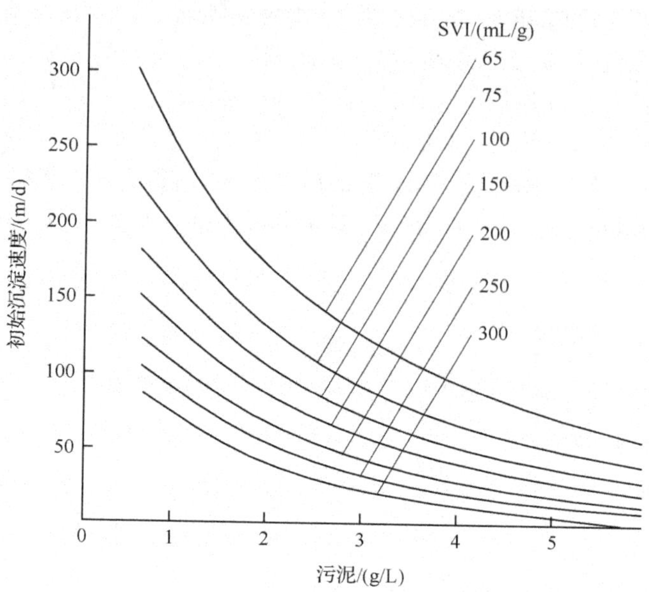

图 1-5 SVI 与初始沉降速度和污泥浓度的关系

污泥进行丝状菌的计数和测量，从而准确了解丝状菌的长度。但是丝状菌的准确计数是一件非常耗时的工作，而且主要适用于那些比较直的丝状菌，对于缠绕在一起或是有部分隐藏在污泥絮体里的丝状菌就不太适用。因此可以通过确定丝状菌指数(filament index，FI)这种相对简便易行的方法对丝状菌的数量进行日常调查。

丝状菌指数是采用显微镜下观察的目视评价法来判断污泥中丝状菌的数量。即根据活性污泥中丝状菌与菌胶团细菌的比例，将丝状菌的数量分成六个等级(0 到5 级)，确定 FI 的对照图片见图(1-6)。

FI＝0：活性污泥中几乎无丝状菌存在；

FI＝1：活性污泥中存在少量丝状菌；

FI＝2：存在中等数量的丝状菌，但总量尚低于菌胶团细菌；

FI＝3：存在大量丝状菌，总量与菌胶团细菌大致相等；

FI＝4：丝状菌数量超过菌胶团细菌；

FI＝5：丝状菌数量占绝对优势，菌胶团细菌少。

当 FI 值确定时，丝状菌的数量表面上可以量化。虽然这种方法不是很精确，但是在实际应用中这种方法快速而且可以提供一些相关信息。当 FI 为 1 或 2 时，丝状菌对污泥的沉降性能影响很轻微；当 FI 为 3 时，污泥的沉降性能显著恶化，特别是有粗壮的丝状菌存在时。大量观察业已证实，污泥中丝状菌数量越多，即 FI 越大时，活性污泥的沉降性能越差。

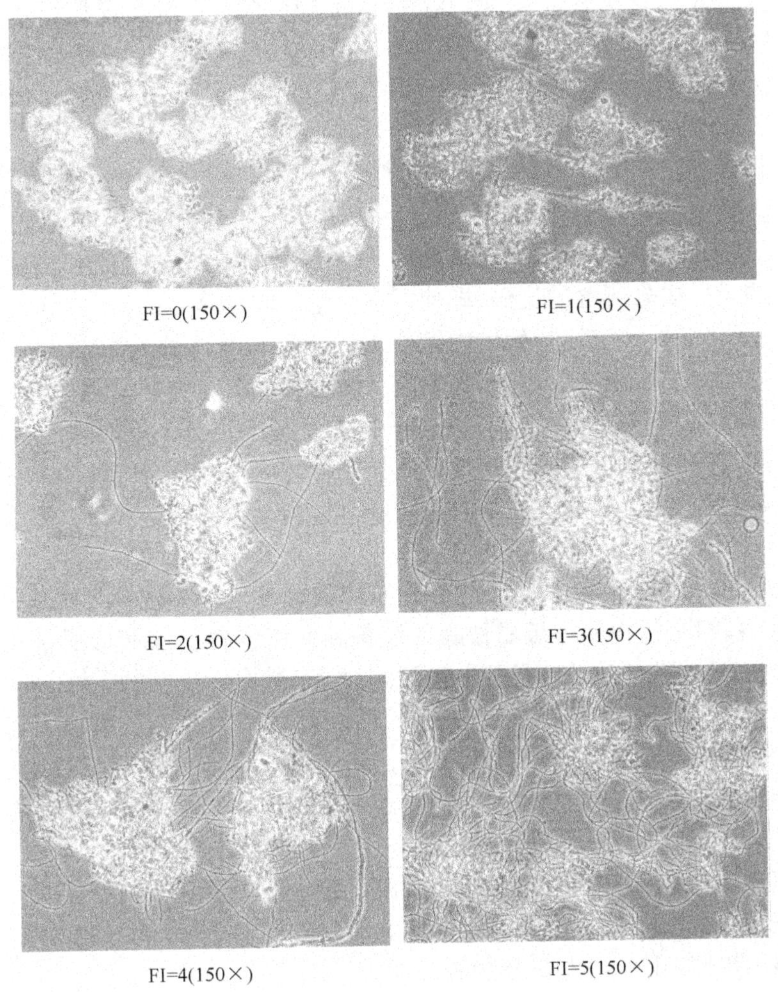

图 1-6　丝状菌指数对照图[7]

确定 FI 时还有几点需要注意。FI 只是视觉上对丝状菌的数量进行大概估计。每个等级，比如 3^+ 和 4^- 之间的差别很小。因此确定 FI 时，有时会很武断，不过可以采用 3.5 的等级表示。确定 FI 时，显微镜通常采用的放大倍数为 100～200 倍。但是有时有些较细的丝状菌需要在更高的放大倍数下才能观察到。另外，还有一些丝状菌隐藏在污泥絮体内部，也会影响 FI 的确定。但是这些包裹在絮体内部的丝状菌对污泥沉降性能影响有限。有些丝状菌很细小，必须经过革兰氏染色在高倍物镜下才能观察到，因此也会出现初次判断的 FI 值与丝状菌数量不一致的情况。

有些污水处理厂没有对活性污泥进行日常的显微镜观察，因此往往只是在污泥沉降性能严重恶化时才注意到丝状菌大量增殖。污泥容积指数开始时增长较慢，后来会以指数倍快速增长。所以往往是操作人员发现时，已经出现严重污泥膨胀。通过对活性污泥中丝状菌做常规的镜检观察，记录 FI 值，注意丝状菌数目的变化情况，就可以尽早发现污泥膨胀的倾向，及时采取措施。

活性污泥的沉降速度不仅与丝状菌的数量有关，还与丝状菌的类型、丝状菌的形态和污泥絮体的物理化学特性有关。污泥絮体的类型(圆形的絮体比不规则的絮体更易沉淀)、絮体的大小、絮体的结构(密实的絮体比开放型的大块絮体更易沉淀)、絮体的无机成分所含的比例(即使存在大量的丝状菌，当无机成分大于40%～50%时，污泥仍能快速沉淀)、絮体内结合水的含量和絮体的表面电荷等都会影响污泥沉降性能。一般情况下，长而直的丝状菌对污泥沉降压缩的阻力更大，污泥更难于沉降。因此，FI 和 SVI 也并不总是一致的。特别是各个不同的污水处理厂差别较大，因此各污水处理厂应该在自己的长期运行中探索其 FI 和 SVI 的相关性。

另外，国内一些文献常将丝状菌指数(FI)分为五个等级：A～E 级，或是 0 级、±级、+级、++级、+++级。

A 级(或 0 级)时几乎没有丝状菌，菌胶团因缺少丝状菌做骨架而非常松散、细小，沉降速度较快，污泥絮体极易被曝气设备和回流设备打碎而形成很小的絮体。二沉池出水中易携带有细小污泥，上清液浑浊，SS 较高。

B～C 级(或±～+级)有丝状菌，菌胶团以丝状菌为骨架形成较大的絮体，菌胶团细菌和丝状菌形成良好的共生关系。在二沉池中形成一层致密的网状污泥层，黏附沉降速度较慢的细小泥粒，形成较大的污泥絮粒共同下沉，上清液清澈，SS 较低。

D 级(或++级)时，大量丝状菌从污泥絮粒中伸出，形成“刺毛球”状的活性污泥骨架。这些伸出絮粒的无数“触手”，阻碍了絮粒间的压缩，使污泥的沉降性能变差。此级和此级以上的污泥属于膨胀污泥。

E 级(或+++级)时，丝状菌过量生长，大量丝状菌游离于菌胶团之外，相互交织成网状结构，严重影响污泥沉降性能。

1.3.5 丝状菌丰度

美国 Jenkins 等提出用丝状菌的丰度来表征丝状菌的数量[8]。通过常规的微生物镜检(主要采用 100 倍和 1000 倍下观察样本)，通过人为的主观判断将丝状菌的丰度划分为 0～6 七个水平，具体见表 1-3。污水处理厂运行人员和研究人员可以通过常规的镜检，借助 Jenkins 等[8]给出的参照图片(图 1-7)来具体判断不同污泥的丝状菌丰度。虽然这一指标具有主观性，但重现性还是可以接受的，一般为±1。而且这一指标与常规的污泥指数具有很好的对应性，可以用来表征污泥的沉降性。通过对具体丝状菌丰度的划分，也可以得知导致污泥沉降性恶化的第一优势丝状菌和第二优势丝状菌。

表 1-3　丝状菌丰度表

丰度值	丰度	注释
0	没有	观察不到丝状菌
1	很少	丝状菌存在于少数污泥絮体中或周围
2	一些	能观察到丝状菌，但不是所有的污泥絮体中都能观察到
3	较普遍	几乎所有的絮体都能观察到丝状菌，但密度较低(每个絮体对应 1～5 个丝状菌)
4	相当普遍	几乎所有的絮体都能观察到丝状菌，密度适中(每个絮体对应 5～20 个丝状菌)
5	大量存在	所有的絮体都能观察到丝状菌，密度较大(每个絮体对应的丝状菌个数大于 20)
6	过度繁殖	所有的絮体都能观察到丝状菌，丝状菌的数量大于菌胶团的数量

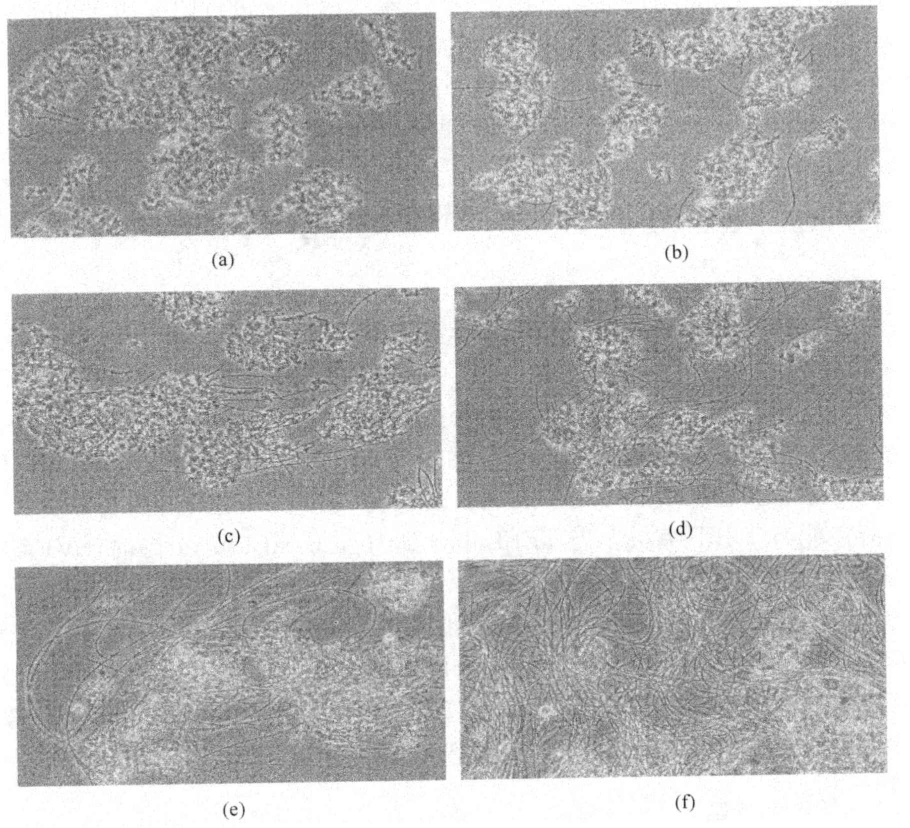

图 1-7　丝状菌丰度对照图[8]

(a) 丰度为 1；(b) 丰度为 2；(c) 丰度为 3；(d) 丰度为 4；(e) 丰度为 5；(f) 丰度为 6；放大倍数：100 倍

1.3.6 丝状菌长度

丝状菌长度大多情况下为丝状菌延伸总长度的简称，该指标主要是指从菌胶团内延伸出生长于混合液中丝状菌长度的总和，污泥絮体内的丝状菌长度不计入其值。该指标由 Sezgin 等首次提出，并在大多数国家使用。

具体测定方法如下：

(1) 用宽口移液管(尖端直径 0.8mm)移取 2mL 混合均匀、已知污泥浓度的活性污泥样品至盛有 1L 蒸馏水的大烧杯中，用搅拌装置搅拌 1min(转速 95r/min)。

(2) 用同样的移液管吸取 1.0mL 上述稀释过的水样至已经校正过的显微镜计数室内(容量为 1.0mL)，盖上盖玻片。

(3) 用带有目镜测微尺的双目显微镜进行观察(放大倍数为 100)，统计整个(或其中一部分)计数室内的丝状菌数目，按丝状菌长度进行归类：0～10μm，10～25μm，25～50μm，50～100μm，100～200μm，200～400μm，400～800μm，800μm 以上。对长度大于 800μm 的丝状菌要逐个进行测量。

(4) 按式(1-4)和式(1-5)进行计算，即每克(或毫升)MLSS 含有的丝状菌长度(TEFL)。

$$\text{TEFL}(\mu\text{m/gMLSS}) = \frac{1.0\text{mL 稀释液中总的丝状菌长度}(\mu\text{m}) \times \text{稀释倍数}}{\text{MLSS(g/L)}} \tag{1-4}$$

$$\text{TEFL}(\mu\text{m/mLMLSS}) = 1.0\text{mL 稀释液中总的丝状菌长度}(\mu\text{m}) \times \text{稀释倍数} \tag{1-5}$$

由于丝状菌污泥膨胀是由丝状菌的过量增殖引起的，因此，用单位污泥中丝状菌的总长度来表示丝状菌的含量，可以间接地指示污泥的沉降性能。Sezgin、Palm 和 Lee 等学者测量了活性污泥中的丝状菌长度(TEFL)，他们的调查都发现污泥的沉降性能与 TEFL 有关。当 TEFL 上升到 $10^7\mu$m/mL(10^4m/g)时，SVI 值快速上升到 150mL/g 以上(如图 1-8 所示)。这也就意味着每毫升混合液的丝状菌长度超过 10m 时，污泥的沉降性能变差。即 TEFL 为 $10^7\mu$m/mL 是非膨胀污泥和膨胀污泥的一个临界值。此图还可解释为什么把 SVI＝150mL/g 定为发生丝状菌污泥膨胀的临界值。当 SVI 超过该值时，丝状菌长度的微小增长即会导致 SVI 的大幅度增加，表明了污泥沉降、压缩性能恶化。

1.3.7 丝状菌数量

早期的工作者通过统计延伸出污泥絮体的丝状菌数量或测定丝状菌总长度的方法来验证活性污泥的沉降性能与丝状菌数量的相关性。

Pipes 统计了延伸出污泥絮体的丝状菌数目之后发现，当丝状菌数量较低时

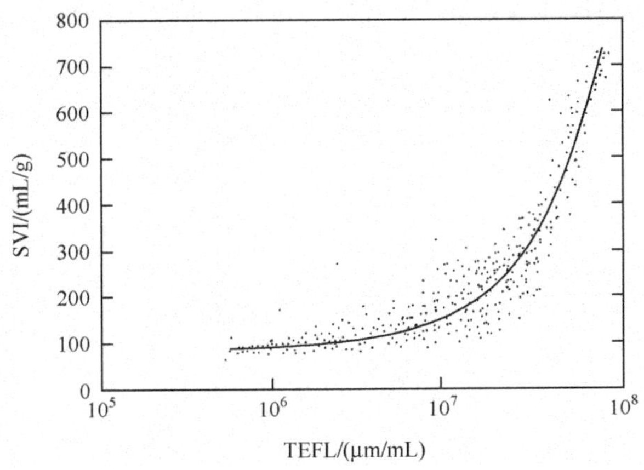

图 1-8　TEFL 与 SVI 的关系

(≤10^2丝状菌/mgVSS)，SVI 值小于 100mL/g，当丝状菌数量较高时(>10^2～10^3丝状菌/mgVSS)，SVI 值显著升高。

下面介绍两种常用的丝状菌数量测定方法。

1）简化的丝状菌计数方法

该方法由美国加利福尼亚州的圣何塞/圣克拉拉(San Jose/Santa Clara)水污染控制厂(Water Pollution Control Plant)实验室的工作人员提出。该方法用来统计延伸出污泥絮体的丝状菌数量。

具体测定方法如下：

(1) 吸取 50μL 污泥混合液放到载玻片上。

(2) 用 22mm×30mm 的盖玻片将上述混合液完全覆盖。

(3) 放入显微镜下进行观察(总放大倍数为 100 倍)。从盖玻片的一边开始，一直计数到另一边(长度为 30mm)，即沿盖玻片的长边计数。

(4) 目镜内安装刻有显微镜计数线的分划板，记录与计数线相交的所有丝状菌数量。

(5) 统计盖玻片整个长边范围内与计数线相交的所有丝状菌数量，所有丝状菌之和即为丝状菌计数(filament count，FC)。FC 以单位体积的量表示，按式(1-6)计算：

$$\text{单位丝状菌数量(数量}/\mu\text{L)} = \frac{\text{FC} \times \text{盖玻片宽度方向的视场数}}{50} \tag{1-6}$$

2）Nocardioform(诺卡氏菌)的计数方法

该方法由 Vega-Rodriguez、Pitt 和 Jenkins 等提出，此法相对于其他方法简便易行。

具体测定方法如下：

(1) 在低功率的搅拌器内将 400mL 已知污泥浓度的活性污泥混合液(或稀释后的混合液)混合 2～3min。

(2) 准备 5～10 片经过处理的干净、去油污后的载玻片。这些载玻片沿长度方向被刻线(glass scribe)均分为 3 个区域(图 1-9)。

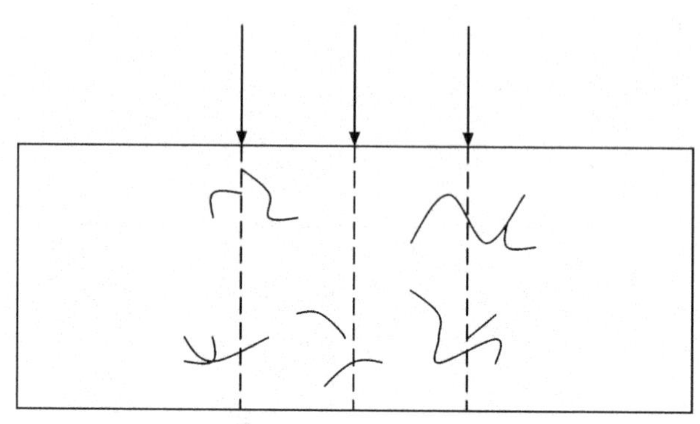

图 1-9　Nocardioform 的计数方法玻片制作

(3) 用小型微量吸管吸取 80μL 混合后的混合液,均匀涂抹在整个载玻片上。

(4) 将载玻片水平放置,自然风干。

(5) 在放大 100 倍的相差显微镜下仔细观察活性污泥在载玻片上的分布情况,那些污泥分布不均匀、细菌聚成一块、空白较多或污泥沿载玻片边缘堆积的样片都不能要。

(6) 如果适合的样片小于 5 个,就要重复(1)～(5)的步骤,直到得到 5 个满意的载玻片。

(7) 用革兰氏染色法进行染色。

(8) 利用油镜在 1000 的放大倍数下对上述 5 个样片进行计数。

(9) 在目镜内安装刻有显微镜计数线的分划板。

(10) ① 上述带有刻线的载玻片沿一边位置固定,先统计一个区域的丝状菌数量。②使目镜中分划板的刻线和载玻片上刻线重合。③统计与目镜中分划板刻线相交的、有分支、革兰氏染色阳性、长度>1μm 的丝状菌数量。④将载玻片向另一边移动,统计所有与目镜中分划板刻线相交的、革兰氏染色阳性、长度>1μm 的丝状菌数量。⑤在载玻片另两个区域,重复①～④步骤,对丝状菌进行统计。⑥取上述三次统计结果的平均值,以交叉数量/gVSS 表示。⑦用另外四块样片重复①～⑥步骤。

(11) 取步骤⑥和步骤⑦的平均值。

(12) 按式(1-7)计算 Nocardioform 计数。

$$\text{Nocardiform 计数(相交的数量 /gVSS)} = \frac{\text{平均相交的数量} \times 10^6(\mu L/L)}{80\mu L MLVSS(g/L)} \tag{1-7}$$

1.4　污泥膨胀及其危害

1.4.1　污泥膨胀的定义

在活性污泥法中，泥水分离几乎全部都以沉淀方式完成，所以微生物必须以密实的絮凝体形式存在以便易于沉淀。如果在活性污泥的生物系统中出现大量丝状菌，影响甚至不能完成污泥分离和回流等，这就涉及污泥膨胀的问题。

污泥膨胀是一种活性污泥沉降速率缓慢，活性污泥絮体压缩恶化的状态。此时沉淀池的功能处于一个不稳定的状态。压缩性能恶化带来了更多的问题。没有充分的凝聚压缩，尽管污泥能够沉淀下来，但并不能压实，这使得二沉池底部的污泥浓度减小，回流污泥浓度也随之降低，从而导致曝气池中的污泥浓度不能到达或维持在一个理想的值，破坏了工艺的正常运行。

活性污泥膨胀这个术语可以从不同的角度去分析，不同的时期对活性污泥膨胀都有不同的解释。Jenkins 带领下的研究小组[5]解释丝状菌膨胀为“宏观结构的失败，从某种意义上来说，有太大的宏观结构”。这个定义的基础是丝状菌可形成活性污泥絮体的骨架，保持污泥良好的絮体结构，但是当丝状菌太多时，就会干扰活性污泥的沉降和压缩。Eikelboom 和 van Buijisen 定义污泥膨胀“因为丝状菌或者是菌胶团的过量生长而使污泥沉降速度变慢，压缩性能变差”。这个定义同时考虑了非丝状菌污泥膨胀。Novak 等[9]认为污泥膨胀的定义应与污泥膨胀的原因无关，污泥膨胀是一种活性污泥沉降速率缓慢，活性污泥絮体压缩恶化的状态。这些定义都描述了发生污泥膨胀时，活性污泥沉降速率降低，活性污泥絮体压缩性能变差的现象。

常用的评价污泥沉降性能的指标有：污泥容积指数，丝状菌长度和污泥成层沉降速度。这些指标数值为多少才为污泥膨胀，各种资料的结果不一。一般认为沉降性能良好的污泥，SVI$<$100mL/g，Palm 等[10]建议 SVI$>$150mL/g 划为污泥膨胀。而 Puol 则将 SVI$>$200mL/g 才称为污泥膨胀。Sezgin 等[5]认为 TEFL$>10^4$ m/g 时发生污泥膨胀。还有些研究者根据污泥成层沉降速度和污泥指数对活性污泥沉降性能进行分级(表 1-4)。

表 1-4 活性污泥沉降性能分级标准

污泥类型	SVI/(mL/g)	ZSV/(m/h)
沉降性能良好	<100	>3
沉降性能稍差	100～200	2～3
污泥膨胀	>200	<1.2

目前，包括我国在内的许多国家都以 SVI 值作为判定活性污泥沉降性能的主要指标。将 SVI>150mL/g 的活性污泥定义为膨胀污泥。根据污泥膨胀的成因，可以把污泥膨胀分为两大类，即丝状菌膨胀和非丝状菌膨胀。

1.4.2 污泥膨胀的范围

自活性污泥法开创以来，活性污泥膨胀问题几乎一直困扰着污水处理工作者，无论是采用鼓风曝气还是机械曝气；无论是采用推流式、完全混合式，还是 SBR 工艺；无论是处理城市生活废水，还是工业废水；无论是在实验室小试，还是现场规模实际污水处理厂都曾发生污泥膨胀。研究者研究了曝气池内的水力特性、进水方式、运行条件和水质条件等，试图找到解决问题的根本方法。在 20 世纪 70 年代，Chudoba 开发了选择器来预防污泥膨胀[11]，尽管选择器在许多活性污泥工艺中都得到了成功的应用，减少了活性污泥膨胀问题。但是，仍然有许多文献报道，选择器并没有起到控制污泥膨胀的作用。

如今，各个国家对富营养化问题日益重视，许多二级污水处理厂进行升级改造，具有了脱氮、除磷去除营养物质(BNR)的能力。研究者发现，许多 BNR 污水处理厂都经历过生物泡沫和丝状菌污泥膨胀问题，尤其是那些采用长的污泥龄并且伴随着间歇曝气或微生物在频繁的好氧/缺氧/厌氧环境交替条件下运行的污水处理厂更是如此。尽管许多人认为将缺氧或厌氧区加到活性污泥处理系统中可以将污泥膨胀问题减少到最少，因为在缺氧或厌氧区这个小环境有利于菌胶团菌的生长，从而抑制泡沫形成菌和丝状菌的过量生长，但实际运行经验表明，该方法并不是非常有效的。

国内外研究者对这些采用 BNR 的污水处理厂中的污泥膨胀(activated sludge bulking)和泡沫(foaming)问题进行了一系列的调查。1993～1994 年，Eikelboom 等调查了丹麦、德国、希腊和荷兰四个国家中 200 多座去除营养物质污水处理厂中丝状菌的数量和种类[12]。Wanner 等在 1996 年 1 月～1997 年 2 月，对捷克的 86 座污水处理厂进行了污泥沉降性能和泡沫问题的调查(24 座存在泡沫问题)[13]。在 1996 年 1 月～1998 年 6 月，Madoni 等调查了意大利 167 座污水处理厂的污泥膨胀及起泡问题[14]。1990 年，Mino 第一次调查了热带地区曼谷的 6 座污水处理厂中由丝状菌繁殖导致的污泥膨胀问题[15]。Rothman 调查了瑞典斯德哥尔摩第

二大去除营养物质的城市污水处理厂(Bromma WWTP)[16]。1993～1994 年，Andreasen调查了丹麦 100 座去除营养物质的污水处理厂[17]。1998 年 2 月，张建新对北京高碑店污水处理厂污泥膨胀进行了调查[18]。部分调查结果见表 1-5。

表 1-5　世界范围内活性污泥工艺中丝状菌的调查

地区/国家	主要的丝状菌
非洲	
南非	*M. parvicella*、1851 型、0041/0675 型和 0914 型
亚洲	
日本	021N 型、NALO、*S. natans*、0041/0675 型和 *Thiothrix* sp.
泰国	021N 型、1701 型、0092 型、0041/0675 型和 NALO
欧洲	
捷克	*M. parvicella* 和 0092 型
丹麦	*M. parvicella*、0041/0675 型、021N 型、0092 型、0914 型和 1851 型
丹麦、德国、希腊、荷兰	*M. parvicella*、0041/0675 型、*N. limicola*、0092 型、0803 型和 0914 型
法国	*M. parvicella*、0041/0675 型、0092 型和 *N. limicola*
德国	*M. parvicella* 和 1701 型、0041/0675 型和 0092 型
意大利	*M. parvicella*、NALO、0092 型、0041/0675 型
荷兰	*M. parvicella*、021N 型、*H. hydrossis* 和 0092 型、1701 型和 0041/0675 型
英国	*M. parvicella*、021N 型、*N. limicola* 和 NALO
北美洲	
美国	1701 型、021N 型、0092 型、0041/0675 型、NALO 和 *M. parvicella*
大洋洲	
澳大利亚	*M. parvicella* 和 0041/0675 型、0092 型和 *H. hydrossis*
南美洲	
阿根廷	1701 型、*S. natans*、NALO、*M. parvicella* 和 0041/0675 型

上述调查结果表明，在目前运行的污水处理厂中，有一半以上的处理厂受到污泥膨胀问题的困扰。在对欧洲四国的 200 多座污水处理厂的调查中发现，在不同季节，不同国家的污水处理厂出现污泥膨胀的情况不一样。荷兰的约 20 座脱氮效果最好的污水处理厂中大约有 60%的 SVI 值上升。在丹麦因为采用去除营养物质(N+P)工艺后，高 SVI 值的污水处理厂数目翻了一倍。其调查结果表明去除营养物质的工艺条件，实际有利于丝状菌的生长，丝状菌在与菌胶团细菌的竞争中占优势地位。除了除磷污水处理厂外，其他污水处理厂都因丝状菌的过量生长发生污泥膨胀。除磷工艺中，污泥沉降性能好，主要是因为聚磷菌的存在增加了污泥

絮体的比重。捷克的去除营养物质污水处理厂的污泥沉降性能变差问题有上升趋势。意大利的167座污水处理中84座存在泡沫问题，81座存在污泥膨胀问题，55座在调查期间同时受到两者的困扰。一般，大、中型的污水处理厂容易发生污泥膨胀。污泥负荷在0.1～0.2kgBOD_5/(kgMLVSS·d)的范围内，容易发生膨胀。在Mino调查的热带地区(泰国)6座污水处理厂中，有4座在调查期间发生了污泥膨胀。Rothman发现在瑞典Bromma城市污水处理厂，长期存在冬季污泥膨胀的现象。Andreasen调查发现，丹麦的污水处理厂在采用了去除营养物质工艺后，污泥的沉降性能普遍变差。25%的去除营养物质的污水处理厂的SVI的平均值都大于150mL/g。在这些厂中，沉淀性能最好的是除磷的污水处理厂，而有反硝化脱氮工艺的沉淀性能最差。选择器对于控制丝状菌的量有影响，但对于阻止污泥膨胀来说作用不大。

瑞典、意大利、丹麦等欧洲六国的污水处理厂中 *M. parvicella* 菌是引起污泥膨胀的最重要的丝状菌种。只有在丹麦污水处理厂，0041型丝状菌才经常占优势地位，但很少引发严重的污泥膨胀。丝状菌的数量随季节而规律性的变化。在冬季和早春，*M. parvicella*、*N. limicola* 和0092型数量最多，夏季最少(瑞典是秋季)。在捷克的调查中发现导致丝状菌污泥膨胀的微生物主要有：*M. parvicella*、*N. limicola*、0092型、0041型和0803型，而且无论在传统的活性污泥处理厂还是去除营养物质污水处理厂这些菌种都大量存在。容易产生泡沫的丝状菌有 *M. parvicella*、*N. limicola*、NALOs(Nocardioform actinomycetes)。在暖和的季节里起泡丝状菌的种类要比冬季多。在意大利的污泥膨胀和起泡问题中，*M. parvicella*、0041型和021N型菌最常见，其他菌种还有0675型和GALOs。无论在传统活性污泥法处理厂，还是BNR处理厂，*M. parvicella* 和0092型都占优势菌种，*N. Limicola* 和1701型菌只在传统活性污泥法处理厂出现。Mino调查曼谷活性污泥处理厂经常出现的丝状菌类型有：021N型、1701型、0041型、0092型、*Nocardia*，较少数量的有：*Beggiaton*、0961型、*Sphacrotilus natan* 和 *Haliscomenobacter hydrossis*。同时，他还指出 *N. limicola* 在日本的污水处理厂中数量不多，但较为常见。瑞典Bromma城市污水处理厂的污泥膨胀主要是由于丝状菌 *Microthrix parvicella* 的过量生长所致。丹麦污水处理厂中，最主要的丝状菌是 *M. parvicella* 和0041型菌。在冬季0041型菌数量最多，夏季 *M. parvicella* 数量最大。张建新调查表明引起北京高碑店污水处理厂污泥膨胀的主要丝状菌为0041型和诺卡氏菌。笔者的调查发现冬季引起北方某氧化沟工艺污泥膨胀的主要是 *M. parvicella*。

欧洲四国的调查表明，在不同工艺中，丝状菌菌群从大到小的变化：①完全混合+同步脱氮；②完全混合+间歇曝气；③生物脱氮和生物除磷交替进行；④预先脱氮；⑤推流式曝气池；⑥加铝盐同步沉淀除磷。

总之，在去除营养物质的污水处理厂，污泥膨胀更加容易发生。但是，如果采用了除磷工艺，其污泥沉降性能较好。在去除营养物质的污水处理厂常出现的丝状菌有 *M. parvicella*、0041 型、0803 型、0092 型和 *N. Limicola* 菌。而 021N 型和 *S. natans* 很少出现在去除营养物质的污水处理厂，因为它们没有反硝化的能力。

有关各国对污泥膨胀发生的调查报告及这些国家应对污泥膨胀所采取的解决方案将在第 9 章进行详细阐述。

1.4.3　污泥膨胀的危害

活性污泥法有许多优点，但任何事物都不可避免地存在不足。以传统活性污泥法为例，其在应用中还存在如：耐冲击负荷能力低、污泥产量大、占地面积大、基建投资大、维护运行费用高、操作管理复杂、对营养物质氮和磷的去除率低及活性污泥膨胀等问题。其中活性污泥膨胀是活性污泥工艺运行中经常遇到的最棘手的问题之一。

运行良好的活性污泥工艺至少要求活性污泥具有良好的絮凝性和沉淀浓缩性能。当二沉池内活性污泥沉淀浓缩性能较差，发生污泥膨胀时，就会带来一系列的问题。污泥膨胀阻碍了二沉池内正常的固液分离，污泥因在规定时间内不能彻底沉降而随出水大量流失，导致出水水质的恶化和底物去除率的降低。发生污泥膨胀时，回流污泥浓度降低，致使曝气池内不能维持所需的生物量，影响处理效率。另外，膨胀的污泥还增大了后续污泥处理、污泥处置的负担和费用。污泥膨胀还会增加回用中水的处理负担，影响采用污水水源热泵等新技术的推广，出水悬浮固体附着在热泵的换热器上，降低其性能。因此，严重的污泥膨胀会影响污水处理工艺的正常运行，甚至导致整个工艺过程的失败。

活性污泥膨胀有三个显著特点：①发生率极高，欧洲各国约有 50%、美国约有 60%的城市污水处理厂每年都发生活性污泥膨胀，工业废水处理厂的问题更加严重。在我国，大约 50%的城市污水与工业废水处理厂都存在不同程度的丝状菌膨胀问题。②发生较普遍，在各种类型的活性污泥工艺中都存在活性污泥膨胀问题，甚至连被认为最不易膨胀的间歇式曝气池也可能发生这一问题。③危害严重，难于控制。较严重的膨胀不仅使污泥流失，出水悬浮物增高，大大降低了污水处理能力，而且一旦发生膨胀难于控制或需相当长的恢复时间。因此，污泥膨胀被称为活性污泥法的“癌症”而日益受到人们的关注。

1.5　污泥膨胀的分类

活性污泥膨胀主要分为两大类型：丝状菌污泥膨胀（filamentous bulking）和非丝状菌污泥膨胀（non-filamentous bulking）。

1.5.1 丝状菌污泥膨胀

活性污泥工艺是目前最为广泛使用的污水生物处理工艺。它主要包括两个阶段，即污染物的生物化学处理阶段和泥水分离的物理阶段。活性污泥将进入曝气池内污水中所含的有机物、氮和磷等污染物经过生物化学作用而去除。活性污泥中微生物的种类是非常繁多的，包括多种的病毒、细菌、原生动物、后生动物、真菌和藻类。在这复杂的生态体系中，细菌的数量占了相当大的比例，其数量可占活性污泥中微生物总量的95%。首先，维持曝气池内适当的生长环境，保证活性污泥中足够的细菌数量是使活性污泥能够有效的去除有机物和各种营养物质的关键所在。活性污泥中的细菌主要有菌胶团细菌及丝状菌，它们构成了活性污泥的骨架。其次，保持二沉池内良好的泥水分离性能和活性污泥的压缩性能也是保证良好的出水水质的关键所在。

污泥膨胀问题(通常指由丝状菌的过量生长所引起的)是活性污泥工艺运行中经常遇到的一个非常棘手的问题。根据 Sezgin 等[5]提出的丝状菌网架结构说，活性污泥中适当的丝状菌数量对维持活性污泥的絮体结构是非常重要的，活性污泥絮体是由丝状菌形成絮体的骨架，菌胶团细菌等微生物产生的多聚糖附着在其上面，形成了凝胶基质架，胶体物质和其他微生物附着在其上形成。菌胶团细菌和丝状菌之间有一个合适的比例关系，当丝状菌数量适当时，其不但不会影响污泥沉降性能，反而有助于污泥絮体的形成。如果污泥絮体内无丝状菌，污泥絮体则比较松散、脆弱，在曝气池内由于曝气的搅动或缺氧池由于搅拌桨的搅拌等机械冲击作用，很容易分裂成细小而零碎的絮体，虽然此时的絮体具有相当高的界面沉速，但是因为污泥絮体过于分散会造成二沉池出水浑浊，悬浮物浓度增高。但是，如果丝状菌数量过高，就会影响活性污泥的沉降性能，使污泥沉降速率变慢，压缩性能变差。Palm 和 Kappeler 都曾指出当丝状菌的含量达到活性污泥微生物总量的1%～20%以上时，就足可以引起污泥膨胀。

简言之，丝状菌污泥膨胀就是因丝状菌过量繁殖造成活性污泥沉降速率变慢，压缩性能变差的现象。实际运行中，大部分的污泥膨胀(90%以上)问题都是由于丝状菌的过量增殖引起的。

人们对污泥膨胀现象已经做了大量的连续的研究工作，但是至今对污泥膨胀问题仍然没有一个统一的认识。Eikebloom 的调查表明[12]，活性污泥中至少含有30类丝状菌，但是在这些丝状菌中，有些丝状菌并不会引起污泥膨胀，其对污泥的沉降性能并没有负面影响。许多研究者试图通过对活性污泥中的丝状菌进行纯菌分离，鉴定出丝状菌的种类，然后根据丝状菌的生理特点来提出解决污泥膨胀的方法，但是曝气池内的丝状菌通常是由多种组成，通常进行纯菌分离是比较困难的，而且对许多丝状菌的生理生态特点人们并不很了解。但是，通过菌种鉴定的方法，可以了解引起膨胀污泥的主要丝状菌种类，由此进一步推测发生污泥膨胀的原因，对于控制污泥膨胀问题还是有帮助。

1.5.2　非丝状菌污泥膨胀

有些研究者发现，有时当丝状菌的数量很低，即使使用 DGGE(denaturing gradient gel electrophoresis)的方法也检测不出时，也可以发生污泥膨胀现象。通常把这类污泥膨胀归属为非丝状菌污泥膨胀。

非丝状菌污泥膨胀又被称为黏性膨胀(slime or viscous bulking)或菌胶团膨胀(zoogloea bulking)。非丝状菌膨胀是由于菌胶团细菌大量累积高黏性物质或过量繁殖引起的无丝状菌过量生长的污泥沉降、压缩性能变差现象。发生非丝状菌污泥膨胀时，往往会发现污泥中的丝状菌全部消失，曝气池上出现大量黏性泡沫。

在一些情况下，某些微生物(如聚磷菌)可能产生黏性物质形成类似的不规则体。一般来说，菌胶团微生物可形成两种类型的菌落：指型和不定型。如果菌胶团微生物大量存在，胞外黏性物质可使污泥絮体膨胀。严重的情况下，黏性物质可使污泥絮体形成凝胶状物体，产生泡沫和浮渣。田口广曾对非丝状菌性膨胀污泥进行了离心分离，发现活性污泥呈布丁状而且含大量的结合水[19]。从被分离的活性污泥中得到黏度极高的黏性物质，对这些黏性物质进行分离，判明这些黏性物质是由葡萄糖、甘露糖、阿拉伯糖和鼠李糖等糖类组成。而这些黏性物质的持水性很好，如正常活性污泥的结合水约为 90%，而非丝状菌性膨胀的活性污泥结合水可高达 380%[19]。污泥絮体压缩性能变差，就是因为黏液中吸附了过量的结合水，阻止了絮体的快速沉降。

引起非丝状菌污泥膨胀的主要原因有：①废水的成分引起菌胶团菌的过量生长，主要是含有高浓度的脂肪和油酸成分[9]。另外，糖类等碳水化合物含量多的废水中，活性污泥能够很容易地将其生成高黏性多糖类。一般处理生活污水的活性污泥所含的碳水化合物占可挥发性固体(VSS)的 15%～20%，发生非丝状菌污泥膨胀后，该比例可高达到 90%。②污泥负荷过高或进水中某种营养物质不充分，例如氮缺乏、磷缺乏或痕量元素(如铁缺乏)。③在某些条件下，选择器也会刺激菌胶团菌的过量生长。④在厌氧或缺氧的生物除磷系统，聚磷菌的过量生长，例如 *Acinetobacter* spp. 细菌被胞外多聚物胶合在一起形成大的菌落致使沉降性变差。⑤低温。

目前，专门介绍如何防止和控制非丝状菌污泥膨胀的文献相对较少。Jenkins 等[20]1986 年曾报道因为营养物质缺乏所引起的黏性污泥膨胀(非丝状菌污泥膨胀)并不能通过以往的控制丝状菌膨胀的方法(如添加聚合物,加氯或投加双氧水)来控制。投加无机、有机混凝剂或黏土助沉的方法是目前最常采用的抑制非丝状菌污泥膨胀的方法。但是,还有研究表明投加无机混凝剂对增强污泥沉淀效果并不明显,而投加一些阳离子高分子混凝剂,虽然可以改善污泥的沉淀性能,但有时会出现当不投加时,污泥膨胀反弹的现象。另外,高分子混凝剂价格比较高。van Leeuwen 于 1988 年利用臭氧成功地控制了南非某处理燃料合成废水的活性污泥法中所发生的非丝状菌污泥膨胀[21]。实际运行中,这些方法可能会受到运行费用或场地条件等限制,而且其他物质的加入还可能影响污水处理的效果。关于防止和控制非丝状菌污泥膨胀的详细措施具体见第 6 章。

1.6 泡沫问题

泡沫是活性污泥法污水处理厂运行中常见的现象。泡沫可分为两类:化学泡沫和生物泡沫。

化学泡沫是由于污水中的日用洗涤剂和一些工业用分散剂、洗涤剂等表面活性物质在曝气的搅拌和吹脱作用下形成。这些表面活性物质主要是一些非离子表面活性剂,如烷基酚聚乙氧基化合物(APE)和壬基酚聚乙氧基化合物(NPE)等。化学泡沫一种是出现在活性污泥工艺启动过程中,另一种是出现在正常运行中。在活性污泥法处理厂启动的前 3～4 天(活性污泥培养初期),曝气池表面会出现白色泡沫,甚至堆积成高达几米的泡沫山。这主要是因为活性污泥尚未形成,污水中存在的表面活性物质没有被生物降解,在曝气作用下形成了泡沫。随着活性污泥培养驯化成熟,这些表面物质被微生物吸附和降解,这些泡沫就逐渐消失。在正常运行的活性污泥系统中,当由于某种原因造成污泥大量流失,导致污泥负荷(F/M)剧增时,也会产生化学泡沫。当进水水质突然改变,大量含有 APE 或 NPE 等表面活性物质的废水突然进入污水处理系统时,也会出现大量化学泡沫。可以用水冲消泡或加消泡剂的方法控制化学泡沫。

生物泡沫包括:诺卡氏菌(Nocardioforms)、*M. parvicella* 和 1863 型丝状菌形成的泡沫;反硝化形成的泡沫;污泥厌氧腐化形成的泡沫;缺乏营养物质时,污泥生成大量表面活性的胞外多聚物形成的黏性泡沫;厌氧消化和污泥处理过程中滤液(厌氧消化池上清液、真空过滤机和带式压滤机等的滤液)过量循环造成的泡沫,这种泡沫里含有大量无机和有机颗粒。这里主要介绍前两种。

在活性污泥法处理厂的曝气池或二沉池表面经常会看到一些稳定的、褐色泡沫或浮渣。这些泡沫内含有大量丝状菌,这些丝状菌的细胞壁主要由一类被称为分枝菌酸的支链羟基脂质组成。这些丝状微生物被统称为诺卡氏菌(Nocardioforms 或 Nocardioform organisms)，主要包括 *Corynebacterium*、*Dietzia*、*Gordona*、*Mycobacterium*、*Nocardia*、*Rhodococcus*、*Skermania* 和 *Tsukamurella* 属等。另外，*M. parvicella* 也会产生相似的泡沫。尽管引起这种泡沫的菌种很多，但是习惯上统称为诺卡氏泡沫(Nocardioform foams)。

诺卡氏菌和 *M. parvicella* 都含有脂类物质，细胞外表面是疏水性的。当活性污泥里含有大量的诺卡氏菌和 *M. parvicella* 时，活性污泥絮体也变成疏水性的，使絮体上附着了大量空气泡。这些携带空气泡的污泥絮体比重降低，小于水的比重，当它们大量累积在一起时上浮到曝气池或二沉池表面，形成厚厚的褐色泡沫层或浮渣层。进水中富含油、脂类的污水处理厂容易出现该种泡沫。在曝气作用下，诺卡氏菌菌丝能伸出曝气池液面，形成空间网状结构，俗称"空中菌丝"。被丝网包围的气泡，增加了其表面的张力，使气泡不易破碎，泡沫就更稳定。诺卡氏菌死亡之后，菌丝也能继续漂浮在液面，形成泡沫。

诺卡氏泡沫较难处理，用水无法冲散，消泡剂的作用也不大。诺卡氏菌产生在污泥絮体内部，用加氯的方法也较难根除。诺卡氏泡沫不仅会堆积在曝气池、二沉池表面，造成出水有机物浓度和悬浮固体升高，还可能溢流到池体的走道板上，甚至蔓延到路边。夏天，生物泡沫会随风飘散，产生恶臭或不良有害气体；冬天，泡沫结冰，清理起来非常困难。若采用机械曝气方式，可降低氧转移效率，降低曝气池混合液的溶解氧(DO)浓度。该泡沫还可随排泥进入泥区，干扰浓缩、造成后期污泥消化时产生大量泡沫。另外，预防医学还认为诺卡氏菌可能成为人类的病原菌。

1863 型丝状菌引起的泡沫是灰白色，而且泡沫易破裂。当污泥龄较短(MCRT≤2d)时，曝气池表面或二沉池出水中可能出现此种泡沫。泡沫内的 1863 型菌要高于曝气池混合液内的。

在二沉池表面或脱氮污水处理厂的缺氧区表面有时会看到一层由于反硝化作用引起的褐色泡沫层。曝气池内的硝化作用产生大量硝态氮，那些没有被反硝化的硝态氮随曝气池出水进入二沉池；二沉池内反硝化菌以 NO_2^- 和 NO_3^- 为电子受体，在一定条件下，发生反硝化作用，产生大量的氮气，这些细小的氮气泡附在污泥絮体上，使之上浮。当反硝化污泥里含有丝状菌时，这种情况会加剧，因为丝状菌更加有助于污泥絮体捕获小气泡。二沉池出现这种现象经常被称为污泥上浮(sludge rising 或 blanket rising)。反硝化产生的泡沫和诺卡氏泡沫是有区别的，具体见表 1-6。利用沉降试验除了可以区分反硝化泡沫和诺卡氏泡沫外，还可以将反硝化泡沫和污泥厌氧腐化形成的泡沫区分开来。将静置后上浮的污泥用玻璃棒搅拌，上浮污泥又下沉的是反硝化污泥；若搅拌后，污泥不下沉或下沉速度非常慢，是厌氧酸化引起的污泥上浮(该污泥颜色多灰暗、发黑)。

表 1-6　反硝化泡沫和诺卡氏泡沫的区别

泡沫类型	诺卡氏泡沫	反硝化泡沫
产生泡沫的位置	主要出现在曝气池表面	二沉池表面和曝气池的缺氧区
泡沫大小	泡沫大、黏性强、难去除	泡沫小
丝状菌数量	泡沫内的丝状菌数量比曝气池混合液内的大	泡沫内和曝气池混合液内丝状菌数量无差别
沉降试验	沉降试验后，上清液上浮有一层油膜样物质	污泥静置 30min，污泥分层，上浮污泥层用玻璃棒搅拌后又可下沉

1.7　其他泥水分离问题

前面介绍了几种活性污泥絮体形成机理的假说，目前被人们所普遍认可的主要是胞外多聚物和丝状菌的架桥作用。活性污泥系统中的其他泥水分离问题也可以主要从这两方面加以解释。

1.7.1　分散生长

分散生长又被称为反絮凝现象或污泥解体。一般认为，分散生长主要是缺乏胞外多聚物或胞外多聚物的架桥作用受到干扰，致使活性污泥微生物不能黏附在一起。非絮凝细菌的大量生长、二价阳离子浓度（如：Ca^{2+} 和 Mg^{2+}）和一价阳离子浓度（如：K^+ 和 Na^+）比值过低、生物表面活性剂的抗絮凝作用、毒物排入导致污泥中毒、冲击负荷或污泥流失致使 F/M 急剧增高、曝气池内存在大面积厌氧污泥酸化解体等都有可能使活性污泥分散生长。

1.7.2　针状污泥絮体

如 1.2.2 节中丝状菌网架结构说介绍的，当活性污泥絮体内没有丝状菌，只有菌胶团细菌，活性污泥絮体通常非常小（小到 $75\mu m$），且絮体松散、易碎，这样的絮体即为针状污泥絮体。当生物絮凝作用不好时，这些絮体很容易被曝气池内的湍流剪切成碎块，特别是采用机械曝气或大气泡扩散器时。另外，各种泵、重力流的堰、曲折的管道等都有可能形成湍流，也会将这些絮体剪切成小块。当污泥负荷（F/M）太低时，污泥老化，也可出现针状污泥絮体。

这样的絮体粒径大小差异较大，大的絮体迅速下沉，小的絮体沉速慢，形成一个非连续层，其上清液浑浊。

1.7.3　散落状絮凝物悬浮

二沉池表面有时可以看到松散的絮状物悬浮，但出水清澈。沉降试验表明，污泥沉速较慢。该现象称为散落状絮凝物悬浮。其主要原因是污泥负荷(F/M)太高，活性污泥微生物处于对数增殖期，使活性污泥具有很高的能量水平，活性污泥微生物活动能力强，污泥絮体质地松散，絮凝体形成不佳，不易沉降。当适当降低污泥负荷时，散落状絮凝物可消失。

表 1-7 概括了活性污泥工艺中常见的几种泥水分离问题，有关这些泥水分离问题的解决措施具体见第 6 章阐述。

表 1-7 活性污泥法中与污泥沉降性能相关的问题

问题名称	现象	主要原因	后果
分散生长(deflocculation/dispersed growth)	活性污泥不能形成大的絮体而分散生长，仅形成小的絮凝块或单细胞生长	机械曝气破坏、长时间厌氧、低溶解氧、pH 冲击、中毒	出水浑浊，悬浮固体(SS)超标，不能形成成层沉降，无泥水界面，没有大块污泥絮体
微细或针状污泥絮体(pinpoint floc/pin floc)	小而密实的、易碎的、似圆形的絮体大量出现；大絮体沉降快，小絮体沉降慢；虽然沉降加速，但上清液浑浊	低有机负荷(F/M)	低的污泥指数 SVI，出水雾状浑浊，出水 SS 高
散落状絮凝物悬浮	二沉池表面松散的絮状物悬浮，出水清澈	污泥负荷(F/M)太高	有可能导致出水 SS 超标
污泥上浮(floatation/blanker rising)	污泥成块状，或携裹微小气泡浮于曝气池或二沉池表面	过量表面活性物质和类脂化合物、过低(<4.0)或过高(>10.0)的 pH 冲击、碱度过高、水温过热(>45℃)、致毒性底物的流入、过量曝气(DO>6.0mg/L)；污泥回流量过大；污泥缺氧反硝化，氮气使污泥上升到二沉池表面；若上浮污泥发黑色，则为池底积泥厌氧腐化	在曝气池或二沉池表面形成浮渣层和产生大量气泡
泡沫(foam/scum formation)	曝气池或二沉池表面出现大量泡沫	没降解的表面活性剂和起沫微生物存在(诺卡氏菌群，*M. parvicella*，放线菌等的过量增殖)，与温度、pH、F/M 值及底物种类、工艺运行条件密切相关	处理单元出现大量泡沫和浮渣；诺卡氏菌群和 *M. parvicella* 泡沫很难清除或被机械破碎；堆积的泡沫腐败发出臭味；二沉池出水 SS 升高；泡沫到处漂移，可能溢出曝气池或二沉池池体，影响周围景观

续表

问题名称	现象	主要原因	后果
丝状菌膨胀 (filamentous bulking)	大量丝状菌从絮体中生长出来，在絮体之间架桥，形成开放的絮体结构，影响污泥的进一步沉降、压实和浓缩	低 F/M、低 DO、低 pH、缺少营养物质（N、P、Fe）等诸多因素	高的 SVI 值，但出水上清液非常清澈；回流污泥和剩余污泥浓度低；严重时，二沉池污泥流失；水力负荷过高；加大后期污泥处理难度
非丝状菌膨胀 (slime, viscous or zoogloea bulking /non-filamentous bulking)	存在大量胞外黏性物质，严重时胶状物阻碍污泥沉降	高负荷（F/M）	沉降和压缩速率变慢；严重时，泥、水不能分离，二沉池污泥流失；运转时形成黏性泡沫

主要参考文献

[1] Donaldson W. Using of activated sludge increasing. Civil Eng, 1932, 2(3):167-169

[2] Pasveer A. A contribution to the development in activated sludge treatment. J Proc Inst Sewage Purif, 1959, 4:436

[3] Irvine R L, Davis W B. Using of sequencing batch reactors for waste treatment. *In*: CPC International Corpus Christi, Texas, 26th Annual Purdue Industrial Waste Conference. West Lafayette: Ann Arbor Science Publ., 1971

[4] Curds C R. The ecology and role of protozoa in aerobic sewage-treatment processes. Annual Review of Microbiology, 1982, 36:27-46

[5] Sezgin M, Jenkins D, Parker D S. Unified theory of filamentous activated-sludge bulking. Journal Water Pollution Control Federation, 1978, 50(2):362-381

[6] 张杰，周帆. 活性污泥生物学与反应动力学. 北京：中国环境科学出版社，1989

[7] Eikelboom D H. Process control of activated sludge plants by microscopic investigation. London: Handbook IWA Publishing, 2000

[8] Jenkins D, Richard M G, Daigger G T. Manual on the causes and control of activated sludge bulking and other solids separation problems. London: IWA Publishing, 2004

[9] Novak L, Larrea L, Wanner J, Garciaheras J L. Non-filamentous activated-sludge bulking in a laboratory-scale system. Water Research, 1993, 27(8):1339-1346

[10] Palm J C, Jenkins D, Parker D S. Relationship between organic loading, dissolved oxygen concentration and sludge settleability in the completely mixed activated sludge process. Journal Water Pollution Control Federation, 1980, 52(10):2484-2506

[11] Chudoba J, Grau P, Ottavá V. Control of activated sludge filamentous bulking—Ⅱ. Selection of microorganism by means of a selector. Water Research, 1973, 7:1389-1406

[12] Eikelboom D H, Andreadakis A, Andreasen K. Survey of filamentous populations in nutrient removal plants in four European countries. Water Science and Technology, 1998, 37(4-5):281-289

[13] Wanner J, Ruzickova I, Jetmarova P, Krhutkova O, Paraniakova J. A national survey of activated sludge separation problems in the Czech Republic: Filaments, floc characteristics and activated sludge metabolic properties. Water Science and Technology, 1998, 37(4-5):271-279

[14] Madoni P, Davoli D, Gibin G. Survey of filamentous microorganisms from bulking and foaming activated-sludge plants in Italy. Water Research, 2000, 34(6):1767-1772

[15] Mino T. Survey on filamentous microorganisms in activated sludge processes in Bangkok, Thailand. Water Science and Technology, 1995, 31(9):193-202

[16] Rothman M. Operation with biological nutrient removal with stable nitrification and control of filamentous growth. Water Science and Technology, 1998, 37(4-5):549-554

[17] Andreasen K, Sigvardsen L. Experiences with sludge settleability in different process alternatives for nutrient removal. Water Science and Technology, 1996, 33(12):137-146

[18] 张建新，王洪臣. 北京市高碑店污水处理厂污泥膨胀的研究及控制对策. 给水排水，2003，(7):8-12,99

[19] 田口广. 活性污泥膨胀与控制对策. 孙玉修，蔡汉弟译. 北京:中国建筑工业出版社，1981

[20] Jenkins D, Richard M G, Daigger G T. Manual on the causes and control of activated sludge bulking and foaming . Lafayetee(CA), USA:Ridgeline Press,1986

[21] van Leeuwen J. Ozonation for non-filamentous bulking control in an activated-sludge plant treating fuel synthesis wastewater. Water Sa, 1989, 15(2):127-132

第 2 章　活性污泥法微生物学基础

如第 1 章所述，活性污泥是由多种多样的好氧微生物和兼性厌氧微生物（有可能有厌氧微生物）与废水中的有机和无机固体混凝物交织在一起形成的具有很强吸附分解有机物的能力和良好沉淀性能的絮体颗粒。

活性污泥中的微生物类群范围很广，属于原核生物的有细菌、放线菌和蓝细菌；属于真核生物的有原生动物、后生动物、酵母菌和丝状真菌以及单细胞藻类（图 2-1）。在多数情况下，活性污泥中的主要微生物是细菌、特别是异养细菌占优势，主要有动胶菌属（*Zoogloea ramigera*）和假单胞菌属（*Pseudomonas*）。其他的常见的优势细菌还有蜡状芽孢杆菌（*Bacillus cereus*）、中间埃希氏菌（*E. intermedia*）、粪产气副大肠杆菌（*Paracolobactrum aerogenoides*）、放线形诺卡氏菌（*Nocardia actinomorphya*）、产碱杆菌属（*Alcoligenes*）、黄杆菌属（*Flacobacterium*）、大肠杆菌（*E. coli*）、产气气杆菌（*Aero-bacter aerogenes*）、变形杆菌（*Proteus*）等类细菌。除上述类群，活性污泥中尚有很多其他具有特定功能的细菌类群。如固氮菌，硝化细菌，聚磷菌等，他们在污水生物脱氮除磷过程中发挥着重要作用。微型生物（包括原生动物和后生动物）也是活性污泥的重要组成部分。在正常情况下，真菌和藻类都很少。

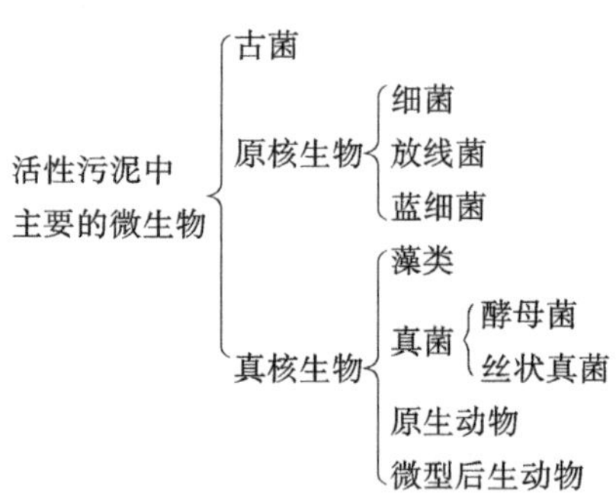

图 2-1　活性污泥中的主要微生物

从形态上看，活性污泥中的微生物又可分为菌胶团菌（floc-forming bacteria）、丝状菌（filamentous bacteria）和游离细菌。菌胶团菌是指能够形成菌胶团的细菌，主要包括占绝大多数的各种异养和自养细菌。硝化细菌、聚磷菌等功能菌都属于菌胶团菌。菌胶团是活性污泥中细菌的主要存在形式，在污水生物处理中具有重要作用，是降解污染物的主体。正常的菌胶团具有良好的沉降性能，菌胶团性状的异常会使污水生物处理效果下降,同时可能引起某些污泥沉降问题。丝状菌是指菌体细胞能相连形成丝状的一类微生物的统称,如丝状细菌、放线菌、丝状真菌(霉菌)和丝状藻类(如蓝细菌)等。丝状菌可以作为活性污泥絮体的骨架,对污染物的降解也起到一定作用。但丝状菌的过量繁殖则会导致污泥丝状膨胀。

本章将先介绍菌胶团菌,并着重介绍菌胶团菌中的具有特殊功能的几类菌群——硝化菌、反硝化菌、聚磷菌、聚糖菌等以及原生动物和后生动物。有关丝状菌的微生物学可见本书的第 3 章。

2.1　菌胶团菌

在活性污泥系统中,有的微生物聚集成肉眼可见的棉絮状物,这种絮凝体叫做菌胶团。菌胶团的形成过程主要是由某些细菌和原生动物分泌出一些胞外聚合物(如蛋白质、多糖及核酸等胞外物质)把松散不稳定的污泥颗粒凝聚成形态比较规则、质地均匀的污泥颗粒。这些微生物也被称为菌胶团菌,以便与丝状菌相区分。菌胶团有分枝状的、垂丝状的、球形的、椭圆形的、蘑菇形的、片状的以及各种不规则的形状。

菌胶团是活性污泥中细菌的主要存在形式,在污水生物处理中具有重要作用。一般地,处理生活污水的活性污泥,其性能好坏,主要根据所含菌胶团多少、大小及结构的紧密程度来决定。新生菌胶团颜色较浅,甚至无色透明,有旺盛的生命力,分解氧化有机物的能力强。老化了的菌胶团,由于吸附了许多杂质,颜色较深,看不到细菌单体,像一团“烂泥”似的,生命力较差。

菌胶团是活性污泥的结构和功能的中心,表现在数量上占有绝对优势(丝状膨胀的活性污泥除外),是活性污泥的基本组分。菌胶团的作用有如下几个方面:①由于菌胶团具有较大的表面积和本身的黏性,它可以在短时间内吸附大量悬浮及溶解性有机物质,以及 30%～90%的重金属离子;这种吸附作用对于菌胶团细菌氧化分解有机物大有好处。②菌胶团紧密成团状,使污泥密度增大,使污泥具有良好沉降性,这样可在二沉池中实现泥水分离。③菌胶团菌由于包埋在胞外聚合物中就不至于被动物吞噬;需要固定生活的微型生物,丝状藻类又可以菌胶团作为栖息和附着生长的场所,这就为重要的水处理微生物的生存和发展提供了方便。

在正常的活性污泥中,污泥应该是一个个菌胶团,而不是分散的污泥颗粒。而当遇到不适宜的环境时,菌胶团就发生松散,甚至呈现单个游离细菌,影响处理效果。因此,为了使污水生物处理达到较好的效果,要求菌胶团结构紧密,吸附、沉降性能良好。这就必须满足菌胶团菌对营养及环境的要求。

2.2　生物脱氮系统中的常见细菌

2.2.1　硝化细菌

硝化细菌(nitrifying bacteria, or nitrifiers)是一大类在自然界氮素循环中十分重要的菌群。按照硝化细菌所能够利用的底物类型,又分为氨氧化菌(ammonia oxidizing bacteria, AOB)和亚硝酸盐氧化细菌(nitrite oxidizing bacteria, NOB)。前者将氨氮转化为亚硝酸盐,后者则将亚硝酸盐继续氧化为硝酸盐。在污水处理过程中,硝化细菌也是最重要的功能菌群之一,参与含氮污染物从污水中的去除过程。在污水处理的部分资料中,氨氧化细菌和亚硝酸盐氧化细菌又被分别称为亚硝酸细菌和硝酸细菌。

1. 硝化细菌的种类

长期以来人们一直把硝化细菌分为两个亚群:氨氧化菌与亚硝酸盐氧化菌,这两类细菌都属于硝化杆菌科(Nitrobacteraceae)。然而,随着分子生物学技术的发展,通过对已分离培养得到的硝化细菌的16S rRNA基因的序列的分析研究发现,氨氧化菌和亚硝酸盐氧化菌从系统发育角度来讲不属于同一类,而是分属于Proteobacteria的α纲、γ纲、β纲和δ纲。Proteobacteria称为变形菌,是细菌进化树上最后的一个谱系。Proteobacteria是细菌中最大的门,也是生物多样性最丰富的门。按照系统发育的角度,硝化细菌的分类如下。

1) 氨氧化菌

从系统发育的角度,氨氧化菌分为四个属(图2-2),分属于Proteobacteria的γ纲和β纲。其中只有氨氧化球菌属(*Nitrosococcus*)属于Prteobacteria的γ纲,代表种:海洋氨氧化球菌(*Nitrosococcus oceani*)和嗜盐氨氧化球菌(*Nitrosococcus haolphius*)。氨氧化单胞菌属、氨氧化螺菌属和氨氧化叶菌属属于Proteobacteria的β纲。Proteobacteria的β纲中共有14种:*Nitrosospira briensis*, *Nitrosovibrio tenuis*, *Nitrosolobus multiformis*, *Nitrosomonas species*(Ⅰ, Ⅱ, Ⅲ), *Nitrosomonas europaea*, *Nitrosomonas eutropha*, *Nitrosomonas halophila*, *Nitrosomonas ureae*, *Nitrosomonas oligotropha*, *Nitrosomonas marina*, *Nitrosomonas aestuarii*, *Nitrosomonas communis*, *Nitrosomonas nitrosa*, *Nitrosomonas crytolerans*和*Nitrosococcus mobilis*等。

2) 亚硝酸盐氧化菌

亚硝酸盐氧化菌分为三个属(图2-3),*Nitrobacter*属于Proteobacteria的α纲,*Nitrococcus*和*Nitrospina*分别归属于Proteobacteria的γ纲和δ纲。基于超

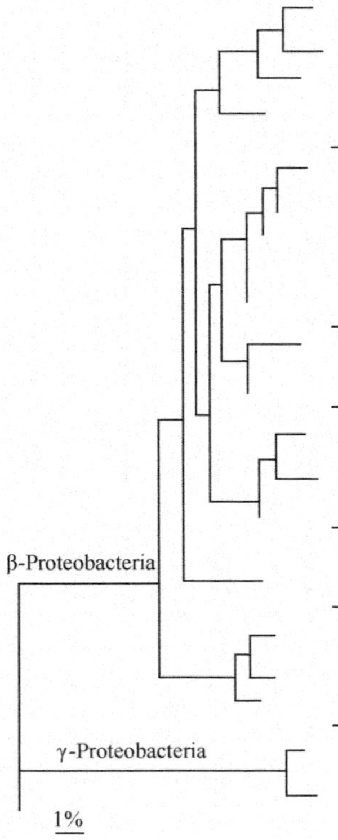

β-Proteobacteria

γ-Proteobacteria

1%

种类	生态生理学参数			适宜的生境
	盐度要求	脲酶活性	底物氨的亲和性 K_S	
Nitrosomonas europaea *Nitrosomonas eutropha* *Nitrosomonas halophila* *Nitrosococctus mobilis*	耐盐或适度的嗜盐	–	30~60μmol/L	污水处理厂 富营养的淡水和咸水
Nitrosomonas communis *Nitrosmonas* sp. Ⅰ *Nitrosmonas* sp. Ⅱ	不需要盐度	–	14~43μmol/L	土壤 (不含酸)
Nitrosomonas nitrosa	不需要盐度	+	19~46μmol/L	富营养的淡水
Nitrosomonas ureae *Nitrosomonas oligotropha*	不需要盐度	+	1.9~4.2μmol/L	寡营养的淡水 自然土壤
Nitrosomonas marina *Nitrosomonas* sp. Ⅲ *Nitrosomonas aestuarii*	专性嗜盐	+	50~52μmol/L	海洋环境
Nitromonas eryotolerans	专性嗜盐	+	42~59μmol/L	海洋环境
Nitrosolobus multiformis	不需要盐度	+/–		土壤(不含酸)
Nitrosovibrio tenuis *Nitrosospira* sp. Ⅰ	不需要盐度	+/–		土壤、岩石和淡水
Nitrosococcus oceani *Nitrosococcus halophilus*	专性嗜盐	+/ –		海洋环境

图 2-2　基于 16S rRNA 序列建立的氨氧化菌系统发育树及其生理生态参数和适宜的生境

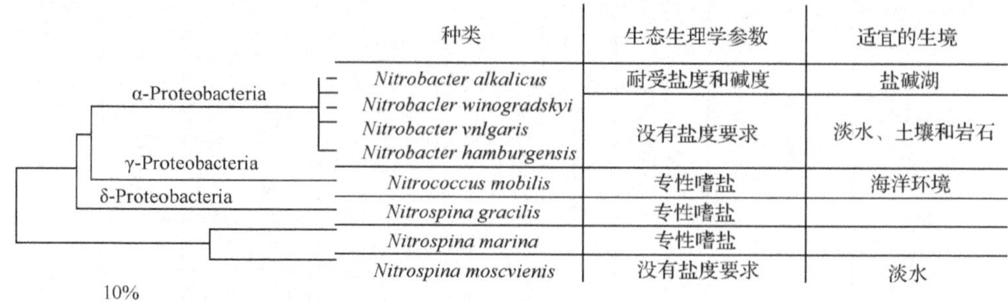

图 2-3 根据 16S rDNA 序列建立的亚硝酸盐氧化菌系统发育树及其生理生态参数和适宜的生境

显微结构的描述，分类学家将亚硝酸盐氧化菌分为亚硝酸盐氧化杆菌属、亚硝酸盐氧化刺菌属和亚硝酸盐氧化球菌属。进一步比较它们的 16S rRNA 基因序列，亚硝酸盐氧化杆菌属于 Proteobacteria 的 α 纲，包含 4 个种：*Nitrobacter winogradskyi*，*N. bamburgensis*，*N. vulgaris* 和 *N. alkalicus*；亚硝酸盐氧化刺菌属（*Nitrospina*）和亚硝酸盐氧化球菌属（*Nitrococcus*）属于 Proteobacteria 的 γ 纲和 δ 纲。

在形态上，硝化细菌呈多样性，有球形、杆状、螺旋形等，但均为无芽孢的革兰氏阴性菌；有些有鞭毛能运动，如氨氧化叶菌，借周身鞭毛运动；有些无鞭毛不能运动，如亚硝酸盐氧化刺菌。一般分布于土壤、淡水、海水中，有些菌仅发现于海水中，如硝化球菌、硝化刺菌。

2. 硝化细菌的生理生态特性

硝化细菌的大多数种类都是专性化能自养菌，除了维氏硝化杆菌中的某些菌株能同化乙酸盐，进行兼性自养生长外，其他的种类几乎都不能在有机培养基上生长，也不需要外源生长因子。并且氨氧化菌与亚硝酸盐氧化菌这两个生理亚群对底物的要求非常专一，氨氧化菌以氨作为能源，亚硝酸盐氧化菌以亚硝酸盐作为能源。这是两类完全不相同的，却几乎永远共生的细菌。它们都不能氧化其他基质，然而正是它们的联动完成了硝化作用。其主要特性是自养性、生长速率低、好氧性、依附性和产酸性。温度对硝化细菌的生长速率和硝化速率都有较大影响，大多数硝化细菌的合适生长温度为 15～35℃，高于 20℃时硝化细菌的活性较高，但超过 38℃硝化作用将会消失。当环境气温低于 20℃时，氨的转化会受到影响。在 10～35℃时，温度每升高 10℃，硝化速率可提高 2 倍。一般认为，适宜亚硝酸盐氧化菌和氨氧化菌生长介质的 pH 分别为 6.0～7.5 和 7.0～8.5。水体 DO 的高低影响到好氧、厌氧微生物的比例，一般认为 DO 的质量浓度应当控制为 1.5～2.0mg/L，低于 0.5mg/L 时硝化作用明显减弱。另外，污泥龄、碳氮比、碱度等对硝化及脱氮均有影响。

3. 硝化细菌的生化反应机理[1]

氨氧化菌将氨氧化需要氧分子，第一步由氨单加氧酶(ammonia monooxygenase，AMO)参与并以 NADH 为电子供体。氨氧化的一个产物是羟胺(NH_2OH)，由于能量用于氧化 NADH，此过程无 ATP 产生。接着，羟胺被氧化为亚硝酸盐，在这一步中通过一种细胞色素系统传递电子再经氧化磷酸化而形成 ATP(图 2-4)。

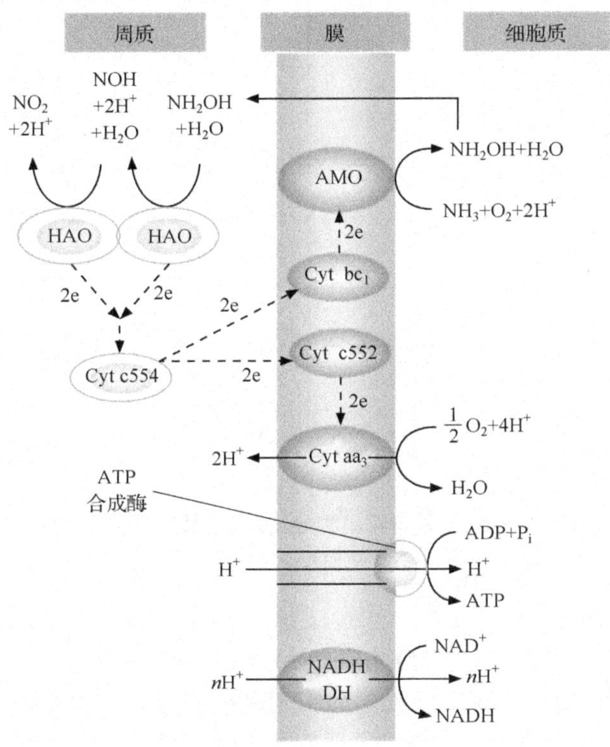

图 2-4　氨氧化菌的氨氧化和电子传递途径

AMO：氨单加氧酶；HAO：羟胺氧化还原酶

氨氧化菌：

$$NH_3 + O_2 + 2H^+ + 2e \longrightarrow NH_2OH + H_2O \tag{2-1}$$

$$NH_2OH + H_2O + 0.5O_2 \longrightarrow NO_2^- + 3H^+ + H_2O \tag{2-2}$$

总反应式为

$$NH_3 + 1.5O_2 \longrightarrow NO_2^- + H^+ + H_2O, \Delta G^0 = -287kJ \tag{2-3}$$

NH_3 被氨单加氧酶氧化产生 NH_2OH 和 H_2O，接着羟胺氧化还原酶将 NH_2OH 氧化成 NO_2^-，并转移 4 个电子。氨单加氧酶是一种膜整合蛋白，而经胺氧化还原酶存在于周质中。氨单加氧酶催化的反应(2-1)中需要两个外源电子将双氧中的一个氧原子还原为水。这些电子来自羟胺的氧化并通过细胞色素 c 和泛醌由羟胺氧化还原酶传递给氨单加氧酶。NH_3 氧化生成 NO_2^- 产生 4 个电子,但只有 2 个电子真正作用于终端氧化酶。

由亚硝酸盐氧化为硝酸盐只需一步(图 2-5)。该反应由亚硝酸氧化酶系统来参与进行,电子经细胞色素传递给 O_2,再通过氧化磷酸化产生 ATP[1]。

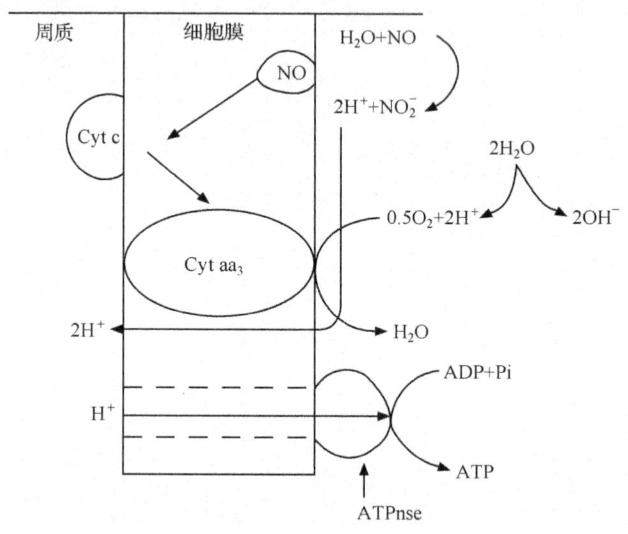

图 2-5 亚硝酸盐氧化菌将亚硝酸盐氧化成硝酸盐的电子传递途径[1]
NO:亚硝酸盐氧化酶

亚硝酸盐氧化菌:

$$NO_2^- + 0.5O_2 \longrightarrow NO_3^-, \Delta G^0 = -76 \text{ kJ} \quad (2\text{-}4)$$

在亚硝酸氧化菌中用亚硝酸氧化酶将亚硝酸盐氧化成硝酸盐:电子通过一个极短的电子传递链(因为 NO_3^-/NO_2^- 具有高电势)传给终端氧化酶。细胞色素 a 和 c 参与亚硝酸氧化剂的电子传递,并通过细胞色素 aa_3 的反应产生一个质子动力,最终促进 ATP 的形成。因为只有很少的一部分能量能被亚硝酸盐氧化菌利用,所以亚硝酸盐氧化菌的生长率更低。

2.2.2 反硝化细菌

反硝化作用是一个硝酸盐的生物还原过程。包括多步反应($NO_3^- \longrightarrow NO_2^- \longrightarrow NO \longrightarrow N_2O \longrightarrow N_2$),通常把能够还原硝酸盐或亚硝酸盐,产生 N_2O 或 N_2 的细菌,称为反硝化细菌。

1. 反硝化细菌的种类[2]

不像硝化细菌，反硝化细菌在分类学上没有专门的类群，它们分散于原核生物的众多种属中。就所涉及的生物多样性而言，没有一种无机物的转化可与反硝化作用相提并论。这些包含反硝化细菌的属绝大多数分布于细菌界，少数分布于古生菌界。

在古生菌界，反硝化细菌主要分布在盐杆菌纲，但迄今还未做过系统的研究。最近发现，有些反硝化细菌也分布在盐杆菌纲之外。其中，*Pyrobaculum aerophilum* 是嗜热细菌；*Ferroglobus placidus* 是铁细菌。随着研究的深入，包含反硝化细菌的属的数目将继续增加。

在细菌界，绝大多数被确认的反硝化细菌集中分布在 Proteobacter 门。该门下设 α-Proteobacter 纲、β-Proteobacter 纲、γ-Proteobacter 纲、δ-Proteobacter 纲和 ε-Proteobacter 纲。除了 δ-Proteobacter 纲，其他四个纲都包含反硝化菌。*Hypho microbium* 是 α-Proteobacter 纲中一个引人注目的属，因为它们经常出现于污水生物脱氮装置内，并成为活性污泥的优势菌。该纲下的根瘤菌以共生固氮闻名于世，其反硝化活性也值得关注，因为固氮作用与脱氮(反硝化)作用正好是两种相反的生理功能。兼有固氮和脱氮能力的菌株普遍存在，广泛分布于 *Rhodobacter*、*Hyphomicrobium*、*Azoarcus* 和 *Pseudomonas* 中。此外，前面提到的硝化细菌中的 *Nitrobacter* 菌株具有亚硝酸盐氧化能力，同时也具有硝酸盐还原能力。硝化和反硝化也是两种相反的生理功能。

在 β-Proteobacter 纲中也存在大量反硝化菌，该纲的 *Nitrosomonas* 长期被认为是典型的氨氧化细菌，近期也检出了反硝化活性，并且由于它们在废水生物脱氮中具有潜在的应用价值，最近成了环境微生物领域的研究热点。

在 γ-Proteobacte 纲中，一些典型的反硝化细菌(如 *Pseudomonas stutzeri* 和 *Pseudomonas auruginosa*)得到了系统而深入的研究，一些独特的反硝化细菌(如 *Beggiatoa*、*Thioploca* 和 *Thiomargarita*)也被陆续发现。*Beggiatoa*、*Thioploca* 和 *Thiomargarita* 具有积累硝酸盐的特殊能力，其液泡中的硝酸盐浓度可比环境中高出数千倍。

在 ε-Proteobacte 纲中分布的某些反硝化菌(如 *Wolinella succinogenes*)具有不完全的反硝化能力。

在 Proteobacter 门之外，也存在众多的反硝化细菌。其中，一些反硝化细菌是革兰氏阳性细菌。在这类群反硝化细菌的研究中，常常发生对菌种数量的低估。例如，*Bacillus* 含有多种反硝化细菌，但由于该属的代表种 *Bacillus subtilis* 没有反硝化活性，这个属的反硝化细菌常被人们忽视。又如，由于检测灵敏度的限制，一些革兰氏阳性细菌(如 *Frankia* 和 *Propionibacterium*)被判定为非反硝化细菌；

检测法改进后，已从中鉴定了不少反硝化细菌。

在非 Proteobacter 门细菌中，也有一些被确认的反硝化细菌是革兰氏阴性菌，如 *Aquifex*、*Flexibacter* 和 *Flavobacterium* 的菌株。其中，*Aquifex pyrophilus* 是嗜热细菌，也是细菌界分支最深（起源最早）的菌种。它意味着反硝化作用（厌氧呼吸）是最古老的代谢途径之一。

2. 反硝化细菌的生理特性

大多数反硝化细菌是异养菌，利用的有机物可以是简单的小分子，也可以是复杂的大分子。如 *Hyphomicrobium* 菌株可以利用甲醇作为电子供体，进行异氧反硝化作用：

$$6NO_3^- + 5CH_3OH \longrightarrow 5CO_2 + 3N_2 + 7H_2O + 6OH^- \tag{2-5}$$

但有些反硝化菌可以利用氢、氨、硫等无机物作为能源，如 *Thiobacillus denitrifican* 能够利用硫作为电子供体，进行自养反硝化作用：

$$5S + 6KNO_3 + 2H_2O \longrightarrow 3N_2 + K_2SO_4 + 4KHSO_4 \tag{2-6}$$

还有的甚至可进行光合作用，利用光能自养（如 *Rhodopseudomonas*）。反硝化菌的电子受体（主要是硝酸盐和亚硝酸盐）的种类不多，但电子供体的种类极多。

大多数反硝化菌是兼性厌氧菌，能够利用氧或硝酸盐作为最终电子受体。虽然硝酸盐与氧一样从呼吸链中获得电子，但以硝酸盐作为电子受体时，基质释放的能量降低。只有当氧受限制时，硝酸盐才能取代氧进行厌氧呼吸。

3. 反硝化细菌的生化反应机理

1）反硝化的物质转化途径

反硝化过程是一个涉及多种酶和多种中间产物，并伴随着电子传递和能量产生的复杂生化反应过程。大量研究表明，反硝化是涉及 4 种酶（硝酸盐还原酶 NaR、亚硝酸盐还原酶 NiR、NO 还原酶 NoR、N_2O 还原酶 N_2oR）的四步生化还原反应（图 2-6）。

第一步，硝酸盐在硝酸盐还原酶（Nitrate reductase，NaR）的作用下，被还原成亚硝酸盐。

$$NO_3^- + 2H^+ + 2e \xrightarrow{NaR} NO_2^- + H_2O \qquad -89.2kJ/mol \tag{2-7}$$

该反应中，需要两个外源电子将硝酸盐中 N^{5+} 还原为亚硝酸盐中 N^{3+}，同时脱下的一个 O^{2-} 与细胞质中水分解产生的 $2H^+$ 结合生成 H_2O，反应放出 82.9kJ/mol 的能量。NaR 在革兰氏阴性菌中似乎是周质酶，是膜结合蛋白，他们的合成受 O_2 的限制，只有在无氧的条件下才能合成。Kirstein 等[3] 的研究表明，反硝化菌细胞内存在两种硝酸盐还原酶，即位于细胞膜内侧的膜内硝酸盐还原酶和位于

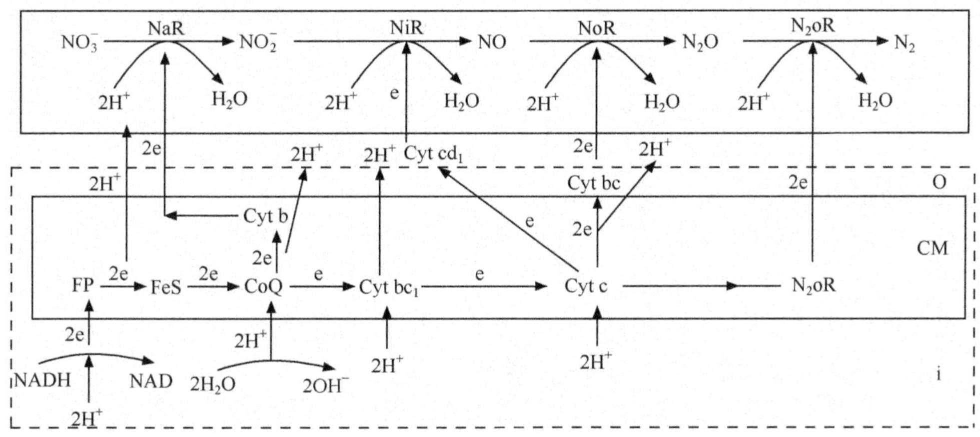

图 2-6　反硝化的生化反应过程及电子传递模式

CM：细胞质膜；O：细胞膜外部；i：细胞膜内部；NaR：硝酸盐还原酶；NiR：亚硝酸盐还原酶；NoR：一氧化氮还原酶；N_2oR：一氧化二氮还原酶；Cyt：细胞色素；NAD：烟酰胺腺嘌呤二核苷酸；FP：黄素蛋白；FeS：铁硫蛋白；CoQ：辅酶 Q

细胞膜外侧的膜外硝酸盐还原酶。两种硝酸盐还原酶在生理功能、催化活性中心等方面均存在较大差异性，但他们的亚单位中均含有钼(Mo)原子，Cyt b 或 Cyt c。

第二步，亚硝酸盐在亚硝酸盐还原酶(Nitrite reductase, NiR)的作用下被还原成 NO，NO 是反硝化过程中的第一个气态中间产物，是一种温室气体，且有剧毒。

$$NO_2^- + 2H^+ + e \xrightarrow{NiR} NO + H_2O \qquad -32.9kJ/mol \tag{2-8}$$

该反应需要一个电子将亚硝酸盐中 N^{3+} 还原成 N^{2+}，同样需要 $2H^+$ 与 O^{2-} 结合生成 H_2O。NiR 存在于细胞膜外细胞周质中，似乎是周质酶。有含 c 和 d_1 两种细胞色素的 Cyt cd_1 型和含 Cu 催化中心的 Cu 型两种类型，相对分子质量分别为 1.2×10^5 和 3.6×10^4。NiR 的相对分子质量为 6.3×10^4，适宜 pH 为 6.1。

第三步，在一氧化氮还原酶(NO reductase, NoR)的作用下，NO 被还原成 N_2O。

$$2NO + 2H^+ + 2e \xrightarrow{NoR} N_2O + H_2O \qquad -226.4kJ/mol \tag{2-9}$$

该反应需要 2e 和 $2H^+$ 将 NO 还原成 N_2O 和 H_2O，Walter[4] 等的研究表明，NoR 位于细胞膜上，是一种与膜结合的细胞色素 bc 复合物。由两个相对分子质量分别为5.3×10^4 和 1.65×10^4 亚单位组成。这两个亚单位分别与 Cyt b 和 Cyt c 结合，同时该酶含有非血红素铁。

第四步，在一氧化二氮还原酶(N_2O reductase, N_2oR)的作用下，N_2O 被还原成 N_2。

$$2NO + 2H^+ + 2e \xrightarrow{N_2oR} N_2O + H_2O \qquad -226.4kJ/mol \qquad (2\text{-}10)$$

该反应所需的 2e 用于 N_2O(+1 价 N)到 N_2(0 价 N)的还原，生成了自然界中氮的最稳定形式——氮气。Wunsch 等[5]的研究表明，N_2oR 为细胞周质酶，是相对分子质量为 6.7×10^3 的含有两个 Cu 活性中心同型二聚体。反应放出 261.8kJ/mol的能量，是反硝化生化反应中放能最多的。从以上生化反应看出，在反硝化过程中，共放出约 604kJ/mol 的能量，这些能量即使全部转化为 ATP，约可产生 11.5mol ATP，属于低级能源。同时每步生化反应均涉及电子和质子的传递及能量的转化。因此，了解反硝化过程的电子传递和能量转化是十分必要的。

2）反硝化过程的电子传递与能量转化

对于异养型的反硝化菌，电子通过电子传递链(由与细胞膜紧密结合的电子载体 NADH，FP，FeS，CoQ，Cyt b，Cyt bc_1 复合物，Cyt c 等辅酶组成的电子传递系统)传递给终端电子受体硝酸盐。要理解反硝化菌的电子传递，首先清楚以下 3 方面内容：①反硝化菌细胞膜内电子载体的还原电动势大小顺序如下：NAD^+/NADH (−0.32V)＜ FP(−0.30V)＜FeS (−0.18V)＜Cyt box/red (+0.030V)＜Cyt bc_1(+0.032V)＜CoQ/$CoQH_2$(+0.100V)＜Cyt cox/red (+0.254V)＜NO_3^- / NO_2^- (+0.433V)。②细胞色素和 FeS 在电子传递链中仅传递电子，当电子通过两者时，质子被泵出至膜外。CoQ(辅酶 Q)既携带电子又携带质子。③NaR 是从 CoQ 中获得电子的，而 NiR、NoR 和 N_2oR 均从 Cyt c 中获得电子。

结合图 2-6 描述反硝化菌的电子传递过程。电子传递链的直接电子供体 NADH 随着 NADH 把 2e 和 $2H^+$ 传递给 FP，FP 仅把 2e 传递给 FeS 蛋白，同时把 2 个 H^+ 分泌出去。在接受到 FeS 传递给 2e 的同时，CoQ 从细胞质中吸收两个来自水分解的质子。从此位置开始，电子传递将分两路进行。其一是 CoQ 将两个电子传递给 NaR 中的 Cyt b 使 NO_3^- 还原，同时也向膜外排出两个质子。其二是 CoQ 一次传递一个电子给 Cyt bc_1 复合物，而 Cyt bc_1 复合物的重要功能就是把电子从 CoQ 传递给 Cyt c，然后，电子以 Cyt c 为节点，首先传递 1e 给 NiR 内的 Cyt cd_1，由于 Cyt cd_1 一般只能催化转移一个电子的还原反应。所以它从 Cyt c 接受一个电子，使 NO_2^- 还原成 NO。其次，Cyt c 把 2e 给 NoR 内的 Cyt bc。最后，N_2oR内的 Cu 活性中心接受 Cyt c 提供的 2e，将电子传递给 N_2oR 的另一个 Cu 活性部位，使 N_2O 还原成 N_2。至此完成反硝化的电子传递。在这里需要指出：在电子传递过程中，Cyt bc_1 复合物和 CoQ 可形成 CoQ-bc_1 位点的 CoQ 循环。还原后的 CoQ($CoQH_2$)提供一个电子给 Cyt bc_1 复合物，同时排出一个质子使 $CoQH_2$ 变成 CoQ 的半醌形式(CoQH)，每两个进入 Cyt bc_1 复合物的 CoQH 分子，一个被 Cyt bc_1 复合物中的 Cyt b 吸收一个质子后还原成 $CoQH_2$，另一个被氧化成 CoQ。在电子传递链中，通过这种机制循环，电子可以在 CoQ 和 Cyt bc_1 复合物之间进行穿梭，每有一个 $CoQH_2$ 分子氧化成 CoQH，就有一个电子传递给 Cyt c 和一个质子被排至膜外，相应地增加了跨膜质子被排出的数量。

反硝化过程能量产生的机制遵循英国生物化学家 Mitchel[6] 提出的化学渗透假说，并伴随着质子动力的产生。由于硝酸盐的还原电势(+0.42V)低于 O_2 的还原电势(+0.82V)，所以在传递单位电子合成 ATP 的数量上，以硝酸盐为最终电子受体的低于以氧为最终电子受体的合成 ATP 的数量。

2.2.3　氨氧化菌和亚硝酸盐氧化菌的竞争

1. 温度

20℃条件下，氨氧化菌和亚硝酸盐氧化菌的比生长速率 μ_{max} 分别为 0.801d^{-1} 和 0.788d^{-1}。两个菌群的反应活化能分别为 68kJ/mol 和 44kJ/mol，它们对温度变化的敏感性也呈现明显的不同，见图 2-7。

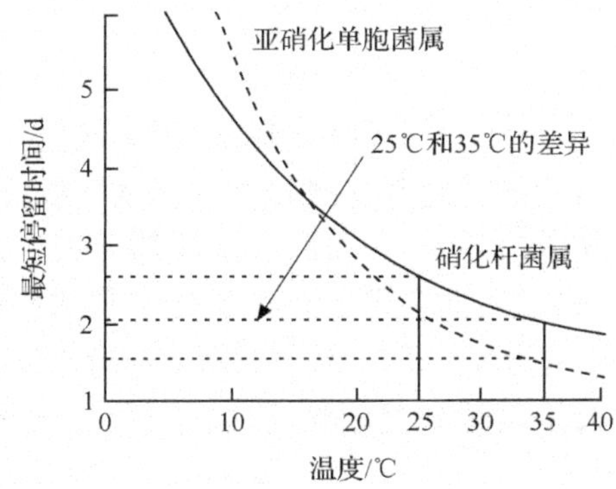

图 2-7　AOB 和 NOB 在不同温度下的污泥龄

温度低于 20℃时，氨氧化菌的 μ_{max} 大于亚硝酸盐氧化菌，而温度大于 20℃ 时，氨氧化菌的 μ_{max} 超过亚硝酸盐氧化菌，因此升高温度不但能加快氨氧化菌的生长速率，同时还能扩大氨氧化菌和亚硝酸盐氧化菌的生长速率上的差距，有利于筛选氨氧化菌，淘汰亚硝酸盐氧化菌。目前在短程硝化反硝化生物脱氮工艺中，国内外学者对于最佳温度持有不同的看法。在纯培养条件下 AOB 和 NOB 的最佳温度分别为 35℃和 38℃[7]。Yoo 等[8] 认为实现短程硝化的最佳温度为 22～27℃，或者至少不能低于 15℃。其理论根据是在该温度范围内亚硝酸菌的活性最强，而在 15℃以下硝酸菌的活性变为最强。另外 Balmelle 等[9] 的研究结果与 Yoo 的一致，同样认为实现短程硝化的最佳温度为 25℃。从比生长速率的角度考虑，只有在温度高于 25℃时，氨氧化菌在与亚硝酸盐氧化菌的竞争中才能胜出。而在温度低于 15℃时情况恰好相反。SHARON 工艺是在高温下(高于 25℃)利用氨氧化菌和亚硝酸盐氧化菌比生长速率的不同从而实现短程硝化反硝化。但现在很多研究都证实在常温或低温条件下，在处理城市污水的过程中也发生了稳定而高效的短程硝化。

2. 污泥龄

由于亚硝化菌的世代时间小于硝化细菌，因此在悬浮生长系统中，控制污泥龄(SRT)即可洗出硝化细菌而保留亚硝化细菌，实现短程硝化反硝化反应。在不同温度、不同SRT的条件下的硝化菌和亚硝化菌生长曲线的变化见图2-7。Pollice等[10]发现，在32℃条件下，随着泥龄的缩短，由40d降为10d，亚硝酸盐量逐渐增多。在SHARON工艺由于水力停留时间HRT等于污泥停留时间SRT，故通过直接调节HRT即可实现稳定的短程硝化反应。Hellnga等[11]根据SHARON工艺生产性应用的经验，推荐将泥龄控制在1～2.5d[8]。但现在许多关于稳定短程硝化反硝化的研究都是在长污泥龄(大于12d)的条件下获得的。

3. 运行条件

生物脱氮工艺运行中，由于运行条件的改变，也会使硝化反应的两个阶段硝化效率发生变化。而曝气时间的长短与氨氧化菌的积累率成反比关系。间歇曝气是比较有效的积累氨氧化菌的方法[12]。采用在反应器底部连续进水也是有效实现亚硝酸盐积累的方法。研究发现，为了兼顾氨氧化速率和亚硝酸盐的积累，DO浓度控制在1.0～1.5mg/L范围内，供氧方式采用间隙曝气有利于实现亚硝化细菌的大量积累。彭永臻教授采用曝气控制策略实现了稳定的短程硝化反应，然而温度却从32℃降为21℃[13]。

SBR反应器硝化过程中pH和ORP的变化特点，如图2-8所示。在理论上，亚硝酸盐氧化至硝酸盐的过程不产生氢离子，因此也不会引起pH的变化。采用在线控制技术，以pH的变化特征点以及导数变化情况作为输入控制参数，及时地控制曝气时间和曝气量，可以有效地实现短程硝化反应。而长时间地运行结果可选择性地积累氨氧化菌而洗出亚硝酸盐氧化菌，这也是一种直接的种群优化的过程。

4. 溶解氧

氨氧化菌的氧饱和常数一般为0.2～0.4mg/L，而亚硝酸盐氧化菌的为1.2～1.5mg/L，这就意味着氨氧化菌对氧的亲和力和耗氧速率均高于亚硝酸盐氧化菌。因此当反应体系中的溶解氧浓度成为限制性因素时，即在较低的DO浓度下，氨氧化菌的增殖速率加快，补偿了由于低氧所造成的代谢活动下降，使得氨氮氧化为亚硝酸氮的过程未受到明显影响。而在低DO条件下，亚硝酸盐氧化菌代谢能力大

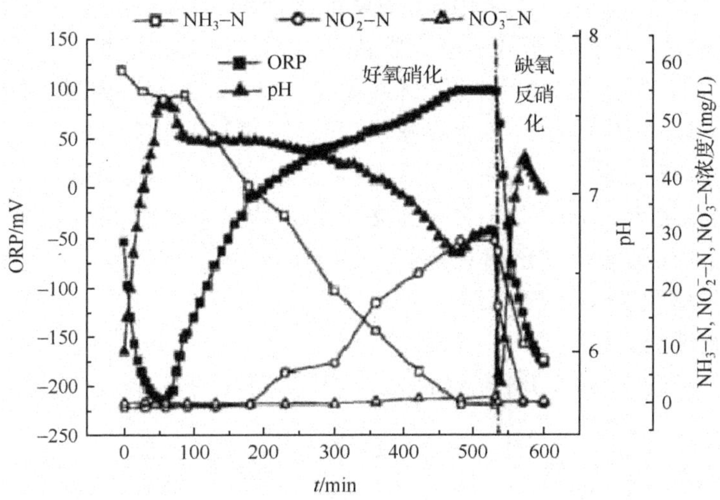

图 2-8　SBR 反应器硝化过程中 pH 和 ORP 的变化特点

幅度下降，其氧化亚硝酸盐氮的能力大为减弱，从而造成体系中亚硝酸盐氮的积累。

虽然许多学者均报道了在低 DO 浓度可抑制亚硝酸盐氧化菌的生长，产生氨氧化菌的积累，但关于 DO 的临界值的报道却不一致。Hanaki 等[14]曾报道将溶解氧控制在 0.5mg/L 时，亚硝酸菌的增殖速率加快了近 1 倍，补偿了由于低溶解氧所造成的代谢活性的下降，而硝酸菌的增殖速率在低溶解氧（0.5mg/L）没有任何提高，从而导致亚硝酸盐的大量积累。Garrido 等[15]发现当溶解氧浓度 1.5mg/L 时，氨氧化速率和亚硝酸盐积累量都达到最大值。Ruiz 等[16]曾报道将反应器中的 DO 浓度恒定为 0.7mg/L，可以达到 65%的亚硝化率和 98%的氨氧化率，低于 0.5mg/L 氨氮开始积累，然而 DO 高于 1.7mg/L 就会导致全程的硝化反应。DO 浓度为 1.4mg/L 时，会达到 75%的亚硝化率和 95%的氨氧化率。尽管关于 DO 的临界值的报道不太一致，但可以看出所有的短程都是在 DO＜1.5mg/L 的条件下获得的，而超过此值，亚硝酸盐积累将得到破坏。另一方面还应注意低溶解氧所带来的硝化效率降低和活性污泥解体以及引发丝状菌膨胀等问题。

5. pH

污水中的 pH 从以下几个方面影响氨氧化菌和亚硝酸盐氧化菌之间的竞争。

1）对游离氨的影响

游离氨（FA）浓度与 pH 的关系公式（2-11）如下：

$$FA = \frac{17}{14} \times \frac{[NH_4^+\text{-}N] \times 10^{pH}}{K_b/K_w + 10^{pH}} \tag{2-11}$$

式中，FA是以NH_3(mg/L)表示的游离氨浓度，NH_4^+-N是以N(mg/L)表示的氨氮浓度，K_b是氨的平衡方程式的电离常数，K_w是水的电离常数。

游离氨的抑制作用对两类硝化细菌是不同的。通过pH控制游离氨的浓度而实现亚硝酸盐的积累已被许多研究学者所证实[17]。在pH=8.5、$T=20$℃时，最佳的游离氨浓度在5mg/L左右。在≥7mg/L时游离氨就会对氨氧化反应产生抑制作用。当浓度为20mg NH_3-N/L时氨氧化反应几乎停止。

游离氨对亚硝酸盐氧化菌只是简单抑制，并没有杀死，经过一段培养和驯化后，亚硝酸盐氧化菌又会恢复活性。

2）对亚硝酸的影响

pH与亚硝酸(HNO_2)分配比的关系可由式(2-12)表示：

$$HNO_2/\% = \frac{100}{1+[K_a]/10^{-pH}} \tag{2-12}$$

在正常的生物处理系统中，NO_2^-是亚硝氮的主要存在形式，提高pH可以降低HNO_2的分配百分比。提高pH可增加NH_3的分配比，同时减少HNO_2分配比，有利于氨氧化菌的富集。Joanna[18]的研究结果表明亚硝酸的临界浓度值为0.04mgHNO_2/L，超过此值对氨化反应会有所抑制。

3）对游离羟胺的影响

Yang和Alleman[19]曾报道游离羟胺(FH)，亚硝酸菌硝化反应的中间产物，与低效率的硝化反应有关，而且会对亚硝酸盐氧化菌产生抑制作用。Stuven等发现，在高氨负荷[0.7kg/(m^3·d)]下，即使反应系统中存在亚硝酸盐氧化菌，也不会产生硝酸盐，直至氨被耗尽。只有在氨氧化活性消失2～5d后，亚硝酸盐才能被氧化。Stuven等推测，氨之所以抑制硝酸细菌活性是因为亚硝酸细菌产生了羟胺(剧毒)。羟胺可能发生聚集的硝化系统为高NH_3/NH_4^+浓度、不充足的氧和高pH。

4）对生长速率的影响

在氨浓度和亚硝酸盐浓度分别为130mg/L和300mg/L的条件下，pH对硝化细菌生长速率的影响见图2-9。当pH>7.0时，氨氧化菌的生长速率明显高于亚硝酸盐氧化菌，两者的最小SRT相差悬殊，易于通过控制SRT淘汰亚硝酸盐氧化菌。但当pH<6.3时，氨氧化菌的生长速率低于亚硝酸盐氧化菌，难于通过控制SRT淘汰亚硝酸盐氧化菌。

6. 基质浓度与负荷控制

氨氮既能作为基质加快氨氧化反应，又能作为抑制剂抑制氨氧化菌和亚硝酸盐氧化菌的活性。研究表明氨氧化菌可分为两类，慢速生长型和快速生长型，分别适合于生长的基质浓度较低和较高的条件下[2]。在传统工艺中，为保证出水达标，

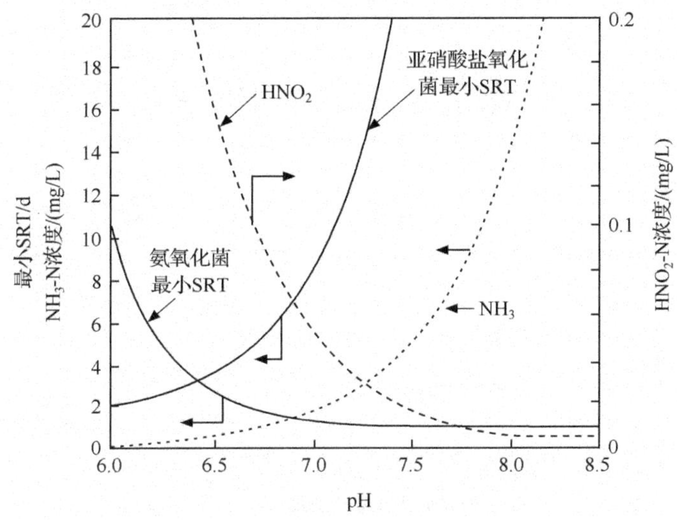

图 2-9　pH 对硝化细菌生长速率的影响

通常将氨浓度控制在较低的水平，装置内富集的一般是慢速生长型亚硝化细菌，而在短程硝化反硝化中，通常将氨浓度控制在较高的水平，富集的显然是快速生长型硝化细菌[18]。这也证明了为什么在处理高氨氮废水时较易实现短程硝化反应，而在处理普通城市污水时，不易实现和控制稳定的短程硝化反应。

7. 抑制剂

对硝化反应有抑制作用的物质有：过高浓度的 NH_3、重金属、有毒有害物质以及有机物[20]。重金属会对硝化反应产生抑制，如 Ag、Hg、Ni、Cr 和 Zn 等，其毒性作用由强到弱；当 pH 由高到低时，毒性由弱到强。锌、铜和铅等重金属对硝化反应的两个阶段都有抑制，但抑制程度不同。某些有机物如苯胺、邻甲酚和苯酚等对硝化细菌具有毒害或抑制作用，因为催化硝化反应的酶内含 Cu^{I}-Cu^{II} 电子对，凡是与酶中的蛋白质竞争 Cu 或直接嵌入酶结构的有机物，均会对硝化细菌发生抑制作用。这些有机物对亚硝酸盐氧化菌的抑制作用要比氨氧化菌强，所以会在对含这类物质的污水生物脱氮中产生亚硝酸盐积累现象。氧化剂也会对硝化反应产生影响。氯酸钾作为抑制剂时，当浓度为 1～10mmol/L 时，亚硝酸盐氧化菌被完全抑制，同时发现当亚氯酸盐浓度为 3mmol/L 时，在这个环境下的氨氧化反应的速率与不加入氯酸盐的反应速率是完全相同的；而亚硝酸盐氧化菌则被完全抑制了。不同于以往的抑制作用，氯酸盐的抑制作用具有选择性。氯、二氧化氯和溴等被广泛应用于给水处理中的消毒剂都可以选择性地抑制亚硝酸盐氧化菌，且具有经济上的可行性。在处理含海水的污水的过程中，一定浓度的盐度有助于实现亚硝酸盐的积累。

2.3 强化生物除磷系统(EBPR)中的常见细菌

2.3.1 聚磷菌

聚磷菌(phosphorus accumulating organisms, PAOs)是一类具有除磷功能的微生物,这类微生物可以在细胞内以多聚磷酸盐颗粒的形式储存磷,因此可以通过排除剩余的富含 PAOs 的污泥实现从水体中去除 P。与其他微生物不同,PAOs 可以在厌氧条件下吸收碳源,例如挥发性脂肪酸,将其以碳的聚合物(聚-β-羟基烷酸,poly-β-hydroxyalkanoates,PHA)的形式储存在细胞内。这一生物转化过程所需的能源主要来自于体内储存的多聚磷酸盐颗粒和糖原的水解。同时,合成 PHA 还需要还原力。好氧条件下,PAOs 以氧化 PHA 获得的能量生长、合成糖原、吸收并储存磷。P 通过排除剩余污泥的形式被去除。

1. 聚磷微生物的种类

30 年前,人们第一次试图通过微生物纯培养技术分离和鉴定 EBPR 系统中的功能菌。人们根据在某种特定培养基上生长的可见菌落的数量来假定某些细菌与除磷有关。通过纯种分离技术,Fuhs 和 Chen 最早发现不动杆菌(γ-Proteobacteria 下的 *Acinetobacter*)具有很高的磷去除能力,所以不动杆菌被认为是 EBPR 系统中对除磷有贡献的主要微生物[21]。接下来的几十年甚至更长的时间内这种纯培养技术主宰了 EBPR 的微生物学研究,世界上的其他一些研究者也分别采用不同的选择性培养基从试验室或者水厂的除磷工艺中分离并培养了纯菌,它们的纯菌几乎都被鉴定为不动杆菌。因此人们一度认为不动杆菌是 EBPR 中的唯一一种 PAOs。

然而,后来人们对不动杆菌的纯培养产物研究发现它们不能表现 EBPR 系统污泥的全部典型特点。具体表现在:①应用荧光抗体染色技术发现不动杆菌在 EBPR 系统中占菌体总数不到 10%;②聚磷菌富集污泥的主要呼吸产物是醌-8(Q-8)和甲基萘醌-8(H4)[MK-8(H4)],而不动杆菌的呼吸产物是醌-9(Q-9);③以聚胺生物标记不动杆菌技术发现除磷效果非常好的 EBPR 系统几乎没有聚胺存在;④16S rRNA 寡核探针特异标记技术的应用发现不动杆菌占系统总菌数不到 10%,并不是优势种属。

积磷小月菌(*Microlunatus phosphovorus*)是另外一株被分离出来的纯菌,并且一度被认为在强化生物除磷过程中起着关键作用。然而随后的以 ^{31}P 和 ^{31}C 标记的核磁共振试验证明了它的细胞内既没有 PHA 的循环也没有糖原的合成,然而这些都是 PAOs 的显型，同时这类菌在 EBPR 系统中很少出现，说明小月菌也不是主要的 PAOs。其他从 EBPR 系统中分离得到的微生物例如 *Lampropedia* spp. 和 *Tetrasphaera* spp. 也被证实没有 PAOs 的显型。事实上，迄今为止，人们仍然没有证明哪一株菌在 EBPR 系统中占有优势。换言之，尽管通过各种努力人们还是没有成功地分离 PAOs。因而，关于 PAOs 的酶学和遗传学至今还没有深入研究。世界上许多水厂运用了 EBPR 系统，值得人们注意的是，人们始终缺乏对 EBPR 系统微生物学以及生物化学方面的深入了解。

在纯培养方法下，人们只能分离和鉴定到那些在一些限制条件下人工配制培养基中可以培养出来的微生物，也就是说只有活性污泥中很少一部分微生物可以在这样的方法下被检测出来。因此纯培养方法具有一定的局限。然而分离纯菌仍然是一项非常有必要的工作。今后的工作可以着重注意以下几个问题：①PAOs 生长相对较慢，需要提供充足的生长时间；②吸收底物和利用聚磷的酶是可以诱导的，因此要提供厌氧-好氧交替的环境；③碳源和磷同时出现在好氧或厌氧条件下对于磷吸收有不利的影响；④可以尝试不同的选择性培养技术。过去的分离 PAOs 的工作都没有成功还有一个可能的原因就是，PAOs 有可能不能独立生长，它必须与其他种类的微生物共生。EBPR 系统中分离出的许多微生物在平板中都不能独自存活，然而，目前尚缺乏有力的证据证明这一点。

2. 聚磷菌的生化反应机理

大多数提出的生化模型都假定认为 PAOs 在厌氧条件下，会利用体内多聚磷酸盐颗粒的水解所获得的能量来吸收乙酸到体内，并将其转化成乙酰辅酶 A，随后乙酰辅酶 A 再还原成聚-β-羟基丁酸(poly-β-hydroxybutyrate，PHB)，但是却只有在还原力(NADH＋H^+)的参与下才能够实现从乙酰辅酶 A 到 PHB 这一过程。Comeau 等[22]认为这些所需要的还原力是依靠部分乙酰辅酶 A 通过三羧酸循环(TCA 循环)而得到的。然而与这一观点恰恰不同的是，Mino 等[23]却认为在厌氧条件下进行 TCA 循环与人们普遍接受的 TCA 循环完全不同(一般认为乙酰辅酶 A 要想通过 TCA 循环得到完全氧化，必须将电子通过电子传递链传递给最终电子受体，如氧或硝酸盐氮等)，于是他们开始研究还原力的来源问题，同样也是以乙酸作为唯一碳源，却发现在具有 EBPR 能力的细菌的体内的糖原(一种碳水化合物)在厌氧条件下被消耗掉，于是便认定所需要的还原力都是依靠糖原通过糖酵解(即 EMP 途径)而产生的。随后，Wentzel 等[24]指出在还原力的来源上这两种可能性都存在，并将前者称为 Comeau-Wentzel 模型，而将后者称为 Mino 模型。

下文中将要阐述的 Mino 模型是由 Wentzel 等[24]总结后并提出来的。由于是以乙酸作为唯一的碳源，所以在厌氧条件下所形成的储能化合物被认为是 PHB。

1) 在厌氧条件下的 Mino 模型

图 2-10 显示了 EBPR 工艺中在厌氧条件下的 Mino 模型(注:Pi 为 ATP 的水解产物分子)。

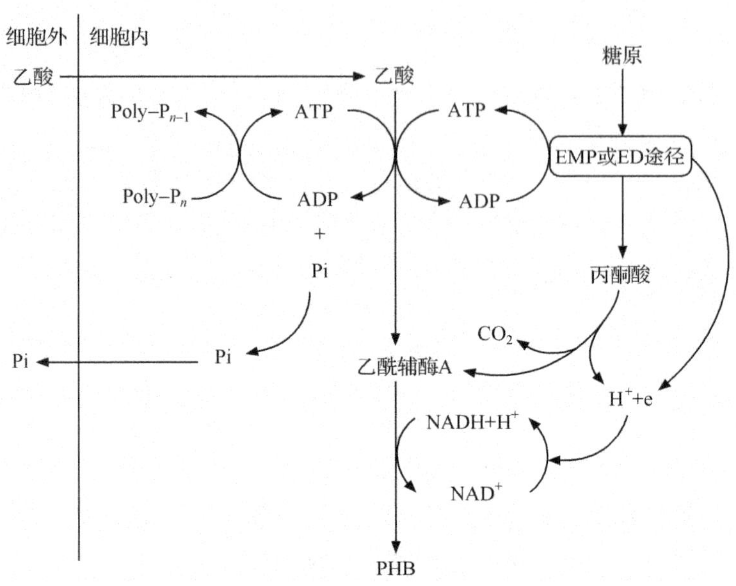

图 2-10 PAOs 在厌氧条件下的 Mino 模型示意图

在厌氧条件下,PAOs 体内的多聚磷酸盐发生了水解反应,同时,体内的糖原也会通过 EMP 途径或 ED 循环转化成丙酮酸,在这两个过程中都会有能量以 ATP 形式释放出来。存在于周围环境溶液中的乙酸就利用其中的部分能量,通过主动运输进入到细胞内,并立刻与 ATP 的水解反应耦合。也就是说,进入到细胞内的乙酸在辅酶 A 的作用下,消耗了 ATP(即被增能),被转化成乙酰辅酶 A。消耗 ATP 的过程也就是 ATP 发生水解的过程,其水解反应方程式为

$$ATP + H_2O \longrightarrow ADP + H_3PO_4 + 能量 \tag{2-13}$$

于是磷便被释放到体外(当然,与其相结合的阳离子也与磷酸根离子一同被释放出去)。整个变化过程可以用反应方程式(2-14)表示:

$$CH_3COOH + CoA \cdot SH + ATP \longrightarrow CH_3CO \sim SCoA + H_2O + ADP + Pi \tag{2-14}$$

另外就糖原来说,它先通过 EMP 途径或 ED 循环产生丙酮酸,然后在丙酮酸脱氢酶的催化下发生氧化脱羧,进一步转化成乙酰辅酶 A,在这两个过程当中都会有还原力($NADH + H^+$)的产生,而且在后一过程中还会伴随有 CO_2 的生成。整个还原力产生的过程可以用反应方程式(2-15)和式(2-16)表示:

$$(C_6H_{10}O_5)_n + 3nADP^{3-} + 3nPi^{2-} + 2nNAD^+ + nH^+ \longrightarrow$$

$$2n\mathrm{CH_3COCOO^-} + 3n\mathrm{ATP^{4-}} + 2n\mathrm{H_2O} + 2n(\mathrm{NADH} + \mathrm{H^+}) \tag{2-15}$$

$$\mathrm{CH_3COCOO^-} + \mathrm{H^+} + \mathrm{CoASH} + \mathrm{NAD^+} \longrightarrow \mathrm{CH_3CO \sim SCoA} + (\mathrm{NADH} + \mathrm{H^+}) + \mathrm{CO_2} \tag{2-16}$$

最后，乙酰辅酶 A 在这些还原力（$NADH+H^+$）的作用下，得到了所需要的电子和质子，最终被还原成 PHB，并在体内储存起来。

2）在有氧/缺氧条件下的 Mino 模型

图 2-11 给出了 EBPR 工艺中在有氧/缺氧条件下的 Mino 模型。

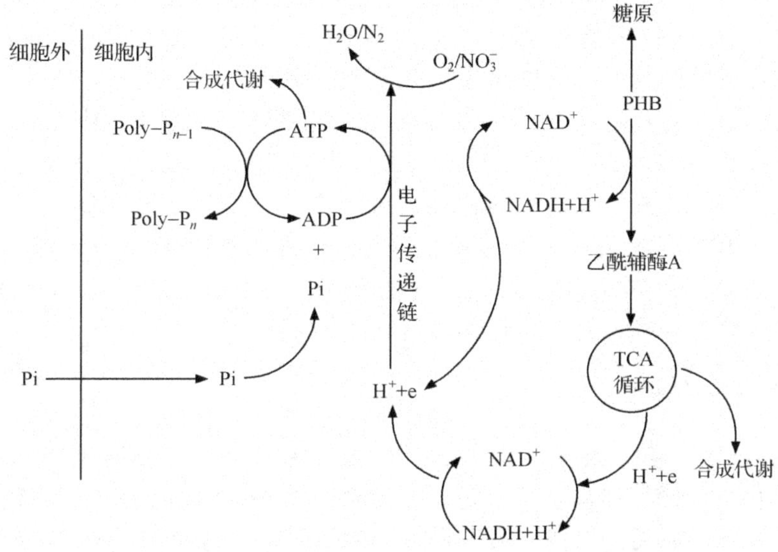

图 2-11　PAOs 在有氧/缺氧条件下的 Mino 模型示意图

在 EBPR 工艺中，好氧段或缺氧段往往都是被设置在厌氧段后，所以此时在周围环境溶液中已经缺乏易被利用的营养物质。从图 2-11 中可以看出：此时聚磷菌为了生长繁殖，就只能够利用先前在厌氧条件下于体内形成的 PHB 作为其生长繁殖所需要的碳源和能源。其中一部分 PHB 将被重新转化成糖原，这样就恢复了体内糖原的含量，以便下次再在厌氧条件下被重复利用；而余下的 PHB 则在最终电子受体（O_2或 N_2）存在的条件下，先转化为乙酰辅酶 A，然后再经过 TCA 循环，将电子和质子由电子传递链传递给最终电子受体 O_2或 NO_3^-。于是，O_2被还原成了 H_2O，而 NO_3^- 则被还原成了 N_2。在这个过程中产生许多 ATP，这些能量当中有一部分被用作细胞自身的合成代谢。其余的则被用来形成多聚磷酸盐颗粒。在这些 ATP 的形成过程中，是需要有 Pi 参与的，于是在周围环境溶液中存在的大量的正磷酸盐以及与其相结合的阳离子就一同被摄取到细胞体内，先形成 ATP，然后随着 ATP 被利用而最终以多聚磷酸盐颗粒的形式储存在细胞内。多聚磷盐颗粒形成的过程可以用反应方程式(2-18)表示：

$$ADP + H_3PO_4 + 能量 \longrightarrow ATP + H_2O \quad (2\text{-}17)$$

$$(Pi)_{n-1} + ATP \longrightarrow (Pi)_n + ADP \quad (2\text{-}18)$$

2.3.2 聚糖菌

聚糖菌(glycogen accumulating organisms,GAOs)是一类不能储存磷的微生物,目前人们广泛认为聚糖菌的大量生长是导致EBPR系统恶化的主要原因。与PAOs相似的是,GAOs可以在厌氧/好氧交替的环境中生长,可以合成PHA。但不同的是,GAOs并不能厌氧放磷好氧吸磷,所以它们对除磷没有任何贡献。GAOs利用糖原作为唯一的能量来源来实现厌氧挥发性有机酸(VFA)的吸收和PHA的合成。而好氧条件下PHA被氧化,产生能量供生物质的增长和糖原的合成。由于GAOs消耗VFA而又对磷的去除没有任何贡献,所以在强化生物除磷系统中应该尽量减少GAOs的存在。事实上,人们确实在很多水厂中发现了GAOs,一些研究认为GAOs的存在使这些水厂对厌氧段VFA的需求大大提高,从而大大提高了维护EBPR系统所需的费用。因此在EBPR系统中尽量减少GAOs的生长已经成为近年来研究的一个热点问题。

1. 聚糖菌的种类

Fukase等[25]第一次报道了在EBPR系统内有另外一类微生物和PAOs竞争,它们可以在厌氧下吸收VFA但是不聚磷。Cech和Hartman[26,27]发现在以葡萄糖或者乙酸为基质的系统中有大量的4联体的球菌,这种系统在厌氧条件下碳被吸收而磷不被去除。这类微生物最早被称作“G bacteria”,后来Tsai[28]称之为TFOs(tetrad-forming organisms),最后Mino[29]把它们称作GAOs,并且定义为好氧储存糖原厌氧消耗糖原,以糖原为主要能量来源来吸收碳源并且储存为PHA的一类微生物。

人们同样试图使用微生物纯培养技术来分离GAOs,Cech和Hartman分离得到的GAOs被鉴定为*Amaricoccus kaplicensis*,然而这种微生物在其他崩溃的EBPR系统中并没有被发现[30]。而且它也不能厌氧吸收碳。其他分离得到的细菌多种多样,分别为α-变形菌纲(*Amaricoccus* spp. 和*Defluviicoccus vanus*),β-变形菌纲(*Quadracoccus* sp.)、γ-变形菌纲和放线菌(*Tetrasphaera* spp.,*Micropruina glycogenica* 和*Kineosphaera limosa*)。但是无论是小试还是在污水处理厂中这些菌种存在的量都不大。

另外还有一个问题需要提及,一些学者认为GAOs和PAOs其实是同种微生物,是在不同的条件下不同的酶系统被诱导,所以表现不同的代谢活动。这一结论在目前看来是不被认可的,因为:①PAOs和GAOs的形态是不同的,PAOs常常是丛生、大团的出现，而 GAOs 通常是成对或者四个一组出现；②GAOs 的 Neisser blue 染色只有细胞壁是阳性，而 PAOs 的细胞内部有大量的阳性颗粒；③PAO不能以糖原为唯一的能量来源，而 GAOs 可以。虽然有这些根据支持 PAOs 和 GAOs 不是同种微生物，但是仍然需要进行更详细的研究。

2. 聚糖菌的生化反应机理

大量研究表明，GAOs 在厌氧条件下降解糖原为 VFA 合成 PHA 提供所需的能量和 NADH＋H^+，在随后的好氧条件下 GAOs 氧化胞内 PHA 以便于微生物的生长繁殖和糖原再生。目前 GAOs 代谢机理还不是十分清楚，但通过大量的理论和实践研究，Filepe 提出了 GAOs 的代谢模型。

(1) 在厌氧条件下，如图 2-12，GAOs 首先通过糖酵解(EMP)途径分解糖原产生整个代谢反应所需的高能物质 ATP、丙酮酸和部分 NADH＋H^+。该途径所产生的 ATP 用于以下两个过程：将乙酸从胞外转运到胞内，活化乙酸为乙酰辅酶 A。然后，一部分丙酮酸转变乙酰辅酶 A，并生成 CO_2 和其余部分 NADH＋H^+；另一部分丙酮酸则通过丙酮酸-琥珀酸途径(该途径主要是平衡胞内氧化还原电位)和消耗 NADH＋H^+ 转变为丙酰辅酶 A。最后，上述过程生成的乙酰辅酶 A 和丙酰辅酶 A 聚合成为 PHA。

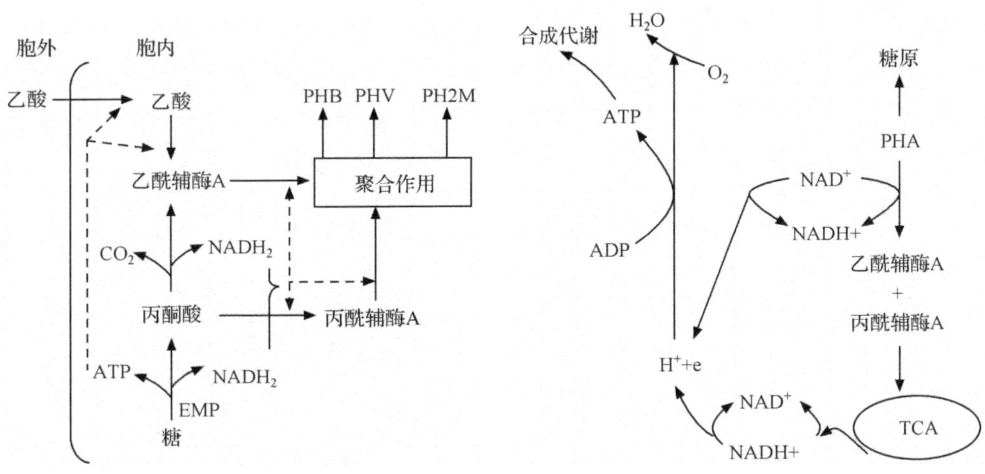

图 2-12　GAOs 的厌氧代谢途径　　图 2-13　GAOs 的好氧代谢途径

(2) 在好氧条件下，GAOs 氧化胞内储存的 PHA 产生微生物生长繁殖和糖原再生过程所需的能量。PHA 首先被异化代谢为乙酰辅酶 A 和丙酰辅酶 A，然后 GAOs 利用这两种产物进行以下过程：①糖原合成。乙酰辅酶 A 通过乙醛酸循环聚合为草酰乙酸，随后通过糖原异生作用合成为糖原；丙酰辅酶 A 合成为磷酸烯醇丙酮酸，再通过糖原异生作用合成为糖原。②三羧酸循环（TCA）。乙酰脱羧作用生成乙酰辅酶 A，此后进入 TCA 循环生成 CO_2。③氧化磷酸化。PHA 辅酶 A 直接经三羧酸循环（TCA）生成 CO_2，丙酰辅酶 A 则需转变为丙酮酸后通过分解形成的 $NADH+H^+$ 通过电子传递磷酸化作用产生 ATP。④微生物的生长繁殖与维持。GAOs 利用代谢生成的乙酰辅酶 A 和丙酰辅酶 A 进行合成代谢；细胞维持过程所需能量来源于分解 PHA。GAOs 好氧代谢途径具体见图 2-13 所示。

2.3.3　聚磷菌和聚糖菌的竞争

综上所述，可知 GAOs 能够和 PAOs 竞争碳源和营养，却没有除磷能力，从而使除磷效果下降。而且，近年来很多研究都显示即使在有利于 PAOs 生长的条件下运行，也出现 EBPR 系统恶化的现象。因此，探讨 PAOs 和 GAOs 的竞争因素，抑制 GAOs 的生长并使 PAOs 取得竞争优势，具有十分重大的意义。

众所周知，影响 PAOs 和 GAOs 竞争的一个重要参数是进水碳磷比，很多研究发现高碳磷比（例如＞50mgCOD/mgP）对 GAOs 的生长有利而却不利于 PAOs 的生长。所以，低碳磷比（例如 10～20mgCOD/mgP）更适合 PAOs 生长。这一点在此不再赘述。下面主要探讨其他影响 EBPR 系统内微生物种群竞争的因素，例如碳源、pH 和温度。

1. *碳源*

近来有很多研究表明，碳源的类型对 PAOs-GAOs 竞争有很大影响。在 EBPR 系统中，最普遍的 VFA 是乙酸，在以前对 EBPR 系统的研究中，大多数使用乙酸作为单一的碳源。在有些情形下，以乙酸作为单一碳源时，得到大量的 Accumulibacter（一种已知的 PAOs），少量或者没有 GAOs，并且除磷效果很好[31]。尽管有很多研究结果表明在 EBPR 系统中乙酸作为碳源会产生高效而稳定的除磷效果，但是也有报道认为由于 GAOs 与 PAOs 竞争乙酸而导致除磷的恶化。在有些情况下，在相似的运行条件下，以乙酸为碳源，却观测到大量的 GAOs[32]。因此对于 EBPR 的性能，近年来人们开始更多的关注丙酸以及其他底物的影响。

Oehmen 等[33]比较了乙酸和丙酸对富集培养 PAOs 的影响。他们发现以乙酸为碳源时，SBR 很少得到较好的除磷效果，且 FISH 检测发现，污泥中存在大量的 Competibacter（一种已知的 GAOs）。然而，当以丙酸为碳源时，除了个别的波动外，能得到稳定的除磷效果。FISH 检测发现，污泥中含有大量的 Accumulibacter，而没有 Competibacter。故他认为把丙酸作为进水碳源可能对 PAOs 比对 GAOs 有利。尽管如此，Oehmen 等在另外的实验中发现[34]，另一类 α-Proteobacteria-GAO，能够高效的大量吸收丙酸，并且能够和 PAOs 竞争丙酸，导致除磷效果的恶化。α-Proteobacteria 也能吸收乙酸，但是相对于乙酸的吸收，它吸收丙酸的效果更好。就是说，α-Proteobacteria-GAO 比 Competibacter 更难去除。针对乙酸为碳源引起 Accumulibacter 和 Competibacter 的竞争，丙酸为碳源引起Accumulibacter 和 α-Proteobacteria 的竞争的问题，该学者采用在进水中周期性交替使用乙酸和丙酸，使得 Competibacter 和 α-Proteobacteria 几乎被完全从生物群中排除，并且重复得到了 Accumulibacter 的富集培养，从而达到稳定高效的除磷效果。由此可见，有规律地交替使用碳源是实验室研究中排除 GAOs 的有效的方法。总结 Oehmen 的结论见表 2-1(采用 FISH 法检测)。

表 2-1　在不同碳源下富集的微生物比较

Accumulibacter (PAO)/%	Competibacter (GAO)/%	α-Proteobacteria (GAO)/%	碳源	T/℃	pH	
					厌氧	好氧
3～64	33～70	尚未报道	乙酸	20～24	7.0±0.1	
51～69	<1	可检测出	丙酸	20～24	7.0±0.1	
8	<1	可检测出	丙酸	20～24	7.0±0.1	
33	<1	可检测出	丙酸	20～24	7～7.5	7.5～8.0
14	54	尚未报道	乙酸	20～24	7.0±0.1	
15	23	尚未报道	乙酸	20～24	7.8±0.1	8.0±0.1
91.9±1.3	未检测出	可检测出	乙酸/丙酸	20～24	7.0～8.0	

丁酸、戊酸等挥发酸也可以被 PAOs 或 GAOs 吸收。目前它们能否影响 PAOs 和 GAOs 的竞争还不清楚，一些报道认为异戊酸对于 EBPR 系统来说是一种很好的碳源。还有一些报道证明吸收丁酸的速率要比吸收乙酸和丙酸的慢很多。

研究最多的碳源不是挥发酸而是葡萄糖，以葡萄糖作为唯一碳源的 EBPR 系统有很多成功的例子。然而，研究者一般都认为在 PAOs 吸收基质之前，葡萄糖就发酵成乙酸或丙酸，FISH-MAR 的应用也证实了 Accumulibacter 的大量存在。当葡萄糖为碳源时，也有很多 EBPR 退化。在系统中，GAOs 被富集，研究者认为外部的葡萄糖可以替代内部储存的糖原，可以为 PHA 合成提供能量来源和还原力，减少了系统对聚磷的依赖，所以 GAOs 被选择。然而，还有研究认为 GAOs 和 PAOs 一样不能直接吸收葡萄糖，当以葡萄糖为碳源时，GAOs 消耗的是葡萄糖的发酵产物。

其他的非挥发酸，如糖类、氨基酸也可以被 PAOs 或 GAOs 在厌氧时吸收。

2. pH

一些研究表明，在一个比较高的 pH 条件下富集 PAOs，可以使厌氧段放磷增加。Smolders 等[35]发现当 pH 从 5.5 升高到 8.5 时，厌氧放磷量和乙酸吸收量的比从 0.25 molP/molC 线性升高到 0.75 molP/molC。然而，通过批次试验证明当 pH 为 6.5～8.0 时，PAOs 的乙酸吸收、糖原合成和 PHA 富集与 pH 没有关系，证明了吸收乙酸所需的高能量不会消极影响代谢 VFA 的能力[36]。好氧条件下，一系列批次试验证明磷吸收，PHA 分解和生物生长在低 pH(6.5)下都会被抑制，说明高的好氧段 pH(7～7.5)对 PAOs 更有利[37]。

据报道，短期试验中的 GAOs 的乙酸吸收速率会随着 pH 升高而降低。这说明高 pH 不仅使乙酸吸收所需的能量增加，而且消极影响 GAOs 对乙酸的吸收，其他的研究也说明，当 pH 升高时(从≤7 到 7.5～8.5)磷的去除率升高[38]。

3. 温度

温度是影响 PAOs 和 GAOs 竞争的重要因素。在 EBPR 系统中，低温条件会降低生物化学反应速率(例如磷的吸收和释放速率、乙酸吸收速率、PHA 氧化速率和微生物生长)。然而有的 EBPR 系统可以在低温(5℃)正常运行。在低温下，因为反应动力下降，高污泥龄是必要的。而且，人们发现低温对于促进试验室内 EBPR 的效果有很好的作用。这也可以促进微生物种群结构发生变迁，从 GAOs 占优势转化成 PAOs 占优势，Panswad 等[39]发现温度从 20℃变到 35℃的过程中，放磷速率不断增加，吸磷速率不断减少，GAOs 所占比例增加而 PAOs 减少。Erdal[40]发现同 20℃时相比，5℃下可以实现高的磷去除率和降低的糖原转化，说明低温条件适合 PAOs 而不适合 GAOs，它们还证明 PAOs 可以在 5℃下通过改变代谢途径成为优势种群。

4. DO

在许多的实际污水处理中，调节 DO 浓度会导致除磷效果的变化。DO 浓度非常高时，常会导致除磷效果下降和出现大量的 TFOs。Lemaire[41]等观察到 SBR 在低溶解氧(大约 0.5mg/L)运行条件下，Accumulibacter 增多，Competibacter 减少，除磷效果良好。陈滢等[42]研究发现在平均溶解氧浓度为 0.35mg/L，最大溶解氧浓度为 0.55mg/L 时，在连续低氧曝气的 SBR 系统内，聚磷菌可得到富集，出现了快速释磷和过量吸磷现象，如图 2-14 所示。并且低氧除磷系统在低负荷条件下运行时污泥沉降性能良好。由此可见，在低溶解氧下，不仅节省了曝气成本，还可以获得良好的除磷效果。

5. SRT

一般认为低污泥龄(SRT)有利于除磷，降低系统的污泥龄可以提高除磷效果，但泥龄过短可能会使出水的 BOD_5 和 COD 达不到要求。Whang 和 Park 研究认为[43]，污泥龄是影响 PAOs-GAOs 竞争的重要因素。在 30°C，污泥龄为 10d，由于

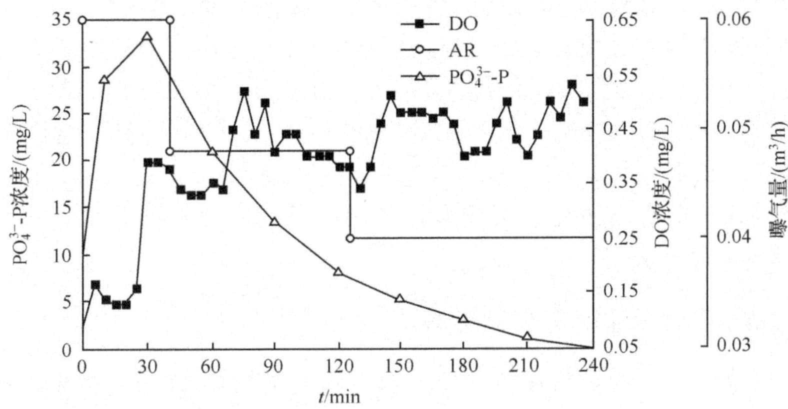

图 2-14　溶解氧、曝气量、PO_4^{3-}-P 浓度的变化

GAOs 的厌氧乙酸吸收速率高于 PAOs，而在污泥中占主导。当 SRT 降为 5d，GAOs 和 PAOs 共存于 SBR 反应器中，产生不稳定的除磷现象。当 SRT 由 5d 减到 3d 后，EBPR 的效能大大提高了，且除磷效果很稳定。另外，污泥龄的改变并没有对 GAOs 的比乙酸吸收速率产生明显影响，PAOs 的比乙酸吸收速率却随着 SRT 的降低而提高了。有资料表明，以除磷为目的的生物处理工艺污泥龄一般控制在 3.5～7d。如果 SRT 过高，剩余污泥排放量较小，污泥"夹带"排出系统的磷的总量不多，系统的除磷效率就会大大降低。同时，PAOs 多为短污泥龄微生物，SRT 较高时，污泥的活性和沉降性能均会下降；但 SRT 也不能过低，这会导致混合液污泥大量流失，对降解 BOD_5 和除磷反而不利，所以降低系统的 SRT，必须以保证 BOD_5 的有效去除为前提。SRT 的范围不是绝对的，应根据进水水质、BOD_5/TP 的值、系统的 MLSS 值的波动做相应的调整。

Filipe 等[44]通过对 GAOs 和 PAOs 在厌氧条件下的热力学参数的理论研究发现，若厌氧区的固体停留时间超过吸收挥发性脂肪酸所必需的时间，将迫使 GAOs 和 PAOs 分解胞内聚合物以满足细胞的维持。由于 PAOs 是通过聚磷的水解以提供 ATP 用于维持细胞的生长，而 GAOs 则是通过储存糖原的分解以提供 ATP，在好氧阶段恢复聚磷浓度比恢复聚糖相对容易一些，故而通过延长厌氧区的固体停留时间，将给 PAOs 一定的竞争优势。

6. 其他影响因素

在 EBPR 系统中，水力停留时间（HRT）分为厌氧 HRT 和好氧 HRT。研究认为如果厌氧 HRT 时间较长，将导致系统二次释磷，好氧 HRT 较长导致细胞内能源减少，而较低的胞内能源，将使 PAOs 失去与 GAOs 竞争的能力，而 GAOs 成为优势种群。最佳厌氧 HRT 由 VFA 吸收速率或者发酵速率决定；最佳好氧

HRT 则由厌氧时细胞内部合成的能源量和出水磷浓度要求决定。

亚硝态氮的存在也能抑制好氧和缺氧吸磷。Saito 等[45]发现缺氧段亚硝态氮的富集伴随着 GAOs 的增加，说明这可能是促进种群从 GAOs 向 PAOs 转化的一个因素。它们还发现当亚硝态氮存在时 PAOs 的生长速率也会受抑制，这样，亚硝态氮的存在和积累抑制 PAOs，并对 GAOs 的生长有利。

其他因素的影响例如化学沉淀和抑制剂的存在也会影响 PAOs 和 GAOs 的竞争，需要进一步的研究。

2.3.4 反硝化聚磷菌和反硝化聚糖菌

以上讨论的是影响 PAOs 和 GAOs 竞争的影响因素，随着对微生物种群结构和胞内代谢机制研究的深入，人们开始关注 EBPR 系统中其他与 PAOs 竞争的微生物种群，其中已知的主要包括反硝化聚磷菌和反硝化聚糖菌。

1. 反硝化聚磷菌(DPAOs)

最近的研究表明，至少存在一部分聚磷菌可以在缺氧条件下利用硝酸盐为电子受体进行吸磷，这一类微生物被称为反硝化聚磷菌(DPAOs)。DPAOs 具有和好氧聚磷菌非常相似的代谢特征。Kuba 等[46]从动力学性质上对这两类聚磷菌进行了比较，认为以硝酸盐作为电子受体的反硝化聚磷菌有着和好氧聚磷菌同样高的强化生物除磷性能。因为反硝化聚磷菌可在缺氧环境吸磷，这就使得吸磷和反硝化这两个生物化学过程借助同一种细菌在同一种环境下一并完成。虽然反硝化聚磷菌吸磷速率低于传统的生物吸磷，但是其吸磷和脱氮过程的结合不仅节省了对碳源的需要，而且吸磷在缺氧内完成可节省曝气所需要的能源。此外，由此带来的另外一个好处就是，产生的剩余污泥量大为降低。对于以硝态氮为电子受体进行反硝化吸磷的报道已经有很多，而且国外已经有成功的应用实例，而对以 NO_2^--N 为电子受体的反硝化聚磷菌的研究较少，尚处于初探、有争议的阶段。有研究表明好氧和缺氧吸磷在亚硝态氮存在下受到抑制，研究结果表明 Competibacter 数量的增加与缺氧段亚硝态氮的积累相一致，并且表明亚硝态氮是提供给 GAOs 优势的一个因素。他们还发现当亚硝态氮存在时，PAOs 的增长速度也受到了抑制。因此，亚硝态氮的存在和积累抑制 PAOs，从而有利于 GAOs 的生长[45]。然而我国学者李捷等[47]研究认为，在一定的浓度范围内，亚硝态氮对除磷无抑制作用；相反，它可以作为除氧气、硝态氮之外的另一电子受体参与聚磷菌除磷，同时实现脱氮。另有研究发现[48]，当 NO_2^--N 浓度在 31.25mg/L 以下时，反硝化聚磷菌可以利用 NO_2^--N 为电子受体完成反硝化吸磷；在高于 37.50mg/L 时，NO_2^- 对缺氧吸磷有明显的抑制作用。但是反硝化聚磷菌经过驯化之后，即使 NO_2^- 浓度达到很高(75.00mg/L)，仍然可以利用 NO_2^- 作为电子受体完成反硝化吸磷，而没有发现抑制吸磷的现象，而且 NO_2^- 的浓度对吸磷速率没有明显影响。

尽管对于反硝化聚磷菌的研究还有很多值得深思的地方，但是由于反硝化除磷工艺提高了碳源的利用效率，降低了污泥产率，可以有效地降低运行成本，具有广阔的应用前景。

2. 反硝化聚糖菌(DGAOs)

随着研究者们对于微生物细胞内储存代谢研究的不断深入，Zeng 等[49]研究发现与 PAOs 类似，GAOs 也具有反硝化能力，并且在厌氧/缺氧条件下成功富集了反硝化聚糖菌。在厌氧阶段，反硝化聚糖菌以糖原酵解作为能量及还原力来源，吸收有机物并以 PHAs(主要是 PHB)形式储存。缺氧阶段，反硝化聚糖菌以硝酸盐或亚硝酸盐为电子受体，胞内 PHAs 进行缺氧代谢，一方面提供能量用于菌体生长，同时合成糖原为下一周期厌氧阶段提供能量储备。这种细菌的代谢机制和聚糖菌类似，由于厌氧条件下，它吸收 VFA 从而成为 PAOs 的竞争者。另一方面，它反硝化产生的不是氮气，而是 N_2O，这个现象需要更深入的调查研究，因为 N_2O 是一种温室气体。Zeng[49]认为这可能是由于亚硝态氮的积累导致反硝化不完全而产生。

Wang 等[50]以乙酸为碳源，采用厌氧/好氧富集培养 Cluster 1 DvGAOs，认为 Cluster 1 DvGAOs 能够把硝态氮还原成亚硝态氮。然而，这种细菌却没有还原亚硝态氮的能力。当 Cluster 1 DvGAOs 刚刚处于硝态氮环境时，出现 4h 的停滞阶段，可能是用于合成还原硝态氮所需的酶。Cluster 1 DvGAOs 的比硝氮还原速率大大低于 Competibacter GAOs，说明反硝化聚糖菌的竞争能力不如传统的聚糖菌。

目前对于反硝化聚糖菌的报道还很少，对于这种细菌的代谢机制以及影响因素需要更进一步的探讨研究。

2.4　常见的微型生物

活性污泥法中的微型生物主要是指原生动物和微型后生动物。原生动物是最原始、最低等的动物，它们的身体由单个细胞构成，具有一般细胞的基本结构，如细胞质、细胞核和细胞膜。虽然个体微小，但它们有着一般动物所表现的各种生活机能，如运动、消化、呼吸、排泄、感应、生殖等。原生动物以外的多细胞动物叫后生动物，有些后生动物体型微小，要借助光学显微镜方可看清楚，故叫微型后生动物，如轮虫、线虫、寡毛虫(飘体虫、颤蚓、水丝蚓等)、浮游甲壳动物、苔藓动物。上述微型动物在天然水体、潮湿土壤、水体底泥和污水生物处理构筑物中均有存在。

在活性污泥法中，常见的原生动物有三类：肉足虫、鞭毛虫和纤毛虫，其特征如下:①肉足类,其细胞质可伸缩变动而形成伪足,作为运动和摄食的胞器,运动速度达 3μm/s。典型的肉足类为变形虫属、简便虫属、表壳虫属和鳞壳虫属等。②鞭毛类,具有一根或一根以上的鞭毛。鞭毛长度与其体长大致相等或更长些,是运动器官。鞭毛虫又可分为植物性鞭毛虫和动物性鞭毛虫,常见的植物性鞭毛虫有滴虫属、屋滴虫属和眼虫属等,常见的动物性鞭毛虫有波豆虫属、尾波虫属等。鞭毛虫的运行速度达 15～300μm/s。③纤毛类,原生动物周身表面或部分表面具有纤毛,作为行动或摄食的工具,具有胞口、口围、口前庭和胞咽等司吞食和消化的细胞器官,分为游泳型和固着型两种,游泳型包括漫游虫属、草履虫属、肾形虫属、斜管虫属等,固着型常见的有钟虫属、累枝虫属、盖虫属、聚缩虫属、盾纤虫属和壳吸管虫属等,纤毛类运动速度较快,可达 200～1000μm/s。

原生动物的营养方式分为以下几类:①动物性营养,以吞食细菌、真菌、藻类或有机颗粒为生,绝大多数原生动物为动物性营养,有些具有胞口、胞咽等摄食器;②植物性营养,在有阳光的条件下,一些含色素的原生动物可利用二氧化碳和水进行光合作用合成碳水化合物,如植物性鞭毛虫,但种类和数量都很少;③腐生性营养,以死的机体或无生命的可溶性有机物质为生;④寄生性营养,以其他生物的机体(即寄主)作为生存的场所,并获得营养和能量。

后生动物主要有轮虫、线虫、节肢动物和蠕虫。由于微型生物在污水处理中同样具有重要的地位,且与污泥的沉降性也存在一定的关系,这节主要介绍各类微型生物所含种属的形态特征及生理生态特性。

2.4.1　原生动物

1. 纤毛虫类(Ciliates)

1) 固着型纤毛虫(Sessile ciliates)

• 独缩虫(*Carchesium*)

独缩虫是一类有钟形细胞的固着型纤毛虫。这些细胞的直径为 50～125μm。纤毛的开口端是冠状的,细胞的其余部分则是裸露的。

茎的内部有一种连接性的"肌肉"。茎几乎都有分枝,从而繁殖子代细胞体。这些细胞体的直径可以达到几毫米。茎中的"肌肉"在分支处中断。

Carchesium sp. 通常在活性污泥负荷低于约 0.2kgBOD_5/(kgMLSS · d)的时候出现。

• 累枝虫(*Epistylis*)

累枝虫的细胞有些像"花瓶",直径为 70～100μm。茎通常会分枝,从而繁殖子代细胞,但茎内不含"肌肉"。因此,茎不能收缩(实际上细胞可以收缩)。子代细胞体直径可以达到显微级(mm),如图 2-15 所示。

累枝虫在活性污泥中普遍存在，特别是在污泥负荷为 0.1～0.2kgBOD$_5$/(kgMLSS · d)时更为常见。

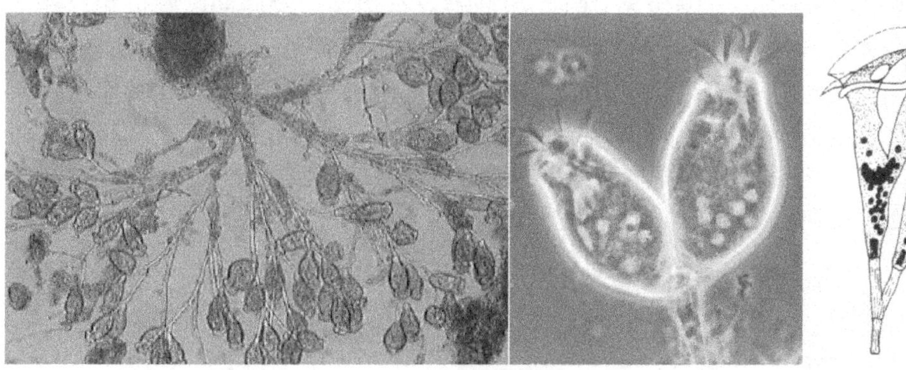

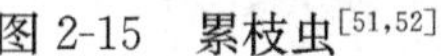

图 2-15　累枝虫[51,52]

• 盖虫(*Opercularia*)

盖虫有些像钟形的细胞。细胞直径约为 140μm。茎通过分枝繁殖子代。茎中含有不能收缩的“肌肉”。与其他固着型纤毛虫相比，盖虫的开口较小，如图2-16所示。

Opercularia sp. 主要在污泥负荷[0.2～0.3kgBOD$_5$/(kgMLSS · d)]较高的时候出现。

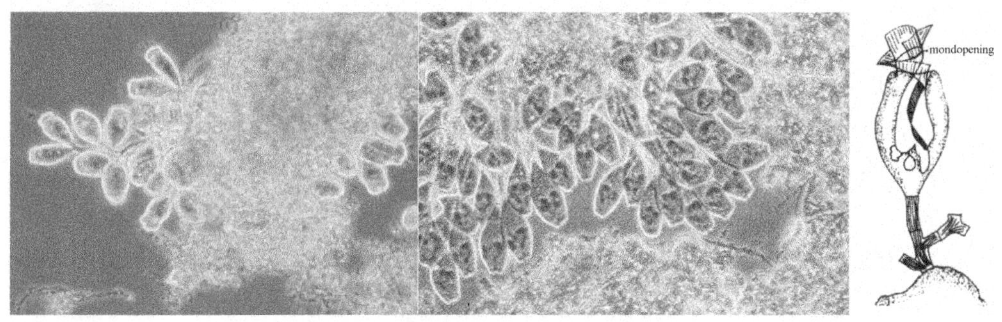

图 2-16　盖虫(左边图来自笔者实验室，中间图来自[51]，右边图出自[52])

• 喇叭虫(*Stentor*)

喇叭虫是一种纤毛虫，细胞是非常典型的喇叭口形。在大多数情况下，它附着生长在污泥的菌胶团上。在最末端，有一根花冠形的纤毛将水分和营养物质输送到张开的嘴巴里。细胞长度为 150～500μm。可见，它是一种体形较大的纤毛虫，而且喇叭虫没有茎。

喇叭虫主要存在于低负荷污水处理厂。

• 吸管虫(Suctoreans)

尽管纤毛会在细胞成熟后消失，吸管虫仍属纤毛虫。当细胞长出茎，并且附着在微生物(比如活性污泥菌胶团)表面时，纤毛就会消失。成熟的吸管虫是固着型的。细胞表面上有一些非常典型的死了的触角。这些触角比太阳虫的伪足要粗。大多数吸管虫的伪足末端都有一个小凸起。这是用来捕食原生动物的“嘴巴”，原生动物会被这个“嘴巴”吸干。原生动物是吸管虫最主要的食物来源。镜检图片如图 2-17 所示。各种属情况不同，在活性污泥中既有球形细胞也有花瓶形的细胞。这些细胞长度约为 50～100μm。

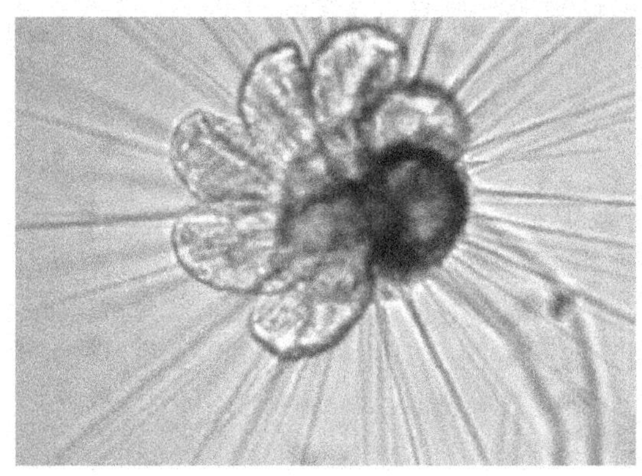

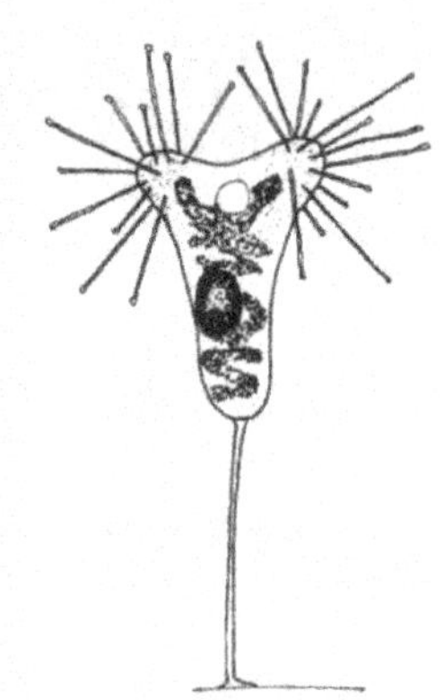

图 2-17 吸管虫[52]

活性污泥中通常都能观测到吸管虫，但数量一般比较少。

• 鞘居虫(*Vaginicola*)

鞘居虫是有喇叭形细胞的固着型纤毛虫。喇叭形的细胞被包在一个非常透明的“漏斗”中。这个“漏斗”中通常有两个这样的细胞。细胞可以伸缩，这意味着它可以完全消失——躲在“漏斗”中。在细胞“头部”，有一根花冠形的纤毛将水分和营养物质输送到张开的嘴巴里。这个细胞长度约为 100μm。镜检图片如图 2-18 所示。

鞘居虫主要存在于低负荷污水处理厂，比如具有脱氮除磷功能的氧化沟工艺。

• 钟虫(*Vorticella*)

钟虫属于固着型纤毛虫，细胞大小为 50～150μm。这些细胞有些像钟。在开口处有根花冠形的纤毛将含营养物质的水输送到张开的嘴巴里。它的茎从不分枝，意味着钟虫是一种独生的微生物。钟虫的茎中有一根能收缩的“肌肉”。镜检图片如图 2-19 所示。

当污泥负荷低于 0.4kgBOD_5/(kgMLSS·d)时常能发现钟虫。

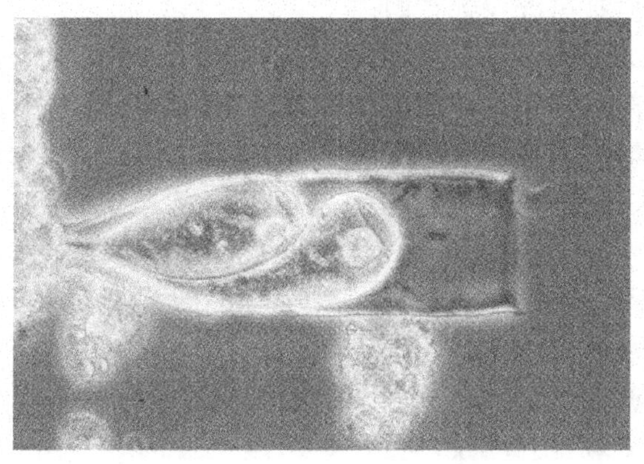
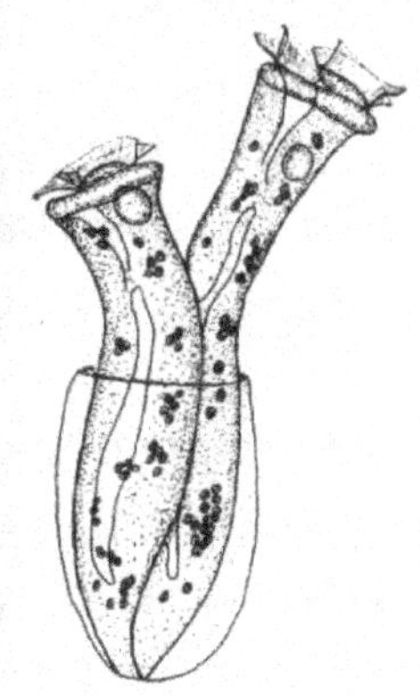

图 2-18　鞘居虫[51,52]

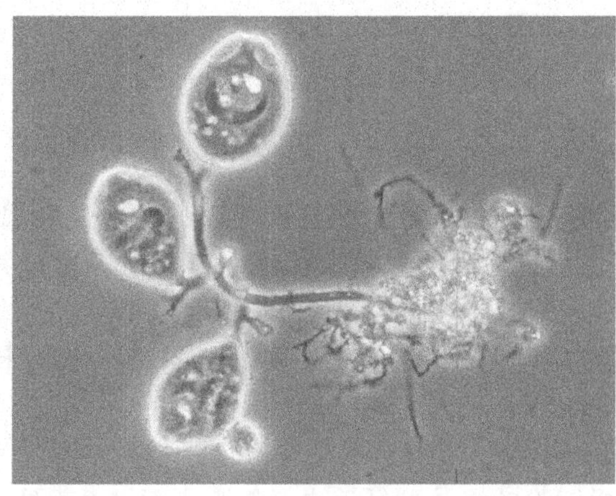

图 2-19　钟虫(左边图来自笔者实验室,右边图出自[52])

2) 匍匐型纤毛虫(Crawling ciliates)

• 刺楯纤虫(*Aspidisca*)

刺楯纤虫是一种在菌胶团上高速蠕动的纤毛虫。从上方观察,细胞是圆形的,然而从侧面看更接近于椭圆形。有一个明显张开的嘴巴。“背部”有五道背脊。刺楯纤虫身上不止有一根纤毛,而是有一丛触毛。触毛是一小撮纤毛的集合,看起来像是小的脚。细胞腹部有七丛触毛,背部有五丛或是更多的触毛。触毛也会形成类膜结构(几条触毛粘到一起)。

不同属的刺楯纤虫大小为 30～50μm。最常见的 *Aspidisca costata* 直径为 30μm。类似游仆虫的刺楯纤虫更大一些(30～100μm),而且不在菌胶团表面蠕动。

刺楯纤虫很常见。只要污泥负荷[低于约 0.4kgBOD_5/(kgMLSS · d)]不是太高，几乎在所有的活性污泥中都可以找到它们。

• 唇足虫（*Chilodonella*）

唇足虫是一种匍匐型纤毛虫，它最重要的特征是从正面看仿佛一个透明的偏平物。当它在菌胶团表面蠕动的时候，这个扁平物通常会卷起来。从侧面看，这个扁平的扁平物也很容易认出来。开口处周围是短管形的凸起。细胞长度为40～125μm。

唇足虫在污泥负荷低于约 0.2kgBOD$_5$/(kgMLSS · d)的条件下普遍存在。

• 卑怯管叶虫（*Trachelophyllum pusillum*）

卑怯管叶虫又平又长的细胞很典型，细胞几乎被纤毛完全覆盖了。开口处的纤毛比较长，并且以特有的方式整齐地排列着（像弯的头发触须）。卑怯管叶虫通常在菌胶团间的水中迅速移动，但也可观察到在菌胶团上蠕动。最有代表性的卑怯管叶虫细胞长度为 30～50μm。

卑怯管叶虫在污泥负荷低于约 0.4kgBOD$_5$/(kgMLSS · d)的条件下普遍存在。

3）游泳型纤毛虫（Free-living ciliates）

• 麦粒赭虫（*Blepharisma*）

麦粒赭虫浅粉色的细胞很好辨别。这些自由移动的纤毛虫细胞有些椭圆，长度为 200μm。开口处附近区域并排长着数根长纤毛。纤毛将含营养物质的水分运送到张开的嘴巴里。

麦粒赭虫在一些污泥负荷[0.1～0.4kgBOD$_5$/(kgMLSS · d)]较高的情况下普遍存在。

• 豆形虫属（*Colpidium*）

豆形虫属是一类肾形细胞的游泳型纤毛虫。细胞表面被纤毛覆盖。张开的嘴巴附近是向内的齿饰。最普遍的肾形豆形虫的细胞长度约为 100μm。

豆形虫属不像其他游泳型纤毛虫那样常见。这种纤毛虫在污泥负荷为0.1～0.4kgBOD$_5$/(kgMLSS · d)的条件下普遍存在。

• 游仆虫（*Euplotes*）

游仆虫是一种椭圆型细胞的游泳型纤毛虫。纤毛聚集成一丛触毛。细胞正面有九丛触毛，背面有五丛触毛。这些触毛有类似伪足的功能。细胞上面有典型的纤毛带，将营养物质运送到张开的嘴巴里。细胞外表面有六个背脊。不同种属的游仆虫大小介于 30～100μm 不等。游仆虫和刺楯纤虫相像，但是通常比刺楯纤虫更大，而且可以自由游动。

游仆虫在污泥负荷为 0.1～0.2kgBOD$_5$/(kgMLSS · d)的条件下很常见。

• 漫游虫（*Litonotus*）

漫游虫的细胞是瓶状的（像是双耳细颈的椭圆土罐）。颈部有轻微的弯曲，颈部长度几乎占到细胞总长的一半。细胞总长约为 100μm。颈部外侧的纤毛比细胞其余部位表面的纤毛长。漫游虫通常在水中"优雅地"游动。镜检图片如图 2-20 所示。

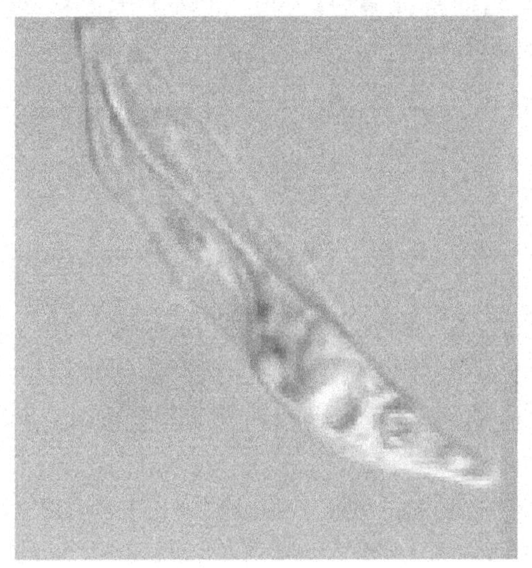
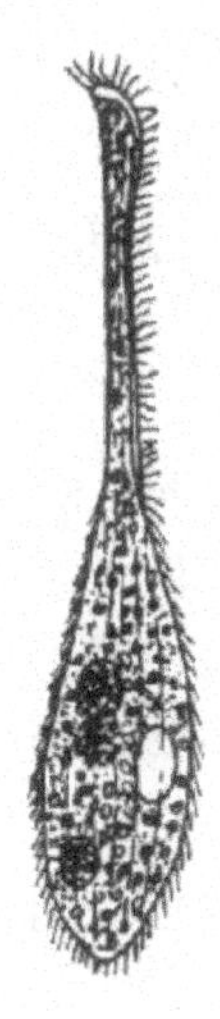

图 2-20　漫游虫[52]

当污泥负荷低于约 0.4kgBOD_5/(kgMLSS·d)时,常见漫游虫。

· 草履虫(*Paramecium*)

草履虫的细胞有点像拖鞋,属于游泳型纤毛虫。这种纤毛虫很大细胞长度从 108～300μm 不等。细胞表面被纤毛所覆盖。细胞核通常清晰可见。草履虫有非常典型的星形的可收缩的液泡。镜检图片如图 2-21 所示。

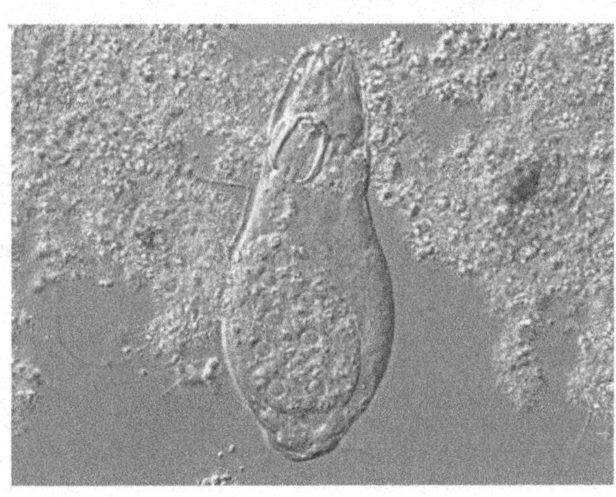
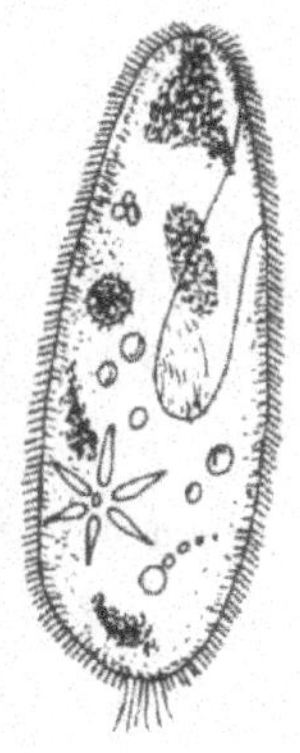

图 2-21　草履虫(左边图来自笔者实验室,右边图出自[52])

草履虫主要是在污泥负荷为 0.1～0.3kgBOD_5/(kgMLSS·d)时能够观察到。

• 旋毛纤虫属(*Spirostomum*)

旋毛纤虫属有很明显的又长又柔韧的细胞,细胞被纤毛所覆盖,在细胞末端有一个典型的液泡。旋毛纤虫属通常在菌胶团间的液体中迅速移动。它是活性污泥中最大的纤毛虫,细胞长度为500～900μm。

旋毛纤虫属在活性污泥中普遍存在,当污泥负荷低于约0.2kgBOD$_5$/(kgMLSS·d)时更为常见。

2. **鞭毛虫类**(Flagellates)

• 波豆虫(*Bodo*)

波豆虫属于游泳型的鞭毛虫,通过以典型的急拉运动(jerky movement)来前进。波豆虫有两根鞭毛,一根是游泳鞭毛,背后有一根拖尾鞭毛。这些鞭毛都比卵形细胞要长。在鞭毛着生点,细胞壁是下凹的。鞭毛并非总是清晰可见。细胞大约长15μm。

波豆虫的出现表明污泥负荷[大于约0.4kgBOD$_5$/(kgMLSS·d)]较高而且/或者溶解氧低。

• 六鞭虫(*Hexamitus*)

六鞭虫属于游泳型鞭毛虫,可以在水中快速地沿直线移动(但不像锥滴虫那样旋转)。六鞭虫的正面有两组鞭毛(每组三根),背后有两根拖尾鞭毛。细胞有些椭圆,直径约为20μm。

六鞭虫出现表明污泥负荷[大于约0.4kgBOD$_5$/(kgMLSS·d)]高而且/或者溶解氧低。

• 袋鞭虫属(*Peranema*)

袋鞭虫属于游泳型鞭毛虫,有一根典型的又粗又长的鞭毛。袋鞭虫还有一根相当细的拖尾的鞭毛,但是很难观察到,只有当细胞运动起来,这根鞭毛末端移动时才能引起注意。细胞长度通常为20～30μm。

这种鞭毛虫在活性污泥中常能观察到。和其他大部分鞭毛虫不同的是,*Peranema*的存在并不能表征特定的工艺条件,比如污泥负荷高或是溶解氧低等。

• 单领藻(*Monosiga*)

单领藻的细胞是卵球形的。鞭毛从它的"脑袋"顶上的领子中穿过。单领藻通常附着在活性污泥菌胶团上。细胞长度从1～15μm不等。

单领藻出现,表明污泥负荷[大于约0.4kgBOD$_5$/(kgMLSS·d)]高而且/或者溶解氧低。

• 肋木虫(*Pleuromonas*)

肋木虫是一种鞭毛虫,快速蹦跳着的移动方式非常典型。细胞通常不是在自由活动,而是附着在菌胶团上。和波豆虫一样,肋木虫有两根鞭毛。细胞由最长的鞭毛系在菌胶团上。细胞直径为 5～10μm。

肋木虫出现，表明污泥负荷[大于约 0.4kgBOD_5/(kgMLSS·d)]高而且/或者溶解氧低。

• 群杯鞭毛虫(*Poteriodendron*)

群杯鞭毛虫属于鞭毛虫，最显著的特征是它是由众多子代细胞组成的。这些细胞都各自被包含在一个透明的漏斗中。漏斗下端的茎相互连接，形成多丛子代细胞。个体细胞的直径约为 20μm。细胞可以利用自己的鞭毛在漏斗内部移动，但是它们不能离开漏斗。

在活性污泥中常能见到群杯鞭毛虫的子代细胞。至于这种鞭毛虫是否能够作为指示生物还不清楚。

• 密螺旋体虫(*Trepomonas*)

密螺旋体虫属于游泳型鞭毛虫，在水中进行典型的旋转运动。从上方观察，细胞是卵形的，从下面看细胞则是球形的。细胞长度约为 20μm。细胞两侧各有一组鞭毛(每组四根)。挨着两根长鞭毛(20μm)还有六根短鞭毛(18μm)。

密螺旋体虫出现，表明污泥负荷[大于约 0.4kgBOD_5/(kgMLSS·d)]高而且/或者溶解氧低。

3. 肉足虫类

• 变形虫(Amoeba)

变形虫是单细胞微生物，有一个柔韧的细胞膜，使得它的细胞形状总在变化。它们通过吞噬营养颗粒(比如菌体细胞，其他原生动物等)来吸收营养物质，就像用嘴巴吞食食物那样。不同种属细胞的尺寸介于 50～400μm 不等。变形虫可以像污泥菌胶团一样大，他们特有的结构有时就像污泥菌胶团。除了个别例外，变形虫都移动得极其缓慢(通过伪足移动)。镜检图片如图 2-22 所示。

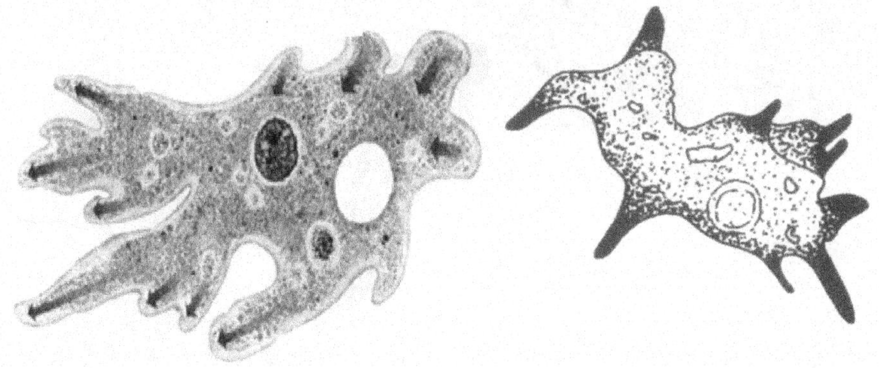

图 2-22　变形虫[52]

变形虫的出现表明污泥负荷[0.1～0.4kgBOD_5/(kgMLSS·d)]在某种程度上偏高,或溶解氧较低的指示生物。在低负荷水厂中很少见到它们。

• 瘤棘砂壳虫(Testate amoeba)

这种变形虫的细胞被一种壳包裹着。在壳上有一处开口,伪足就从那儿突起。这些伪足在显微镜下很难观察到。细胞的形状(有圆形的、大口杯形的)取决于种属。

表壳虫是一种瘤棘砂壳虫,从上面看有个圆形的壳,像是伞菌的头部。壳的结构清晰可见。大多数情况下壳是透明的,但是在活性污泥中由于铁化合物沉积在表面,壳显棕黄色。壳下部的圆形开口很典型。

鳞壳虫的壳的结构很像是一个蜂巢。瘤棘砂壳虫的尺寸从30～200μm不等。

在污泥负荷低的水厂中,瘤棘砂壳虫非常常见,而且数目众多。表壳虫是最常见的一种,它通常在硝化反应条件下出现。

• 太阳虫(*Heliozoa*)

太阳虫属于变形虫。它们的细胞被针般细的,很直的,可收回的伪足所保卫。这些伪足并不用来推动细胞移动而是用来捕捉微生物和原生动物的。被伪足碰到并且"麻醉"了的微生物就成了太阳虫的美餐。细胞直径为40～100μm。镜检图片如图2-23所示。

在低负荷活性污泥法水厂中通常能见到太阳虫,但数量都较少。

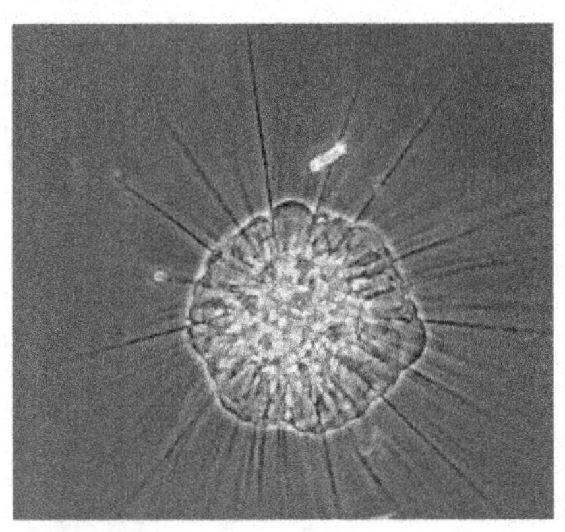

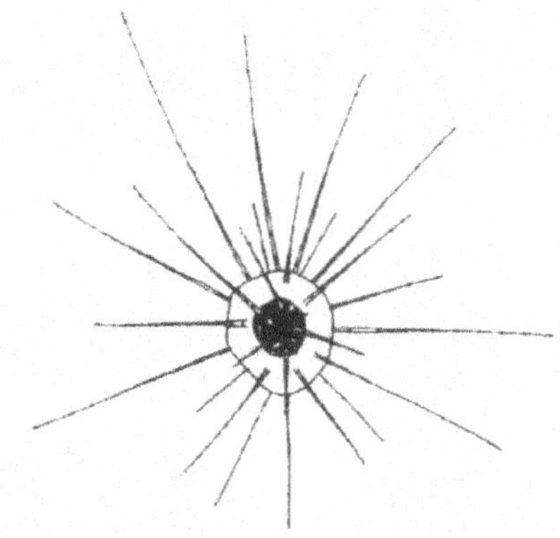

图2-23　太阳虫[52]

2.4.2　后生动物

• 轮虫(Rotifers)

轮虫是相对比较大的,运动明显的,长的多细胞微生物。轮虫细胞体长从100～500μm不等,被一种头尾都能缩进去的盔甲包裹。轮虫头部有几丛纤毛。这些纤毛会在张开的嘴巴的方向上搅起水流。轮虫的嘴边有一些“爪子”，可以用来捕抓从水中过滤出的颗粒。10μm 以上的颗粒不能被送入口中。因此轮虫多以游离的微生物细胞和小的菌胶团颗粒为食。镜检图片如图 2-24 所示。

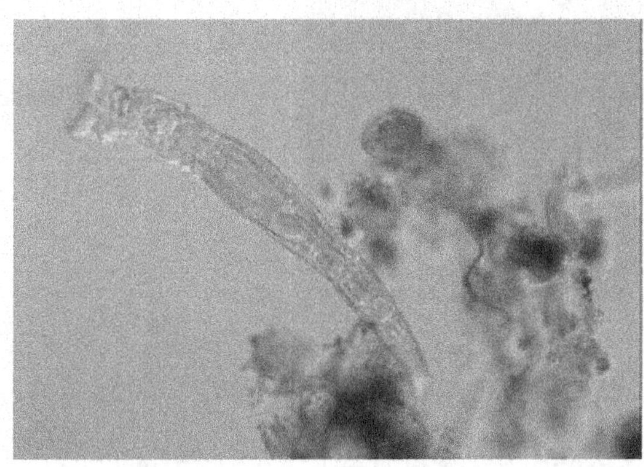
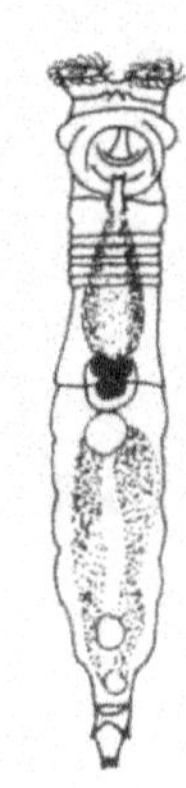

图 2-24　轮虫[52]

轮虫尾部有明显的分枝，这对菌体运动很重要。轮虫首先收缩，然后将菌体伸展开，和鼻涕虫的前进方式类似。

轮虫通常都在低负荷条件下出现。生活污水中的这种菌体都不大。在工业废水中，有时可见大量的轮虫。

• 线虫(Nematodes)

线虫有长的，圆柱形的，柔韧性很好的菌体。这种多细胞微生物的末端比中部细。细胞长度为 0.5～3mm。线虫比大部分后生动物要长。它们通常食用游离的菌体细胞和小的菌胶团颗粒。它们通过收缩食管来吞咽食物颗粒。基于线虫没有爪子并且嘴巴很小的事实，它们不能享用完整的菌胶团。镜检时，这些移动迅速的微生物很难被保留在菌胶团中。另外，线虫有时会“爬”到菌胶团中，待会儿又会爬出来。镜检图片如图 2-25 所示。

线虫通常存在于低负荷的活性污泥中，但是数量都不大。线虫能否作为工艺条件的指示性生物目前还不清楚。

• 节肢动物(Tardigrades)

这是一种有着惊人外形的多细胞微生物。节肢动物有时(对于专家而言)被认为与水獭相像，它们有着像小爪子一样的伪足，使得它们能在菌胶团表面爬动，并且啃食菌胶团。在水中自由移动时，它们显得有些笨拙。它们的大小为 200～1200μm。

污泥负荷小于约 0.1kgBOD_5/(kgMLSS · d)时，偶尔会发现节肢动物。

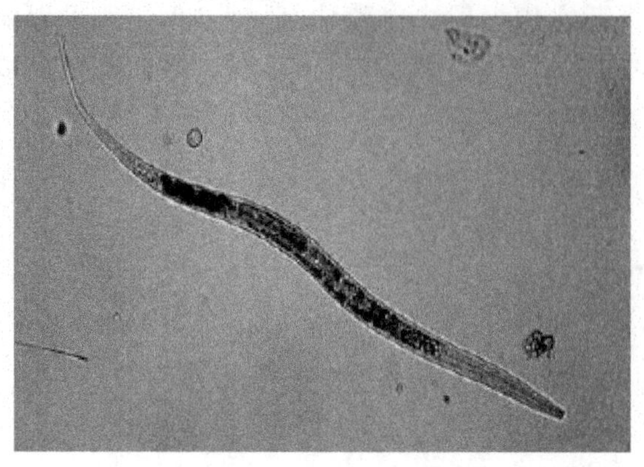

图 2-25　线虫[52]

• 蠕虫(Worms)

在对活性污泥进行镜检的时候,蠕虫是我们所能发现的最大的微生物。直径约为 0.1mm,最长可达 10mm。在湿的载玻片上,它们非常明显。寡毛纲动物大多属于蠕虫,常见的有 *Nais elingius* 和 *Aelosoma* spp. 蠕虫可以以污泥菌胶团活着菌胶团颗粒为食。蠕虫增多(约 10^5 蠕虫/L)与污泥产量下降相关。

我们对活性污泥工艺水厂中蠕虫的生长情况知之甚少。它们并非长得特别慢。在最好的条件下,它们的世代时间约为几天。几乎所有的水厂都期望看到蠕虫存在。然而在污泥负荷低(溶解氧低)的时候,并不常见到它们。污泥中通常会含有许多蠕虫时,往往是在进水经过了预沉淀,并且污泥负荷约为 0.1kgBOD_5/(kgMLSS · d)的条件下。

2.4.3　活性污泥中微型生物的作用

1. *作为指示性微生物预测运行工况*

污水处理厂的运行工况明显影响微型生物的种群结构,微型生物的种群结构能间接的反应污水处理厂的运行状况。基于不同种属微型生物丰度、活性与运行参数的相关关系,对建立面向微型生物种群优化的控制系统具有重要的意义。

首先,针对既无足够实验设备又无技术人员进行传统分析的水厂,通过对污泥混合液进行镜检,结合简单的 SVI、MLSS 检测,即可控制水厂运行。其次,某些水质参数的测定耗时较长(如 BOD_5),使得根据测定结果调控水厂运行的方式存在较强的滞后性。根据镜检结果,实时分析和控制,更有利于提高污水处理效率。

考察微型生物对于运行工况的指示性作用有两种思路:①以个种的数量、多样性、活性作为指示指标;②以种群综合状态作为指示指标。对微型生物种群结构与运行工况、环境因素之间的关系的研究成果进行总结和归纳,得到了微型生物种群结构与运行工况的关系表(表 2-2)。

表 2-2　微型生物种群结构与运行工况的关系[53]

运行工况	微型生物与运行工况的关系
MLSS	1. 纤毛虫约占 MLSS 的 5%,通常为 10^6ind/L,低于 10^4ind/L 时表明净化能力不足 2. 高 MLSS:爬行类纤毛虫(如吸管虫、盖虫)、固着类纤毛虫占优势;低 MLSS:小口钟虫,盖虫
污泥沉降性	1. 低 SV30:游泳类纤毛虫多样性指数高 2. 高 SVI:小口钟虫、游泳类纤毛虫、肉食类原生动物如薄漫游虫、裂口虫丰度高 3. 低 SVI:腔轮虫、爬行类、固着型纤毛虫、有壳变形虫(特别是半圆表壳虫)丰度高
F/M	1. 低 F/M[低于 0.2kgBOD$_5$/(kgMLSS · d)]:爬行类纤毛虫(如吸管虫、盖虫)、固着型纤毛虫、透明鞘居虫、小轮毛虫丰度高 2. 高 F/M:小口钟虫、有肋楯纤虫、鞭毛虫、变形虫数量多
SRT	1. SRT>10d:原生动物数量低,爬行类纤毛虫中吸管虫属、有壳变形虫、后生动物中轮虫、蠕虫占优势 2. SRT<6d:小型原生动物(包括鞭毛虫、变形虫和游泳型纤毛虫)普遍存在
DO	1. 高 DO:游仆虫、盖虫、有壳变形虫丰度高,沟钟虫虫体活跃 2. 低 DO:小口钟虫、独缩虫占优势,沟钟虫呈收缩状,变形虫对低 DO 非常敏感
温度	1. 低温:大多数微型生物的丰度较高 2. 高温:有壳变形虫丰度高,肉足虫多样性指数高 3. 游泳类纤毛虫中的楯纤虫对水温不敏感,四季中丰度变化不大
出水 BOD$_5$	1. 高出水 BOD$_5$:游泳类纤毛虫丰度高 2. 低出水 BOD$_5$:固着型纤毛虫(尤其是沟钟虫)、集盖虫、表壳虫、轮虫占优势 3. 出水 BOD$_5$与小口钟虫、*Opercularia microdiscus* 的丰度是否相关尚有争议。某种纤毛虫丰度范围越高,该丰度范围与理化参数间的关系越稳定,称该范围为最佳指示值。出水 BOD$_5$和纤毛虫丰度间的相关系数的正负取决于样品数据的范围,如果出水水质参数在纤毛虫最佳指示值之上或之下,系数就有可能为正或为负,其他理化参数与纤毛虫丰度间的关系也可能如此
硝化效果	1. 硝化效果好:游仆虫、有壳变形虫、毛板壳虫、爬行类纤毛虫、固着类纤毛虫丰度高,固着类、爬行类纤毛虫、后生动物多样性指数高 2. 硝化效果差:小口钟虫、游泳型纤毛虫丰度高,鞭毛虫多样性指数高 3. 盖虫丰度与硝化效果相关关系的研究结果存在争议,可能与样品数据范围与盖虫的最佳指示范围的关系相关
出水总氮	1. 出水总氮浓度高:固着类纤毛虫多样性指数高 2. 出水总氮浓度低:半圆表壳虫丰度低
出水总磷	肉足虫丰度和爬行类纤毛虫的多样性指数与出水总磷呈正相关
出水 SS	1. 出水 SS 高:集盖虫丰度和游泳类纤毛虫多样性指数高 2. 出水 SS 低:轮虫、半圆表壳虫的丰度高

续表

运行工况	微型生物与运行工况的关系
毒性物质	1. 由于纤毛虫为真核细胞生物，在生物学方面已经有所研究，实现操作相对容易，世代期短，且分布广，生态特征显著，在食物网中能量流和电子循环中起重要作用，因此它们可以被作为理想的毒性物质预警指示生物 2. 高浓度的铜离子会对微生物种群和污泥效率产生重大影响，且均会自行恢复，但生物积累却不可避免 3. 低浓度的铜离子对 COD 的去除效率和一些种属的生长有促进作用

值得注意的是，不同研究人员对于优质出水和劣质出水的标志型微型生物的归类结果并不完全一致，在某些个种上存在争议。Tyagi 认为优质出水的标志性微型生物有钟虫、楯纤虫、吸管虫、累枝虫、表壳虫、盖虫、漫游虫；变形虫的大量存在通常与出水水质恶化有关[54]。Esteban 认为表壳虫丰度较高对应于低负荷、长 SRT、高 DO，标志硝化完全[55]。与 Tyagi、Esteban 的结论一致，Zhou[56]同样认为表壳虫同时与 SVI，出水 TN、SS 呈负相关，是污泥系统良好状态指示生物，但其研究结果同时显示盖虫属与出水 BOD_5、SS 呈正相关，是劣质出水的指示生物，与 Manodi 的研究结果相印证。Madoni 等将优质出水指示性关键群组归纳为：爬行类、固着型纤毛虫、有壳变形虫（以表壳虫属为主）；劣质出水关键群组包括：小型鞭毛虫，游泳型纤毛虫中的细菌性纤毛虫，缘毛目纤毛虫中的小口钟虫、盖虫属[57]。Esteban 等研究发现小口钟虫在低 DO、低 MLSS、高负荷、高 SVI 时可大量存在，是出水水质恶化的指示性生物[58]。有学者认为沟钟虫和褶累枝虫对环境的适应性很强，因此不宜作为指示性生物[57]。关于个别种属指示性的争议可能与样品数据的范围与个种最佳指示值的关系有关，总体而言，固着型、爬行类纤毛虫的丰度较高以及轮虫等后生动物的出现是优质出水的标志，而大量的游泳型纤毛虫和鞭毛虫是水质不良的指示性生物。

2. 净化水质

微型动物，如纤毛虫、鞭毛虫、变形虫等能直接利用水中的有机物质，对水中有机物的净化起一定的积极作用。但是这些原生动物是以吃细菌为主的，他们直接提高有机物去除率的作用还有待进一步研究。

在活性污泥法中，纤毛虫可促进生物絮凝作用，活性污泥凝聚得好，则在二次沉淀池中沉降得好，从而改善出水水质。Curds 等在 1963 年通过实验证明，小口钟虫、褶累枝虫和尾草履虫等纤毛虫能分泌出一些促进絮凝的糖类和黏液。他甚至认为在生物凝聚过程中，纤毛虫比细菌的作用更大些。

纤毛虫能大量吞食细菌，特别是游离细菌，因此可以改善生物处理法出水水质。Curds等在实验室条件下进行实验，发现曝气池有纤毛虫时，出水中游离细菌立刻降至1×10^7～8×10^7个/mL，出水很清澈。同时，加入纤毛虫后出水的其他指标也有改善。

3. *在污泥减量化中的应用*

目前关于利用微型生物对污泥进行减量的研究主要集中在具体工艺中微型动物摄食导致污泥减量的程度。由于影响污泥产量的因素较多，如选用的微型动物种类及各种工艺的差异等，文献中所报道的污泥减量比例变化幅度很大。

用于摄食剩余污泥的微型动物主要包括：①原生动物、轮虫等体型较小的微型动物，其最大优势就是数量多、生长速度快；②环节动物和软体动物等体型较大的微型动物，其优势是受外界环境影响小、采集方便，便于集中投放。

最初人们认为原生动物捕食细菌，减小了曝气池中的细菌总数，降低了活性污泥的活性，可能对污水处理效果产生负面影响。随着研究深入，发现部分原生动物的存在可以促进细菌活力、提高出水水质，其在活性污泥中的净化作用仅次于细菌。微型动物还可以：①分泌生长因子和降解胞外聚合物；②优化基质的碳氮磷比率；③优化细菌群落；④导致细菌形态和生长方式的改变；⑤促进营养物质和氧气的扩散；⑥促进絮凝。

主要参考文献

[1] 马迪根M T，马丁克J M，帕克J. 微生物生物学. 杨文傅，等译. 北京：科学出版社，2001

[2] 郑平，徐向阳，胡宝兰. 新型生物脱氮理论与技术. 北京：科学出版社，2004

[3] Kirstein K, Bock E. Close genetic relation and characterization of the periplasmic reductase from *Thiosphaerchia coli* nitrate reductase. Arch Microbial, 1993, 160:447-453

[4] Walter G, Zumft, Peter M. Kroneck respiratory transformation of nitrous oxide (N_2O) to dinitrogen by bacteria and archaea. Adv Microb Physiol, 2006, 52:107-227

[5] Wunsch P, Körner H, Neese F, R J V, P M K, W G Z. NosX function connects to nitrous oxide (N_2O) reduction by affecting the CuZ center of NosZ and its activity in vivo. FEBS Letter, 2005, 579(21): 4605-4609

[6] Mitchel P. Coupling of phosphorylation to electron and hydrogen transport by a chemiosmotic type of membrane possible function of chains of catalysts. Nature, 1961, 191:144-148

[7] Grunditzm C, Dalhammar G. Development of nitrification inhibition assays using pure cultures of Nitrosomonas and Nitrobacter. Water Research, 2001, 35(2):433-440

[8] Yoo K, Ahn K H, Lee H J, Lee K H, Kwak Y J, Song K G. Nitrogen removal from synthetic wastewater by simultaneous nitrification and denitrification (SND) via nitrite in an intermittently-aerated reactor. Water Research, 1999, 33(1):145-154

[9] Balmelle B, Nguyen K M, Capdeville B, Cornier J C, Deguin A. Study of factors controlling nitrite build-up in biological processes for water nitrification. Water Science and Technology, 1992, 26(5-6): 1017-1025

[10] Pollice A, Tandoi V, Lestingi C. Influence of aeration and sludge retention time on ammonium oxidation to nitrite and nitrate. Water Research, 2002, 36(10):2541-2546

[11] Hellnga C, Schellen A A J C, Mulder J W. The SHARON process: An innovative method for nitrogen removal from ammonium-rich wastewater. Water Science and Technology, 1998, 37(9):135-142

[12] Hdaka T, Yamada H, Kawamura M. Effect of dissolved oxygen conditions on nitrogen removal in continuously fed intermittent-aeration process with two tanks. Water Science and Technology, 2002, 45: 181-188

[13] Wang SY , Gao D W, Peng Y Z. Nitrification-denitrification via nitrite for nitrogen removal from high nitrogen soybean wastewater with on-line fuzzy control. Water Science and Technology, 2004, 49(5-6):121-127

[14] Hanaki K, Wantawn C, Ohgaki S. Nitrification an low level of DO with and without organic loading in a suspended growth reactor. Water Research, 1990, 24:297-302

[15] Garrido J M, van Benthem W, van Loosdrecht M C M. Influence of dissolved oxygen concentration on nitrite accumulation in a biofilm airlift suspension reactor. Biotechnology and Bioengineering, 1997, 53(2):168-178

[16] Ruiz G, Jeison D, Chamy R. Nitrification with high nitrite accumulation for the treatment of wastewater with high ammonia concentration. Water Research, 2003, 37(6):1371-1377

[17] Cenen F, Orak E, Gokcn P. Nitrification studies on fertilizerwastewaters in activated sludge and biofilm reactors. Water Science and Technology, 1995, 32(12):141-148

[18] Joanna S-G, Andrzej C, Korneliusz M. Nitrogen removal from wastewater with high ammonia nitrogen concentration via shorter nitrification and denitrification. Water Science and Technology, 1997, 36(10):73-78

[19] Yang L, Alleman J. Investigation of batchwise nitrite build-up by an enriched nitrification culture. Water Science and Technology, 1992, 26(5-6):997-1005

[20] Garrido J M. Nitrous oxide production under toxic conditions in a denitrifying anoxic filter. Water Research, 1998, 32(8):2550-2552

[21] Fuhs G W, Chen M. Microbiological basis of phosphate removal in the activated sludge process for the treatment of wastewater. MicrobEcol, 1975, 2:119-138

[22] Comeau Y, Hall K J, Hancock R E W, Oldham W K. Biochemical model for enhanced biological phosphorus removal. Water Research, 1986, 12:1511-1521

[23] Arun V, Mino T, Matsuo T. Biological mechanism of acetate uptake mediated by carbohydrate consumption in excess phosphorus removal systems. Water Research, 1988, 22:565-570

[24] Wentzel M C, Lotter L H, Ekama G A, Loewenthal R E, Marais G V R. Evaluation of biochemical-models for biological excess phosphorus removal. Water Science and Technology, 1991, 23(4-6): 567-576

[25] Fukase T, Shibata M, Miyaji Y. The role of the anaerobic stage on biological phosphorus removal. Water Science and Technology, 1985, 17:69-80

[26] Cech J S, Hartman P. Glucose induced break down of enhanced biological phosphate removal. Environ Technol, 1990, 11:651-656

[27] Cech J S, Hartman P. Competition between polyphosphate and polysaccharide accumulating bacteria in enhanced biological phosphate removal systems. Water Research, 1993, 27(7):1219-1225

[28] Tsai C S, Liu W T. Phylogenetic and physiological diversity of tetrad-forming organisms in deteriorated biological phosphorus removal systems. Water Science and Technology, 2002, 46(1-2):179-184

[29] Mino T, Liu W T, Kurisu F, Matsuo T. Modeling glycogen-storage and denitrification capability of microorganisms in enhanced biological phosphate removal processes. Water Science and Technology, 1995, 31(2):25-34

[30] Beer M, Kong Y H, Seviour R J. Are some putative glycogen accumulating organisms(GAO)in anaerobic:aerobic activated sludge systems members of the Alpha-Proteobacteria? Microbiology, 2004, 150:2267-2275

[31] He S, Gu A, McMahon K. Fine-scale differences between Accumulibacter-like bacteria in enhanced biological phosphorus removal activated sludge. Water Science and Technology, 2006, 54(1):111-117

[32] Saunders A, Oehmen A, Blackall L. The effect of GAOs(glycogen accumulating organisms)on anaerobic carbon requirements in full-scale Australian EBPR(enhanced biological phosphorus removal)plants. Water Science and Technology, 2003, 47(11):37-43

[33] Oehmen A, Saunders A, Vives M. Competition between polyphosphate and glycogen accumulating organisms in enhanced biological phosphorus removal systems with acetate and propionate as carbon sources. J Biotechnol, 2006, 123(1):22-32

[34] Lu H, Oehmen A, Virdis B. Obtaining highly enriched cultures of Candidatus Accumulibacter phosphates through alternating carbon sources. Water Research, 2006, 40:3838-3848

[35] Smolders G, Vander M, Van L M. Model of the anaerobic metabolism of the biological phosphorus removal process-stoichiometry and pH influence. Biotechnology and Bioengineering, 1994, 43(6):461-470

[36] Filipe C D M, Daigger G T, Grady C P L. Stoichiometry and kinetics of acetate uptake under anaerobic conditions by an enriched culture of phosphorus-accumulating organisms at different Phs. Biotechnology and Bioengineering, 2001, 76(1):32-43

[37] Filipe C D M, Daigger G T, Grady C P L. Effects of pH on the rates of aerobic metabolism of phosphate-accumulating and glycogen-accumulating organisms. Water Environment Research, 2001, 73(2):213-222

[38] Filipe C D M, Daigger G T, Grady C P L. A metabolic model for acetate uptake under anaerobic conditions by glycogen accumulating organisms:Stoichiometry, kinetics, and the effect of pH. Biotechnology and Bioengineering, 2001, 76(1):17-31

[39] Panswad T, Doungchai A, Anotai J. Temperature effect on microbial community of enhanced biological phosphorus removal system. Water Research, 2003, 37(2):409-415

[40] Erdal U G, Erdal Z K, Randall C W. The competition between Paos (phosphorus accumulating organisms)and Gaos(glycogen accumulating organisms)in EBPR (enhanced biological phosphorus removal) systems at different temperatures and the effects on system performance. Water Science and Technology, 2003, 47(11):1-8

[41] Lemaire R, Meyer R, Taske A. Identifying causes for N_2O accumulation in a lab-scale sequencing batch reactor performing simultaneous nitrification, denitrification and phosphorus removal. J Biotechnol, 2006, 122(1):62-72

[42] 陈滢，彭永臻，杨向平. 低溶解氧SBR除磷工艺研究. 中国给水排水，2004, 20(8):40-42

[43] Whang L, Park J. Competition between polyphosphate- and glycogen-accumulating organisms in en-

hanced biological phosphorus removal systems: effect of temperature and sludge age. Water Environment Research, 2006, 78(1):4-11

[44] Grady J C, Filipe C D M. Ecological engineering of bioreactors for wastewater treatment. Water Air Soil Pollution, 2000, 123:117-132

[45] Satio T, Brdjanovic D, van Loosdrecht M C M. Effect of nitrite on phosphate uptake by phosphate accumulating organisms. Water Research, 2004, 38(17):3760-3768

[46] Kuba T, Smolders G, van Loosdrecht M C M. Biological phosphorus removal from wastewater by anaerobic/anoxic sequencing batch reactor. Water Science and Technology, 1993, 27(5-6):241-252

[47] 李捷，熊必永，张杰. 电子受体对厌氧/好氧反应器聚磷菌吸磷的影响. 哈尔滨工业大学学报，2005，37(5):619-622

[48] 李相昆，周业剑，高美玲. 亚硝酸根作为电子受体的反硝化吸磷特性. 吉林大学学报(地球科学版)，2008，38(1):117-120

[49] Zeng R, Yuan Z, Keller J. Enrichment of denitrifying glycogen-accumulating organisms in anaerobic/anoxic activated sludge system. Biotechnology and Bioengineering, 2003, 81(4):397-404

[50] Wang X, Zeng R, Dai Y. The denitrification capability of cluster 1 *Defluviicoccus vanus*-related glycogen-accumulating organisms. Biotechnology and Bioengineering, 2008, 99(6):1329-1336

[51] Jenkins D, Richard M G, Daigger G T. Manual on the causes and control of activated sludge bulking and other solids separation problems. London: IWA Publishing, 2004

[52] Eikelboom D H. Process control of activated sludge plants by microscopic investigation. London: IWA Publishing, 2000

[53] 郑雅楠，王淑莹，郭建华，黄惠珺，孙治荣，彭永臻. 利用微型生物指示评价污水处理厂运行的研究进展. 微生物学通报，2008，35(12):1943-1949

[54] Tyagi V, Subramaniyan S, Kazmi A. Microbial community in conventional and extended aeration activated sludge plants in India. Ecological Indicators, 2008, 8(5):550-554

[55] Cybis L, Horan N. Protozoan and metazoan populations in sequencing batch reactors operated for nitrification and/or denitrification. Water Science and Technology, 1997, 35(1):81-86

[56] Zhou K, Xu M, Dai J. The microfauna communities and operational monitoring of an activated sludge plant in China. European Journal of Protistology, 2006, 42(4):291-295

[57] Madoni P P. A sludge biotic index (SBI) for the evaluation of the biological performance of activated sludge plants based on the microfauna analysis. Water Research, 1994, 28(1):67-75

[58] 肖作义，范荣华，王子瑞. 活性污泥性状和生物相的观察与指导. 环境科学与技术，2006，29(S1):123-124

第 3 章　丝状菌形态学与生态生理学

目前，国内外对出现在城市污水处理厂和工业废水处理站中的各种丝状菌进行了广泛的研究，一些以研究环境微生物为主的实验室，尤其对它们的形态特征和部分生态生理特性进行了较为系统的研究。研究丝状菌的形态学与生态生理学，能帮助我们更深的理解丝状菌，并有助于鉴定丝状菌。常规的丝状菌鉴定主要借助显微镜下形态特性观察和革兰氏、纳氏染色，以及积硫实验等，之后随着对丝状菌特征基因研究的深入，出现了基于寡核苷酸分子探针的荧光原位杂交技术。丝状菌的准确鉴定有利于找到运行条件和各种优势丝状菌的相互关系，这为建立可靠的、针对性的污泥膨胀方法具有重要的作用和意义。本章主要阐述和归纳了丝状菌的形态学与生态生理学，并解释了目前基于现代分子生物学手段研究丝状菌特性的一些最新研究成果。

3.1　丝状菌的形态特性

通过丝状菌的形态特征可对丝状菌的种类及数量进行鉴定。丝状菌的形态特征主要包括以下方面：分支、运动性、丝状菌形态、位置、附着生长、衣鞘、隔膜、丝状菌宽度、丝状菌长度、细胞形状、细胞大小、积硫情况、储存颗粒、染色反应等[1]。

3.1.1　分支

观察丝状菌是否有分支出现，如果有分支，确认是假分支还是真分支。真分支会在丝状菌分支的部位出现连接的细胞质，而当假分支出现时丝状菌之间没有连接的细胞质(图 3-1)。在活性污泥中，具有真分支的丝状菌只有为数不多的几种[多为真菌(Fungi)和诺卡氏菌属(Nocardioforms)]，而假分支的丝状菌多带有鞘，多为浮游球衣菌(*Sphaerotilus natans*)。假分支很少在 *Haliscomenobacter hydrossis*、1701 型和发硫菌(*Thiothrix*)中出现。

3.1.2　运动性

观察丝状菌是否具有运动性能帮助我们鉴定其种类。如果丝状菌具有运动性，可进一步观察和描述运动的类型。在活性污泥中，仅有几种丝状菌可以运动。贝氏硫细菌(*Beggiatoa*)、屈挠杆菌(*Flexibacter*)可以滑行运动，发硫菌和 021N 型可出现摇晃和摆动的运动情形。

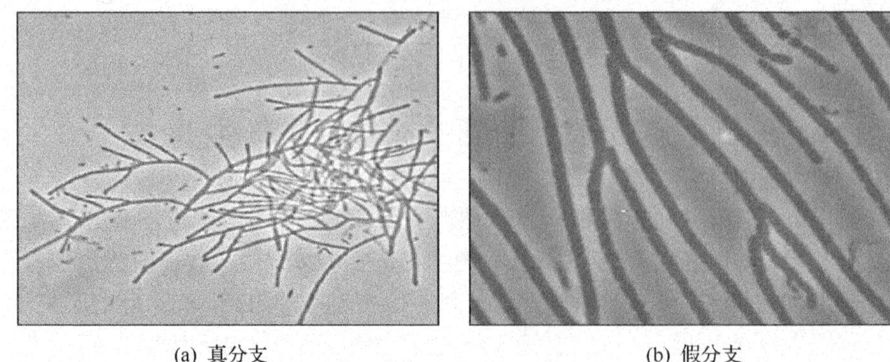
(a) 真分支　(b) 假分支

图 3-1　丝状菌的真假分支[2]

3.1.3　丝状菌形态

丝状菌的形状主要可分为：直形、轻微弯曲、弯曲、不规则形状的链状、盘绕或发射状，如图 3-2。

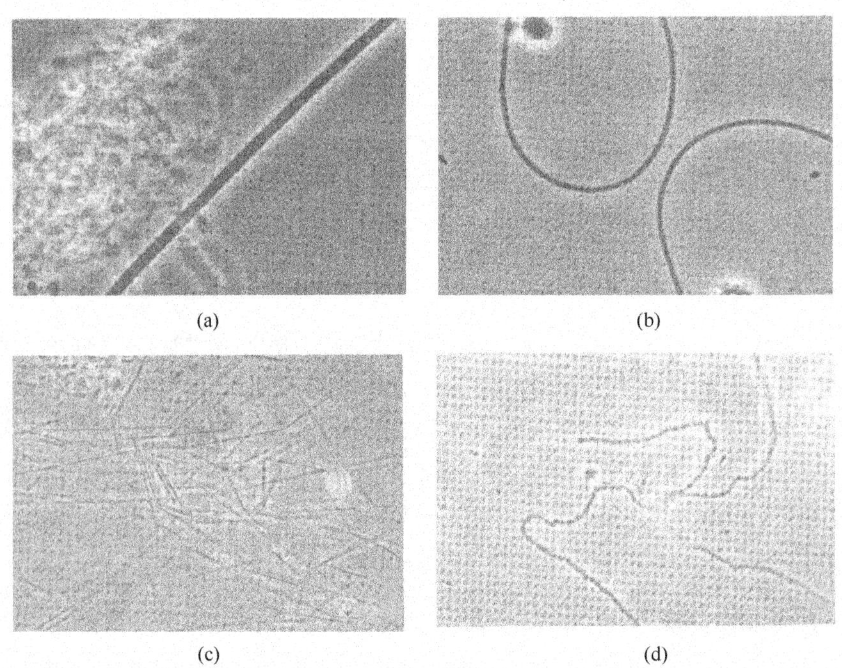
(a)　(b)　(c)　(d)

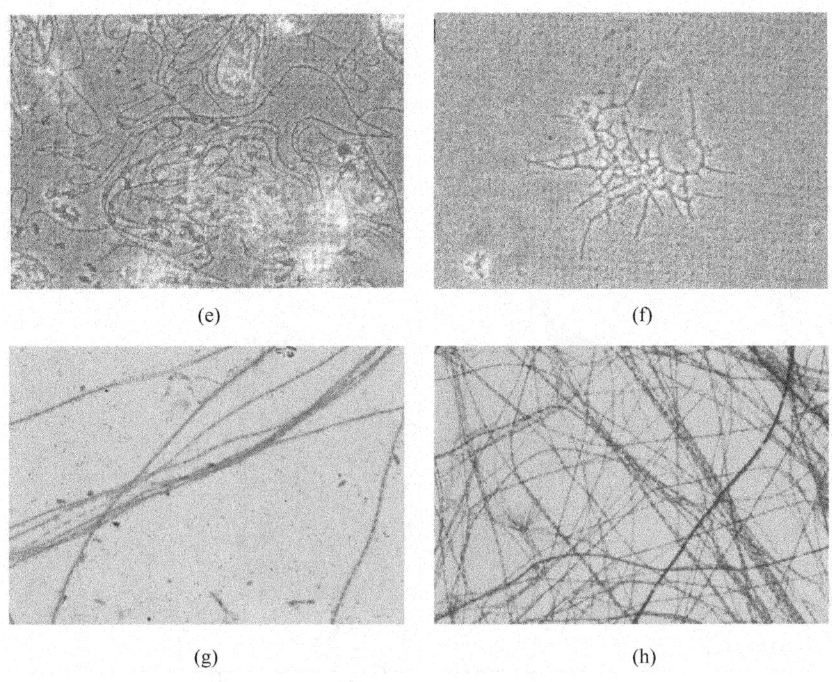

图 3-2　相差显微镜下的丝状菌形态[1]（1000×）

(a) 直形[1]；(b) 轻微弯曲[1]；(c) 弯曲[1]；(d) 不规则形状的链状[1]；(e) 盘绕[1]；(f) 发射状[1]
(g) 丝状菌直形或微弯（来自笔者实验室）；(h) 丝状菌弯曲或者盘绕（来自笔者实验室）

3.1.4　位置

确认丝状菌的位置是延伸至污泥絮体外围，生长于絮体内部，还是游离在泥水混合液中，如图 3-3。

3.1.5　附着生长

观察丝状菌是否有附着生长现象。如果有，确认附着生长状况为大量的、坚固的[图 3-4(a)]还是少量的、偶然发生的[图 3-4(b)]。存在附着生长[图 3-4(c)]表明该丝状菌存有衣鞘结构。

3.1.6　衣鞘

观察丝状菌是否有衣鞘的存在。衣鞘生长在细胞壁外，故很难观察到。在不染色的条件下，当衣鞘是空着或者丝状菌细胞丢失的情况下，衣鞘清晰可见。有几种丝状菌会因衣鞘而混淆。

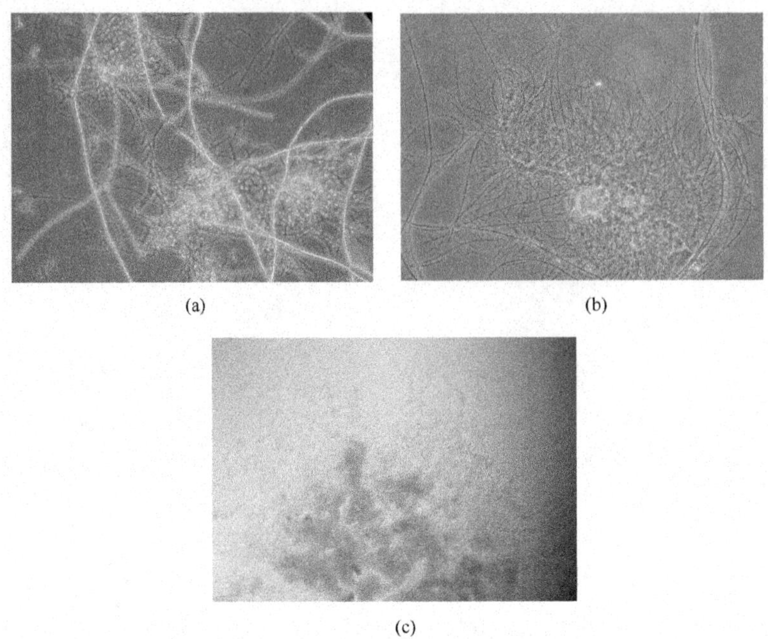
(a)　(b)　(c)

图 3-3　相差显微镜下丝状菌位置(来自笔者实验室)
(a) 游离在泥水混合液中(200×);(b) 延伸至污泥絮体外围(200×);(c) 生长于絮体内部(100×)

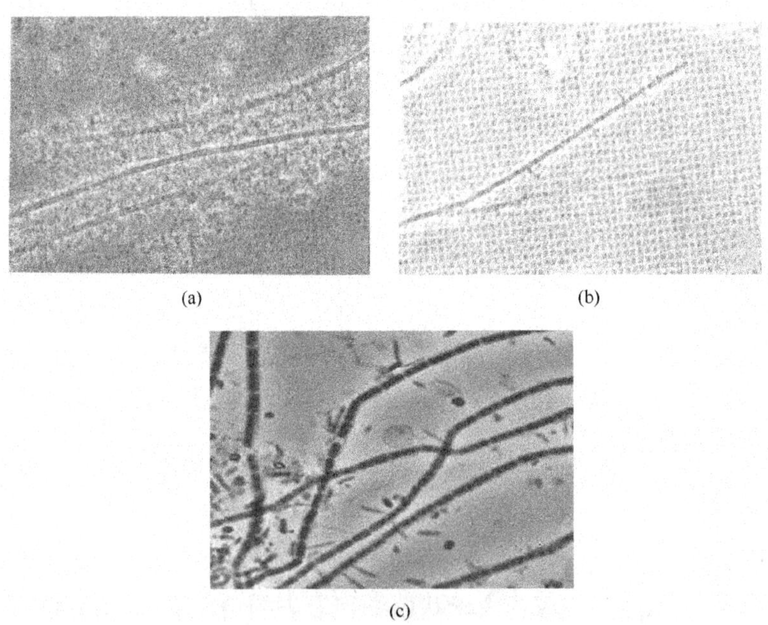
(a)　(b)　(c)

图 3-4　相差显微镜下丝状菌的附着生长[1-2](1000×)
(a) 大量的;(b) 少量的;(c) 附着生长

在显微镜相差观察条件下，丝状菌外围黄色的“光晕”常被误认为衣鞘。“光晕”是相差显微镜造成的光学现象，一般来说比衣鞘要宽。有时，细胞消散后仍保留原状态的细胞壁有时也被误认为是衣鞘。

把等体积的活性污泥与 1∶1000 稀释的家庭漂白剂（5%的 NaClO 溶液）混合并保持几个小时，这样处理能够去除衣鞘内的细胞物质，呈现空的衣鞘结构，可在 1000×的相差显微镜下观察，如图 3-5。

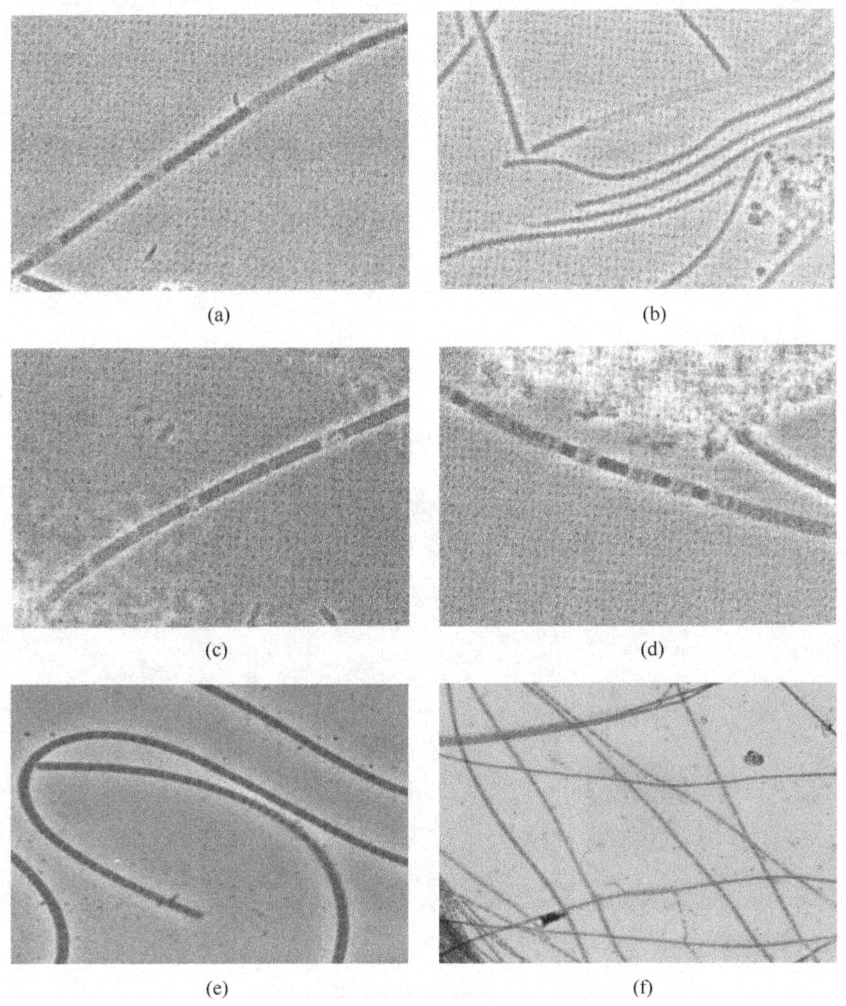

图 3-5　相差显微镜下丝状菌的衣鞘[1-2]（1000×）

(a)、(b) *Sphaerotilus natans*；(c) 0041 型；(d) 021N 型；(e) 无鞘；(f) 有鞘（来自笔者实验室）

3.1.7 隔膜

观察丝状菌细胞是否有隔膜的存在。有些丝状菌的该特性是可变的，取决于显微镜的调节程度与品质(图 3-6)。

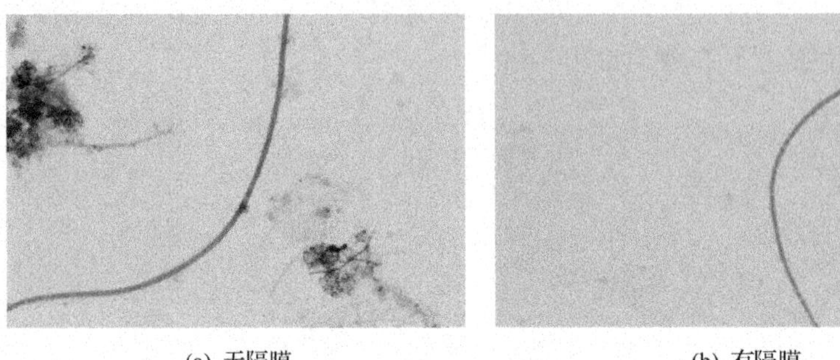

(a) 无隔膜　　(b) 有隔膜

图 3-6　微分干涉显微镜下丝状菌隔膜

3.1.8 丝状菌宽度

通过可视的 μm 直尺或图像分析技术测定菌丝的平均宽度及变化范围(μm)。确定菌丝平均宽度是>1μm(厚菌丝)还是<1μm(细菌丝)(图 3-7)。

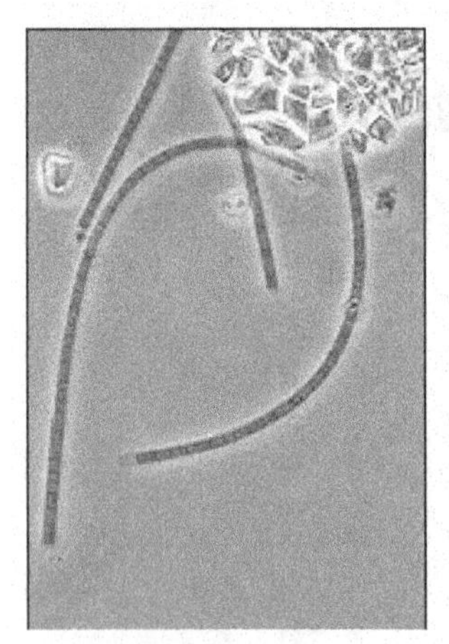

细胞直径<1.0μm

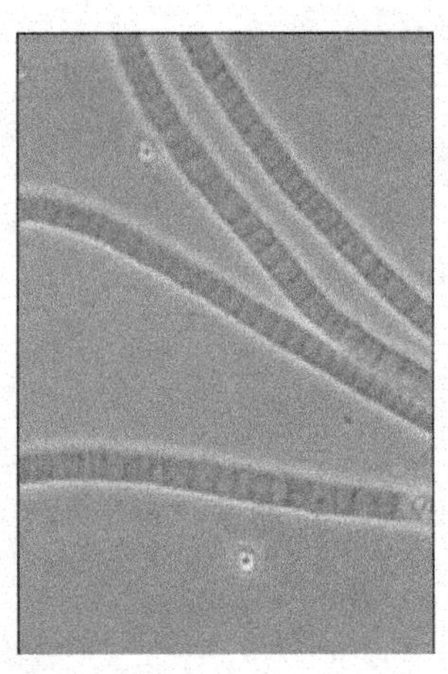

1.0μm <细胞直径<2.5μm

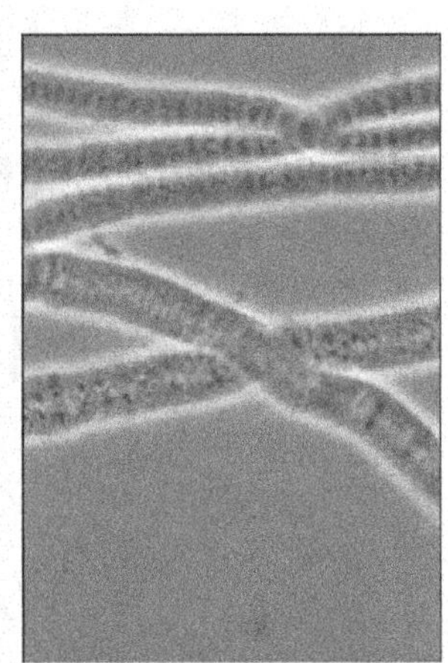

细胞直径>2.5μm

图 3-7　显微镜下丝状菌宽度[2]

3.1.9 丝状菌长度

观察并确认菌丝平均长度及变化范围。可通过可视的 μm 直尺进行人工目测或采用图像分析软件进行丝状菌长度的测定。

3.1.10　细胞形状

确定丝状菌细胞形状是正方形、长方形、椭圆形、桶状、铁饼状、香肠状还是不规则形状。注意细胞隔膜上是否存在锯齿状的缩缢，或者细胞连接处细胞壁是否是直线的，如图 3-8。

3.1.11　细胞大小

观察并确认细胞的平均长度和宽度（μm）。

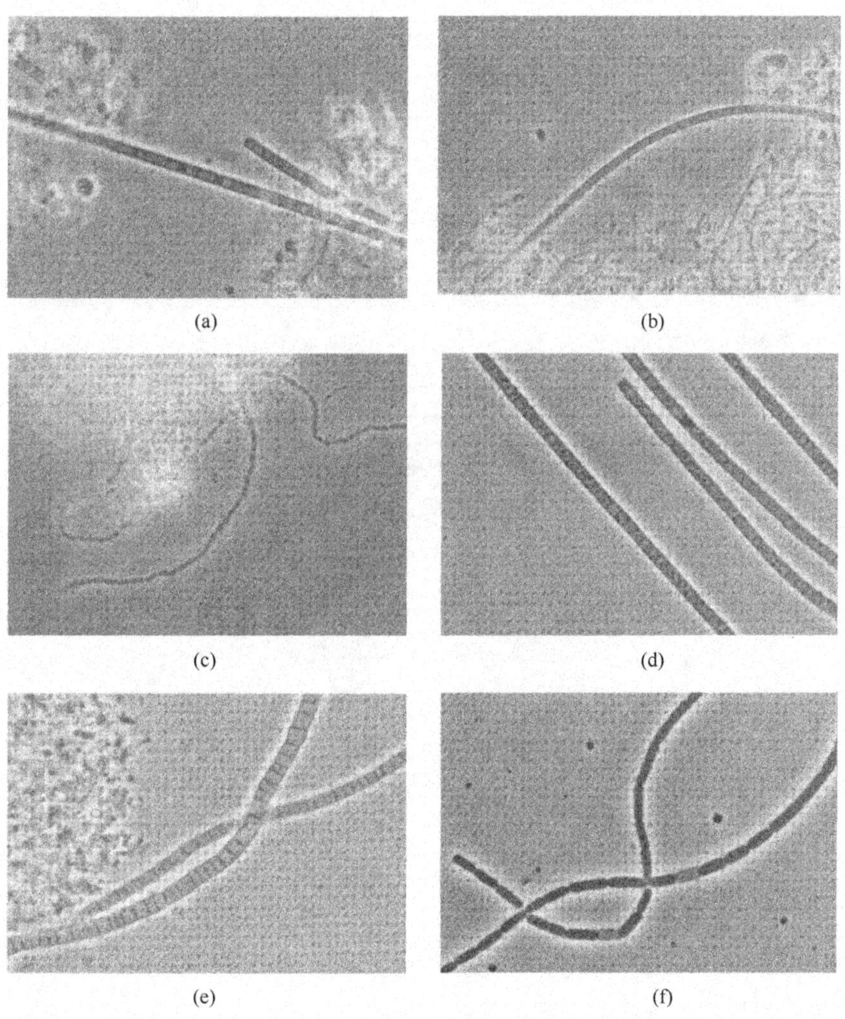

(a)　(b)　(c)　(d)　(e)　(f)

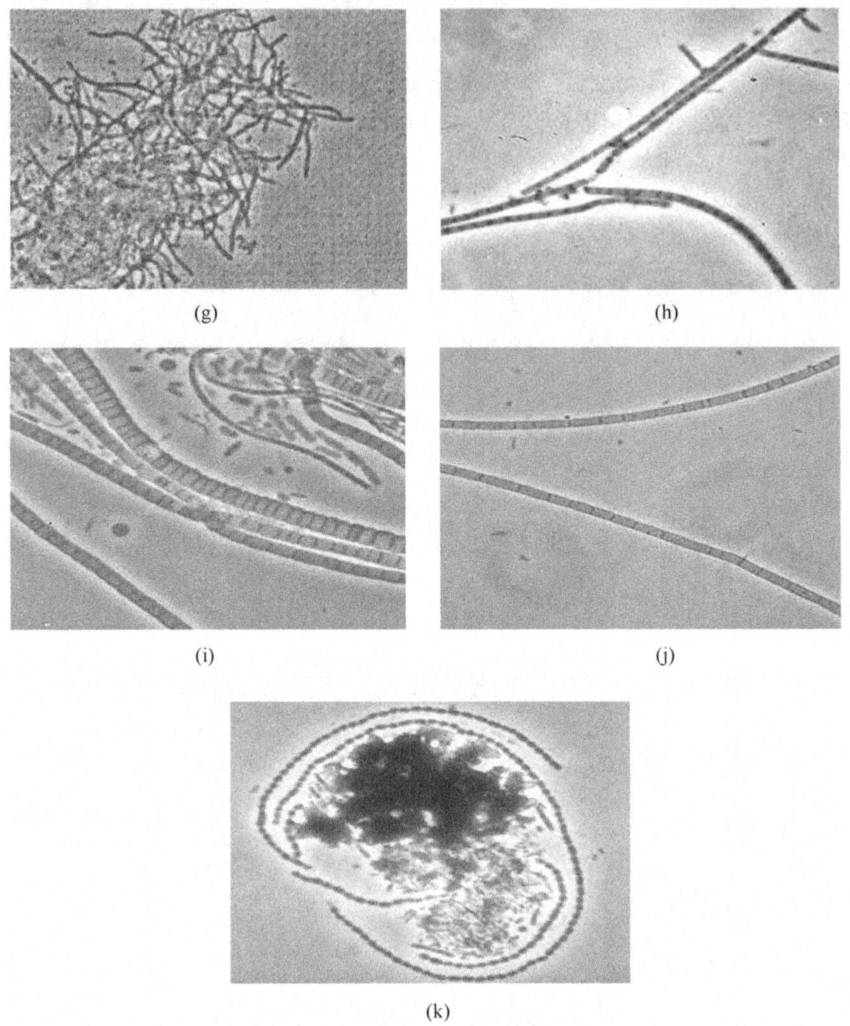

(g) (h)

(i) (j)

(k)

图 3-8 相差显微镜下丝状菌的形态[1-2](1000×)

(a) 正方形;(b) 长方形;(c) 椭圆形;(d) 桶状;(e) 铁饼状;(f) 香肠状;(g) 不规则形状;
(h) 正方形/长方形;(i) 圆盘状/正方形;(j) 长方形;(k) 球形/杆状

3.1.12 积硫情况

进行积硫实验(方法见 3.2.6 小节),确定丝状菌否具有积硫特性。在相差显微镜下观察,硫粒为明亮的、折射的、黄色的细胞内含物(如图 3-9),可能为球状(*Thiothrix* spp.,*Beggiatoa* spp.,021N 型)或者正方形、长方形(0914 型)。当硫粒很小的时候则会在相差显微镜下呈现为黑色。0914 型丝状菌对积硫实验无反应。

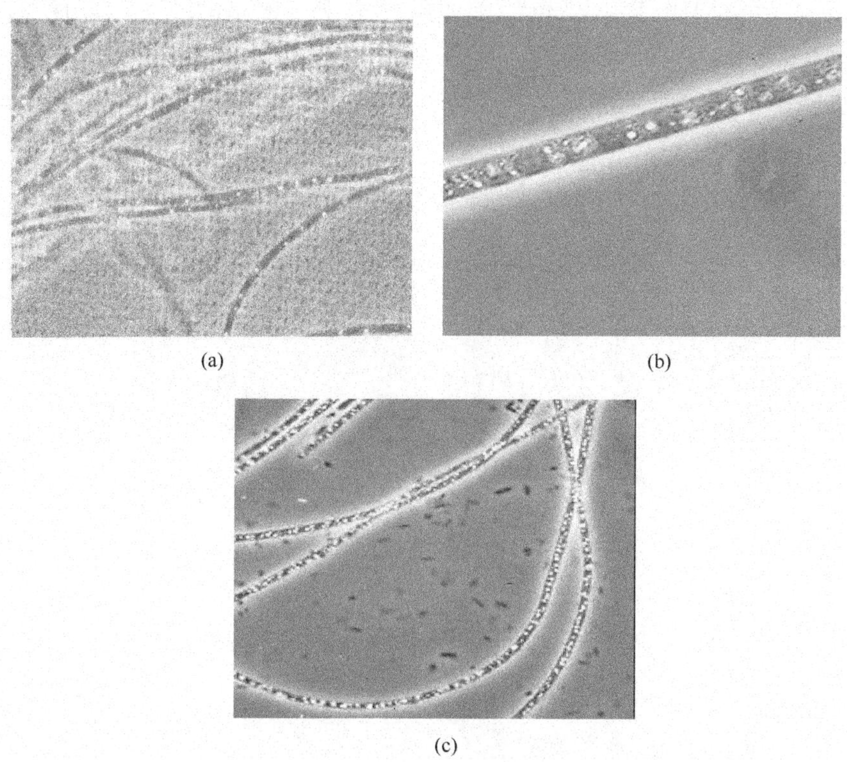

(a)　(b)　(c)

图 3-9　相差显微镜下丝状菌的积硫情况[1-2](1000×)
(a) 球状硫粒;(b) 不规则硫粒;(c) 明亮的球状硫粒

3.1.13　储存颗粒

观察丝状菌菌体内是否有其他颗粒的存在。颗粒一般为聚磷颗粒或者聚 β-羟基烷酸(poly-β-hydroxyalkanoates,PHA)颗粒物。

3.1.14　染色反应

对样品进行革兰氏或者纳氏染色,风干后在 1000×明场(非相差)下观察。

首先要对样品的水玻片进行细致的观察,确定丝状菌的位置、长度、是否有附着生长等情况,以便与染色玻片进行比较。有些丝状菌的大小在染色后会发生改变(如 0092 型丝状菌在纳氏染色后要在比水玻片中宽的多),因此水玻片的观察尤为重要。

革兰氏反应分为强阳性、弱阳性、可变及阴性(图 3-10),大多数活性污泥中丝状菌为革兰氏阴性菌。*N. limicola* Ⅰ(诺卡氏菌Ⅰ型)与 *N. limicola* Ⅱ(诺卡氏菌Ⅱ型)、0041 型、0675 型及 0914 型常为革兰氏阳性菌,但有时也为革兰氏可变。

1851 型为革兰氏弱阳性菌，染色后菌体中常出现一连串的革兰氏阳性“珠子”。*Thiothrix* Ⅰ与Ⅱ、*Beggiatoa* spp.、021N 型及 0914 型一般为革兰氏阴性菌，但当含有硫的积累物时为革兰氏阳性菌。*M. parvicella*（微丝菌）及诺卡氏形态丝状菌为革兰氏强阳性菌。

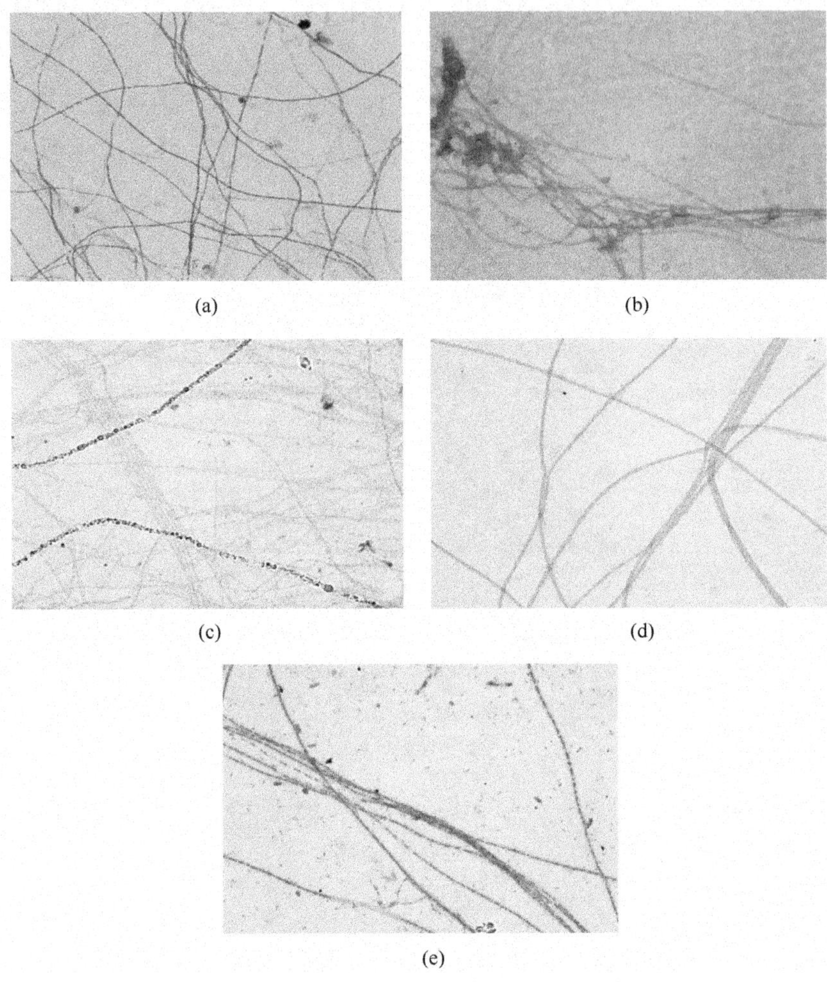

图 3-10 革兰氏与纳氏染色图片（1000×，图片来自笔者实验室）
(a) 革兰氏阳性菌；(b) 革兰氏阴性菌；(c) 纳氏阳性菌并有颗粒；(d) 纳氏阴性菌；
(e) 纳氏阳性菌并有颗粒

纳氏染色反应结果可分为纳氏阴性、纳氏阳性或者阴性但带有阳性颗粒（图 3-10）。0092 型、*N. limicola* Ⅰ、*N. limicola* Ⅱ及 *N. limicola* Ⅲ（诺卡氏菌Ⅲ型）为纳氏阳性菌，*M. parvicella* 及诺卡氏形态为纳氏阴性但带有阳性颗粒。其他大多数丝状菌不时会包含纳氏阳性颗粒。此外，软发菌（*H. hydrossis*）、0675 型及

0041 型可能含有纳氏阳性的丝状“外套”，这是由于纳氏染色时间的仓促，丝状菌细胞外的化学物质与染色剂反应而造成的，只出现于处理工业废水的活性污泥系统中。

3.1.15　其他观察

Thiothrix spp. 以及 021N 型丝状菌会出现玫瑰花环（Rosettes）与微生子（Gonidia）（如图 3-11）。Rosettes 是指菌丝从一个微生物有机体中辐射出来。Gonidia 指丝状菌的顶端存有与菌体其他细胞形状很不一样的椭圆形或者杆状的细胞。Rosettes 与 Gonidia 的出现表明丝状菌增殖很快。

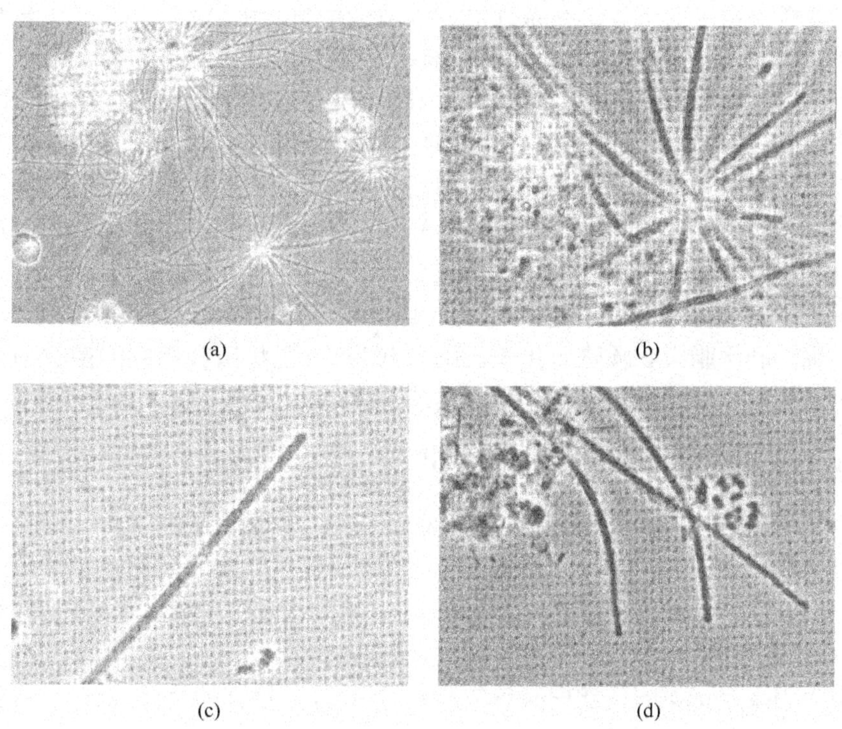

(a)　(b)　(c)　(d)

图 3-11　相差显微镜下丝状菌的 Rosettes 与 Gonidia[1]（1000×）

（a）Rosettes；（b）021N 型 Rosettes；（c）*Thiothrix* Ⅰ Gonidia；（d）*Thiothrix* Ⅱ Gonidia

3.2　丝状菌分类与鉴别

3.2.1　基于形态学的丝状菌分类

1. Actinomycetes

中文译名为放线菌，该菌具有如下特性：

真分枝；非运动型；分布在菌胶团内部及周围，呈盘绕或弯曲状；菌丝长度小于200μm；细胞直径小于1.0μm，通常为0.5～0.7μm；无附着生长；无鞘；隔膜不可见；无积硫；革兰氏阳性；有时呈纳氏阳性(有磷粒)。

不同种属的放线菌只能通过进一步的研究来进行鉴别。因为有明显的分枝，所以在实际鉴别时不会轻易与其他丝状菌混淆。

放线菌极易形成浮渣，特别是温度较高的污水处理厂，这种情况更易出现。流入到污泥消化池的漂浮物质也可能引发该反应器内浮渣的产生。浮渣对SVI的负面影响有限。放线菌通常是漂浮的，这说明浮渣中的放线菌数目远大于悬浮污泥中放线菌的数目。下述运行条件对放线菌的生长极为有利：①进水中含有脂肪或疏水性物质；②进水中含有表面活性剂；③水温高于15℃。

目前，对于放线菌属的丝状菌的认识还比较有限。革兰氏阳性菌的表面通常是疏水性的，能与脂肪等物质很好地结合，从而选择性地从水相中汲取这些物质。尽管城市污水中经常含有脂类和表面活性剂等物质，但很少发现放线菌，即使温度也很高。这种现象可通过污泥负荷解释：当污泥负荷较高[0.1～0.7kgBOD_5/(kgMLSS·d)]时，常出现放线菌。其他的革兰氏阳性菌比如*M. parvicella*，也通常利用进水中所含有的脂类物质生长，但在低负荷的污水处理厂中会频繁出现。菌胶团也会利用脂类物质进行生长。到目前为止，丝状菌和菌胶团菌在利用该类底物生长的竞争中何种因素起关键作用还不清楚。

2. *Beggiatoa*

中文译名为贝氏硫细菌(形态如图3-12所示)，该菌具有如下特性：

无分枝；可运动(可滑动)；呈直线形或是弧形，在菌胶团间的混合液中游离生长；菌丝长度不一；细胞直径为1.5～2.5μm；无附着生长；偶尔可见隔膜；细胞呈矩形；在活的有机体内贮硫；革兰氏阴性；纳氏阴性。

由于*Beggiatoa*的菌丝中有硫粒并且可以滑动，这样的特征足够典型，所以在鉴别时不会与其他种属的丝状菌混淆。

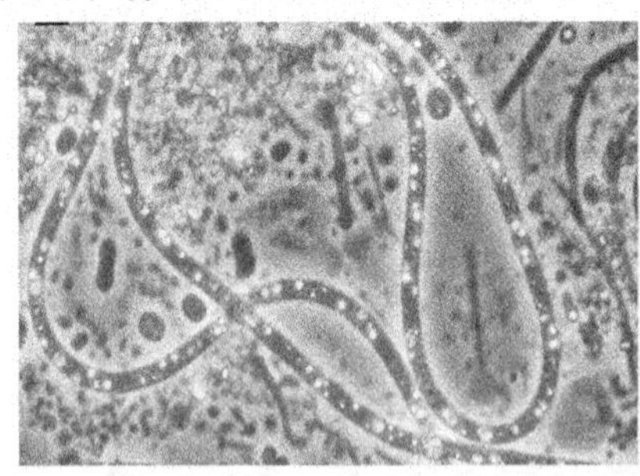
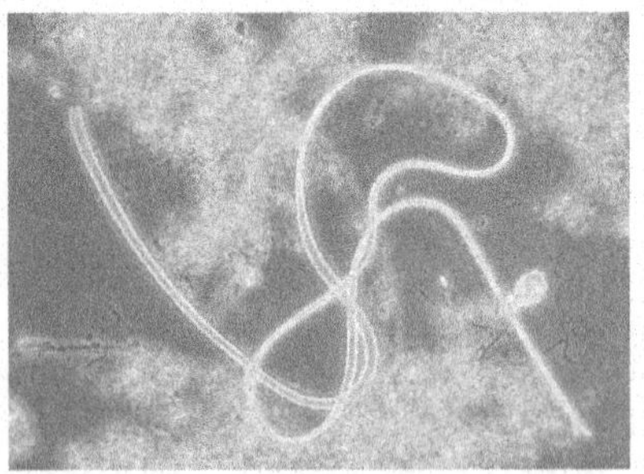

图3-12 贝氏硫细菌(左边1000×，右边400×)

当进水中含有很多还原性硫化物并且在低溶解氧运行下的污水处理厂中经常出现 *Beggiatoa*。这些丝状菌对菌胶团的沉降性能并没有明显的影响。*Beggiatoa* 可以起指示作用，繁殖较多的 *Beggiatoa* 意味着进水中含有较多的还原性硫物质。

3. ‘ Cyanophyceae’

中文译名为‘蓝藻纲’，该菌具有如下特性：

无分枝；不能运动；呈直线形或弧形，在菌胶团间的混合液中游离生长；菌丝长度大于 200μm；细胞直径大于 2.5μm；无附着生长；除非菌丝储藏许多物质，否则隔膜清晰可见；如果把污泥放在冰箱中储存数天，这些储藏物质通常会消失；细胞形态多样；不贮硫；通常为革兰氏阴性及纳氏阴性。

菌丝巨大的直径可以作为鉴别的主要标志。细胞之间的形态以及染色情况差异很大，说明蓝藻包含不同的种属。菌丝比较细的种属可能会与 021N 型丝状菌相混淆。‘蓝藻’这个名字上加了引号表明这些丝状菌与蓝藻很像。但是，它们的新陈代谢机理与蓝藻截然不同。它们不进行光合作用而是利用有机物生长。

蓝藻在活性污泥中并不常见。下述运行条件有利于该类丝状菌优势生长：①污泥负荷高于 0.1kgBOD_5/(kgMLSS · d)；②污水中含有大量有机酸，如乙酸、丙酸等物质；③完全混合式曝气池；④缺乏营养物质很可能也是条件之一。这意味着在处理生活污水的脱氮除磷系统中很难见到这种丝状菌，而在进水中含大量有机酸的工业废水厂中，蓝藻大量繁殖，导致 SVI 非常高。

4. *Flexibacter*

中文译名为屈挠杆菌，该菌具有如下特性：

无分枝；可滑行运动；菌丝为弧形，在混合液中游离运动；菌丝长度小于 200μm；细胞直径大约为 0.7μm；无附着生长；无鞘；隔膜不清晰；无积硫；革兰氏阴性；纳氏阴性。

由于有硫粒并且可滑行运动，屈挠杆菌不易与其他丝状菌相混淆。

在污泥负荷高时常会观察到屈挠杆菌。这种丝状菌生长的其他决定性因素目前还不清楚。屈挠杆菌对菌胶团的沉降速率无明显影响。

5. *Haliscomenobacter hydrossis*

中文译名为软发菌，该菌具有如下特性：

无分枝；不能运动；菌丝是直的，延伸于菌胶团外；菌丝长度小于 200μm；细胞直径为 0.3～0.4μm；几乎无附着生长；有鞘；隔膜不明显；无积硫；革兰氏阴性；纳氏阴性。

H. hydrossis 的菌丝又细又长，特征鲜明，不易与其他丝状菌混淆。然而，生丝微菌属（*Hyphomicrobium*）细胞的细茎有时会被误认为是 *H. hydrossis*。

H. hydrossis 在活性污泥法污水处理厂中很常见。下述条件最适合这种丝状菌的生长：①污泥负荷（生活污水）高于 0.2kgBOD_5/(kgMLSS · d)，不过 *H. hydrossis* 也能在较低负荷的工业废水厂中繁殖；②进水中含较多低分子化合物；③进水中含高浓度的氮化合物；④完全混合式曝气池；⑤曝气池中 DO 值较低；⑥缺磷很可能也是因素之一。

在处理生活污水的脱氮除磷系统中，*H. hydrossis* 的数量通常比较少。而在进水中含大量易生物降解的化合物时，这种丝状菌会大量繁殖。

6. *Leucothrix*

中文译名为亮发菌属（形态如图 3-13 所示），该菌具有如下特性：

无分枝；不能运动；弧形或螺旋形菌丝，在菌胶团间的混合液中游离存在；菌丝长度远大于 200μm；细胞直径跨度很大（1.5～3.5μm）；无附着生长；无鞘；只要没有许多贮藏物质，隔膜清晰可见；细胞形态多样（有圆盘形、球形、杆形）；不贮硫；革兰氏阴性；纳氏阴性。

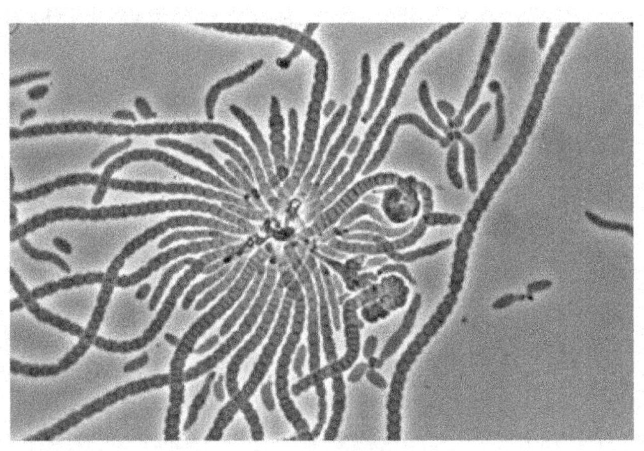

图 3-13 *Leucothrix* 的照片[2]

只有通过进一步的检验，才能将 *Leucothrix* 与其他相似的菌种（'Cyanophyceae'、021N 型）区分开。因此 Eikelboom 给出的分类检索图中无法检索到该种丝状菌。

Leucothrix 在工业废水厂中不常见。这种丝状菌的生长会导致 SVI 值极高。下述条件是最适于 *Leucothrix* 的生长：①污泥负荷大于约 0.1kgBOD_5/(kgMLSS · d)；②污水包含许多易生物降解的化合物，如脂肪酸类等；③曝气池是完全混合式的；

④含盐量相对较高(10～40g/L)。

7. *Microthrix parvicella*

中文译名为微丝菌(形态如图 3-14 所示),该菌具有如下特性:

无分枝;不能运动;菌丝呈弧形或螺旋形,在菌胶团内部或周围的混合中游离存在;菌丝长度通常小于 200μm;细胞直径大约为 0.5μm;偶尔有些附着生长的生物;无鞘;隔膜并非清晰可见,实际上,有时会将多磷粒误认为隔膜;不贮硫;革兰氏阳性;纳氏阳性(存在较多磷粒),在生长阶段(在夏季),这些颗粒会变小。

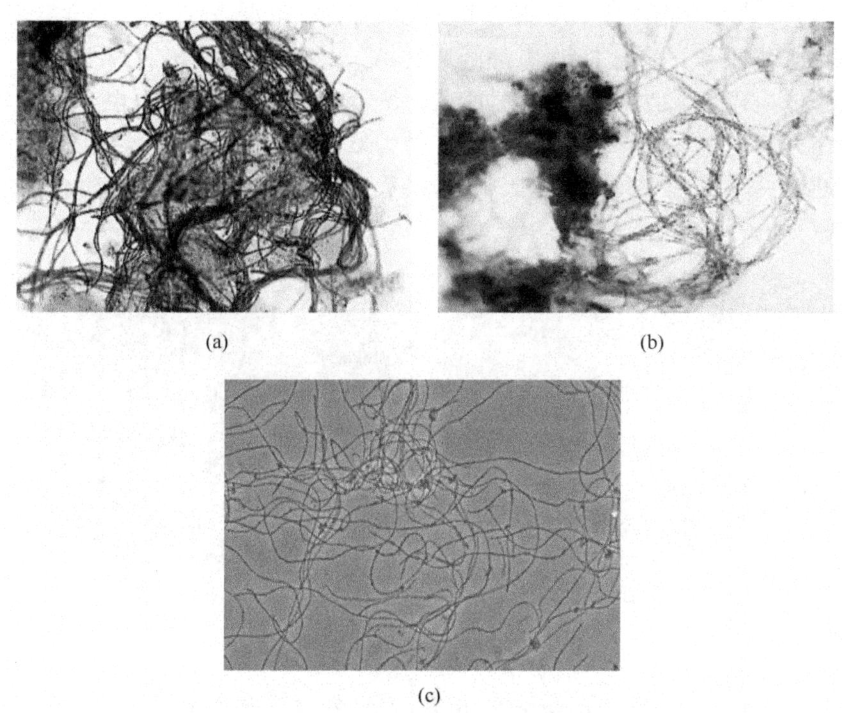

(a)　(b)

(c)

图 3-14　*Microthrix parvicella* 的照片[1-2]

(a) 革兰氏染色阳性;(b) 纳氏染色阳性;(c) 普通镜检

M. parvicella 与 *N. limicola*(诺卡氏菌)很相像,但后者的菌丝活性更强,在纳氏染色时显蓝灰色。如果革兰氏染色结果不正确,会导致 *M. parvicella* 菌丝被染成红色而不是蓝紫色,根据鉴别要点会误以为是 0581 型丝状菌。

M. parvicella 多存在于低负荷的生活污水中。在许多国家,这种丝状菌是引发污泥膨胀的最主要的菌种,它们同时也是形成浮渣的主要原因。将含许多 *M. parvicella* 型丝状菌的剩余污泥运送到污泥消化池中也会导致消化池中浮渣的产生。该丝状菌的数量受季节影响很大:冬末数量最多,夏末数量最少。下述工

艺条件是最适于 *M. parvicella* 的生长条件：①污泥负荷小于约 0.2kgBOD$_5$/(kgMLSS · d)；②废水中含较高浓度的高级脂肪酸，比如油酸；③水力停留时间较长，设有初沉池或者含生物除磷的厌氧区；④曝气池 DO 值低，而且/或者有较大的缺氧区；⑤水温低于 15℃。*M. parvicella* 通常在秋末和冬季繁殖；⑥缺乏硫、氮化合物也可能是原因之一。

综上所述，生活污水处理厂的工艺条件极其适合 *M. parvicella* 的生长。在工业污水处理厂中，该菌种几乎不会出现。

8. *Nostocoida limicola* Ⅰ

中文译名为诺卡氏菌Ⅰ(形态如图 3-15 所示)，该菌具有如下特性：

无分枝；不能运动；菌丝形态多样；菌丝既存在于菌胶团内部，也会在混合液中游离存在；菌丝长度小于 200μm；细胞直径为 0.6～0.7μm；无附着生长；无鞘；不能清楚地看见隔膜；不贮硫；革兰氏阳性；纳氏阳性。事实上，细胞有时会被染成灰色而非蓝灰色。

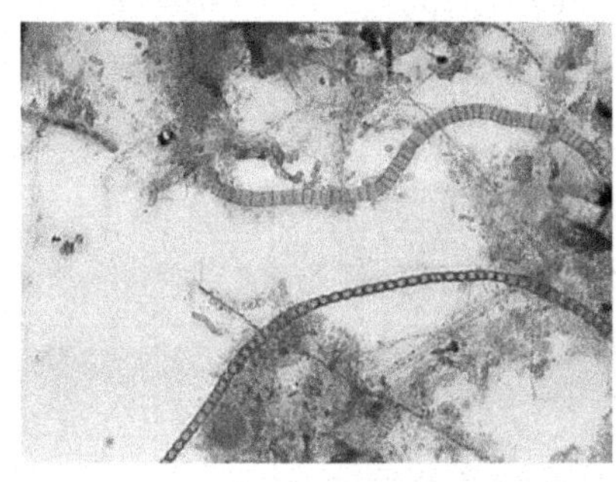
(a) 革兰氏染色

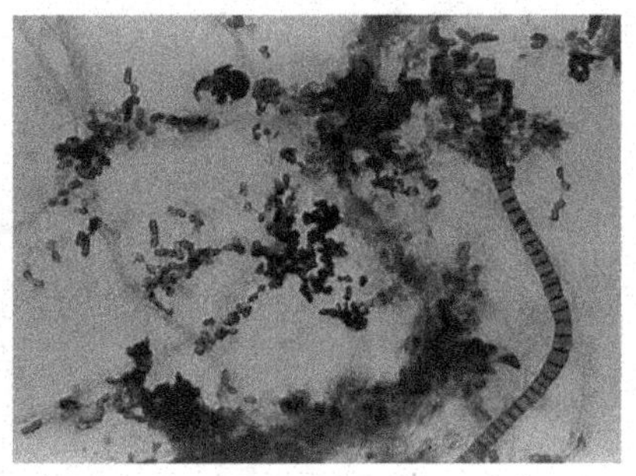
(b) 纳氏染色

图 3-15 *N. limicola* Ⅰ的照片

N. limicola Ⅰ与 *M. parvicella* 相像，容易弄混。事实上，*N. limicola* Ⅰ的菌丝活性更强，这两种菌纳氏染色的结果也不同。

N. limicola Ⅰ在低负荷(如采用氧化沟工艺)处理生活污水的水厂中很罕见。该菌生长的决定性因素目前还不清楚。*N. limicola* 的存在可能会引起污泥上浮，形成一层浮渣。该丝状菌对 SVI 的消极影响有限。

9. *Nostocoida limicola* Ⅲ(一组丝状菌的合称，包含 *Nostocoida limicola* Ⅱ)

中文译名为诺卡氏菌Ⅱ、Ⅲ(形态分别如图 3-16 及图 3-17 所示)，该组丝状菌具有如下特性：

无分枝；不能运动；菌丝弯曲成螺旋状，有时会在菌胶团内部形成缠绕的菌丝；

菌丝长度不一，但通常大于 200μm；细胞直径为 0.8～2.0μm；无附着生长；无鞘；可见隔膜；细胞呈片状或球形；不贮硫；通常为革兰氏阳性菌；通常为纳氏阴性菌。

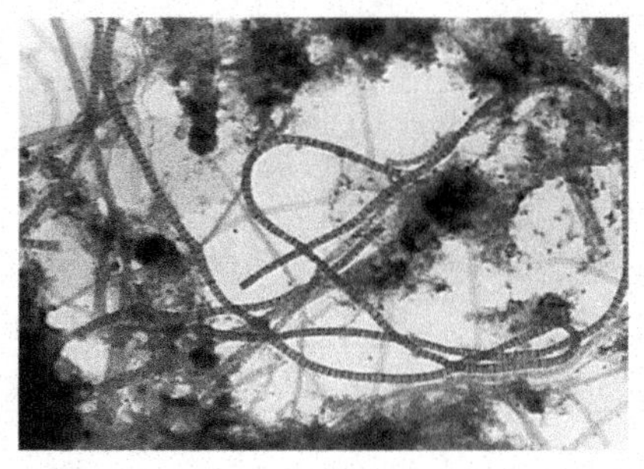

(a) 革兰氏染色

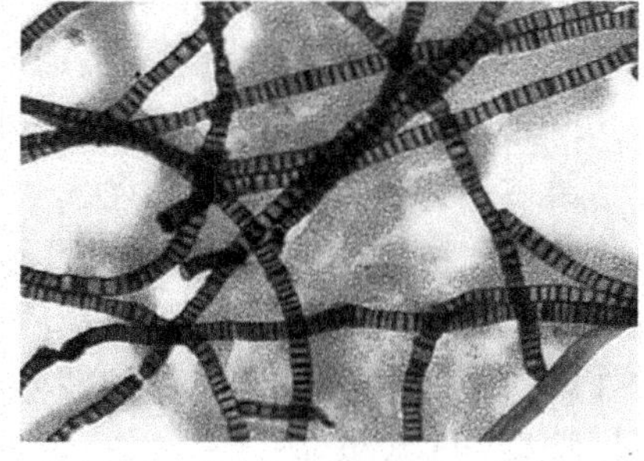

(b) 纳氏染色

图 3-16　*N. limicola* Ⅱ 的照片

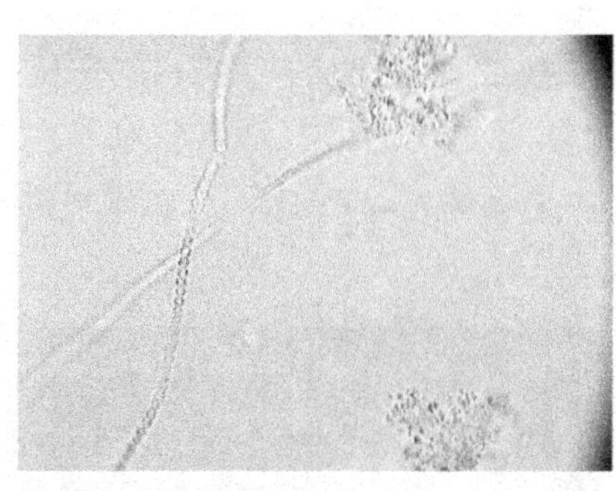

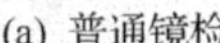

(a) 普通镜检

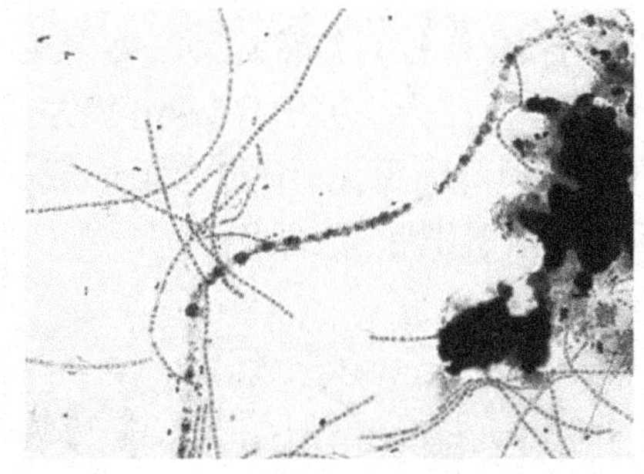

(b) 革兰氏染色

图 3-17　*N. limicola* Ⅲ 的照片

染色结果不稳定会给 *N. limicola* Ⅲ 的鉴定带来一定困难。*N. limicola* Ⅲ 主要出现在处理工业废水的活性污泥中。由于该组丝状菌直径较其他丝状菌大，在鉴定时容易区分。

N. limicola Ⅲ 在活性污泥中非常常见。实际上，在低负荷污水处理厂（如脱氮除磷系统）中该菌种的数量通常较低。在高负荷工业废水厂中，该菌种可能大量出现。由于它们通常在菌胶团中出现，它们对 SVI 的影响是有限的，但是，*N. limicola* Ⅲ 的存在可能导致浮渣的产生。尽管不能完全肯定，但下述工艺条件很可能是最适合 *N. limicola* Ⅲ 生长的条件：①污泥负荷为 0.1～0.3kgBOD_5/(kgMLSS · d)；②工业废水中含许多易生物降解的化合物（农用工业废水）；③对进水进行预沉淀；④水温低；⑤缺乏营养物质很可能也是原因之一；⑥曝气池为完全混合式。

10. Fungi

中文译名为真菌，该菌具有如下特性：

真分枝；不能运动；菌丝为直的或弧形；菌丝长度大于 200μm；细胞直径通常大于 2.5μm；无附着生长；无鞘；隔膜清晰可见；细胞呈矩形；不贮硫；革兰氏阴性：真菌菌丝通常不能被染色；纳氏阴性。

真菌菌丝活性强、有分枝，在低倍镜下也容易与其他丝状菌相区分。

生活污水处理厂中几乎见不到真菌，而且它们一般不会成为优势菌种。在工业废水处理厂中，真菌也几乎不会引发污泥膨胀。如果真菌在活性污泥中占优势，原因很可能是 pH 太低了。

11. *Sphaerotilus natans*

中文译名为浮游球衣菌属（形态如图 3-18 所示），该菌具有如下特性：

通常有假分枝；不能运动；菌丝是直的，或有轻微的弯曲；菌丝长度大于 200μm；菌丝直径为 1.0～1.5μm；偶尔可见附着生长；有鞘（通常仅在革兰氏染色后可见）；隔膜清晰可见；细胞为矩形或杆状；不贮硫，工业废水中，该菌可能储存其他物质；革兰氏阴性；纳氏阴性。

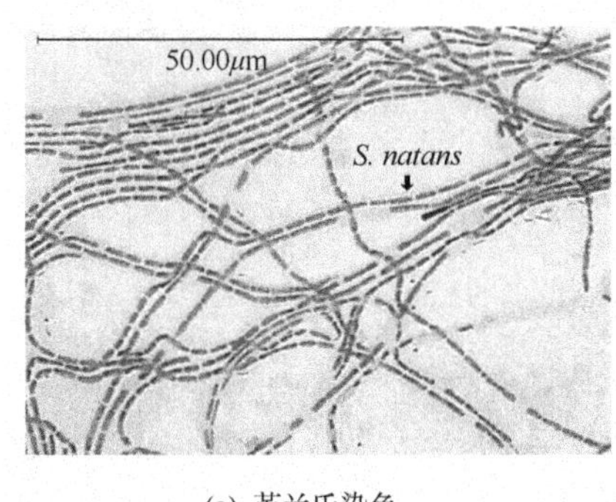

(a) 革兰氏染色

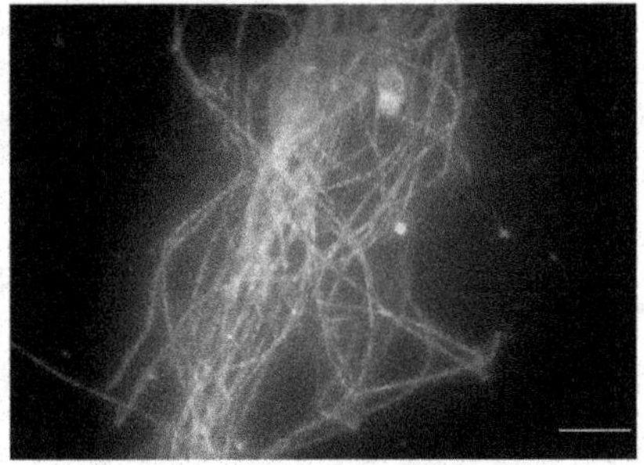

(b) FISH照片[3](Bar =20μm)

图 3-18　*S. natans* 的照片

如果出现分枝，*S. natans* 可能会与 0041 型丝状菌（革兰氏阳性，细胞较短）、021N 型（细胞较短，无附着生长，无鞘）或者 0961 型（细胞明显更长而且几乎透明）相混淆。

在活性污泥中，下述工艺最适合在活性污泥中的 *S. natans* 的生长：①DO 浓度低，缺乏氮、磷；②进水中含大量的低分子化合物（农用工业废水）；③污泥负荷大于 0.2kgBOD_5/(kgMLSS·d)；④曝气池为完全混合式。

在脱氮除磷系统中较少见到 *S. natans*。若工业废水处理厂进水中含大量易生物降解的化合物，*S. natans* 常会引发污泥膨胀。*S. natans* 的大量繁殖会导致极高的 SVI 值。

12. *Streptococcus*

中文译名为链球菌，该菌具有如下特性：

无分枝；不能运动；菌丝为弧形或螺旋形，在菌胶团间的水中游离存在；菌丝长度大于 200μm；细胞直径大约为 0.7μm；无附着生长；无鞘；隔膜或缩缢清晰可见；球形细胞；不贮硫；革兰氏阳性；纳氏阴性。

这种丝状菌形态与链球菌相像，而且也是革兰氏阳性的。链球菌很少出现在活性污泥中，而且对沉降速率没有影响。还不清楚它们生长情况的决定因素究竟是什么。

13. *Thiothrix*

中文译名为发硫菌属(形态如图 3-19 所示)，该菌具有如下特性：

无分枝；不能运动；菌丝是直的或弧形的，大部分会从菌胶团中突出；菌丝长度差异很大；细胞直径同样跨度很大(0.5～1.5μm)，有时菌丝会逐渐变细至菌丝末

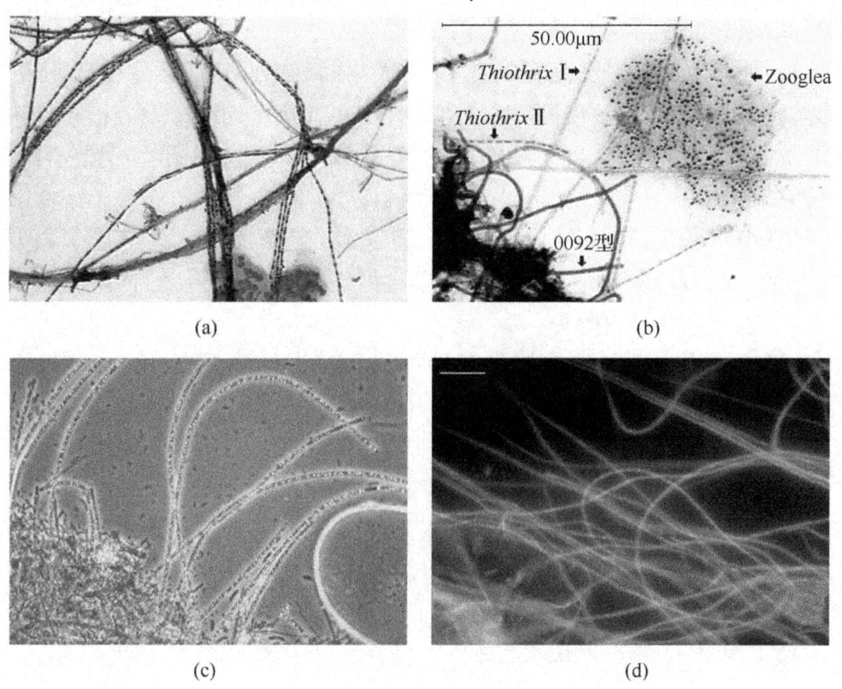

图 3-19　*Thiothrix* 的照片[2]

(a) 革兰氏染色；(b) 纳氏染色；(c) 积硫实验；(d) FISH 照片[3]

端;无附着生长;一些菌种含有鞘;只要细胞没有充满硫粒,隔膜清晰可见;细胞呈方形或矩形;存在硫粒(在活的有机体内,或积硫实验后);通常为革兰氏阴性;纳氏阴性。

Thiothrix 通常附着生长在菌胶团上。硫粒非常典型。如果仅凭积硫实验后都出现的小的硫粒,很容易将 *Thiothrix* 与 021N 型丝状菌弄混。工业废水中有时会出现不同形态的贮硫丝状菌。

Thiothrix 不仅以脂肪酸类的低分子化合物为营养源,而且也吸收还原性硫化合物。该菌会将硫氧化物和单质硫作为中间产物储藏在细胞中。镜检时,可以看到明亮的颗粒。如果将污泥在冰箱中存放一些天,这些颗粒就会消失。

下述工艺最适合在活性污泥中的 *Thiothrix* 生长:①进水中含还原性硫化物;②进水中含高浓度的低分子碳化合物;③污泥负荷大于约 0.1kgBOD_5/(kgMLSS · d);④低 DO、缺氮或缺磷;⑤曝气池为完全混合式。

大量的 *Thiothrix* 会引发污泥膨胀,这种情况可能出现在高污泥负荷的工业废水处理厂中。

14. Eikelboom 0041/0675 型

形态如图 3-20 所示,该菌具有如下特性:

无分枝;不能运动;菌丝是直的或有轻微弯曲,在水中游离存在或附着在菌胶团上;菌丝长度多样;细胞直径跨度很大(0.6~1.5μm);生活污水处理厂中常见附着生长情况,在工业废水处理厂中有时会见到无附着生长的菌丝;有鞘;不贮硫;革兰氏阳性;纳氏阴性。

0041 型丝状菌是革兰氏阳性,有鞘的菌种,包含 0675 型丝状菌,但不包括 1851 型菌种。后两种菌革兰氏染色呈浅蓝色,而且细胞长得多且为矩形。0041 型包含几种细胞直径不同的菌种。

0041 型丝状菌中菌丝比较粗的菌种可能会被误认为是 *S. natans*(革兰氏阴性而且细胞为矩形)或是 021N 型(革兰氏阴性菌)抑或是 *Thiothrix*(有硫粒并且为革兰氏阴性菌)。

0041 型丝状菌在活性污泥中非常普遍。如下是最适合该丝状菌生长的工艺条件:①污泥负荷小于约 0.2kgBOD_5/(kgMLSS · d);②在进入曝气池前,对城镇污水和回流污泥进行了预先的混合。这说明 0041 型丝状菌主要在含有特定组分的生活污水中生长。至于这个规律对工业废水是否适用目前还不清楚。

关于该菌种生长的关键因素,目前还知之甚少。如果没有预先混合,在处理生活污水的脱氮除磷系统中,0041 型丝状菌的数量通常很少。然而,预先混合刺激了该菌种的生长,但实际上并未导致 SVI 值升高(通常稳定在 120~130mg/L)。工业废水处理厂中 0041 型丝状菌的增殖会导致 SVI 值很高。

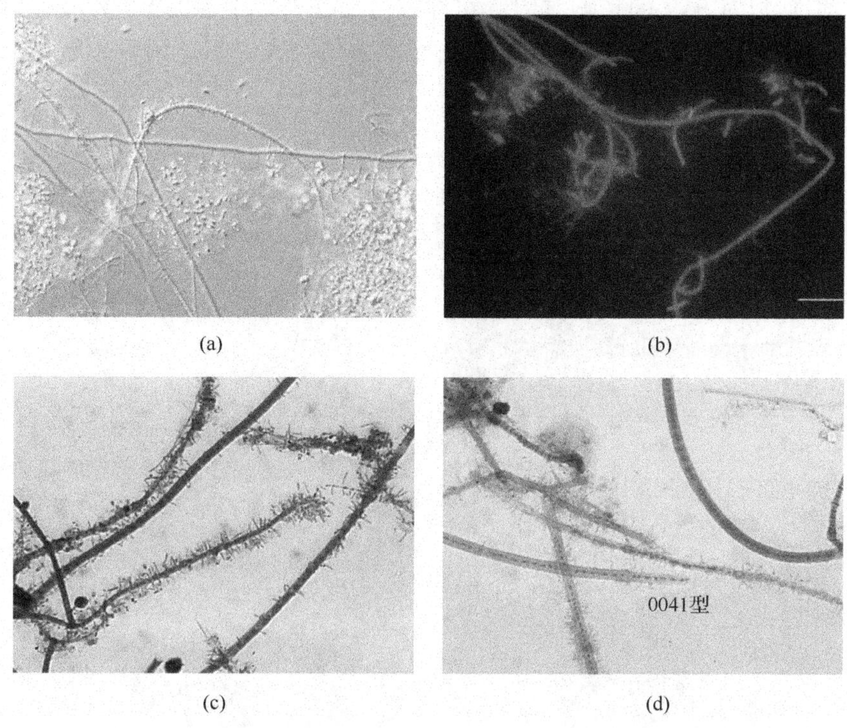

(a)　(b)　(c)　(d)

图 3-20　0041/0675 型的照片

(a) 相差(来自笔者实验室);(b) FISH 照片[3];(c) 革兰氏染色;(d) 纳氏染色

15. Eikelboom 0092 型

形态如图 3-21 所示,该菌具有如下特性:

无分枝;不能运动;菌丝是直的或有轻微的弯曲;菌丝长度小于 200μm;细胞直径为 0.5~0.7μm;无附着生长;无鞘;隔膜非清晰可见;不贮硫;革兰氏阴性;纳氏阳性(菌丝为蓝灰色)。

0092 型丝状菌是生活污水处理厂中隐藏在菌胶团中的主要菌种,仅当载玻片没有污点时,才能看到它们短的菌丝末端。可能会把该菌种与 *H. hydrossis*(纳氏阴性,而且菌丝通常更长)弄混。由于 0092 型丝状菌的菌丝通常隐藏在菌胶团中,菌种数量很难计数。只有在纳氏染色后才可能知道有多少菌丝。

0092 型丝状菌在活性污泥中广泛存在。如下是最适于该菌种生长的工艺条件:①污泥负荷小于约 0.1kgBOD_5/(kgMLSS · d);②原水未预先处理;③水温大于约 15℃。

然而,关于该菌种的生长因素目前了解得仍不够多。在生活污水中,0092 型丝状菌的数量呈现季节性的规律,夏秋季节数量最多。由于该菌种大多隐藏在菌胶团内部，所以对 SVI 的影响有限。在许多污水处理厂中，0092 型丝状菌的增长是伴随着四五月份 *M. parvicella* 的消失而发生的。这说明这两种丝状菌的底物相同。然而这个理论尚未被证实。

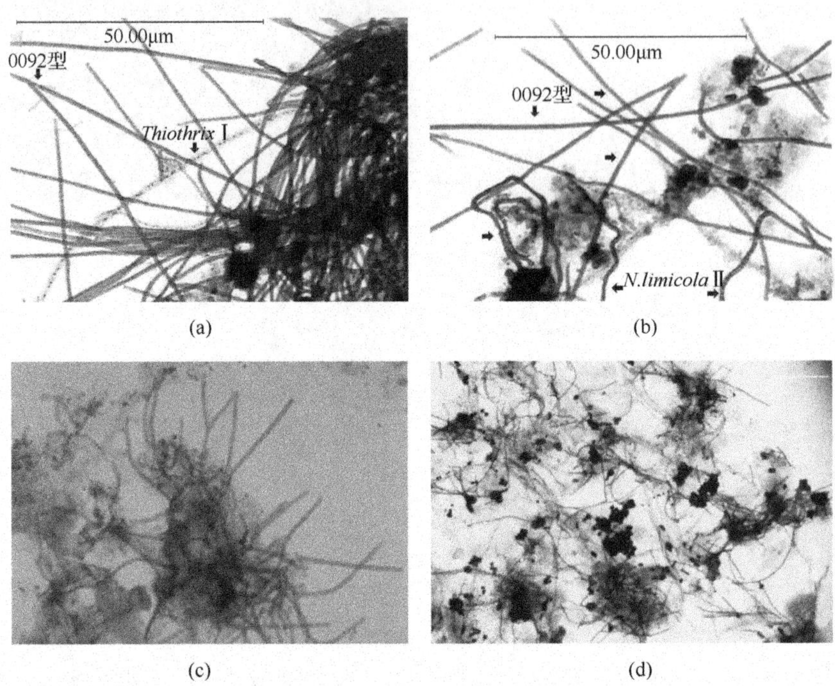

图 3-21　0092 型的照片[2]（图片 c 和 d 来自笔者实验室）

0092 型偶尔会出现共生现象，在工业废水厂（日用品工厂）中，也偶尔会在菌胶团之间的水中游离存在。

16. Eikelboom 0211 型

该菌具有如下特性：

无分枝；不能运动；菌丝弯曲或呈螺旋状（存在于菌胶团内部或周围）；菌丝长度小于 200μm；细胞直径为 0.2～0.3μm；无附着生长；无鞘；隔膜或缩缢清晰可见；细胞为杆形；不贮硫；革兰氏阴性；纳氏阴性。

尽管 1862 型丝状菌明显比 0211 型粗，但在鉴定过程中还是容易将两者混淆。0211 型丝状菌没有纳入 Eikelboom 的分类检索图中。

在高负荷活性污泥中很少见到 0211 型丝状菌。目前还不清楚哪些因素是该菌种在生活污水处理厂中生长的关键因素。

17. Eikelboom 021N 型

形态如图 3-22 所示，该菌具有如下特性：

无分枝；不能运动；菌丝是直的或弧形的，通常在菌胶团间的液体中游离存在；菌丝长度大于 200μm；细胞直径多样，通常为 1.5～2.0μm，但有时至菌丝末端会逐渐变细；无附着生长；无鞘；隔膜清晰可见；细胞形态多样(有片状的，近似于方形的和杆状的)。在菌丝中会有一些近乎黑色的细胞；几乎不贮硫；革兰氏阴性；纳氏阴性。

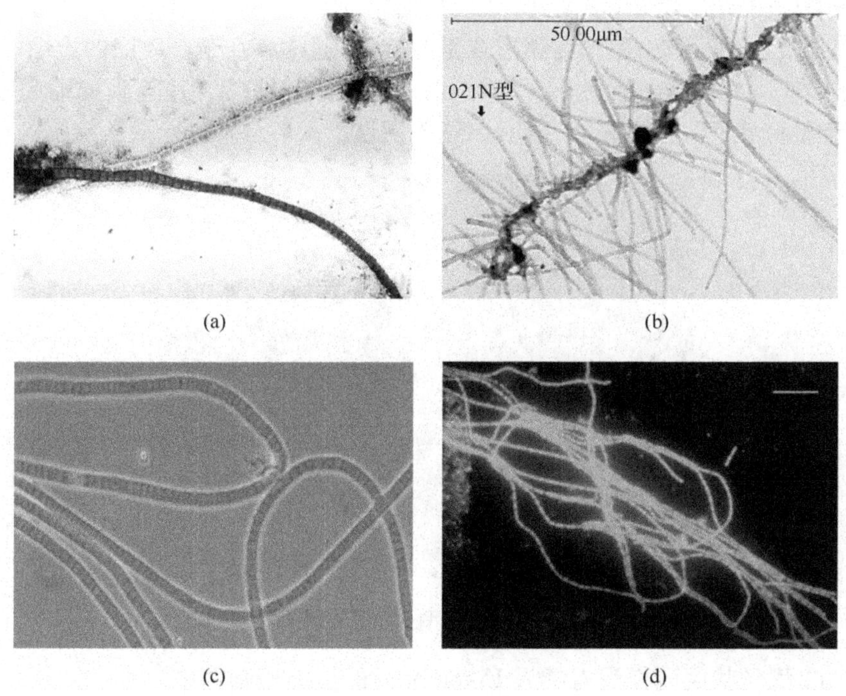

(a)　(b)　(c)　(d)

图 3-22　021N 型的照片[2]

(a) 革兰氏染色；(b) 纳氏染色；(c) 普通镜检；(d) FISH 照片[3]

021N 型丝状菌很容易与 *Thiothrix* 混淆，这两种菌均属于变形菌门 γ-变形菌纲。*Thiothrix* 会形成较多硫粒(在原位或是积硫实验中)，然而 021N 型几乎不贮硫。如果 0041 型丝状菌上无附着生长，它的菌丝与 021N 型的也很像。不过，0041 型丝状菌是革兰氏阳性的。

021N 型丝状菌在活性污泥中非常常见。如下是最适于该菌种生长的工艺条件：①污泥负荷范围广[0.05～0.4kgBOD$_5$/(kgMLSS · d)]，当污泥负荷大于 0.1kgBOD$_5$/(kgMLSS · d)时很可能大量繁殖；②进水中含许多易生物降解的化合物(如脂肪酸)。在下水道中(腐败的污水中)和工业废水中这种化合物会增多;③缺营养物质和DO过低;④曝气池为全混型。

021N型丝状菌是严格好氧的,在脱氮除磷系统中,021N型丝状菌生长所需的底物往往会在缺氧或厌氧条件下被菌胶团菌去除,因此021N型丝状菌在脱氮除磷系统中不会成为第一优势丝状菌。021N型丝状菌经常导致工业废水厂和没有脱氮除磷能力的污水处理厂内发生污泥膨胀。

18. Eikelboom 0411 型

形态如图3-23所示,该菌具有如下特性:

无分枝;不能运动;菌丝为弧形或是螺旋形,通常存在于菌胶团的边缘;菌丝长度小于200μm;细胞直径为0.5～0.7μm;无附着生长;无鞘;隔膜或缩缢清晰可见;细胞呈杆状;不贮硫;革兰氏阴性;纳氏阴性。

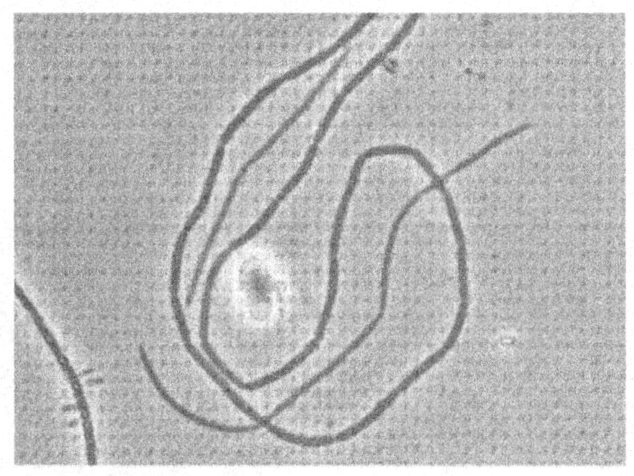

图3-23 0411型丝状菌的照片[1]

0411型丝状菌同样没有纳入Eikelboom的分类检索图中。

在高负荷污水处理厂[大于约0.3kgBOD$_5$/(kgMLSS·d)]中很难见到0411型丝状菌。目前还不清楚哪些运行参数是导致该菌种在活性污泥中生长的关键因素。该菌种对污泥沉降速率影响很小。

19. Eikelboom 0581 型

形态如图3-24所示,该菌具有如下特性:

无分枝;不能运动;菌丝呈弧形或是螺旋状,在菌胶团周围或者在水中游离存在;菌丝长度小于200μm;细胞直径为0.3～0.4μm;无附着生长;无鞘;隔膜不可见;不贮硫;革兰氏阴性;纳氏阴性。

0581型丝状菌的形态与*M. parvicella*相像。只有通过革兰氏染色和纳氏染

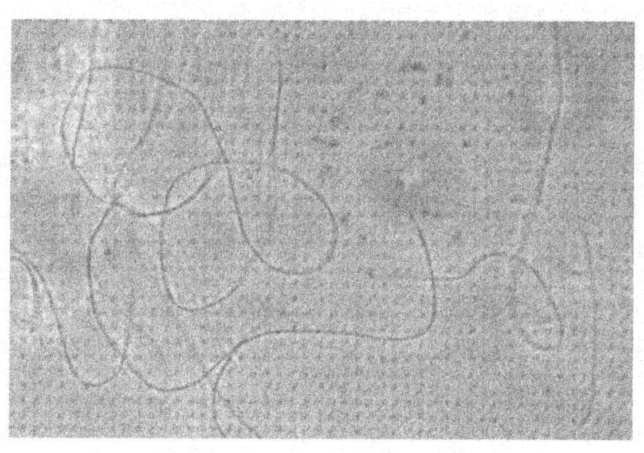

图 3-24　0581 型丝状菌[1]

色才能将二者明确区分开。此外 0581 型菌丝更细一些。尽管存在这些差别，但是也不排除两种丝状菌实际上就是同一菌种的两种不同生长形式。

在低负荷生活污水处理厂和非连续流进水的条件下，很少看到 0581 型丝状菌。

20. Eikelboom 0803 型

形态如图 3-25 所示，该菌具有如下特性：

无分枝；不能运动；菌丝是直的或有轻微的弯曲。它们通常附着在无机物上(比如沙粒或是其他的)；菌丝长度小于 200μm；细胞直径为 0.7～0.8μm；无附着生长；无鞘；隔膜清晰可见，无缩缢；方形细胞；不贮硫，单细胞中有时会存在小的暗的颗粒，事实上，积硫实验显阴性；通常呈革兰氏阴性，但有时也会呈阳性；纳氏阴性。

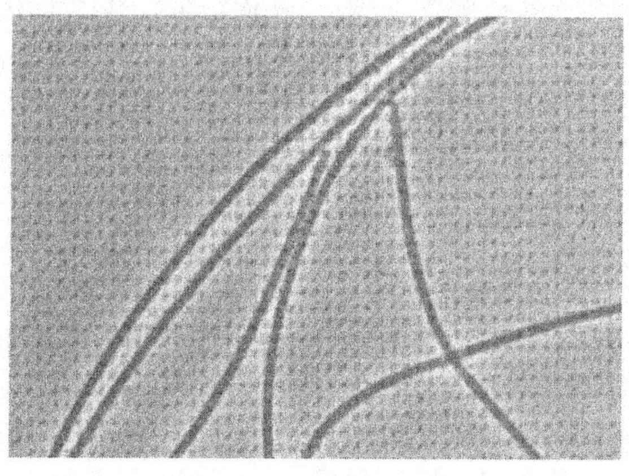

图 3-25　0803 型丝状菌[1]

如果在分析过程中没有观察到隔膜，根据这些鉴别要点可能会误认为是1851型丝状菌(革兰氏染色后呈浅蓝色而且通常有附着生长)或是*H. hydrossis*(菌丝较细，通常很直)或是0092型丝状菌(纳氏阳性)。

0803型丝状菌在活性污泥中很常见。如下是最适于该菌种生长的工艺条件：①污泥负荷小于约0.2kgBOD_5/(kgMLSS·d)；②工业废水(纺织废水、制药废水)；③经厌氧前处理很可能也是条件之一。

0803型丝状菌很常见，但是实际考察发现，生活污水处理过程中从不生长该型丝状菌。前置反硝化会导致该菌种消失(0914型丝状菌也是如此)。在生物除磷系统中，0914型丝状菌会增殖，而0803型则会逐渐减少。工业废水厂中0803型丝状菌的确存在大量增殖的现象，而且会导致污泥膨胀。

21. Eikelboom 0914型

该菌具有如下特性：

无分枝；不能运动；菌丝是直的或有轻微的弯曲，通常存在于菌胶团边缘；菌丝长度小于200μm；细胞直径为0.6～0.8μm；无附着生长；无鞘；有的隔膜可见，有的则看不到隔膜；在活的有机体内有硫粒存在；革兰氏阳性；纳氏阴性。

短菌丝并且充满硫粒的0914型丝状菌很好辨认，将它们与其他贮硫菌种混淆的可能性不大。*Thiothrix*的菌丝通常更长，而且是革兰氏阴性的，而*Beggiatoa*的滑动现象很典型。

如果0914型丝状菌的硫粒被去除，菌丝与0803型相像。这两种菌种存在竞争关系。如果一种消失了，另一种就出现了，反之亦然。因此，这两种菌种很可能是同一种细菌的代表。

0914型丝状菌存在于这样的环境中：进水中包含还原性硫化合物，并且污泥负荷小于约0.2kgBOD_5/(kgMLSS·d)。硫化物可以是原水中所含的，也可能是在污水处理厂中形成的。对进水进行预先沉淀，并且采用生物除磷工艺(厌氧阶段)会刺激0914型丝状菌的生长。然而，在以生活污水为主的污水处理厂中，该菌种的数量通常很少。在工业废水厂中偶尔会发现大量0914型丝状菌繁殖的现象。

22. Eikelboom 0961型

形态如图3-26所示，该菌具有如下特性：

无分枝；不能运动；菌丝是直的或有轻微的弯曲，透明度通常很高；菌丝长度大于200μm；细胞直径为1.0～2.0μm；无附着生长；尚不能确定是否有鞘的存在；隔膜清晰可见，无缩缢；细胞为矩形或方形；不贮硫；革兰氏阴性；纳氏阴性。

0961型丝状菌可能会与活性更强的*Thiothrix*(贮硫而且不那么透明)或是1852型丝状菌(细胞直径约为0.7μm)混淆。

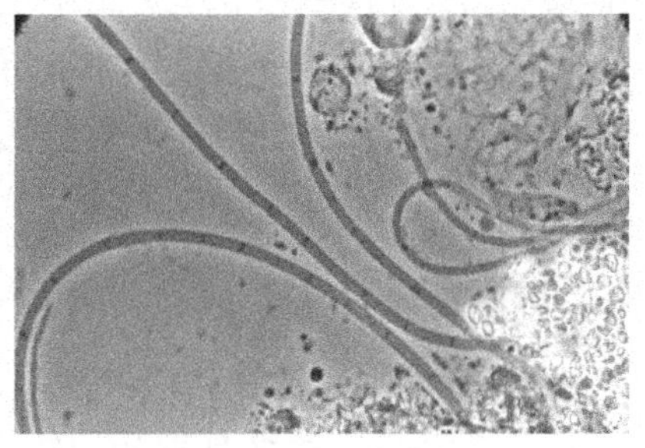

图 3-26　0961 型丝状菌[1-2]

0961 型丝状菌在活性污泥中并不常见。如下是最适于它们生长的工艺条件：①污泥负荷大于约 0.2kgBOD$_5$/(kgMLSS · d)；②污水中含有大量易生物降解的化合物(农用工业废水)；③在工业废水中可能会发现 0961 型丝状菌大量繁殖的现象，在脱氮除磷系统中则很难观测到这种丝状菌。关于该菌种的知识非常有限。

23. Eikelboom 1701 型

该菌具有如下特性：

偶尔会有假分枝；不能运动；菌丝是直的或有轻微的弯曲，通常附着在菌胶团上；菌丝长度小于 200μm；细胞直径为 0.7～0.9μm；常存在附着生长；有鞘；隔膜很明显(如果存在附着生长，隔膜仅在菌丝末端可见)；细胞为杆形；不贮硫；革兰氏阴性；纳氏阴性。

如果发现了分枝，依据该形态特性可能会将该菌种误认做 *S. natans*(菌丝更粗)。如果没有观察到鞘，又可能会误以为是 1851 型丝状菌(革兰氏阳性)或是 *H. hydrossis*(菌丝较细无附着生长)再或是 0092 型(纳氏阳性)。

1701 型丝状菌并不广泛存在于活性污泥中，最适于该菌种生长的工艺条件：①污泥负荷大于约 0.2kgBOD$_5$/(kgMLSS · d)；②废水中含有高浓度的碳水化合物，特别是淀粉；③曝气池中 DO 浓度低；④曝气池属于全混型；⑤水温相对较高(高于约 15℃)。

这说明 1701 型丝状菌不会存在于在处理生活污水的脱氮除磷系统中。1701 型丝状菌主要存在于某些处理工农业废水的污水处理厂中，可能导致高 SVI 值。

24. Eikelboom 1702 型

该菌具有如下特性：

无分枝；不能运动；菌丝是直的或有轻微的弯曲，会从菌胶团中突出；菌丝长度小于 200μm；细胞直径约为 0.6μm；无附着生长；有鞘；看不到隔膜；细胞为矩形或方形；不贮硫；革兰氏阴性；纳氏阴性。

1702 型丝状菌可能会与 *H. hydrossis*(菌丝较细)或是 0092 型丝状菌(纳氏阳性)混淆。1702 型丝状菌没有纳入 Eikelboom 的丝状菌检索图中。

在活性污泥中很少发现 1702 型丝状菌。目前不清楚哪些工艺条件适于它们的生长。

25. Eikelboom 1851 型

形态如图 3-27 所示,该菌具有如下特性:

无分枝;不能运动;菌丝是直的,从菌胶团中突出,有时会成束;菌丝长度不一,但通常大于 200μm;细胞直径为 0.5~0.7μm;通常有较多的附着生长物,但有时在工业废水处理厂中也可见无附着生长的菌丝;有鞘;通常隔膜并非清晰可见;细胞为矩形;不贮硫;革兰氏阳性,蓝色非常明显;纳氏阴性。

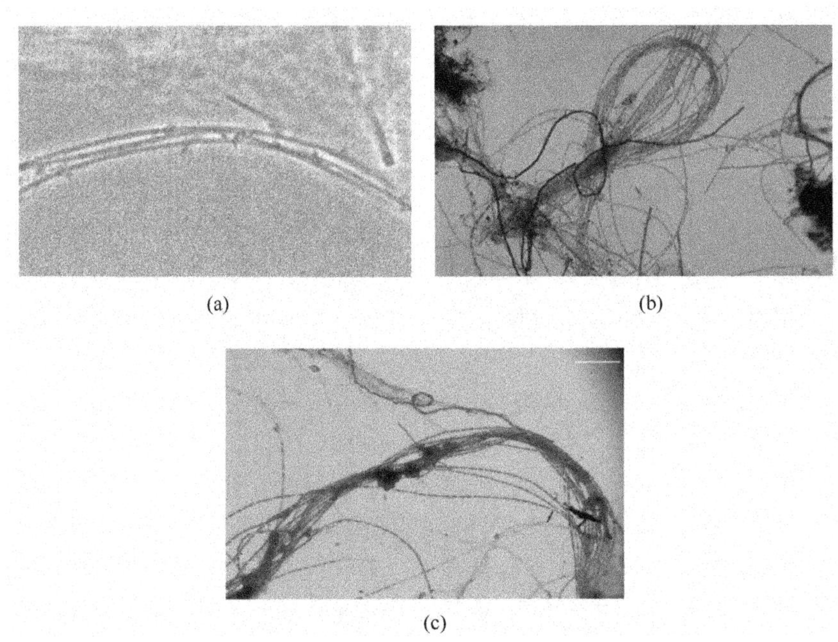

(a) (b)

(c)

图 3-27 1851 型丝状菌[1-2](1000×)

(a) 普通镜检;(b) 革兰氏染色;(c) 革兰氏染色(来自笔者实验室)

1851 型丝状菌可能会与 0041 型丝状菌相混淆(革兰氏染色呈深蓝色,细胞较短)。如果没有观察到鞘,根据其余的鉴别要点可能将该菌种误认做 1701 型丝状菌(细胞呈杆状而且是革兰氏阴性)。

1851 型丝状菌通常出现在低负荷污水处理厂中,但是几乎不会成为生物污水处理系统中的优势菌种。在工业废水处理厂(农用工业)中可能出现大量的 1851 型丝状菌。下述工艺条件是最适于它们生长的:①污泥负荷小于约 0.15kgBOD_5/

(kgMLSS · d);②含简单分子化合物(农用工业废水)。关于该菌种的知识还很有限。

26. Eikelboom 1852 型

该菌具有如下特性:

无分枝;不能运动;菌丝是直的,通常接近透明;菌丝长度大于 200μm;细胞直径为 0.6～0.8μm;无附着生长;有鞘;隔膜清晰可见;细胞为矩形;不贮硫;革兰氏阴性;纳氏阴性。

1852 型丝状菌可能会与细的 *Thiothrix*(贮硫)或是 0961 型丝状菌(细胞直径大于 1.0μm)相混淆。

1852 型丝状菌在活性污泥中的很少见,没有纳入 Eikelboom 的丝状菌检索图。目前还不清楚适于该菌种的生长条件有哪些。

27. Eikelboom 1863 型

该菌具有如下特性:

无分枝;不能运动;菌丝是直的或有轻微的弯曲,在污泥混合液中游离存在;菌丝长度小于 200μm;细胞直径为 0.5～0.8μm;无附着生长;无鞘;隔膜清晰可见;细胞为球形;不贮硫;革兰氏阴性;纳氏阴性。

1863 型丝状菌的短链可能会被误认为是链球菌(革兰氏阳性)或是 0211 型丝状菌(菌丝更细)。近来发现了 1863 型丝状菌的一些形态学上的鉴别特征,但是生理特性各不相同。

1863 型丝状菌通常出现在高污泥负荷[0.3～0.6kgBOD_5/(kgMLSS · d)]的条件下。还不清楚其他诱发该菌种生长的工艺条件有哪些。即使 1863 型丝状菌是革兰氏阴性的,并且会导致浮渣的形成,但对菌胶团的沉降速率没有什么影响。

上述内容为 Eikelboom 根据丝状菌的形态特征、染色试验等为依据给出的常见的 27 种丝状菌的形态和生态生理特性的描述和总结。活性污泥系统中常见的丝状菌菌种的形态学特征可归纳为表 3-1 所示。

3.2.2 Jenkins 分类法

Jenkins 和 Strom 等[4]根据丝状菌对环境条件和基质种类要求的不同,将污泥的丝状菌膨胀分为五种类型:①低基质浓度型;②低 DO 浓度型;③营养(N, P)缺乏型;④高硫化物型;⑤pH 不平衡型。丝状菌的种类如表 3-2 所示。

低基质浓度型或低 F/M 类型(长污泥龄)的污泥膨胀是最普遍的膨胀类型。现在的问题是在长污泥龄,脱氮除磷的系统中某种丝状菌的存在,仅仅是长污泥龄(低 F/M)引起的,还是选择性的厌氧、缺氧和好氧条件也对其起到一定的作用。Musvoto 等[5]通过大量的实验研究发现并不是所有的低基质浓度类型的丝状菌都会在低基质浓度下增殖。他们发现在低基质浓度下,污泥龄较长(大于 10 天)时,

表 3-1　活性污泥系统中常见的丝状菌菌种的形态学特征

丝状菌种类	革兰氏染色	纳氏染色		硫粒		其他内含物	菌丝直径/μm	菌丝长度/μm	丝状菌形状	位置	隔膜是否清晰可见	隔膜上是否有缩缢	衣鞘	附着生长	细胞形状及尺寸/μm	备注
		菌丝	颗粒	原位观察	积硫实验											
S. natans	−	−	−	−	+	PHA	1.4～1.6	100～≥500	St	E	+	+	+	−	香肠状 1.6×2.5	假分支
1701 型	−	−	−	−	−	PHA	0.8～1.0	10～80	St,B	I,E	+	+	+	+	香肠状 1.0×1.5	隔膜有时难以见到
H. hydrossis	−	−	−	−	−	−	0.5	10～100	St,B	E,F	−	−	+	−,+	−	直线型
021N 型	−	−	−,+	−,+	+	PHA	1.6～2.5	50～1000	St,Sc	E	+	+	−	−	桶状、长方形、铁饼状 (1.6～2.5)×2.0	Rosettes, Gonidia
Thiothrix Ⅰ	−,+	−	−,+	+,−	+	PHA	1.6～2.5	100～≥500	St,Sc	E	+	−	+	−	长方形(0.8～1.4)×(1.5～3.0)	Rosettes, Gonidia
Thiothrix Ⅱ	−,+	−	−,+	+,−	+	PHA	0.8～1.4	50～200	St,Sc	E	+	−	+	−	长方形 (0.8～1.2)×1.0	Rosettes, Gonidia
0914 型	−,+	−	−,+	−,+	−	PHA	1.0～1.2	50～200	St	E,F	+	−	+	−,+	正方形 1.0×1.0	正方形硫粒
Beggiatoa spp.	−,+	−	−,+	+,−	+	PHA	3.0～4.0	100～≥500	St	F	−,+	−	−	−	长方形(2.0～4.0)×(6.0～8.0)	可扭动或滑动
N. limicola Ⅰ	+	+	−	−	−	PHA	0.8～1.0	40～100	C	I,E	+	+	−	−	椭圆状 (0.8～1.0)×0.8	−
N. limicola Ⅱ	+	+.−	−	−	−	PHA	1.4	50～200	C	I,E	+	+	−	−	圆形、椭圆形 1.4×(1.0～1.5)	真分支
N. limicola Ⅲ	−,+	+	−	−	−	PHA	2.0	100～300	C	I,E	+	+	−	−	圆形、椭圆形 2.0×1.5	−
0411 型	−	−	−	−	−	−	0.8～1.2	50～150	B,I	E	+	+	−	−	长杆状(0.8～1.2)×(2.0～5.0)	链状细胞

续表

丝状菌种类	革兰氏染色	纳氏染色		硫粒		其他内含物	菌丝直径/μm	菌丝长度/μm	丝状菌形状	位置	隔膜是否清晰可见	隔膜上是否有缩缢	衣鞘	附着生长	细胞形状及尺寸/μm	备注
		菌丝	颗粒	原位观察	积硫实验											
0961 型	−	−	−	−	−	−	1.0~1.4	40~150	St	E	+	−	−	−	长方形(1.0~1.4)×(2.0~4.0)	透明
0092 型	−	+	−	−	−	+	0.8~1.0	10~80	St,B	I	−,+	−	−	−	长方形(0.8~1.0)×1.0	纳氏染色时细胞变宽
0581 型	−	−	−	−	−	−	0.5~0.8	100~200	C	I	−	−	−	−	—	菌丝盘绕
0041 型	+,V	−	−,+	−	−	−	1.8~2.0	100~500	St,Sc	I,E	+	−	+	+,−	正方形(1.8~2.0)×(2.0~3.0)	有时为纳氏阳性
0675 型	+,V	−	−,+	−	−	−	1.0	50~150	St,Sc	I	+	−	+	+,−	正方形 1.0×1.0	有时为纳氏阳性
1851 型	弱阳性	−	−	−	−	−	0.8	50~200	St,Sc	E	+,−	−	+	−,+	长方形	菌丝成束状
0803 型	−	−	−	−	−	−	0.8~1.0	50~150	St	E,F	+	−	−	−	正方形 0.8×1.0	—
M. parvicella	+	−	+	−	−	PHA	0.8	50~200	C	I	−	−	−	−	—	—
Nocardioforms	+	−	+	−	−	PHA	1.0	5~30	I	I	+	−	−	−	可变 1.0×(1.0~2.0)	真分支
1863 型	−	−	−,+	−	−	PHA	0.8~1.0	10~50	B,I	E,F	+	+	−	−	长杆状(0.8~1.0)×(1.0~1.5)	链状细胞，常游离于混合液中

注：＋：阳性
−：阴性(单一符号,不可变)
V：阴阳性可变
＋,− 或者−,＋：可变,多数情况下为第一种特性

丝状菌形状
St：直线型
B：弯曲
Sc：微弯曲
C：盘绕状
I：不规则形状

丝状菌位置
E：衍生至污泥絮体外围
I：主要在絮体内
F：在混合液中游离

表 3-2　不同水质条件下引起污泥膨胀的丝状菌种类

丝状菌种类	水质条件
1701 型，浮游球衣细菌，软发菌	低 DO
微丝菌，软发菌，诺卡氏菌，021N 型，0041 型，0675 型，0092 型，0581 型，0961 型，0803 型	低 F/M
发硫菌，贝氏硫菌，021N 型	高硫化物
发硫菌，浮游球衣细菌，021N 型，软发菌，0041 型，0675 型	营养缺乏
真菌类	低 pH(小于 6.5)

反应器处于完全好氧或完全缺氧条件，此时低基质浓度类型的丝状菌将不会生长。因为并不是在所有的低基质浓度下，该类型的丝状菌都会增殖，但在缺氧-好氧交替的环境中，丝状菌一定会增殖，所以可以得出以缺氧-好氧丝状菌来命名在这种环境下增殖的丝状菌更具有直观意义。很可能这一结论将对目前的丝状菌膨胀控制理论产生动摇。

3.2.3　Eikelboom 分类法

丝状菌活性污泥膨胀与丝状菌有着密切的关系。目前，已检出的能引起污泥膨胀的丝状菌大约有 25～30 种。Eikelboom[6] 在他的早期论文中第一次对丝状微生物进行了分类。他将丝状细菌分为七种类型。Eikelboom 对丝状菌的分类仅是根据它们的外部特征，他从膨胀的活性污泥中采集了 1100 个样品，分离出 26 个类型的丝状菌，并在 1981 年将其扩大到 29 个类型。根据以下 7 个方面的特性，将丝状菌分为 7 个群。这 7 个群的特征分别为：①是否存在衣鞘；②滑行运动；③真或假分枝；④丝状体的长短、性质和形状；⑤革兰氏染色反应；⑥细胞直径、长度和形状；⑦有无细胞内含物(PHA，多聚磷酸盐和硫粒等)。

➢ 第一群：能形成衣鞘的革兰氏阴性菌

(1) 浮游球衣细菌(*Sphaerotilus natans*)：丝体稍弯，经常可见假分枝，其长度达到 500～1000μm；隔膜清晰可见；圆柱形细胞，长 1.5～5.0μm，直径 1.2～2.0μm；裹在鞘中，可能还有 PHA 颗粒；鞘上经常附着生长物；革兰氏染色阴性；纳氏染色阴性；积硫实验阳性，但硫粒较小。

(2) Eikelboom 1701 型菌：链状圆柱形细胞被鞘紧裹；丝体长 100～200μm，偶尔超过 200μm；虽然丝体正常时稍有弯曲，但其可以有很强的盘绕性；细胞直径 0.5～0.9μm，长 2.5～3.5μm；有鞘，有时可见 PHA 黑色小颗粒；隔膜和缩缢明显；偶有假分枝；常有大量生长附着物；无硫粒；革兰氏染色阴性；纳氏染色阴性。鉴定时容易与球衣菌和亮发菌等混淆，难以鉴别。

(3) Eikelboom 1702 型菌：丝体短，长度 50～150μm；笔直，从絮体中伸出；不

运动;细胞长方形,宽0.4～0.5μm,长2.4～4.0μm;电子显微镜下被透明鞘所包围,隔膜和缩缢常不明显;无分枝,无附着生长物;未见颗粒储存物,积硫实验阴性;革兰氏染色阴性;纳氏染色阴性。鞘在相差显微镜下偶尔可见。

(4) 软发菌(*Haliscomenobacter hydrossis*):丝体通常较短,长度小于100μm;不运动;丝体笔直像针状从絮体伸出;细胞外有鞘,隔膜和缩缢不可见;无分枝,无颗粒储存物(PHA);细胞宽0.2～0.35μm,长2.5～4.0μm;偶见附着生长物;革兰氏染色阴性;纳氏染色阴性;无硫粒储存。其与发硫菌十分相似。

(5) Eikelboom 0321型菌:0321型菌普通的光学显微镜下几乎与软发菌无法区分。前者总是形成短的直的丝体从絮体穿出;细胞直径0.3μm;在电子显微镜下显示十分有特色结构的鞘,与软发菌截然不同。0321型菌可能是软发菌的一种。

➢ 第二群:有衣鞘,革兰氏阳性菌,形态似蓝藻

(1) Eikelboom 0041型菌:丝体长200～300μm;笔直或稍弯曲;不运动;可游离生长或围绕于絮体四周;细胞方形至长方形,长0.7～2.3μm,直径1.0～1.4μm;外裹鞘;偶见分枝;丝状外附着生长物多;隔膜可见;细胞偶含小颗粒;积硫实验微阳性;革兰氏染色阳性;纳氏染色阴性。

(2) Eikelboom 0675型菌与Eikelboom 0041型菌很相似,但较细,直径0.5～0.7μm,细胞长度1.5～4.0μm。

(3) Eikelboom 1851型菌:菌丝体长200～400μm;笔直或稍弯曲;稍长的丝体长破裂;不运动;细胞圆柱形,长1.7～3.5μm,直径0.5～0.7μm;有鞘;隔膜难见;无分枝;无颗粒储存物;常有少量附着生长物;革兰氏染色阳性;纳氏染色阴性;积硫实验阴性。

(4) Eikelboom 1852型菌:丝体笔直或略弯曲,从絮体中伸出;不运动;细胞圆柱形,直径0.6～0.8μm;略透明,似Eikelboom 0961型菌;无缩缢;无分枝;虽有鞘,但未见附着生长物;无硫粒和PHA颗粒;积硫实验阴性;革兰氏染色阴性;纳氏染色阴性。

➢ 第三群:无衣鞘,丝体卷曲,多细胞细菌形似蓝藻,但为无色的丝状体细菌

(1) Eikelboom 021N型菌:这种菌非常长(可达17mm)一般长500～1000μm;不运动;无分枝;丝体稍弯的多细胞丝状体;隔膜清晰;细胞形态多变,从盘状(长0.4～0.7μm,直径1.8～2.2μm)到长柱形(长2.0～3.0μm,直径0.6～0.8μm);原则上可形成所有中间形态,但多为方形细胞;隔膜附近常有明显缩缢;无鞘;偶见放射状伸长;不常见附着生长物;细胞中时有小硫粒;革兰氏染色阴性(但有时部分呈阳性反应)。

(2) *Nostocoida limicola* Ⅰ型菌:丝体长100～300μm,直径0.6～0.7μm;弯

曲；不运动；常游离漂浮于絮体之间；看不到隔膜；细胞呈球状；无缩缢；无鞘；无分枝，无附着生长物；无颗粒储存物；革兰氏染色阳性；纳氏染色阴性；积硫实验阴性。

(3) *Nostocoida limicola* Ⅱ型菌与 *Nostocoida limicola* Ⅰ相似，但丝体较粗，直径1.0～1.2μm，可见隔膜和缩缢，细胞形状呈盘状。

(4) *Nostocoida limicola* Ⅲ型菌：丝体扭曲，常盘绕絮体；不运动；隔膜和缩缢清晰可见；细胞盘状，直径1.5μm左右；无鞘，无分枝；革兰氏染色阳性；纳氏染色阳性；积硫实验阴性。

(5)‘Cyanophyceae’蓝藻：丝体内含大量光合色素，较其他种类丝状菌粗，形态笔直，长300～1000μm；不运动；细胞呈方形或长方形，直径2.5～3.0μm；隔膜明显，无缩缢；通常无鞘，无分枝和附着生长物；细胞内无储存物颗粒；革兰氏染色阴性；纳氏染色阴性；积硫实验阴性。

➢ 第四群：细长而弯曲的丝状体，不分枝

(1) 微丝菌(*Microthrix parvicella*)：丝体长200～400μm，直径0.5μm左右；高度弯曲，有时扭曲；缠绕或穿越絮体；不运动；光学显微镜下不易看到隔膜和缩缢；无鞘；无分枝；有一些附着生长物；可见多聚硫酸盐颗粒；纳氏染色阳性；革兰氏染色阳性；积硫实验阴性。

(2) Eikelboom 0581型菌：丝体长100～300μm，直径0.3～0.4μm；弯曲或扭曲；通常游离生长于悬液中，有时形成盘结的球；隔膜和缩缢不可见；无鞘；无分枝；无附着生长物；无颗粒储存物；革兰氏染色阴性；纳氏染色阳性；积硫实验阴性。

(3) Eikelboom 0192型菌：丝体细长，稍弯或卷曲，长80～100μm；隔膜清晰可见；直径0.15～0.25μm；有储存物；革兰氏染色阴性。0192型菌可能是0581型菌的一种生长型。因此，有的分类中不计入此类菌。

➢ 第五群：菌丝体直而多细胞的革兰氏阴性细菌

(1) Eikelboom 0803型菌：丝体长100～300μm，直径0.7～0.8μm；笔直或弯曲；不运动，常见于悬液中；细胞正方或长方形；无缩缢，隔膜较难看到；无鞘；无分枝；无附着生长物；无硫粒或PHA颗粒；积硫实验阴性；革兰氏染色阴性；纳氏染色阴性。

(2) Eikelboom 1091型菌：隔膜很难分辨；细胞直径0.6μm；沿长轴方向测量0.7～1.6μm，不由鞘包裹。

(3) Eikelboom 0092型菌：丝体短，长度小于100μm，直径0.5～0.7μm；弯曲；不运动；不易见到隔膜，无缩缢；无分枝；无附着生长物；无硫粒和PHA颗粒；积硫实验阴性；革兰氏染色阴性；纳氏染色阴性。

(4) Eikelboom 0961型菌：丝体长300～500μm，直径1.1～1.5μm；笔直，从絮体中伸出；不运动；细胞长方形，透明；无鞘，无缩缢；无附着生长物；不形成硫粒和

PHA颗粒;革兰氏染色阴性;纳氏染色阴性;积硫实验阴性。

➢ 第六群:滑行运动的丝状细菌

(1) Eikelboom 0914型菌:丝体长100～200μm,直径0.7～0.9μm;笔直或稍弯曲;不运动,常游离在悬液中;无鞘;细胞正方或长方形;无缩缢;细胞中有颗粒状硫粒;除去硫粒后隔膜清晰;无分枝;无附着生长物;但积硫实验呈阴性;革兰氏染色阳性;纳氏染色阴性。

(2)贝氏硫细菌:丝体短,长度小于200μm弯曲;能自主运动;丝体内看不到隔膜;含大量硫粒;革兰氏染色阴性;纳氏染色阴性。该属按丝体直径的不同可分为几个种。

(3)屈挠杆菌(*Flexibacter*):丝体短,长度小于200μm弯曲;能自主运动;该属细菌依细胞形状、丝体直径的不同可分成数种;丝体常游离漂浮于悬液中;不含硫粒,积硫实验阴性;革兰氏染色阴性;纳氏染色阴性。

(4) Eikelboom 1501型菌:短的革兰氏染色阴性细菌,直径0.5μm,长度很少超过50μm;隔膜不可见。这种菌属于屈挠杆菌或微丝菌。

➢ 第七群:其他类型,形态上不能归入上述六类的丝状菌

(1) Eikelboom 1863型菌:丝体短,长度小于150μm;弯曲;不运动;常游离于悬浮中;细胞球状或柱状,直径0.8μm;隔膜和缩缢清晰可见;无鞘;无分枝;无附着生长物;无硫粒或PHA颗粒;革兰氏染色阴性;纳氏染色阴性;积硫实验阴性。

(2) Eikelboom 0411型菌:丝体短,长度50～150μm;弯曲或扭曲,不运动;常见于絮体近边缘处;细胞呈圆柱形,直径0.5～0.7μm;缩缢清晰;无鞘;无分枝;无附着生长物;无硫粒或PHA颗粒;革兰氏染色阴性;纳氏染色阴性;积硫实验阴性。

(3) 诺卡氏菌(*Nocardia*):丝体短,长度小于100μm,直径0.5μm左右;分枝;不运动;常为絮体的一部分所围绕;看不到隔膜和缩缢;无鞘;无附着生长物;无颗粒储存物;革兰氏染色阳性;纳氏染色阴性;积硫实验阴性。

(4) 链球菌(*Streptococcus*):丝体短,长度小于100μm;弯曲;不运动;游离于絮体间悬浮中;细胞球状;直径0.7～0.8μm;无鞘;无附着生长物;无分枝;积硫实验阳性;革兰氏染色阳性;纳氏染色阴性。

(5) Eikelboom 0211型菌:丝体长度小于100μm;弯曲或扭曲;不运动,常游离漂浮于絮体之间;细胞柱状,直径0.2～0.3μm;缩缢清晰;无鞘;无分枝;无附着生长物;无硫粒及PHA硫粒;积硫实验阴性;革兰氏染色阴性;纳氏染色阴性。

(6) 发硫菌Ⅰ型(*Thiothrix* Ⅰ):丝体稍弯曲,不运动,辐射状从絮体中伸出;长度表化较大,从50～500μm;细胞呈圆柱状,直径0.4～0.5μm;新生细胞较细;无鞘;有时丝体一端明显锥尖形;无分枝;无附属生长物;含硫粒,积硫实验阳性;革

兰氏染色阴性；纳氏染色阴性。

(7) 发硫菌Ⅱ型(*Thiothrix* Ⅱ)：丝体长200～800μm；稍弯曲；不运动；细胞呈长方形或杆状，直径0.8～1.5μm；常含硫粒；细胞中除去硫粒后，可见隔膜与细胞的形状；在丝体末端能见到缩缢；有鞘；无附着生长物；无分枝；积硫实验阳性；革兰氏染色阴性；纳氏染色阴性。此类菌归入第二群似更为确当。

(8) 真菌类(Fungi)：丝体长200～600μm；不运动；具有分枝；隔膜清晰；细胞圆柱形，直径2.0～5.0μm；丝体粗壮，借此可与活性污泥中其他丝状菌相区别；无鞘；无附着生长物；细胞结构清晰可见；纳氏染色阴性；积硫实验阴性。

3.2.4 Wanner 分类法

Wanner 和 Grau[7]根据丝状菌的形态、生理、新陈代谢及其出现的环境条件将Eikelboom的丝状菌类型再次分为四种类型。它们的分类情况如表3-3所示。

表3-3 丝状菌分为S，C，A，F四种类型

环境条件	丝状指示微生物
S(类似于*S. natants*的微生物) 这些丝状菌的出现与介质或长污泥龄和低的溶解氧浓度有关	*S. natants*，1701型，*H. hydrossis*，可能还有0041型，0675型
C(类似于'Cyanophyceae'的微生物) 这些丝状菌的出现与污水中的可生物降解组分有关，这种污水缺乏营养、含有介质、长污泥龄及其浓度不断增高的硫化物组分	021 N型，*Thiothrix*
A(类似于*M . parvicella*的微生物) 这种类型的丝状菌在任何环境下都可以利用底物增殖	*M. parvicella*，0092型，*Nostocoida limicola*，可能还有0041型，0675型
F(形成泡沫的微生物) 这些丝状微生物将会产生生物表面活化剂，同时它们细胞壁上的疏水物质会不断增加	Nocardioforms，*M. parvicella*，*Nostocoida limicola*，可能还有0041型，0675型

3.2.5 基于微生物学的丝状菌分类

16S rRNA基因序列表明丝状菌隶属于至少7个不同的菌门(如图3-28)。常见的引起活性污泥膨胀问题的丝状菌主要属α-变形菌门(如诺卡氏形态丝状菌)，γ-变形菌门(如发硫菌属以及021N型)，放线菌门(如微丝菌、Mycolata)以及绿弯菌门(如1851型、0041型及0092型)。

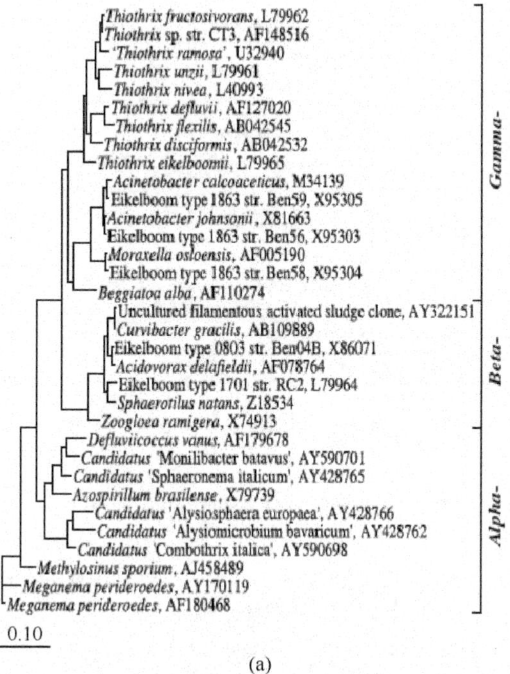

(a)

Streptococcus suis, AF009497
'Nostocoida limicola' I str. Ben204, AF244377
Trichococcus flocculiformis, AJ306611
Bacillus funiculus, AB049195
Candidatus 'Microthrix parvicella', X89774
Candidatus 'Microthrix calida', DQ147277
Tetrasphaera elongata, AB030911
Tetrasphaera australiensis, AF125091
Tetrasphaera nostocoidensis, DQ007320
Tetrasphaera japonica, AF125092
Tetrasphaera jenkinsii, DQ007321
Tetrasphaera veronensis, Y14595
Dietzia maris, X79290
Tsukamurella sunchonensis, AF150494
Tsukamurella pseudospumae, AY238513
Tsukamurella spumae, Z37150
Tsukamurella paurometabola, X80628
Millisia brevis, AY534742
Gordonia malaquae, AM406674
'Gordonia spumae', AJ251724
Gordonia amarae, X80635
Gordonia defluvii, AY650265
Skermania piniformis, Z35435
Nocardia takedensis, AB158277
Nocardia asteroides, X80606
Nocardia otitidiscaviarum, X80611
Nocardia farcinica, X91041
Rhodococcus equi, X80614
Rhodococcus zopfii, X81934
Rhodococcus rhodochrous, X79288
Rhodococcus ruber, X80625
Rhodococcus coprophilus, X80626
Rhodococcus erythropolis, X81929
Rhodococcus globerulus, X80619
Mycobacterium phlei, AF480603
Mycobacterium fortuitum, AY457066
0.10
Firmicutes
Actinobacteria

(b)

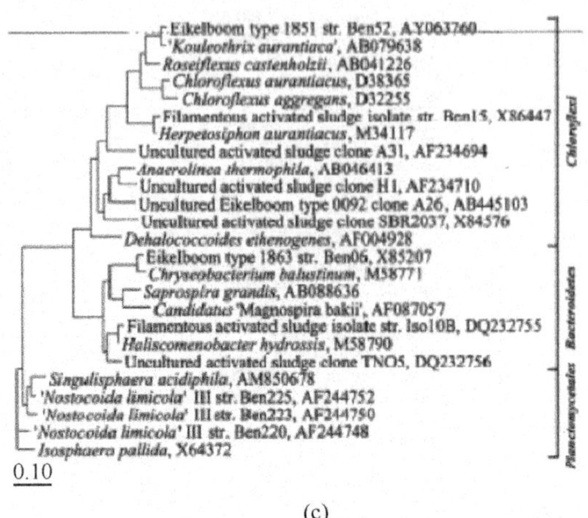

(c)

图 3-28　丝状菌的系统发育树(Maximum likelihood phylogenetic tree of the 16S rRNA gene sequences)

(a) 变形菌门中重要丝状菌相关序列；(b) 拟杆菌门中重要丝状菌相关序列；(c) 重要的革兰氏阳性菌相关序列

注：除 AF244377 外(541bp)，所有序列长度均大于 1000bp；标尺＝0.1 核苷酸单位。

3.2.6　传统的鉴定方法

1. 丝状菌鉴别步骤

传统丝状菌的鉴定步骤主要包括以下几个方面：

1）形态特征观察

借助显微镜，观察丝状菌的长度、直径、分支的有无、隔膜的有无和运动状态等。观察的特征主要有：分支(真分支与假分支)，运动性，附着生长，衣鞘，隔膜，位置(位于污泥絮体内部、外围或者游离生长)，丝状菌形状(直形、轻微弯曲、弯曲、不规则形状的链状细菌、盘绕或发射状)、长度及宽度，细胞形状(正方形、长方形、椭圆形、桶状、铁饼状、香肠状或者不规则形状)及大小。

2）革兰氏染色

革兰氏染色法是细菌学中广泛使用的一种鉴别染色法，1884 年由丹麦医师 Gram 创立。细菌先经碱性染料结晶染色，而经碘液媒染后，用酒精脱色，在一定条件下，有的细菌此色不被脱去，有的可被脱去，因此可把细菌分为两大类，前者叫做革兰氏阳性菌(G^+)，后者为革兰氏阴性菌(G^-)。为观察方便，脱色后再用一种红色染料如碱性蕃红等进行复染。阳性菌仍带紫色，阴性菌则被染上红色。

革兰氏染色一般包括初染、媒染、脱色、复染等四个步骤，具体操作步骤为

(1) 涂片固定；

(2) 草酸铵结晶紫染 1min；

(3) 蒸馏水冲洗；

(4) 加碘液覆盖涂面染 1min；

(5) 水洗，用吸水纸吸去水分；

(6) 加 95%酒精数滴，并轻轻摇动进行脱色，30s 后水洗，吸去水分；

(7) 蕃红染色液(稀)染 10s 后，自来水冲洗。干燥，镜检。

药剂：

(1) 结晶紫浓染液。

甲：结晶紫 3g，乙醇(95%)20mL；乙：草酸铵 0.8g，蒸馏水 80mL。将甲、乙两液混合后稀释 10 倍使用。

(2) 蕃红染液。

蕃红 0.25g；乙醇(95%)10mL；蒸馏水 100mL；混合均匀。

(3) 碘液。

碘 1.0g；碘化钾 2.0g；蒸馏水 300mL。配制时，先将碘化钾溶于 5～10mL 蒸馏水中，再加入 1g 碘，使其溶解后，加蒸馏水至 300mL。

3) 纳氏染色

纳氏染色的具体步骤如下：

(1) 制备涂片；

(2) 取二份纳氏染色 A 液和一份 B 液相混，染色 10～15s，水冲，干燥；

(3) 取纳氏染色 C 液染色 15s；

(4) 水冲，干燥后镜检。

药剂：

(1) A 液。亚甲基蓝 0.1g，冰醋酸 5mL，酒精(95%)5mL，蒸馏水 1000mL 混合均匀。

(2) B 液。结晶紫(取 0.33g 结晶紫溶于 3.3mL 96%的酒精中)3.3g，酒精(96%) 5mL，蒸馏水 100mL。

(3) C 液。1%碱性菊橙水溶液(chrysoidin Y，2，4'-二氨基偶氮苯)33.3mL，蒸馏水 66.7mL。

纳氏染色阴性的丝状菌菌体呈浅棕色至微黄色，阳性菌丝状体内含有深色颗粒或整个丝状体完全染成蓝灰色。

4）积硫实验

某些丝状菌能将还原性硫化物转化成元素硫并在细胞中以硫粒形式储存。积硫实验的步骤为：取少量活性污泥与等体积 Na_2S 溶液混合，放置 15min，不时摇动，使污泥保持悬浮。制成压片标本，镜检细胞中是否有黑色的硫粒。

根据上述试验观察结果，参照各丝状菌的形态特征及鉴别检索图，对丝状菌菌种进行鉴定。由于革兰氏染色和纳氏染色反应操作不当会导致不同的染色特性，从而导致实验人员对丝状菌的一些形态界定不准确，传统的丝状菌鉴定方法存在较大弊端，易造成丝状菌菌种的鉴别错误。

2. 丝状菌鉴别检索图

丝状菌鉴别检索图如图 3-29 所示。

3.2.7 基于现代分子生物学手段的鉴定方法

活性污泥系统中存在着大量各种形态的丝状菌，它们通常可以通过 Eikelboom[2] 与 Jenkins 等[1] 所编订的手册中各丝状菌形态的表述进行鉴定。然而，如今我们得知这种方法只有在少数菌种的鉴定上是可信的，这些菌种包括 *Candidatus* '*Microthrix parvicella*'，*Thiothrix* spp.，以及少许 Mycolata（曾被称为 *Nocardia*或 Nocardioforms）[8]。近十几年，基于 16S rRNA 的荧光原位杂交(FISH)等分子生物学技术逐渐取代了传统的鉴定方法，在丝状菌鉴定上得到愈来愈广泛的应用。

目前，丝状菌鉴定所使用的 rRNA 杂交探针及其菌属与系统发育如表 3-4 所示。表 3-4 中的信息表明有些菌属丝状菌可能包含不止一种菌种。最明显的例子就是 *Nostocoida limicola*，隶属于至少 4 个不同菌门：Proteobacteria[9-12]，Firmicutes[13]，Actinobacteria[14]，以及 Chloroflexi[15]。

FISH 分析的操作方法主要包括固定、杂交、清洗及观察几个步骤。首先采用 4%PFA(多聚甲醛)，4℃条件下，对污泥样品固定 2h。对固定后的污泥样品超声分散 4min，将样品滴加在明胶包被过的载玻片上，空气中干燥后，先后浸泡于 50%、80%和 98%的乙醇溶液中脱水，每次 3min。杂交缓冲液组成包括 0.9mol/L NaCl、20mmol/LTris/HCl、0.01%SDS 和甲酰胺，pH 为 7.2。将荧光标记的寡核苷酸探针溶解于杂交缓冲液中，在 46℃下，与污泥样品杂交 2h[48]。活性污泥中常用丝状菌的寡核苷探针详细信息列于表 3-5。杂交结束后，采用洗脱缓冲液，在 48℃下，洗脱 15min。在干燥后的样品上滴加抗荧光衰减剂，采用荧光显微镜对每个污泥样品进行观察。

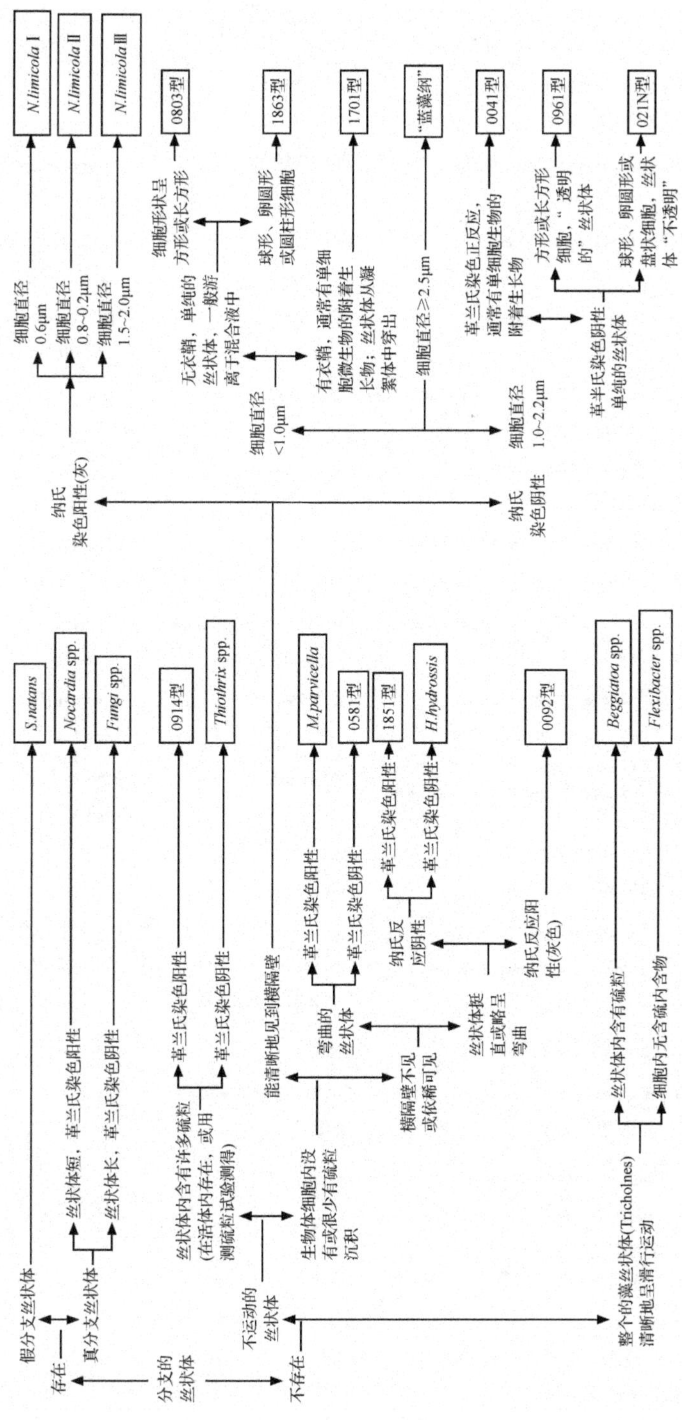

图 3-29　丝状菌鉴定检索图

表 3-4　丝状菌 rRNA 杂交探针及其菌属与系统发育[16]

菌门	菌纲/目/科	探针	菌属	文献
Proteobacteria（变形菌门）	α-proteobacteria（α-变形菌门）	ALF968		[17]
	Meganema perideroedes	Meg983+Meg1028	*Nostocoida limicola* Ⅱ/021N 型	[10]
	Meganema perideroedes	EU12-645+EU26-653	*Nostocoida limicola* Ⅱ/021N 型	[9]
	Candidatus '*Alysiomicrobium bavaricum*'	PP×3-1428	*Nostocoida limicola* Ⅱ	[9]
	Candidatus '*Alysiomicrobium bavaricum*'	PP×1002	*Nostocoida limicola* Ⅱ	[18]
	Candidatus '*Monilibacter batavus*'	MC2-649	*Nostocoida limicola* Ⅱ	[9]
	Candidatus '*Alysiosphaera europaea*'	Noli-644	*Nostocoida limicola* Ⅱ	[9]
	Candidatus '*Sphaeronema italicum*'	Sita-649+compsita-649	*Nostocoida limicola* Ⅱ	[9]
	Candidatus '*Sphaeronema italicum*'	Nost 993+helper1010	*Nostocoida limicola* Ⅱ	[18]
	Candidatus '*Combothrix italica*'	Combo1031	*Nostocoida limicola* Ⅱ	[9]
	β-proteobacteria（β-变形菌门）	BET42a（use with GAM42a）		[19]
	Curvibacter-related（formerly *Aquaspirillum*）*Leptothrix discophora*	Curvi997+Comp1curvi997+Comp2curvi997 LDI	1701 型，0041/0675 型，*Leptothrix*	[20-21]
	Sphaerotilus natans	SNA	*Sphaerotilus*	[21]
	γ-proteobacteria（γ-变形菌门）	GAM42a（use with BET42a）		[19]
	Thiothrix eikelboomii, *T. nivea*, *T. defluvii*, *T. unzii*, *T. fructosivorans*, Eikelboom type 021N group Ⅰ，Ⅱ，Ⅲ	G123T+G123T-C	*Thiothrix*, 021N 型 group	[22]
	Eikelboom type 021N group Ⅰ（*T. disciformis*）	G1B	021N 型	[22]

续表

菌门	菌纲/目/科	探针	菌属	文献
Proteobacteria (变形菌门)	Eikelboom type 021N group Ⅱ (*T. eikelboomii*)	G2M	021N型	[22]
	Eikelboom type 021N group Ⅲ (*T. flexilis*)	G3M	021N型	[22]
	Thiothrix nivea	TNI	*Thiothrix*	[21]
	Eikelboom type 021N strain Ⅱ-26	21N	021N型	[21]
	Acinetobacter	ACA23a	1863型	[23]
	Leucothrix mucor	LMU	*Leucothrix*	[21]
Bacteroidetes (拟杆菌门)	Most Flavobacteria	CF319a	*H. hydrossis*-like	[24]
	Some Flavobacteria	CF319b	*H. hydrossis*-like	[24]
	Most members of the class Bacteroidetes	CFB719	*H. hydrossis*-like	[25]
	Unclassified Flexibacteraceae	CFB655	细的丝状菌	[26]
	Unclassified Flexibacteraceae	CFB730	细的丝状菌	[26]
	Candidatus Magnospira bakii	Bak655	卷曲的丝状菌	[27]
	Most Flavobacteria	CFB563	*H. hydrossis*-like	[25]
	Most members of the genus *Tannerella* and the genus *Prevotella* of the class Bacteroidetes	CFB286	*H. hydrossis*-like	[25]
	Family Saprospiraceae	SAP309	*H. hydrossis*-like	[28]
	Haliscomenobacter hydrossis and Iso10B	HHY-654	*H. hydrossis*和 *H. hydrossis*-like	[29]
	Haliscomenobacter hydrossis	HHY	*H. hydrossis*	[21,23]
	Clone T5	HHY-T5	*H. hydrossis*-like	[29]
Chloroflexi (绿弯菌门)	Chloroflexi	CFX1223与GNSB941	一些特异型1851型和0041/0675型, *H. hydrossis*-like	[30-31]
	Subdivision 1 of Chloroflexi	CFX784	一些1851型和0041/0675型, *H. hydrossis*-like	[31]
	Subdivision 3 of Chloroflexi	CFX109	一些1851型和0041/0675型, *H. hydrossis*-like	[31]

续表

菌门	菌纲/目/科	探针	菌属	文献
Chloroflexi（绿弯菌门）	Eikelboom type 1851	Chl1851	1851 型	[32]
	Isolate EU25	EU25-1238	1851 型	[33]
	Anaerolineae	GNSB633	非常细的丝状菌	[34]
	Unclassified Caldilineaceae	GNS667	类似 1851 型，但无附着生长	[26]
	Eikelboom type 0092(variant 1)	CFX197	Thicker（0.80μm）0092 型 trichome	[35]
	Eikelboom type 0092(variant 2)	CFX223	Thicker（0.67μm）0092 型 trichome	[35]
Actinobacteria（放线菌门）	Actinobacteria	HGC69a		[36]
	Nostocoida limicola	NLII65	*Nostocoida limicola* Ⅱ	[37]
	Candidatus '*Nostocoida limicola*'（*Tetrasphaera jenkinsii* and *T. veronensis*）	NLIMII175	*Nostocoida limicola* Ⅱ	[38]
	Candidatus '*Microthrix parvicella*'	MPAmix（MPA60，MPA223，MPA645）	*Microthrix parvicella*	[39]
	Candidatus '*Microthrix parvicella*' 与 *Candidatus* '*M. calida*'	Mpa-all-1410	*Microthrix parvicella*	[40]
	Candidatus '*M. calida*'	Mpa-T1-1260	Thin *Microthrix parvicella*	[40]
	Mycobacterium subdivision（mycolic acid-containing Actinomycetes）	Myc657	Mycolata	[41]
	Gordonia spp.	Gor596	Mycolata	[42]
	Gordonia amarae	G. am205	Mycolata	[42]
	Skermania piniformis	Spin1449	Mycolata	[43]
Firmicutes（厚壁菌门）	Firmicutes	LGC354A-C		[44]
	Streptococcus spp.	Str/Strept	*Streptococcus*	[45]
	Trichococcus Nostocoida limicola Ⅰ	NlimI91	*Nostocoida limicola* Ⅰ	[38]
Plantomycetes（浮霉菌门）	Planctomycetales	Pla46		[46]
	Isosphaera	NlimIII301	*Nostocoida limicola* Ⅲ	[38]
TM7	Phylum specific	TM7905	0041/0675 型	[47]
	Subdivision 1	TM7305	0041/0675 型	[47]

表 3-5　FISH 分析中采用的寡核苷酸探针

探针	特异种属	序列(5′-3′)	FA 浓度/%	目标位置
TNI	*Thiothrix* 丝状菌	CTC CTC TCC CAC ATT CTA	45	652～669
CHL1851	1851 型丝状菌	AAT TCC ACG AAC CTC TGC CA	35	592～611
MPA223	*Microthrix parvicella*	GCCGCGAGACCCTCCTAG	20	223～240
SNA	*Sphaerotilus natans*	CAT CCC CCT CTA CCG TAC	45	656～673
21N	021N 型丝状菌	TCC CTC TCC CAA ATT CTA	35	652～669
TM7305	0041/0675 型	GTC CCA GTC TGG CTG ATC	30	305～322
HHY	*Haliscomenobacter hydrossis*	GCC TAC CTC AAC CTG ATT	20	655～672
LMU	*Leucothrix mucor*	CCC CTC TCC CAA ACT CTA	35	652～669
LDI	*Leptothrix discophora*	CTC TGC CGC ACT CCA GCT	35	649～666
AHW183	*Nostocoida limicola*	CCG ACA CTA CCC ACT CGT	20	183～200
MNPI	*Nocardioforma actinomycetes*	TTA GAC CCA GTT TCC CAG GCT	20	152～172

3.3　丝状菌的生理生态学特性

3.3.1　变形菌门丝状菌的生态生理学

1. α-变形菌纲

α-变形菌纲的丝状菌为活性污絮体中常见的丝状菌菌属。目前，已有 6 种 α-变形菌门丝状菌形态被确认，它们都具有与 *N. limicola* 或者 021N 型相似的形态。α-变形菌纲的丝状菌主要包括 3 个聚簇(clusters)(图 3-35)：第一个 cluster 包括 *Candidatus*'*Monilibacter batavus*' 与 *Candidatus* '*Sphaeronema italicum*'；第二个 cluster 包括 *Candidatus* '*Alysiosphaera europaea*', *Candidatus* '*Alysiomicrobium bavaricum*'以及 *Candidatus*'*Combothrix italica*'；第三个 cluster 仅包括 *Meganema perideroedes*。它们各自 FISH 杂交探针如表 3-4 所列。FISH 研究分析表明，α-变形菌纲的丝状菌大量存在于活性污泥系统中，尤其是处理工业废水的活性污泥絮体中，它们常与污泥膨胀或者生物现象存在联系。

• 生态生理学

只有 *M. perideroedes* 被分离出纯菌种。与其他纯菌种一样，一些 *M. perideroedes* 菌种不能够在补充了碳源及氮源的基本培养基(minimal media)上生长(表 3-6)，而其他 *M. perideroedes* 纯菌是在含有维生素及一系列碳源的 MSV 培养基上培养所获得的[9]。对 3 个获得的 *M. perideroede* 纯分离菌株进行了生态生理学研究，结果表明 *M. perideroedes* 可利用短链脂肪酸(SCFAs)、Tween 80、

表 3-6　α-变形菌纲内丝状菌纯菌种生理学特征与活性污泥系统中该菌种原位生理学特征的比较[16]

	纯菌种	原位						
	EU6,EU15 与 EU26*	*Candidatus* '*Monilibacter batavus*'†	*Candidatus* '*Sphaeronema italicum*'†		*Candidatus* '*Alysiomicrobium Bavaricum*'†		*Candidatus* '*Alysiosphaera europaea*'†	*M. perideroedes*#
探针		MC2-649	Nost993＋helper1010	Sita-649＋compsita-649	PP×1002	PP×3-1428	Noli-644	Meg983＋Meg1028
电子受体	O_2	O_2,$(NO_3)^α$,$(NO_2)^α$	O_2	O_2,$(NO_3)^α$,$(NO_2)^α$	O_2,(NO_3),(NO_2)	O_2	O_2,$(NO_3)^α$,$(NO_2)^α$	O_2,$(NO_3)^α$,$(NO_2)^α$
储存能力(PHA)	高	高	高	高	高	高	高	高
表面特性	ND	疏水性	疏水性	疏水性	疏水性	疏水性	疏水性	疏水性
胞外酶	ND	Lip	—	—	—	—	—	(Lip)§
短链脂肪酸	Ace,Prop,Pyr	Ace,Prop,Pyr	Ace ,Pyr	Ace,But,Prop,Pyr	Ace,But,Prop,Pyr	Ace,Pyr	Ace,But,Pyr	Ace,But,Prop
长链脂肪酸	Tween 80	—	Oleic	—	Oleic	—	—	Oleic
糖类	Glu,fruc	—	—	—	Glu,Gal,Man	Glu,Gal,Man	Glu,Gal,Man	Glu,Gal,Man
多糖	Starch‖	ND	ND	ND	ND	ND	ND	ND
醇类	Eth,Propa,buta‖	—	—	—	Eth	—	—	—
氨基酸	Asp,Ser	—	—	—	Leu	Leu	Leu	Gly,Leu
重碳酸盐/硫代硫酸盐	—	—	—	—	—	—	—	—
混合底物	—	—	—	—	—	—	—	—

* [9];†[18];#[49];§只有一个研究中发现;‖仅限于部分研究中;α当底物受限时次要利用;

Ace,乙酸;Ala,丙氨酸;Asp,天冬氨酸;But,丁酸;Buta,丁醇;Cas,酪蛋白氨基酸;Chit,几丁质酶;Est,酯酶;Eth,乙醇;fruc,果糖;Fum,延胡索酸;Gal,半乳糖;Gala,乳糖;Gel,胶质;Glu,葡萄糖;Glucu,葡萄糖苷酸酶;Gly,糖胶;Glyce,甘油;Lac,乳糖;Leu,亮氨酸;Lip,脂肪酶;Mal,苹果酸;Man,甘露糖;Mann,甘露醇;Mel,松三糖;Mix,混合氨基酸;Oleic,油酸;Pal,棕榈酸盐;Phos,磷酸盐;PolyP,聚磷;Prop,丙酸;Propa,丙醇;Prot,蛋白酶;Pyr,丙酮酸;Ser,丝氨酸;Starch,淀粉;Suc,琥珀酸;Sucr,蔗糖;Tre,海藻糖;Triol,三油酸;ND,未确定;—,底物不可利用;＋,底物可利用。

糖类、淀粉、醇类及氨基酸；细胞体内储存聚合物（聚磷颗粒及 PHA 物质）；所有菌种均无反硝化活性，在厌氧状态下不能利用葡萄糖，也不能氧化还原性硫化物[18, 49]。除 *C.* '*Combothrix italica*'外，所有的 α-变形菌纲丝状菌似乎只能利用溶解性的底物，它们对乙酸的亲和力很强（*K*s 较低），并表现出较高的底物利用速率。

α-变形菌纲内的丝状菌根据系统发育史可分为生理相近的两大类（表 3-6）：一类（包含 *C.* '*Monilibacter batavus*'与 *C.* '*Sphaeronema italicum*'）只利用少数几种短链的脂肪酸，另一类（包含 *C.* '*Alysiosphaera europaea*'，*C.* '*Alysiomicrobium bavaricum*'以及 *M. perideroedes*）。在底物利用上更为广泛，除短链的脂肪酸外，还可摄取不同糖类、醇类和氨基酸。α-变形菌门丝状菌都是好氧菌，虽然大多数可将 NO_x^- 作为电子受体，但是否能发生反硝化作用仍不清楚；此外，它们都具有储存 PHA 的能力，并且有些底物能够在不同电子受体存在的情况下被转化为 PHA；胞外酶的分泌对于 α-变形菌门丝状菌来说并不常见，但仍有部分菌种表现出微弱的分泌胞外酶特性；它们均具有一定的疏水特性，但这一特性的功能不得而知，而淀粉质的表层结构可能会影响细胞表面的疏水特性。

2. β-变形菌纲

在之前的研究中，β-变形菌纲内的丝状菌 *Sphaerotilus*（*Sphaerotilus natans*）被认为是活性污泥系统中导致污泥膨胀现象最常见的菌属[6]。后来发现可能存在菌种鉴定错误的可能，*Sphaerotilus* 以及 *Leptothrix* sp. 菌并不是最常见的菌属，他们只是偶尔会导致污泥沉降性变差[6, 11, 50]。*Sphaerotilus* 及 *Leptothrix* sp. 的 FISH 杂交探针是以部分菌种的 16S rRNA 基因序列为基础所设计的，而一种被分离出来的 1701 型丝状菌（RC2，ATCC49750）的序列分析表明，它的序列与 *S. natans* 菌很相似，并且也含有 *S. natans* 杂交探针的目标靶位[51]。但目前为止，用这种探针检测出的 1701 型丝状菌在实际污水处理系统中并不常见。

其他几种 β-变形菌纲丝状菌大量存在于活性污泥絮体中，0803 型丝状菌就是个例子，但其完整的基因序列以及是否真正属于 β-变形菌纲仍不得而知[52]。类 *Aquaspirillum* 丝状菌常在实际污水处理厂中出现，但只在极少数情况下才会出现大量繁殖的状况[53]。设计的 FISH 探针（Aqs997）能够检测许多 *Aquaspirillum delicatum* 丝状菌，包括 *Curvibacter delicates* comb. nov.[54]，*Pseudomonas lanceolata*（重新归类于 *Curvibacter lanceolatus* comb. nov.），以及 *Curvibacter* 属的其他菌种。因此，用该探针并不能鉴别出精确的菌种。同一种探针能够和两种不同形态的丝状菌杂交，其中一种为有附着生长的拟杆菌门 Saprospiraceae 菌属[55-56]。菌种 A 被认为属于 *Curvibacter* 属，而菌种 B 仍不清楚。似乎 *Curvibacter* 菌属中包含了一些有附着生长特性的丝状菌（0041/0675 型、1701 型及 1851 型），而这些丝状菌在活性污泥絮体形成的过程中充当骨架，起着相对重要的作用。

早期研究表明 *S. natans* 常出现于发生丝状菌膨胀的活性污泥系统中，例如，该菌在德国的早期调研中被发现在最容易引起污泥膨胀的丝状菌列表中排名第四[57]，因此 *S. natans* 常作为实际污水处理运行过程中监控的目标微生物之一。同样，根据美国早期的镜检调查研究，1701 型丝状菌为活性污泥系统中的第二优势丝状菌[4]，但如上所述，该菌种的鉴定仍存在疑点，并无 FISH 分析的论证。

• 生态生理学

少数几种 *S. natans* 及 *L. discophora* 菌的纯菌种被分离出来，并对它们的生态生理学特征进行了研究[58-61]。总体来说，*S. natans* 及 *L. discophora* 均为专性好氧菌，可以降解各种类型的有机酸、糖类、醇类及氨基酸（表 3-7），但它们不能利用更复杂的底物，如纤维二糖、淀粉及菊粉等。而由于纯种 0803 型丝状菌生长极其缓慢，未见对其纯种 0803 型丝状菌生态生理学的特征报道[60]。一些研究分离出了 1701 型丝状菌，但并无基因数据和分子生物学实验的证明。此外，目前还没有分离出 *Curvibacter* 菌属的纯菌。

目前，只有针对 *Curvibacter* 菌属的生理学研究，如表 3-7 所示。对 2 个城市污水处理厂的样品检测结果表明，在好氧条件下乙酸与葡萄糖不能被其利用，而单糖以及一些氨基酸类的底物可以被利用。这些底物大多数以 NO_3^- 及 NO_2^- 作为

表 3-7 β-变形菌纲内丝状菌纯菌种与活性污泥系内生长的该菌种原位生理学特征的比较[16]

	纯菌种		原位
	S. natans *	*L. discophoraw* †	*Curvibacter*-related bacteria #
探针			Curvi997＋competitors
电子受体	O_2	O_2	O_2,(NO_3),(NO_2)
储存能力(PHA)	有	有	有
表面亲水性	ND	ND	亲水性
胞外酶	ND	—	Prot
短链脂肪酸	Ace	Ace, But, Prop	But
长链脂肪酸	—	—	—
糖类	Glu,Fru,Man,Gal 及其他	Fru, Gal, Glu	Gal, Man
二糖或多糖	—	淀粉‖	ND
醇类	Eth＋ 糖醇	Buta, Eth	—
混合氨基酸	＋	＋/—	—
胸腺嘧啶脱氧核苷酸	ND	ND	＋
重碳酸盐/硫代硫酸盐	ND	ND	＋
混合底物	ND	ND	ND

*[61]；†[59, 62]；#[59, 62]；‖仅限于部分研究中；()次要利用；简称见表 3-6。

电子受体而被吸收同化，但是他们是否能进行反硝化还不得而知。不论利用哪种电子受体，在多数情况下，底物将被转化为 PHA 类物质[10, 53]。并未发现 *Curvibacter* 菌属在厌氧条件下同化底物的特性。对于上面提到的 A 菌种与 B 菌种生态特性也并无明显区别。但菌种 A 被认为与 *Curvibacter* 相似，只利用氨基酸类底物，表明这类丝状菌具有降解蛋白质的特性，胞外酶蛋白酶的合成也证明了这一点[55]。虽然没有检测到其他胞外酶的存在，但并不表示该菌种不具有其他胞外酶，这可能与 ELF 检测度受限有关。菌种 A 和菌种 B 的表面特性基本一致，均表现为亲水性，并有附着生长现象[10, 53]。

3. γ-变形菌纲

Thiothrix，*Beggiatoa* 与 *Leucothrix* 均隶属于 γ-变形菌纲的 Thiotrichaceae 科[63]。过去，*Thiothrix* spp. 虽然主要存在于含硫废水或者海洋生境中，但却常引起污泥膨胀现象，尤其是在处理工业废水的活性污泥系统中更为明显[11, 64]。而能滑行的 *Beggiatoa* 菌常常存在于沉积物中[65]，一般较少出现在活性污泥系统中，即使出现数量也极少。

目前，公认的 *Thiothrix* 菌有 7 种，它们的系统发育史仍在研究中，其中 *Thiothrix nivea*[66] 与 *Thiothrix ramosa*[67] 已被鉴定出来。与 021N 型丝状菌形态相同的丝状菌可被分为 3 种：单独的 *Thiothrix eikelboomii* 以及另外两种被认为更能代表 Eikelboom 021N 型的菌种：*Thiothrix disciformis* 与 *Thiothrix flexilis* [22]。同时，*Thiothrix* 与 021N 型丝状菌的 FISH 探针也得到了补充，除了与整个 021N 型及 *Thiothrix* 菌属杂交的探针外，分别与 *T. disciformis*（group Ⅰ）、*T. eikelboomii*（group Ⅱ）及 *T. flexilis*（group Ⅲ）杂交的探针也已被开发出来[68]。对之前开发设计的 TNI 和 21N 探针进行了重新的评价，结果表明 21N 探针主要检测了 group Ⅱ 内的一些菌种，TNI 探针也存在错误鉴别的情况[22]。

Leucothrix spp. 的杂交探针也通过纯菌分离培养而获得，但目前研究数据表明该菌属不常见于活性污泥系统中，也不会引起污泥膨胀或者泡沫现象。并没有与活性污泥系统中 *Beggiatoa* 丝状菌杂交的 FISH 探针，但海洋中的 *Beggiatoa* 菌存在杂交探针。

• 生态生理学

少数研究对分离出来的 *Thiothrix* 与 021N 型丝状菌纯菌种的生理学进行了研究[60, 68-72]。一般来说，分离出来的 *Thiothrix* 可以利用有机酸及胶质，且需要还原性硫化物来保证其生长[60, 70]（表 3-8 ）。*Thiothrix* 菌具有自养、兼养特性，并能将 NO_3^- 还原至 NO_2^-[68]。Aruga 等[68]根据底物利用特性发现存在 15 种 Eikelboom 021N 型丝状菌，它们在生理学上可分为总体 3 个 group。所有的 021N 型丝状菌均可以利用多种不同类型的糖类（单糖或者多糖）和短链脂肪酸（表 3-8 ），

group Ⅱ及 group Ⅲ内的部分菌种能将 NO_3^- 还原至 NO_2^-。此外 group Ⅲ菌种还具有氧化还原性硫化物的能力，而 group Ⅰ及 group Ⅱ的一些菌种体内存在大量的硫粒。

表 3-8 γ-变形菌纲内丝状菌纯菌种与活性污泥系内生长的菌种原位生理学特征的比较[16]

	纯菌种		原位	
	Thiothrix *	021N 型†	*Thiothrix* #	021N 型§
探针			TNI	21N
电子受体	O_2，NO_3	O_2，(NO_3)‖	O_2，NO_3(厌氧)	O_2
储存能力	PHA，S	PHA，PolyP	PHA(低)，S	PHA，S
表面亲水性	ND	ND	ND	亲水性
胞外酶	ND	ND	ND	ND
短链脂肪酸	Ace，Fum，Lac，Prop，Pyr，Suc	Ace，But，Fum，Lac，Mal，Prop，Pyr，Suc	Ace	Ace，But，Pyr
长链脂肪酸	—	Glyce	ND	Oleic
糖类	—	Fru，Gal，Glu，Man	—	Gal，Glu，Man
多糖	—	Mel，Suc，Tre	ND	ND
醇类	很少	Mann	Eth	Eth‖
氨基酸	ND	Ala，Asp‖	—	Gly‖，Leu‖
混合氨基酸	ND	ND	ND	ND
胸腺嘧啶脱氧核苷酸	ND	ND	ND	—
重碳酸盐/硫代硫酸盐	+	—	+	—
混合底物	Gel，自养和兼养	Gel	自养和兼养	

* [68，71-72，76]；†[68-69，76]；#[73-75，77]；§[73，78]；‖仅限于部分研究中；()次要利用；简称见表 3-6。

Nielsen 等[73-75]对活性污泥系统中 *Thiothrix* spp. 的生态生理学进行了研究，发现六种不同底物中，只有乙酸和乙醇被利用，而葡萄糖不管在活性污泥系统还是纯菌体系中都不被摄取。一株隶属于 *T. ramosa* 的 *Thiothrix* 丝状菌具有异养、兼养及自养特性，在硫代硫酸盐的刺激作用下，可以吸收乙酸及重碳酸盐，并在好氧条件下具有最大活性。然而，该菌种也可利用硝酸盐为电子受体进行活动，并在严格厌氧条件下，当细胞内存在硫粒时也具有一定活性。这些丝状菌对乙酸的亲和力很强（*K*s 较低），但底物利用速率却很低。MAC 化验表明，该类丝状菌为亲水性菌，可储存 PHA 类物质，无胞外酶的分泌。

对与 021N 型探针杂交的 021N 型丝状菌（group Ⅱ，即 *T. eikelboomii*）生态生理学也进行了类似研究。结果表明，在 4 个污水处理厂的样品中，乙酸及葡萄糖均可被利用，而半数样品，在实验室条件下，可吸收油酸、乙醇、氨基乙酸及亮氨酸，所有底物利用实验是在好氧条件下进行的。

对 *Thiothrix* 菌属纯菌种及他们的原位生理学特性进行对比发现，两者在某些方面一致，比如能够单独摄取乙酸，或者在硫代硫酸盐或重碳酸盐存在的情况下代谢乙酸；能够将 NO_3^- 还原至 NO_2^-[74]；有些菌种能够自养生长，并利用有机酸类物质[68, 76]。不管是分离出来的纯菌种还是原位系统内的 021N 型丝状菌（*T. eikelboomii*），在营养代谢方面具有多样性，能够在好氧条件下利用很多短链脂肪酸、糖类、氨基酸和醇类物质等。

3.3.2　拟杆菌门丝状菌的生态生理学

拟杆菌门丝状菌已经从含盐沼泽地[79]、海洋环境[80-81]以及活性污泥[60, 82]等多种生境中被分离出来。拟杆菌门丝状菌（曾被称为 *Cytophaga-Flavobacter-Bacteroides*，CFB 菌门）包括 3 个纲：Bacteroidetes，Flavobacteria 和 Sphingobacteria，Sphingobacteria 又包括 *Cytophaga* 与 *Flexibacter* 两个属[50]。

目前，只有 Bacteroidetes 纲内的 2 个属中的一些丝状菌种属从活性污泥系统中分离出来，其中包括 *H. hydrossis*[83] 以及属于 *Cytophaga* 亚群而形似 1863 型的丝状菌[84]。基于现代分子生物学 16S rRNA 基因测序，0411 型及 0092 型也曾归类于该菌门，但 0092 型后被鉴定为属于绿弯菌门，专门针对 0092 型丝状菌的分子探针也已设计出来。*C.* '*Magnospira bakii*'，一种隶属于 Flexibacteraceae 科的可运动的螺丝型丝状菌也偶尔出现于活性污泥中，但数量有限。

少数几种针对拟杆菌门丝状菌的 FISH 探针已被设计出来，其中 HHY 探针是以 *H. hydrossis* 型菌株为基础设计的[85]，而 HHY-654 则为鉴定范围较为宽广的 *H. hydrossis* 探针[29]。目前，常用于鉴定活性污泥系统中拟杆菌门丝状菌的探针有：CFB719、SAP309（Saprospiraceae 菌目）以及 HHY-654。

拟杆菌门丝状菌在活性污泥系统中非常常见，尽管它们可能对污泥絮体的沉降性产生轻微影响，但极少引起污泥膨胀问题[10, 29]。针状的 *H. hydrossis* 以及与 *H. hydrossis* 相近的丝状菌种是工业废水及城市污水处理厂中最常见的拟杆菌门丝状菌[29]。

• 生态生理学

针对拟杆菌门丝状菌生态生理学的研究报道较少，来自 Kragelund 等[29]的研究结果见表 3-9 所示。*H. hydrossis* 以及其他拟杆菌门丝状菌似乎为高度专性多糖降解细菌，它们能够利用葡萄糖和 *N*-乙酰胺基葡萄糖。它们为专性好氧菌，在缺氧及厌氧条件下不具有利用底物同化活性。这些亲水性的细菌能合成并分泌各种胞外酶，包括几丁质酶、葡（萄）糖苷酸酶、酯酶以及磷酸酶，这些酶的存在为该类丝状菌能降解多糖及细胞残骸的学说提供了充分的证据。大多数该类丝状菌隐藏于活性污泥絮体内,偶尔才延伸至絮体外围。

表 3-9　纯菌种与活性污泥原位系统拟杆菌门丝状菌生理学特征的比较[16,29]

	纯菌种	原位		
	*H. hydrossis**	*H. hydrossis*†	CFB environment Isolates+	Autotrophic biofilm#
探针		HHY	CFB 719	CFB655, CFB730, CF319a1b
电子受体	O_2	O_2	O_2	只有 O_2
储存能力	有	低	低	ND
表面亲水性	ND	ND	亲水性	ND
胞外酶	ND	Chit, Glucu, Est, Phos	Chit, Glucu§	ND
短链脂肪酸	—	Prop	(Prop)	—
长链脂肪酸	—	—	—	ND
糖类	Fru, Glu	Glu	—	ND
N-乙酰胺基葡萄糖	+	ND	+§	+
多糖	淀粉	ND	ND	ND
醇类	—	—	—	ND
氨基酸	—	—	—	—
混合氨基酸	—	ND	ND	+
胸腺嘧啶脱氧核苷酸	—	—	—§	—
重碳酸盐/硫代硫酸盐	—	ND	—	ND

*[80];†[29];#[26, 86];§只在一个研究中发现;()次要利用;简称见表 3-6。

多数研究均采用 *H. hydrossis* 纯菌种来研究该菌门的生理生态特性,如表 3-9[59, 80, 83, 87-88]。这些研究数据表明,葡萄糖、*N*-乙酰胺基葡萄糖、*D*-氨基葡萄糖以及一些其他化合物均能被 *H. hydrossis* 菌利用。同样,隶属于 *Chryseobacterium* 的 1863 型丝状菌也被发现能够利用一系列的多糖及一些氨基酸[84],但目前还没有在生物反应器内发现这些菌种原位代谢多糖和氨基酸的现象。不管是利用纯菌还是混合菌种的研究均表明,城市污水处理厂或工业废水处理厂中滋生的 *H. hydrosssi* 为专性好氧菌。能够利用 *N*-乙酰胺基葡萄糖并能够分泌几丁质酶,表明 *H. hydrosssi* 能够降解细胞壁中肽聚糖与脂多糖成分,从而分解细胞残骸。因此,*H. hydrosssi* 是活性污泥种群中的土著菌种,要想通过去除它们所利用的底物从而达到控制菌数量是个困难的任务。

3.3.3　绿弯菌门丝状菌的生态生理学

绿弯菌门曾被认为能够在极端环境中生存，包括热温泉[89-90]以及高盐环境[91]，在这些环境条件下，绿弯菌门丝状菌如不产氧光合细菌一样进行生理活动[90, 92-93]。然而，非光合细菌的绿弯菌门丝状菌常见于在活性污泥系统，特别是在强化生物除磷的活性污泥系统中[31-32, 35]以及一些工艺流程简单的工业废水处理系统中[33]。这些滋生的丝状菌有时会引发污泥膨胀现象。绿弯菌门包括 2 个纲：Chloroflexi 以及厌氧的 Anaerolineae[15]。

一些绿弯菌门丝状菌已通过显微操纵术从活性污泥系统中分离出来[33, 94]。根据 16S rRNA 基因序列分析很多具有 Eikelboom1851 型丝状菌形态特征的丝状菌隶属于绿弯菌门，5 种分离出的 1851 型丝状菌被命名为 *Kouleothrix aurantiaca*[94]。属于绿弯菌门的 *Herpetosiphon* 菌属也已在活性污泥中被鉴定出来[95-96]。

针对绿弯菌门总菌以及一些菌属或特定菌种的 FISH 探针已设计出来，例如 Chl1851、EU25-1238。此外，设计的 AHW183 为针对属于绿弯菌门而形态和 *N. limicola* 相似菌属的探针，而这种丝状菌很少在活性污泥系统中发现。由于某些绿弯菌门丝状菌缺少全菌探针 EUBmix 的杂交目标靶位[33, 35]，因此在 FISH 检测过程中，该菌门丝状菌数量很容易被过量估计。然而这一特征为从活性污泥 16S rRNA 克隆样品中筛选绿弯菌门丝状菌的诊断特性，并由此得知某些 0092 型丝状隶属于绿弯菌门[35]。

绿弯菌门丝状菌在实际城市污水及工业废水处理厂中普遍存在，但由于这些丝状菌常生长于污泥絮体内部，故很少导致污泥膨胀现象[33]。绿弯菌门丝状菌常有 Saprospiraceae 菌附着生长，是鉴定该菌门丝状菌的一个重要形态特性。当附着的菌大量存在时，便会集结成呈束状，产生桥联作用，从而诱发污泥膨胀[32]。绿弯菌门丝状菌是生命力旺盛的菌种，它们的衰减速率很慢，这可能是由于细胞表层中有淀粉类蛋白质的存在，而这些蛋白质也是附着菌种的着位点。

• 生态生理学

关于绿弯菌门丝状菌生态生理学研究表明，绿弯菌门丝状菌是在营养学上较为特殊的丝状菌，只利用初级的碳水化合物，如葡萄糖、*N*-乙酰胺基葡萄糖及氨基酸[26, 33, 86, 97-98]（表 3-10）。而大多由探针鉴定的绿弯菌门丝状菌可以利用丁酸，有时丙酮酸，但从不利用乙酸。从目前研究结果可知，绿弯菌门丝状菌一般只在好氧条件下摄取底物，但也有研究发现，葡萄糖和氨基酸可在缺氧或者厌氧条件下被一些绿弯菌门丝状菌利用[97]。绿弯菌门丝状菌通常含有 PHA 颗粒（但数量很少），并产生多种胞外酶如几丁质酶、葡萄糖苷酸酶、乳糖酶[33]以及蛋白酶[55]，表明这类丝状菌主要利用复杂的多糖和蛋白质。绿弯菌门丝状菌亲水性要强于活性污泥系统中的其他丝状菌[26, 86]。

表 3-10　纯菌种与活性污泥原位系统绿弯菌门丝状菌生理学特征的比较[16]

	纯菌种			原位系统				
	K. Aurantiaca *	EU25 & Ver9Iso2†	*K. aurantiaca* Like†	Phylum†	Subdivision 3†	1851 型†	Autotrophic biofilm#	Membrane bioreactor§
探针		EU25-1238	纯菌	CFX1223	CFX109	Chl1851＋EU25-1238	GNS667 CFX mix	CFX mix
电子受体	O_2	O_2	O_2,(NO_3)	O_2	O_2	O_2	只有 O_2	O_2,(NO_3),(厌氧)‖＋＋
储存能力	ND	ND	低	低	低	低	ND	ND
表面亲水性	ND	ND	亲水性	亲水性‖	ND	亲水性	ND	ND
胞外酶	ND	ND	Est，Gala	Chit，Glucu，Prot	ND，Prot	Est，(Glucu)，(Gala)	ND	ND
短链脂肪酸	Pyr	Ace，Pyr	—	(Ace，But，Pyr)‖	(But)‖	(Pyr)(But)	—	—
长链脂肪酸	—	—	—	—	—	—	ND	—
糖类	Glu，Lac	Fruc，Glu，Lac	Glu，Man	Glu，(Gal)，(Man)	Glu	Glu	ND	Arabinose，Fucose，Gal，Glu
N-乙酰胺基葡萄糖	ND	ND	ND	＋	—	ND	＋	＋
多糖	—	—	ND	—‖	ND	ND	ND	ND
醇类	—	—	—	—‖	—	—	ND	ND
氨基酸	—	Cas	—	—‖	—	—	—	—
混合氨基酸	—	Cas	ND	ND	—	—	＋(mix)	＋(mix)
胸腺嘧啶脱氧核苷酸	ND	ND	ND	＋‖	ND	ND	ND	ND
重碳酸盐/硫代硫酸盐	—	—	—	—	—	—	ND	ND
混合底物		酵母膏						蛋白质水解液，细菌碎屑

* [94]；†[33]；#[26，86]；§[97-98]；＋＋没有进行预驯化；‖只在一个研究中发现；()次要利用；简称见表 3-6。

1851 型相关菌属的纯菌属特性与原位系统内的生态生理特性存在着差异。Kohno 等[94]分离出来的 5 个 1851 型丝状菌菌种可利用包括葡萄糖、乳糖以及丙酮酸在内的一系列的底物，而在原位系统内发现其中 2 个 1851 型菌种能够将硝酸盐还原至亚硝酸盐，且在厌氧条件下能利用葡萄糖与果糖。此外，对纯分离的菌株 EU25 与 Ver9Iso2（均属于同一菌种 *K. aurantiaca*）不仅能在厌氧条件下利用 R2A 琼脂生长，而且能在好氧条件下代谢一系列的糖类[31]及几种短链脂肪酸——乙酸、丙酸以及丙酮酸，但原位系统没有发现该特性。

因此，绿弯菌门丝状菌是特殊类型的丝状菌，能够利用多糖及蛋白质等复杂大分子物质；只能在好氧条件下利用溶解性的底物，表明其发酵特性在活性污泥系统中并不起重要作用；*N*-乙酰胺基葡萄糖的利用以及几丁质酶的活性表明绿弯菌门丝状菌可利用 *N*-乙酰胺基葡萄糖合成肽聚糖与脂多糖[26, 33, 86, 97-98]；乳糖酶及葡萄糖苷酸酶的存在是该菌门丝状菌可利用糖类及多糖的证明。

3.3.4　TM7 菌门丝状菌的生态生理学

TM7 菌门广泛存在于自然界中，在土壤、地下水、海水、老鼠粪便、人类口腔以及活性污泥中都能发现它们的身影[99]。根据 16S rRNA 序列可将 TM7 菌门分为 3 个亚门，并且已经设计出了检测亚门 1 内及 TM7 总菌门的 FISH 探针[47]。活性污泥中有一些菌种能够与亚门 1 探针杂交呈阳性，这些菌种如果基于形态鉴定，由于表面常有附着生长现象，则会被鉴定为 Eikelboom 0041/0675 型[56]。然而，具有 0041/0675 型形态的丝状菌隶又属于绿弯菌门及 β-变形菌门的类 *Curvibacter* 菌属[53]。因此，仅靠形态不足以充分定义这些菌种，且 Thomsen 等[100]的研究表明只有 15％的 0041/0675 型丝状菌与 TM7 亚门探针杂交。

• 生态生理学

丹麦奥尔堡大学采用 TM7 分子探针对丹麦两座污水处理厂的丝状菌进行了鉴定，并对形态似 0041/0675 型的丝状菌生态生理学进行了研究，见表 3-11[100]。

表 3-11　TM7 菌门内 0041 型与其他 0041 型生理学比较[16,100]

	原位系统	
	0041 型*,†	0041 型丝状菌#
探针	TM7305	
电子受体	O_2，(NO_3)，(NO_2)	O_2
储存能力	有	ND
表面亲水性	ND	ND
胞外酶	Prot	ND
短链脂肪酸	—	—
长链脂肪酸	—	(Oleic)

续表

	原位系统	
	0041 型*,†	0041 型丝状菌#
糖类	Gal, Glu, Man	Glu
多糖	ND	ND
醇类	ND	—
氨基酸	(Gly), Leu	(Leu)
重碳酸盐/硫代硫酸盐	ND	ND
胸腺嘧啶脱氧核苷酸混合培养基	ND	(+)

* [100]；†[55]；#[78]；()次要利用；简称见表 3-6。

这些菌种可以在好氧条件下利用少数几种单糖及亮氨酸，其中一些菌消耗半乳糖，极少数菌能同化糖胶，但这些丝状菌均不能摄取乙酸。在缺氧条件、以 NO_3^- 为电子受体的情况下，葡萄糖与半乳糖的利用速率与好氧条件下相近。另外，葡萄糖可在严格厌氧条件下被利用，但不清楚是否它们真的具有发酵特性。截至目前，还没有分离出的 TM7 纯菌[47]。

3.3.5　厚壁菌门丝状菌的生态生理学

在污水处理厂中有时可以见到链球状的丝状菌[64]，根据其形态，人们常把它归类于 Bacilli 纲 Streptococcaceae 科 *Streptococcus* 属，从 4 个污水处理厂分离出来的 8 株菌株的鉴定也支持这一分类。这 8 个菌种分别隶属于厚壁菌门的 2 个不同属：*Trichococcus flocculiformis* 与 *Streptococcus* [13, 101]。*T. flocculiformis* 菌种已分离出纯菌，其生理特性也得到了研究。这些分离的菌株在形态上和 *N. limicola* I 很相似，且已经设计出了针对鉴定这些菌种的分子探针[38]。*T. flocculiformis* 菌种在好氧条件下能利用葡萄糖产生的乳酸以及乙酸生长，且在缺氧条件下能摄取乙醇和甲酸[101]。一般来说，一些糖类可被该菌种利用（如：蔗糖、甘露糖以及纤维二糖），一些菌株还可以还原硝酸盐。但目前未见在原位系统对这些菌种的生理生态特性的报道和研究。

最近，一关于活性污泥发酵菌种的研究表明，与特异性探针 Strept 杂交的 *Streptococcus* 菌种常见于在具有除磷功能的活性污泥系统中，并在总生物量的 1%～4%[102]。这些菌类为兼性厌氧微生物，在好氧或厌氧条件下均能够利用葡萄糖（甘露糖与半乳糖不行），但不能够利用乙酸。这些菌种在厌氧反应器中进行发酵反应，从而为反硝化菌及除磷菌提供重要的易降解的底物。

3.3.6　放线菌门丝状菌的生态生理学

常引发活性污泥系统泥水分离问题的放线菌门丝状菌包括3个微生物群，其中2个微生物群是被广为人知的导致活性污泥沉降性问题的主要丝状菌，它们分别是*Candidatus*. '*Microthrix parvicella*'以及少数分枝菌酸放线菌的Mycolata菌种。而第三群为在世界范围内常导致污水处理厂的泡沫与膨胀问题的放线菌门丝状菌是*N. limicola* Ⅱ，目前被归类于*Tetrasphaera*属。

1. *Candidatus*'*Microthrix parvicella*'

目前迹象表明，*C.* '*Microthrix parvicella*'经常出现于发生泡沫或污泥膨胀现象的活性污泥系统中[1,83,103]。该形态丝状菌被命名为*Microthrix parvicella*[83]，且已有几个菌种分离出了纯菌[83, 103-105]。目前，已有4个针对该菌种的FISH探针，而在杂交前样品的预处理对细胞壁透性化及杂交信号的强度都有明显加强作用[106-108]。最近，从工业废水活性污泥系统中分离提取的*C.* '*Microthrix calida*'丝状菌与*C.* '*Microthrix parvicella*'菌的基因序列有95.7%～96.7%的相似度。FISH探针可以检测到所有*C.* '*Microthrix calida*'菌种[40]。

C. '*Microthrix parvicella*'似乎是引发污泥膨胀的主要菌属，特别是处理城市污水的活性污泥系统，在工业废水的活性污泥系统也会出现，但出现频率不及城市污水处理厂。而近期一些研究表明，*C.* '*Microthrix calida*'并不经常引起污泥膨胀，并且很有可能在诱发污泥膨胀中不起作用。

• 生态生理学

几个关于原位系统内*C.* '*Microthrix parvicella*'的生态生理学研究结果见表3-12[109-112]。*C.* '*Microthrix parvicella*'丝状菌在原位似乎只利用长链脂肪酸，如

表3-12　纯菌种与活性污泥原位系统放线菌门丝状菌生理学特征的比较[16,109-112]

	纯菌种			原位系统
	Candidatus '*Microthrix parvicella*'*	*Candidatus* '*Microthrix parvicella*'†	*Candidatus* '*Microthrix calida*'#	*Candidatus* '*Microthrix parvicella*'§
探针				MPA645
电子受体	O_2	O_2，NO_3	O_2，NO_3	O_2，NO_3，NO_2β，厌氧β
储存能力(脂类)	有	有	有	油脂，PolyP
表面亲水性	ND	ND	ND	疏水性
胞外酶	ND	ND	Est，Gala，Lip	Est，Lip
短链脂肪酸	—	Ace，Pyr	—	—
长链脂肪酸	Tween 40、60、80	Oleate	—	Oleic，Pal，Triol

续表

	纯菌种			原位系统
	Candidatus '*Microthrix parvicella*'*	*Candidatus* '*Microthrix parvicella*'†	*Candidatus* '*Microthrix calida*'#	*Candidatus* '*Microthrix parvicella*'§
糖类	—	—	—	—
双糖或多糖	ND	—	—	ND
醇类	—	—	—	—
氨基酸	Cas	Cas	—	—
重碳酸盐/硫代硫酸盐	ND	ND	ND	—
胸腺嘧啶脱氧核苷酸	ND	ND	ND	—
混合培养基	R2A	酵母膏	MSV‖	ND

*[105，114]；†[104，113]；#[40]；§[78，111，115]；‖只在 MSV 琼脂且无碳源的培养基上生长；β，只摄取底物不用于生长；简称见表 3-6。

油酸、三油酸与棕榈酸等；底物在好氧及厌氧状态下均可被利用，并有储存脂类物质的特性；但该菌种只能在硝酸盐或者氧气作为电子受体的情况下才能生长。*C.* '*Microthrix parvicella*'丝状菌表面有高疏水性的酯酶及脂肪酶的存在，从而可以水解和利用脂肪及油脂类物质[111]，同时该类丝状菌对高氧环境很敏感，更偏好于微好氧环境[113]。

同样，原位生理生态学的研究结果与纯菌种的研究结果也存在着一些差异。Tandoi 等[104]认为 *C.* '*Microthrix parvicella*'丝状菌能够在纯菌环境中利用短链脂肪酸生长，但无原位系统研究的支持证明。

2. Mycolata

分枝菌酸的放线菌的 Mycolata 菌属可存在于土壤、淡水及海洋等多种环境中[116]，其中某些菌种具有致病性，存在于动物及人类体内[117]，或者活性污泥泡沫中。Mycolata 隶属于放线菌纲 Corynebacterineae 亚目，并包含了几个不同的属。在活性污泥种，最常见的丝状菌为 *Gordonia* 及 *Skermania* 这 2 个属内的一些菌种，它们常导致严重的泡沫问题，其形态分别为直角分支大头状与锐角松树状[118-119]，但 FISH 检测并不一定呈现该形态[108，122]。

活性污泥系统中常见的 Mycolata 菌属的 FISH 探针已设计出来[41，121-123]，由于霉菌酸的存在细胞壁很难透性化，故 FISH 检测很难。样品的预处理是必不可少的步骤，在几种预处理方法中 Kragelund 等的方法最为有效[41，107-108，124]。

• 生态生理学

Mycolata 菌属的生态生理学研究只有少数针对污泥泡沫中 Mycolata 菌种

的，其研究结果见表 3-13[43, 108, 123, 125]。

表 3-13　纯菌种与活性污泥原位系统 Mycolata 生理学特征的比较[16,43,108,123,125]

	纯菌种		原位系统					
	*S. piniformis**	*G. amaraew*†	*S. piniformisz*#	*S. piniformis*§	*G. amaraez*‖	*G. amaraez*^	*S. piniformis*^	Mycolata, only morphological identification^k
探针			Myc657	Spin1449	G. am205	G. am205	Spin1449	
电子受体	O_2	O_2	O_2，$(NO_3)^\alpha$，$(NO_2)^\alpha$	O_2，NO_3	O_2，$(NO_3)^\alpha$，$(NO_2)^\alpha$	O_2，(NO_3)，(NO_2)	O_2，$(NO_3)^\alpha$，	O_2
储存能力	ND	ND	PHA	PHA	ND	PHA，PolyP	PHA，PolyP	ND
表面亲水性	ND	ND	疏水性	疏水性	ND	疏水性	疏水性	ND
胞外酶	Est，Est，Lip(API-ZYM)	ND	(Chit)Est，Glucu，Phos	(Chit)Est，Glucu，Phos	ND	Lip，Est，Phos	Lip，Est，Phos	ND
短链脂肪酸	Ace	Ace，But，Prop，Pyr，Suc，Mal	—	—	Ace	Ace，(Prop)	Ace，(Prop)	Ace，Prop
长链脂肪酸	Glyce trioleate，Tween 20，40，60	Glyce Tween 20，40，60	Oleic	Glyce，Oleic，Pal，Triol	Glyce，Pal	—	—	Oleic，Pal，Triol
糖类	Glu，Man	Fru，Glu，Man，Suc	—	—	—	Glu	—	Glu
多糖	一些	Tre	—	—	ND	ND	ND	ND
醇类	糖醇	Eth	—	—	—	—	—	Eth
氨基酸	—	ND	Gly	Gly	Gly	—	—	Leu，Mix
重碳酸盐/硫代硫酸盐	ND	ND	ND	ND	—	ND	ND	ND
胸腺嘧啶脱氧核苷酸	ND	ND	ND	ND	—	—	—	+
混合培养基	酵母膏				苯甲酸，胆固醇			

* [126-127]；†[126]；#[123]；§[43]；‖[125]；^[108]；α 次要利用；()活性较弱；简称见表 3-6。

许多 Mycolata 菌体在原位系统中(尤其泡沫中)无新陈代谢活性，并且不能与 EUBmix 全菌探针杂交，荧光信号常集中于丝状菌体的顶端。然而，有研究表明泡沫中的Mycolata在营养学上能够利用的底物范围更为宽广，不仅限于亲水性及疏水性的底物。同时，Mycolata丝状菌还储存大量的PHA及聚磷物质，并产生一系列的胞外酶。原位系统内该菌的生理生态学的研究结果与纯菌种的研究结果也存在着一些显著差异。比如：油酸类底物在纯菌种情况下可被*G. amarae*完全利用，但在原位系统中却不一定被吸收[108, 125]；根据纯菌种数据，*G. amarae*为严格的好氧菌，但在原位系统内可以利用NO_3^-为电子受体摄取底物[119-120]。今后需对Mycolata的生理生态学研究进行更深入的研究。

3. *Tetrasphaera*

放线菌门的*N. limicola*(多源性的)被认为属于Intrasporangiaceae科Tetrasphaera属[128]。放线菌门的*N. limicola* Ⅱ丝状菌常出现于活性污泥系统中，但数量较少，表明该菌种可能在极少数情况下才会导致泡沫问题[129]。一些澳大利亚及日本水厂的生态生理学研究表明，*N. limicola* Ⅱ丝状菌可摄取的底物范围很广，亲水性及疏水性的底物都能吸收(包括LCFAs)(表3-14)，有些底物在好氧、缺氧与厌氧条件下均可被利用，但厌氧条件下底物是被储存还是用于生长就不得而知。并不是所有的*N. limicola* Ⅱ丝状菌都储存PHA物质，α-变形菌门的*N. limicola* Ⅱ丝状菌就无储存特性。

表3-14 纯菌种与活性污泥原位系统*Candidatus* ‘*Nostocoida limicola*’生理学特征的比较[16]

	纯菌种		原位系统
	N. limicola Ⅱ *	*N. limicola* Ⅱ †	*N. limicola* Ⅱ *
探针			NLIMII174
电子受体	O_2，发酵	O_2，NO_3	O_2，NO_3，NO_2，厌氧
储存能力	ND	亲脂性的内含物	PolyP
表面亲水性	ND	ND	ND
胞外酶	ND	ND	ND
短链脂肪酸	Ace	Ace，Prop，Pyr	—
长链脂肪酸	Oleic	Glyce，Tween 80	Glyce，(Pal)
糖类	Glu	Glu，Fru，Lac，Man，Suc	—
多糖	ND	ND	ND
醇类	ND	—	ND
氨基酸	ND	ND	(Gly)
重碳酸盐/硫代硫酸盐	ND	ND	ND
胸腺嘧啶脱氧核苷酸	ND	ND	ND
混合培养基		蛋白胨	苯甲酸§

*[130]；†[131]；§只在厌氧条件下；()活性较弱；简称见表3-6。

3.3.7　浮霉菌门丝状菌的生态生理学

5种类形态似于 *N. limicola* Ⅲ的丝状菌菌株从澳大利亚的污水处理厂中分离出来，所有菌株均隶属于 *Isosphaera* 菌属。这些菌种的FISH探针已被设计出来，能够区别不同系统发育的未被承认的及无法辨别的菌种，但目前还没有纯菌种研究，且对于纯菌种的生理生态缺乏研究。

3.3.8　未被鉴定的丝状菌

此外，目前已有许多 Eikelboom[2] 与 Jenkins 等[1] 丝状菌鉴定手册内的丝状菌在世界范围内被发现，但它们的真实身份仍未被完全确认。0914型丝状菌就是个例子，细胞中硫粒的存在表明该丝状菌具有兼养特性，能够氧化还原态的硫化物产生能量并同时利用有机底物为碳源。该类丝状菌不常引起污泥膨胀及泡沫问题[1-2]。0211型、0581型、0961型及1852型丝状菌较不常见，且并无分离出纯菌种，因此并无相关生态生理特征的研究。

3.4　不同生长环境与运行条件下的优势丝状菌

鉴定识别出不同构造的污水处理厂中的第一优势及第二优势丝状菌的研究很多[1-2]，各研究结果表明，不同构造、不同运行方式及不同水质会造成活性污泥系统中不同类型丝状菌的增长。例如：*Thiothrix* 常为只去除COD且在进水中有硫化物的污水处理厂中优势丝状菌[4]。然而，这种分类的正确性却很少得到FISH分析结果的证实。

丝状菌的鉴定和原位系统内丝状菌生态生理学研究能够帮助我们更好的理解和更准确的评估不同污水处理厂、不同环境条件下、不同丝状菌增殖的原因。丝状菌的系统发育从属与其生态生理特性之间存在着明显的相关性。例如，大多数的α-proteobacteria具有多种同样的生理学特性，从而造成它们在特定的污水处理厂中的生长(表3-6)。Chloroflexi、Bacteroidetes及其他菌门也有相似情况。有了这种特性，我们能够根据生理学特征对丝状菌进行重新分类(表3-15)。当然，不管同一系统发育单元的菌门如何相似，不同菌纲/属/种间始终存在着差异，而也许就是这些差异造成了特定环境中该菌类的生长。

所有研究数据表明，氧气为丝状菌的主要电子受体，只有 *Trichococcus*/*Streptococci* 能够在厌氧条件下生存。所有的丝状菌可能均不具有完全的反硝化能力，而在一定情况下 *C.* '*Microthrix parvicella*'以及一些其他菌属只能将 NO_3^- 还原至 NO_2^-，并且可以同化储存PHAs类物质来获取能力或用于生长。

表 3-15　不同类型丝状菌的生态生理特征总表[16]

丝状菌类型	多功能溶解性底物丝状菌		泡沫型丝状菌	发酵型底物丝状菌	降解复杂物质的丝状菌					
					多糖降解型		油脂降解型	蛋白质降解型		
种属	α-变形菌	*Thiothrix*/021N 型	Mycolata（*Skermania* 与 *Gordonia*）	*Streptococci*	拟杆菌	绿弯菌	*Candidatus* '*Microthrix Parvicella*'	*Curvibacter*	TM7	绿弯菌
探针	group 1 或 2	TNI and 21N	Gor596，G. am205 及 Spin1449	Str/Strept	CFB719，HHY，CFB655，CFB 730	EU25-1238，Chl1851，CFX1223，CFXmix		Curvi997＋competitors	TM7305	EU25-1238，Chl1851，CFX1223，CFXmix
有机或非有机底物										
乙酸	＋	＋	＋†	－	－	＋†	－	－	－	＋†
其他 SCFA	＋	＋#	＋†	ND	＋	＋	－	＋	－	＋
LCFA/油脂	＋†	＋#	＋#	ND	－	－	＋	－	－	－
葡萄糖	＋†	＋#	＋#*	＋	＋	＋	－	－	＋	＋
其他糖类	＋†	＋#	－	ND	－	＋†	－	＋	＋	＋†
醇类	＋†	＋#	＋#	ND	－	－	－	－	－	－
氨基酸	＋†	＋#	＋#	－	＋	＋	－	＋	＋	＋
N-乙酰胺基葡萄	ND	ND	ND	ND	＋	＋†	－	－	ND	＋†
重碳酸盐/硫代硫酸盐	－	＋	－	ND	－	－	－	ND	ND	－

续表

丝状菌类型	多功能溶解性底物丝状菌		泡沫型丝状菌	发酵型底物丝状菌	降解复杂物质的丝状菌					
					多糖降解型		油脂降解型	蛋白质降解型		
种属	α-变形菌	*Thiothrix*/021N型	Mycolata (*Skermania* 与 *Gordonia*)	*Streptococci*	拟杆菌	绿弯菌	*Candidatus* '*Microthrix Parvicella*'	*Curvibacter*	TM7	绿弯菌
电子受体										
O_2	+	+	+	+	+	+	+	+	+	+
NO_3	(+)†	(+)#	(+)	ND	−	−	+	(+)	(+)	−
NO_2	(+)†	ND	(+)	ND	−	−	+β	(+)	(+)	−
无(厌氧)	−	(+)#	(+)	+	−	(+)†	+β	−	(+)	(+)†
胞外酶	−	无/少	(Chit), Est, Glu, Phos, Lip	ND	Chit, Est, Glu, Phos	Chit, Est, Gala, Glu, Prot	Lip, Est	Prot	Prot	Chit, Est, Gala, Glu, Prot
储存										
PHA	高	低/中	高	ND	非常低	一些	高，油脂	一些	一些	一些
PolyP	+	+	+	−	−	−	+	−	−	−
S	−	+	−	−						

* 除 *Skermania piniformis* 外；+ 部分菌属；# 仅部分研究中；

LCFA，长链脂肪酸；SCFA，短链脂肪酸；()，活性较低；β，底物摄取不用于生长；ND，未确定；−，底物不可利用；+，底物可利用。

以下主要根据生理特征将丝状菌分为几个类型，并分别介绍了他们的特性。一些能够被探针检测到的在活性污泥中的数量很少的丝状菌，例如 *Acinetobacter*（1863 型），*Tetrasphaera N. limicola* 及 *Isosphaera N. Limicola*，由于缺乏生理生态信息并没有归在下面的各类型中。

3.4.1 多功能基于溶解性底物的丝状菌

基于溶解性底物生长的丝状菌为营养多功能性菌，喜好利用溶解性的底物，无胞外酶的分泌；它们能够利用包括乙酸在内的多种底物，具有较强的 PHA 储存能力；虽为好氧菌，但有时可利用 NO_3^- 为电子受体。该类丝状菌包括 α-proteobacteria 以及 γ-proteobacterial 的 *Thiothrix*/021N 型。它们能够利用的底物有短链脂肪酸、长链脂肪酸、几种碳水化合物、氨基酸以及乙醇（表 3-15）。因此，溶解性底物的存在是该类丝状菌持续甚至过量增长的必要因素，从而导致了工业废水处理厂中严重的污泥膨胀问题。021N 型及 *Thiothrix* 在具有反硝化能力的污水处理厂中较为少见，但 α-proteobacteria 能够利用 NO_3^-/NO_2^- 为电子受体，从而能够在缺氧环境下生存下来。通常来说，该类丝状菌是疏水性菌，偶尔会造成泡沫现象。*Thiothrix*/021N 型在有硫化物存在的情况下才会出现，并且其中有些菌属具有兼养特性。

3.4.2 专门基于复杂型底物生长的丝状菌

该类丝状菌主要依赖水解并消耗复杂大分子物质（如蛋白质、多糖及油脂）而获得能量，它们能够分泌少数或者多数不同种类的胞外酶，具有很强的抗饥饿能力，通常为好氧菌，有些菌中具有低 PHA 储存能力，在原位系统中不利用乙酸。

1. 降解蛋白质的丝状菌

一些属于 Chloroflexi、TM7 以及 *Curvibacter* 相关菌属的丝状菌菌属能够分泌蛋白酶并利用氨基酸。其中一些（可能不是 Chloroflexi 菌属）能够在 NO_3^-/NO_2^- 为电子受体的情况下摄取底物，而 *Curvibacter* 相关菌属甚至可在严格厌氧条件保持活性。该类丝状菌通常储存小的 PHA 颗粒，并有降解蛋白质的 C. ‘*Epiflobacter* spp.’附着生长于表面。这类丝状菌为亲水性菌，常生长于污泥絮体内部充当骨架作用，但很少大量繁殖，当其丝状菌指数 FI<2 时，可能造成桥联作用而影响活性污泥的沉降性能。该类丝状菌包括 1701 型、1851 型及 0041 型。

2. 降解多糖的丝状菌

大多数 Bacteroidetes 与 Chloroflexi 菌门丝状菌都分泌各种胞外酶，如葡萄糖苷酸酶、乳糖酶、几丁质酶、酯酶以及有时为脂肪酶。这类丝状菌可利用不同种类的单糖、N-乙酰胺基葡萄糖以及丙酸等，但同样不能利用乙酸；该类丝状菌为好氧亲水性菌，且一些菌种能够储存 PHA 类物质。N-乙酰胺基葡萄糖为细胞壁中肽聚糖与脂多糖的组成成分，只能被活性污泥中少数菌种分解利用，故此类丝状菌在活性污泥中的存在十分必要，该类丝状菌包括 *Haliscomenobacter*、1701 型、1851 型及 0041 型。

3. 降解油脂的丝状菌

Candidatus'*Microthrix parvicella*'是特殊的能够分泌脂肪酶和酯酶，并降解油脂的丝状菌，它还可在任意电子受体的情况下吸收长链脂肪酸，并具有储存油脂类物质的能力。在好氧条件下，底物的摄取专门用于脂粒的储存而非用于生长。该类丝状菌具有疏水性的表面，从而让底物更容易接近。*C.*'*Microthrix parvicella*'常为厌氧/好氧运行的 BNR 城市污水处理系统中的优势丝状菌，并常引起污泥膨胀及泡沫问题。

3.4.3　多代谢功能的泡沫型丝状菌

这类丝状菌包括革兰氏阳性的 Mycolata，并由于其极度疏水性的表面而造成稳定的活性污泥泡沫。众所周知，多数该类丝状菌可利用的底物范围很广，能够在好氧条件下吸收短链脂肪酸、单糖、氨基酸以及长链脂肪酸，还能够储存大量的 PHA 物质；这类 Mycolata 丝状菌能够以 NO_3^-/NO_2^- 为电子受体，但是否进行反硝化仍然不清楚。该类丝状菌能够分泌脂肪酶、酯酶，有时还可以分泌葡萄糖苷酸酶及磷酸酯酶，尤其在无易降解底物的泡沫中，胞外酶的分泌更为明显。这类丝状菌主要生长于泥水混合液而非泡沫中，它们很少引发污泥膨胀现象，但却常造成系统的泡沫问题，尤其在没有脱氮功能的污水处理系统中。

3.4.4　发酵型底物丝状菌

目前，只有 *Streptococci* (Firmicutes)被认为是唯一能够在厌氧条件下生长的丝状菌菌属，它们是兼性的厌氧菌属，能够在好氧及厌氧条件下利用葡萄糖，但不能代谢乙酸。在厌氧条件下，该类菌属可能有发酵特性，但在原位系统中关于它的生理特征研究鲜有报道。*Tetrasphaera* 内的 *N. limicola* 也具有相似的厌氧发酵特性。

3.4.5　不同类型污水处理厂中的优势丝状菌

污水处理厂的运行参数决定了活性污泥系统的生态特性，从而与潜在的污泥膨胀问题存在着一定的内在联系。这些参数包括：有机负荷、缺氧/厌氧池的设置以及污水种类等。污泥负荷常分为高负荷与低负荷，而与之对应的则分别为短污泥龄与长污泥龄。为了反硝化而设置的缺氧区，以及除磷而设置的厌氧区，使其活性污泥系统常变为低负荷(长污泥龄)运行。此外，污水的种类，到底是处理工业废水(主要为可溶性的)还是城市污水(主要为颗粒的)，对系统的生境也是有影响的。以下主要对各类型污水处理厂中可能繁殖的丝状菌种类进行了归类及分析。

1) 处理溶解性底物工业废水的传统无脱氮功能的污水处理厂(碳的去除+硝化，无反硝化)

这类污水处理厂的有机负荷通常较高，而污泥龄较短，其活性污泥系统中通常含有多功能基于溶解性底物生长的丝状菌，如 α-proteobacteria，*Thiothrix*/021N 型等，尤其在低 DO、硫化物存在或者营养物质(N、P 或微量元素)不足的情况下该类丝状菌的增殖更为明显。当此类污水处理厂在处理特定底物、高温或者高盐度运行的情况下，有时能在活性污泥系统中发现不常见且未经鉴定的丝状菌菌种。它们形态上类似于非典型的 α-proteobacteria 或者无附着生长的 Chloroflexi 菌种。

2) 处理城市生活污水的传统无脱氮功能的污水处理厂(碳的去除+硝化，无反硝化)

该结构的污水处理常为中/低有机负荷及中/长污泥龄，且大多数底物是由水中颗粒与胶体中的复杂大分子物质经水解后转化而来的。因此，该类污水处理厂中丝状菌主要为复杂型底物丝状菌，如 Bacteroidetes，Chloroflexi，*Curvibacter* 以及 TM7 的相关菌属。由于没有厌氧或缺氧区，*Candidatus* ‘*Microthrix parvicella*’在此类污水处理厂中较为少见，而泡沫型丝状菌 Mycolata、*Thiothrix*/ 021N 型在溶解性底物成分较大、氧气不足或硫化物存在的情况下也会在该类污水处理厂中出现。

3) 处理溶解性底物工业废水的 BNR 污水处理厂(脱氮+除磷)

该类污水处理通常为中等有机负荷、适中污泥龄。关于该类污水处理厂丝状菌种群的信息较少，只知道一些 α-proteobacteria 与 Chloroflexi 有时会出现。

4) 处理城市生活污水的 BNR 污水处理厂(脱氮+除磷)

该类污水处理厂有机负荷低，污泥龄长，大多数底物是由水中颗粒与胶体中的复杂大分子物质经水解后转化而来，其系统中丝状菌为复杂型底物丝状菌，主要为 Bacteroidetes，Chloroflexi，*Curvibacter*，TM7 以及 *C.* ‘*Microthrix parvicella*’，但极少繁殖 Mycolata 丝状菌。

主要参考文献

[1] Jenkins D, Richard M G, Daigger G T. Manual on the causes and control of activated sludge bulking and other solids separation problems. London: IWA Publishing, 2004

[2] Eikelboom D H. Process control of activated sludge plants by microscopic investigation. London: IWA

Publishing, 2000

[3] Guo J, Peng Y, Wang S, Yang X, Wang Z, Zhu A. Stable limited filamentous bulking through keeping the competition between floc-formers and filaments in balance. Bioresour Technol, 2011

[4] Strom P F, Jenkins D. Identification and significance of filamentous microorganisms in activated sludge. Journal Water Pollution Control Federation, 1984, 56(5):449-459

[5] Musvoto E V, Lakay M T, Casey T G, Wentzel M C, Ekama G A. Filamentous organism bulking in nutrient removal activated sludge systems—Paper 8: The effect of nitrate and nitrite. Water Sa, 1999, 25(4):397-407

[6] Eikelboom D H. Filamentous organisms observed in activated sludge. Water Research, 1975, 9(4):365-388

[7] Wanner J, Grau P. Identification of filamentous microorganisms from activated-sludge: A compromise between wishes, needs and possibilities. Water Research, 1989, 23(7):883-891

[8] Soddell J A, Seviour R J. Microbology of foaming in activated sludge plants. Journal of Applied Bacteriology, 1990, 69(2):145-176

[9] Levantesi C, Beimfohr C, Geurkink B, Rossetti S, Thelen K, Krooneman J, Snaidr J, van der Waarde J, Tandoi V. Filamentous Alphaproteobacteria associated with bulking in industrial wastewater treatment plants. Systematic and Applied Microbiology, 2004, 27(6):716-727

[10] Thomsen T R, Blackall L L, de Muro M A, Nielsen J L, Nielsen P H. *Meganema perideroedes* gen. nov., sp nov., a filamentous alphaproteobacterium from activated sludge. International Journal of Systematic and Evolutionary Microbiology, 2006a, 56:1865-1868

[11] van der Waarde J, Krooneman J, Geurkink B, van der Werf A, Eikelboom D, Beimfohr C, Snaidr J, Levantesi C, Tandoi V. Molecular monitoring of bulking sludge in industrial wastewater treatment plants. Water Science and Technology, 2002, 46(1-2):551-558

[12] Snaidr J, Beimfohr C, Levantesi C, Rossetti S, van der Waarde J, Geurkink B, Eikelboom D, Lemaitre M, Tandoi V. Phylogenetic analysis and in situ identification of "*Nostocoida limicola*"-like filamentous bacteria in activated sludge from industrial wastewater treatment plants. Water Science and Technology, 2002, 46(1-2):99-104

[13] Liu J R, Burrell P, Seviour E M, Soddell J A, Blackall L L, Seviour RJ. The filamentous bacterial morphotype '*Nostocoida limicola*' I contains at least two previously described genera in the low G+C gram positive bacteria. Systematic and Applied Microbiology, 2000, 23(4):528-534

[14] Liu J R, McKenzie C A, Seviour E M, Webb R I, Blackall L L, Saint C P, Seviour R J. Phylogeny of the filamentous bacterium '*Nostocoida limicola*' Ⅲ from activated sludge. International Journal of Systematic and Evolutionary Microbiology, 2001, 51:195-202

[15] Schade M, Beimfohr C, Lemmer H. Phylogenetic and physiological characterization of a "*Nostocoida limicola*"-like organism isolated from activated sludge. Water Science and Technology, 2002, 46(1-2):91-97

[16] Nielsen P H, Kragelund C, Seviour R J, Nielsen J L. Identity and ecophysiology of filamentous bacteria in activated sludge. Fems Microbiology Reviews, 2009, 33(6):969-998

[17] Neef A. Anwendung der in situ-einzelzell-identifizierung von bakterien zur populationsanalyse in komplesen mikrobiellen bioz˙onose. Germany:TUMunich, PhD thesis,1997

[18] Kragelund C, Kong Y, van der Waarde J, Thelen K, Eikelboom D, Tandoi V, Thomsen T R, Nielsen

P H. Ecophysiology of different filamentous Alphaproteobacteria in industrial wastewater treatment plants. Microbiology-Sgm, 2006, 152:3003-3012

[19] Manz W, Amann R, Ludwig W, Wagner M, Schleifer K H. Phylogenetic oligodeoxynucleotide probes for the major subclasses of Proteobacteria-problems and solutions. Systematic and Applied Microbiology, 1992, 15(4):593-600

[20] Thomsen T R, Nielsen J L, Ramsing N B, Nielsen P H. Micromanipulation and further identification of FISH-labelled microcolonies of a dominant denitrifying bacterium in activated sludge. Environmental Microbiology, 2004, 6(5):470-479

[21] Wagner M, Amann R, Kampfer P, Assmus B, Hartmann A, Hutzler P, Springer N, Schleifer K H. Identification and *insitu* detection of Gram-negative filamentous bacteria in activated sludge. Systematic and Applied Microbiology, 1994a, 17(3):405-417

[22] Kanagawa T, Kamagata Y, Aruga S, Kohno T, Horn M, Wagner M. Phylogenetic analysis of and oligonucleotide probe development for Eikelboom type 021N filamentous bacteria isolated from bulking activated sludge. Applied and Environmental Microbiology, 2000, 66(11):5043-5052

[23] Wagner M, Erhart R, Manz W, Amann R , Lemmer H, D W. Development of an rRNA-targeted oligonucleotide probe specific for the genus Acinetobacter and its application for in situ monitoring in activated sludge. Applied and Environmental Microbiology, 1994b, 60:792-800

[24] Manz W, Amann R, Ludwig W, Vancanneyt M, Schleifer K H. Application of a suite of 16S rRNA-specific oligonucleotide probes designed to investigate bacteria of the phylum cytophaga-flavobacter-bacteroides in the natural environment. Microbiology-Uk, 1996, 142:1097-1106

[25] Weller R, Glockner F O, Amann R. 16S rRNA-targeted oligonucleotide probes for the *in situ* detection of members of the phylum Cytophaga-Flavobacterium-Bacteroides. Systematic and Applied Microbiology, 2000, 23(1):107-114

[26] Kindaichi T, Ito T, Okabe S. Ecophysiological interaction between nitrifying bacteria and heterotrophic bacteria in autotrophic nitrifying biofilms as determined by microautoradiography-fluorescence *in situ* hybridization. Applied and Environmental Microbiology, 2004, 70(3):1641-1650

[27] Snaidr J, Fuchs B, Wallner G, Wagner M, Schleifer K H, Amann R. Phylogeny and in situ identification of a morphologically conspicuous bacterium, *Candidatus Magnospira bakii*, present at very low frequency in activated sludge. Environmental Microbiology, 1999, 1(2):125-135

[28] Schauer M, Hahn M W. Diversity and phylogenetic affiliations of morphologically conspicuous large filamentous bacteria occurring in the pelagic zones of a broad spectrum of freshwater habitats. Applied and Environmental Microbiology, 2005, 71(4):1931-1940

[29] Kragelund C, Levantesi C, Borger A, Thelen K, Eikelboom D, Tandoi V, Kong Y, Krooneman J, Larsen P, Thomsen T R, Nielsen P H. Identity, abundance and ecophysiology of filamentous bacteria belonging to the Bacteroidetes present in activated sludge plants. Microbiology-Sgm, 2008, 154:886-894

[30] Gich F, Garcia-Gil J, Overmann J. Previously unknown and phylogenetically diverse members of the green nonsulfur bacteria are indigenous to freshwater lakes. Archives of Microbiology, 2001, 177(1):1-10

[31] Bjornsson L, Hugenholtz P, Tyson G W, Blackall L L. Filamentous Chloroflexi (green non-sulfur bacteria) are abundant in wastewater treatment processes with biological nutrient removal. Microbiology-

Sgm，2002，148:2309-2318

[32] Beer M，Seviour E M，Kong Y，Cunningham M，Blackall L L，Seviour R J. Phylogeny of the filamentous bacterium Eikelboom Type 1851，and design and application of a 16S rRNA targeted oligonucleotide probe for its fluorescence *in situ* identification in activated sludge. Fems Microbiology Letters，2002，207(2):179-183

[33] Kragelund C，Levantesi C，Borger A，Thelen K，Eikelboom D，Tandoi V，Kong Y H，van der Waarde J，Krooneman J，Rossetti S，Thomsen T R，Nielsen P H. Identity，abundance and ecophysiology of filamentous Chloroflexi species present in activated sludge treatment plants. Fems Microbiology Ecology，2007a，59(3):671-682

[34] Sekiguchi Y，Kamagata Y，Nakamura K，Ohashi A，Harada H. Fluorescence *in situ* hybridization using 16S rRNA-targeted oligonucleotides reveals localization of methanogens and selected uncultured bacteria in mesophilic and thermophilic sludge granules. Applied and Environmental Microbiology，1999，65(3):1280-1288

[35] Speirs L，Nittami T，McIlroy S，Schroeder S，Seviour R J. Filamentous bacterium Eikelboom type 0092 in activated sludge plants in Australia is a member of the phylum Chloroflexi. Applied and Environmental Microbiology，2009，75(8):2446-2452

[36] Roller C，Wagner M，Amann R，W L，K H S. In situ probing of Gram-positive bacteria with high DNA G +C content using 23S rRNA-targeted oligonucleotides. Microbiology,1994，140:2849-2858

[37] Bradford D. Molecular biological studies of filamentous bacteria associated with activated sludge bulking and foaming. Australia: University of Queensland，PhD thesis,1997

[38] Liu J R，Seviour R J. Design and application of oligonucleotide probes for fluorescent in situ identification of the filamentous bacterial morphotype *Nostocoida limicola* in activated sludge. Environmental Microbiology，2001，3(9):551-560

[39] Erhart R，Bradford D，Seviour R J，Amann R，Blackall L L. Development and use of fluorescent in situ hybridization probes for the detection and identification of "*Microthrix parvicella*" in activated sludge. Systematic and Applied Microbiology，1997，20(2):310-318

[40] Levantesi C，Rossetti S，Thelen K，Kragelund C，Krooneman J，Eikelboom D，Nielsen P H，Tandoi V. Phylogeny，physiology and distribution of *Candidatus* '*Microthrix calida*'，a new *Microthrix* species isolated from industrial activated sludge wastewater treatment plants. Environmental Microbiology，2006，8(9):1552-1563

[41] Davenport R J，Curtis T P，Goodfellow M，Stainsby F M，Bingley M. Quantitative use of fluorescent in situ hybridization to examine relationships between mycolic acid-containing actinomycetes and foaming in activated sludge plants. Applied and Environmental Microbiology，2000，66(3):1158-1166

[42] DelosReyes F L，Ritter W，Raskin L. Group-specific small-subunit rRNA hybridization probes to characterize filamentous foaming in activated sludge systems. Applied and Environmental Microbiology，1997，63(3):1107-1117

[43] Eales K L，Nielsen J L，Seviour E M，Nielsen P H，Seviour R J. The in situ physiology of *Skermania piniformis* in foams in Australian activated sludge plants. Environmental Microbiology，2006，8(10):1712-1720

[44] Meier H，Amann R，Ludwig W，Schleifer K H. Specific oligonucleotide probes for in situ detection of a major group of Gram-positive bacteria with low DNA G+C content. Systematic and Applied Microbi-

ology, 1999, 22(2):186-196

[45] Trebesius K, Leitritz L, Adler K, Schubert S, Autenrieth I B, Heesemann J. Culture independent and rapid identification of bacterial pathogens in necrotising fasciitis and streptococcal toxic shock syndrome by fluorescence *in situ* hybridisation. Medical Microbiology and Immunology, 2000, 188(4):169-175

[46] Neef A, Amann R, Schlesner H, Schleifer K H. Monitoring a widespread bacterial group: *in situ* detection of planctomycetes with 16S rRNA-targeted probes. Microbiology-Uk, 1998, 144:3257-3266

[47] Hugenholtz P, Tyson G W, Webb R I, Wagner A M, Blackall L L. Investigation of candidate division TM7, a recently recognized major lineage of the domain bacteria with no known pure-culture representatives. Applied and Environmental Microbiology, 2001, 67(1):411-419

[48] Amann R I, Krumholz L, Stahl D A. Fluoresent-oligonucleotide probing of whole cells for determinative, phylogenetic, and environmental sludge in microbiology. Journal of Bacteriology, 1990, 172(2):762-770

[49] Kragelund C, Nielsen J L, Thomsen T R, Nielsen P H. Ecophysiology of the filamentous Alphaproteobaeterium *Meganema perideroedes* in activated sludge. Fems Microbiology Ecology, 2005, 54(1):111-122

[50] Garrity G M, Johnson K L, J A B, D B S. Taxonomic outline of the prokaryotes. *In*: C. R. Boone D R, ed. Bergey's Manual of Systematic Bacteriology vol. 2. New York: Springer-Verlag, 2002

[51] Howarth R, Head I M, Unz R F. Phylogenetic assessment of five filamentous bacteria isolated from bulking activated sludges. Water Science and Technology, 1998, 37(4-5):303-306

[52] Bradford D, Hugenholtz P, Seviour E M, Cunningham M A, Stratton H, Seviour R J, Blackall L L. 16S rRNA analysis of isolates obtained from gram-negative, filamentous bacteria micromanipulated from activated sludge. Systematic and Applied Microbiology, 1996, 19(3):334-343

[53] Thomsen T R, Kragelund C, Nielsen P H. Identity, abundance and physiology of Aquaspirillum-related filamentous bacteria in activated sludge. Water Science and Technology, 2006b, 54(1):237-245

[54] Ding L, Yokota A. Proposals of *Curvibacter gracilis* gen. nov. , sp. nov. and *Herbaspirillum putei* sp. nov. for bacterial strains isolated from well water and reclassification of [*Pseudomonas*] *huttiensis*, [*Pseudomonas*] *lanceolata*, [*Aquaspirillum*] *delicatum* and [*Aquaspirillum*] *autotrophicum* as *Herbaspirillum huttiense* comb. nov. , *Curvibacter lanceolatus* comb. nov. , *Curvibacter delicatus* comb. nov. and *Herbaspirillum autotrophicum* comb. nov. . International Journal of Systematic and Evolutionary Microbiology, 2004, 54:2223-2230

[55] Xia Y, Kong Y, Nielsen P H. *In situ* detection of protein-hydrolysing microorganisms in activated sludge. Fems Microbiology Ecology, 2007, 60(1):156-165

[56] Xia Y, Kong Y H, Thomsen T R, Nielsen P H. Identification and ecophysiological characterization of epiphytic protein-hydrolyzing Saprospiraceae ("*Candidatus epiflobacter*"spp.) in activated sludge. Applied and Environmental Microbiology, 2008, 74(7):2229-2238

[57] Wagner F. Study of the cause and prevention of sludge bulking in Germany. *In*: bulking of activated sludge: preventative and remedial methods. chichester: Ellis Horwood WRC Ltd, 1982

[58] Kampfer P. Physiological and chemotaxonomic characterization of filamentous bacteria belonging to the genus *Haliscomenobacter*. Systematic and Applied Microbiology, 1995a, 18(3):363-367

[59] Mulder E G, Deinema M H. The sheathed bacteria. *In*: B. A editor. The Prokaryotes 'A Handbook on the Biology of Bacteria: Ecophysiology, Isolation, Identification, Application'. New York: Spring-

er-Verlag, 1992

[60] Williams T M, Unz R F. Isolation and characterization of filamentous bacteria present in bulking activated sludge. Applied Microbiology and Biotechnology, 1985b, 22(4):273-282

[61] Richard M, O H, D J. Growth kinetics of Sphaerotilus species and their significance in activated sludge bulking. J Water Pollut Con F, 1985a, 57:68-81

[62] van Veen W L, Mulder E G, Deinema M H. The *Sphaerotilus-Leptothrix* group of bacteria. Microbiological Reviews, 1978, 42(2):329-356

[63] Cole J R, Chai B, Farris R J, Wang Q, Kulam S A, McGarrell D M, Garrity G M, Tiedje J M. The Ribosomal Database Project (RDP-Ⅱ): sequences and tools for high-throughput rRNA analysis. Nucleic Acids Research, 2005, 33:D294-D296

[64] Eikelboom D H, Geurkink B. Filamentous micro-organisms observed in industrial activated sludge plants. Water Science and Technology, 2002, 46(1-2):535-542

[65] Nelson D C. The genus *Beggiatoa*. *In*: B. A editor. The Prokaryotes 'A Handbook on the Biology of Bacteria: Ecophysiology, Isolation, Identification, Application'. New York: Springer-Verlag, 1992: 3171-3180

[66] Teske A, Ramsing N B, Kuver J, Fossing H. Phylogeny of *Thioploca* and related filamentous sulfide-oxidizing bacteria. Systematic and Applied Microbiology, 1996, 18(4):517-526

[67] Polz M F, Odintsova E V, Cavanaugh C M. Phylogenetic relationships of the filamentous sulfur bacterium *Thiothrix ramosa* based on 16S rRNA sequence analysis. International Journal of Systematic Bacteriology, 1996, 46(1):94-97

[68] Aruga S, Kamagata Y, Kohno T, Hanada S, Nakamura K, Kanagawa T. Characterization of filamentous Eikelboom type 021N bacteria and description of *Thiothrix disciformis* sp. nov. and *Thiothrix flexilis* sp. nov.. International Journal of Systematic and Evolutionary Microbiology, 2002, 52: 1309-1316

[69] Richard M, G P S, D J. The growth physiology of the filamentous organism Type 021N and its significance to activated sludge bulking. Journal Water Pollution Control Federation, 1985b, 57:1152-1162

[70] Williams T M, Unz R F. Filamentous sulfur bacteria of activated sludge characterization of *Thiothrix*, *Beggiatoa*, and Eikelboom type 021N strains. Applied and Environmental Microbiology, 1985a, 49(4):887-898

[71] Rossetti S, Blackall L, Levantesi C, Uccelletti D, Tandoi V. Phylogenetic and physiological characterization of a heterotrophic, chemolithoautotrophic *Thiothrix* strain isolated from activated sludge. International Journal of Systematic and Evolutionary Microbiology, 2003, 53:1271-1276

[72] Tandoi V, Caravaglio N, Balsamo D D, Majone M, Tomei M C. Isolation and physiological characteriazation of *Thiothrix* sp.. Water Science and Technology, 1994, 29(7):261-269

[73] Nielsen P H, Andreasen K, Wagner M, Blackall L L, Lemmer H, Seviour R J. Variability of type 021N in activated sludge as determined by *in situ* substrate uptake pattern and *in situ* hybridization with fluorescent rRNA targeted probes. Water Science and Technology, 1998, 37(4-5):423-440

[74] Nielsen P H, de Muro M A, Nielsen J L. Studies on the *in situ* physiology of *Thiothrix* spp. present in activated sludge. Environmental Microbiology, 2000, 2(4):389-398

[75] Nielsen J L, Christensen D, Kloppenborg M, Nielsen P H. Quantification of cell-specific substrate uptake by probe-defined bacteria under in situ conditions by microautoradiography and fluorescence in situ

hybridization. Environmental Microbiology, 2003b, 5(3):202-211

[76] Williams T M, Unz R F. The nutrition *Thiothrix*, Type-021N, *Beggiatoa* and *Leucothrix* strains. Water Research, 1989, 23(1):15-22

[77] Nielsen J L, de Muro M A, Nielsen P H. Evaluation of the redox dye 5-cyano-2,3-tolyl-tetrazolium chloride for activity studies by simultaneous use of microautoradiography and fluorescence in situ hybridization. Applied and Environmental Microbiology, 2003a, 69(1):641-643

[78] Andreasen K, Nielsen P H. Application of microautoradiography to the study of substrate uptake by filamentous microorganisms in activated sludge. Applied and Environmental Microbiology, 1997, 63(9):3662-3668

[79] Lydell C, Dowell L, Sikaroodi M, Gillevet P, Emerson D. A population survey of members of the phylum Bacteroidetes isolated from salt marsh sediments along the East Coast of the United States. Microbial Ecology, 2004, 48(2):263-273

[80] Kämpfer P. Physiological and chemotaxonomic characterization of filamentous bacteria belonging to the genus *Haliscomenobacter*. Systematic and Applied Microbiology, 1995a, 18(3):363-367

[81] Eilers H, Pernthaler J, Peplies J, Glockner FO, Gerdts G, Amann R. Isolation of novel pelagic bacteria from the German bight and their seasonal contributions to surface picoplankton. Applied and Environmental Microbiology, 2001, 67(11):5134-5142

[82] Kämpfer P, Weltin D, Hoffmeister D, Dott W. Growth requirements of filamentous bacteria isolated from bulking and scumming sludge. Water Research, 1995b, 29(6):1585-1588

[83] vanVeen W L. Bacteriology of activated-sludge, in particular filamentous bacteria. Antonie Van Leeuwenhoek International Journal of General and Molecular Microbiology, 1973, (39):189-205

[84] Seviour E M, Blackall L L, Christensson C, Hugenholtz P, Cunningham M A, Bradford D, H M S, R J S. The filamentous morphotype Eikelboom Type 1863 is not a single genetic entity. Journal of Applied Microbiology,1997, (82):411-421

[85] Wagner M, Amann R, Kämpfer P, Assmus B, Hartmann A, Hutzler P, N S, K H S. Identification and in situ detection of Gram-negative filamentous bacteria in activated sludge. Systematic and Applied Microbiology, 1994a, (17):405-417

[86] Okabe S, Kindaichi T, Y N, T I. Ecophysiology of autotrophic nitrifying biofilms. Water Science and Technology, 2005, (52):225-232

[87] Krul J M. Experiments with *Haliscomenobacter hydrossis* in continuous culture without and with zoogloes-ramigera. Water Research, 1977, 11(2):197-204

[88] Ziegler M, Lange M, Dott W. Isolation and morphological and cytological characterization of filamentous bacteria from bulking sludge. Water Research, 1990, 24(12):1437-1451

[89] Boomer S M, Lodge D P, Dutton B E, Pierson B. Molecular characterization of novel red green nonsulfur bacteria from five distinct hot spring communities in Yellowstone National Park. Applied and Environmental Microbiology, 2002, 68(1):346-355

[90] Nubel U, Bateson M M, Vandieken V, Wieland A, Kuhl M, Ward D M. Microscopic examination of distribution and phenotypic properties of phylogenetically diverse Chloroflexaceae-related bacteria in hot spring microbial mats. Applied and Environmental Microbiology, 2002, 68(9):4593-4603

[91] Nubel U, Bateson M M, Madigan M T, Kuhl M, Ward D M. Diversity and distribution in hypersaline microbial mats of bacteria related to *Chloroflexus* spp. Applied and Environmental Microbiology,

2001, 67(9):4365-4371

[92] Hanada S, Pierson B. The Family Chloroflexaceae. The Prokaryotes 3, Electron Release 3,1. New York: Springer-Verlag, 2002

[93] Hanada S, Takaichi S, K M, K N. *Roseiflexus castenholzii* gen. nov., sp nov., a thermophilic, filamentous, photosynthetic bacterium that lacks chlorosomes. International Journal of Systematic and Evolutionary Microbiology, 2002, (52):187-193

[94] Kohno T, Sei K, Mori K. Characterization of type 1851 organism isolated from activated sludge samples. Water Science and Technology, 2002, 46(1-2):111-114

[95] Senghas E, Lingens F. Characterization of a new gram negative filamentous bacterium isolated from bulking sludge. Applied Microbiology and Biotechnology, 1985, 21(1-2):118-124

[96] Reichenbach H. The genus *Herpetosiphon*. *In*:B. A. editor. The Prokaryotes'A Handbook on the Biology of Bacteria: Ecophysiology, Isolation, Identification, Application'. New York: Springer-Verlag, 1992

[97] Miura Y, Watanabe Y, Okabe S. Significance of Chloroflexi in performance of submerged membrane Bioreactors (MBR) treating municipal wastewater. Environmental Science and Technology, 2007, 41(22):7787-7794

[98] Miura Y, Okabe S. Quantification of cell specific uptake activity of microbial products by uncultured Chloroflexi by microautoradiography combined with fluorescence *in situ* hybridization. Environmental Science & Technology, 2008, 42(19):7380-7386

[99] Hugenholtz P, Goebel B M, Pace N R. Impact of culture-independent studies on the emerging phylogenetic view of bacterial diversity. Journal of Bacteriology, 1998, 180(18):4765-4774

[100] Thomsen T R, Kjellerup B V, Nielsen J L, Hugenholtz P, Nielsen P H. *In situ* studies of the phylogeny and physiology of filamentous bacteria with attached growth. Environmental Microbiology, 2002, 4(7):383-391

[101] Liu J R, Tanner R S, Schumann P, Weiss N, McKenzie C A, Janssen P H, Seviour E M, Lawson P A, Allen T D, Seviour R J. Emended description of the genus *Trichococcus*, description of *Trichococcus collinsii* sp. nov., and reclassification of *Lactosphaera pasteurii* as *Trichococcus pasteurii* comb. nov. and of *Ruminococcus palustris* as *Trichococcus palustris* comb. nov in the low-G+C Gram-positive bacteria. International Journal of Systematic and Evolutionary Microbiology, 2002, 52:1113-1126

[102] Kong Y H, Xia Y, Nielsen P H. Activity and identity of fermenting microorganisms in full-scale biological nutrient removing wastewater treatment plants. Environmental Microbiology, 2008, 10(8): 2008-2019

[103] Blackall L L, Seviour E M, Cunningham M A, Seviour R J, Hugenholtz P. *Microthrix parvicella* is a novel, deep branching member of the actinomycetes subphylum. Systematic and Applied Microbiology, 1995, 17(4):513-518

[104] Tandoi V, Rossetti S, Blackall L L, Majone M. Some physiological properties of an Italian isolate of "*Microthrix parvicella*". Water Science and Technology, 1998, 37(4-5):1-8

[105] Slijkhuis H. *Microthrix-parvicella*, a filamentous bacterium isolated from activated sludge cultivation in a chemically defined medium. Applied and Environmental Microbiology, 1983, 46(4):832-839

[106] Beimfohr C, Krause A, Amann R, Ludwig W, Schleifer KH. *In-situ* identification of *lactococci*, enterococciand *stpertococci*. Systematic and Applied Microbiology, 1993, 16(3):450-456

[107] Carr E L, Eales K, Soddell J, Seviour R J. Improved permeabilization protocols for fluorescence in situ hybridization (FISH) of mycolic-acid-containing bacteria found in foams. Journal of Microbiological Methods, 2005, 61(1):47-54

[108] Kragelund C, Remesova Z, Nielsen J L, Thomsen T R, Eales K, Seviour R, Wanner J, Nielsen PH. Ecophysiology of mycolic acid-containing Actinobacteria (Mycolata) in activated sludge foams. Fems Microbiology Ecology, 2007c, 61(1):174-184

[109] Andreasen K, Nielsen P H. In situ characterization of substrate uptake by *Microthrix parvicella* using microautoradiography. Water Science and Technology, 1998, 37(4-5):19-26

[110] Hesselsoe M, Nielsen J L, Roslev P, Nielsen P H. Isotope labeling and microautoradiography of active heterotrophic bacteria on the basis of assimilation of (CO_2)-C-14. Applied and Environmental Microbiology, 2005, 71(2):646-655

[111] Nielsen P H, Roslev P, Dueholm T E, Nielsen J L. *Microthrix parvicella*, a specialized lipid consumer in anaerobic-aerobic activated sludge plants. Water Science and Technology, 2002, 46(1-2):73-80

[112] Nielsen P H, Kragelund C, Nielsen J L, Tiro S, Lebek M, Rosenwinkel K H, Gessesse A. Control of *Microthrix parvicella* in activated sludge plants by dosage of polyaluminium salts: Possible mechanisms. Acta Hydrochimica Et Hydrobiologica, 2005, 33(3):255-261

[113] Rossetti S, Tomei M C, Nielsen P H, Tandoi V. "*Microthrix parvicella*", a filamentous bacterium causing bulking and foaming in activated sludge systems: a review of current knowledge. Fems Microbiology Reviews, 2005, 29(1):49-64

[114] Slijkhuis H, Vangroenestijn J W, Kylstra D J. *Microthrix-parvicella*, a filamentous bacterium from activated sludge growth on tween 80 as carbon and energy source. Journal of General Microbiology, 1984, 130(AUG):2035-2042

[115] Andreasen K, Nielsen P H. Growth of *Microthrix parvicella* in nutrient removal activated sludge plants: Studies of in situ physiology. Water Research, 2000, 34(5):1559-1569

[116] Goodfellow M, Stainsby F M, Davenport R, Chun J S, Curtis T. Activated sludge foaming: The true extent of actinomycete diversity. Water Science and Technology, 1998, 37(4-5):511-519

[117] Roth A, Andrees S, Kroppenstedt R M, Harmsen D, Mauch H. Phylogeny of the genus *Nocardia* based on reassessed 16S rRNA gene sequences reveals underspeciation and division of strains classified as *Nocardia asteroides* into three established species and two unnamed taxons. Journal of Clinical Microbiology, 2003, 41(2):851-856

[118] Blackall L L, Marshall K C. The mechanism of stabilization of actinomycete foams and the prevention of foaming under laboratory conditions. Journal of Industrial Microbiology, 1989, 4(3):181-187

[119] Chun J, Blackall L L, Kang S O, Hah Y C, Goodfellow M. A proposal to reclassify *Nocardia piensis* Blackall et al as *Skermania piniformis* gen. nov, comb. nov.. International Journal of Systematic Bacteriology, 1997, 47(1):127-131

[120] Stainsby F M, Soddell J, Seviour R, Upton J, Goodfellow M. Dispelling the "*Nocardia amarae*" myth: a phylogenetic and phenotypic study of mycolic acid-containing actinomycetes isolated from activated sludge foam. Water Science and Technology, 2002, 46(1-2):81-90

[121] de los Reyes F L, Ritter W, Raskin L. Group-specific small-subunit rRNA hybridization probes to characterize filamentous foaming in activated sludge systems. Applied and Environmental Microbiology, 1997, 63(3):1107-1117

[122] de los Reyes F L, Oerther D B, de los Reyes M F, Hernandez M, Raskin L. Characterization of filamentous foaming in activated sludge systems using oligonucleotide hybridization probes and antibody probes. Water Science and Technology, 1998, 37(4-5):485-493

[123] Eales K, Nielsen J L, Kragelund C, Seviour R, Nielsen P H. The *in situ* physiology of pine tree like organisms (PTLO) in activated sludge foams. Acta Hydrochimica Et Hydrobiologica, 2005, 33(3): 203-209

[124] Schuppler M, Wagner M, Schon G, Gobel U B. In situ identification of nocardioform actinomycetes in activated sludge using fluorescent rRNA-targeted oligonucleotide probes. Microbiology-Uk, 1998, 144:249-259

[125] Carr E L, Eales K L, Seviour R J. Substrate uptake by *Gordonia amarae* in activated sludge foams by FISH-MAR. Water Science and Technology, 2006, 54(1):39-45

[126] Soddell J A, Seviour R J. Numerical taxonomy of *Skermania piniformis* and related isolates from activated sludge. Journal of Applied Microbiology, 1998, 84(2):272-284

[127] Blackall L L, Tandoi V, Jenkins D. Continuous culture studies with *Nocardia-amarae* from activated-sludge and their implicaions for *Nocardia* foaming control. Research Journal of the Water Pollution Control Federation, 1991, 63(1):44-49

[128] McKenzie C M, Seviour E M, Schumann P, Maszenan A M, Liu J R, Webb R I, Monis P, Saint C P, Steiner U, Seviour R J. Isolates of '*Candidatus Nostocoida limicola*' Blackall et al. 2000 should be described as three novel species of the genus *Tetrasphaera*, as *Tetrasphaera jenkinsii* sp. nov., *Tetrasphaera vanveenii* sp. nov. and *Tetrasphaera veronensis* sp. nov.. International Journal of Systematic and Evolutionary Microbiology, 2006, 56:2279-2290

[129] Wanner J. Activated Sludge Bulking and Foaming Control. Technomic. Basel: Publishing AG, 1994

[130] Seviour E M, Eales K, Izzard L, Beer M, Carr E L, Seviour R J. The *in situ* physiology of "*Nostocoida limicola*" II, a filamentous bacterial morphotype in bulking activated sludge, using fluorescence in situ hybridization and microautoradiography. Water Science and Technology, 2006, 54(1):47-53

[131] Blackall L L, Seviour E M, Bradford D, Rossetti S, Tandoi V, Seviour R J. 'Candidatus *Nostocoida limicola*', a filamentous bacterium from activated sludge. International Journal of Systematic and Evolutionary Microbiology, 2000, 50:703-709

第 4 章　污泥膨胀理论与学说

尽管人们对污泥膨胀现象已经做了大量的研究工作，都试图找到能够解释污泥膨胀问题的统一学说。但目前仍然没有这样的学说可以解释所有的污泥膨胀问题。而且，大部分的学说仍然缺乏试验的验证。但是，这些学说形成了最基本的理论框架，有助于进一步的理解污泥膨胀问题。

4.1　扩散选择理论

许多研究者指出，在低营养或低溶解氧浓度条件下，丝状菌的形态特点有利于其对底物的吸收。该理论是建立在表面积/体积比(A/V)学说的基础上，这里所说的表面积(A)和体积(V)是指活性污泥中微生物的表面积和体积。该理论认为，丝状菌的比表面积(A/V)要大大超过菌胶团细菌的比表面积，在低营养物质或低溶解氧浓度条件下，比表面积越大越有助于底物向微生物细胞内的转移。当活性污泥微生物处于低底物浓度条件下时，比表面积大的丝状菌有相对较高的生长速率，在取得底物的能力方面要高于菌胶团细菌，结果在曝气池内丝状菌的生长占优势，菌胶团细菌的生长受到限制。

后来又有学者指出，丝状菌能够轻易地延伸到絮体外部生长，当絮体外部的底物浓度较低时，延伸在外的丝状菌比絮状体形成菌能更充分地接触和利用底物[1-2]。研究表明，污泥絮体内部存在着微观的底物浓度梯度，这个浓度梯度先是从理论上预测，后来随着检测手段的进步，被实验所证实。van Loosdrecht[3] 和 Picioreanu[4] 的研究表明，存在底物浓度梯度(如低底物浓度)，底物扩散占优势的情况下，容易形成开放式，丝状菌为主的污泥絮体。Ben-Jacob[5] 的研究表明，纯菌种的菌落形态特点与底物的浓度梯度有关，在低底物浓度情况下容易形成丝体这种形态。因此，丝状菌的这种比表面积大的形态特点非常有利于其在低底物浓度的条件下生长[6]。

这一学说对于解释低底物浓度、低溶解氧和 N、P 元素缺乏引起的污泥膨胀是比较有效的，但仍然存在一些不足。比如，当对于微生物有普遍毒性作用的有毒物质流入时，如果根据该理论，则有毒物质对丝状菌的抑制作用应该比菌胶团菌更强。但是，实际上在一些有毒物质流入的场合，却易于发生丝状菌污泥膨胀。这个事实，是用该理论不能解释的。

4.2　动力学选择理论

Donaldson[7]和 Chudoba[8]的研究表明，活性污泥的沉降性能与曝气池内活性污泥混合液的流态特点有关系。Chudoba 指出在径流(轴流)式和具有高的底物浓度梯度的曝气池内，丝状菌的生长受到抑制，可形成沉降性能良好的活性污泥。其指出菌胶团细菌能够优先生长的主要原因是在进水口处有较高的底物浓度梯度。

根据以上事实，Chudoba[9]提出了动力学选择理论来解释活性污泥系统中丝状菌生长或受到抑制的现象。该理论建立在 Monod 方程的基础之上，主要是根据不同种群的微生物具有不同的生长动力学参数，所以不同的微生物在不同的底物浓度下，具有不同的生长速率。该理论将微生物分为两种类型：A 型微生物具有低的半饱和常数(K_S)和最大比生长速率(μ_{max})，B 型微生物具有高的半饱和常数(K_S)和最大比生长速率(μ_{max})。丝状菌大多属于 A 型微生物，而菌胶团细菌属于 B 型微生物。

Monod 方程(式)：

$$\mu = \mu_{max} S/(K_S + S) \tag{4-1}$$

式中，μ、μ_{max}为分别为微生物的实际和最大比生长速率，d^{-1}；K_S为半饱和常数，为当 $\mu=\mu_{max}/2$ 时的底物浓度，mg/L；S 为底物浓度，包括 DO 浓度，mg/L。

当污水生物处理系统内底物浓度很低时，具有低的 K_S和 μ_{max}值的丝状菌比菌胶团细菌具有更快的比生长速率，因此更容易竞争到底物，占有生长优势；在高底物浓度条件下，具有较高 K_S和 μ_{max}值的菌胶团细菌比丝状菌具有更快的比生长速率，丝状菌生长受到抑制，菌胶团细菌生长占优势。如图 4-1，如果底物浓度大于 S_0，菌胶团细菌的比生长速率高于丝状菌，菌胶团细菌生长占优势；如果底物浓度低于 S_0，丝状菌的比生长速率高于菌胶团细菌，丝状菌生长占优势。

利用 Chudoba 的动力学选择理论，首先可以解释低负荷(如连续进水的完全混合活性污泥系统内)、氮或磷等营养物质缺乏和低 DO 浓度条件所引发丝状菌污泥膨胀的原因，低底物浓度有利于丝状菌的生长；其次，应用该理论还可提出控制丝状菌污泥膨胀的方法，在生物反应器内产生底物浓度梯度，尤其是在生物反应器的入口处产生有利于菌胶团细菌生长的高底物浓度，从而抑制丝状菌的生长。生物反应器中的推流式反应器、对生物反应器分格、SBR 反应器和生物选择器即可运用该原理来解释他们能控制污泥膨胀的现象；最后，根据该理论，还可以推断出丝状菌是良好的清道夫，它们降解低浓度底物的能力比菌胶团细菌更强，可以保证低的处理出水浓度，提高净化效率。这也解释了为什么某些污水处理厂在发生丝状菌污泥膨胀后，却发现处理出水更加清澈，过滤后的 COD 浓度非常低的原因。

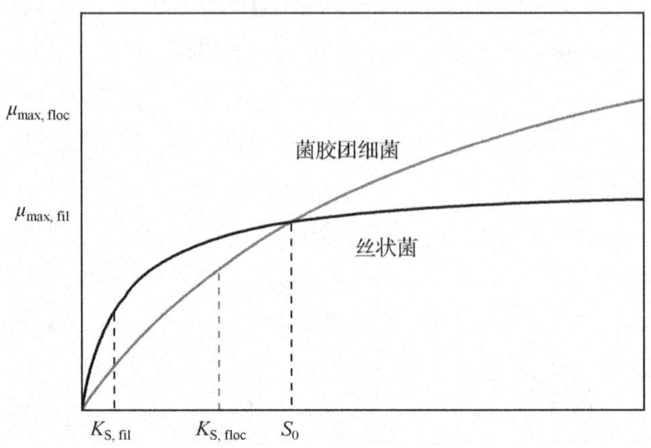

图 4-1　两种微生物在不同底物浓度下的选择性竞争

对一些丝状菌和菌胶团细菌（*S. natans*[10-11]、*Haliscomenobacter hydrossis*[12]、1701 型[13]、021N 型[14]、*M. parvicella*[15-16]、菌胶团细菌[14]）进行纯菌分离培养的研究证实了这个理论的正确性。但是，这些细菌能否代表整个活性污泥系统中的微生物菌种，仍然是个疑问。目前开始采用先进的分子生物学检测技术来检测活性污泥中的主要细菌。最近，FISH 技术开始应用于检测丝状菌的动力学常数。这项工作的开展有助于更加深入的了解丝状菌和其他菌胶团细菌。

4.3　储存选择理论

表面积/体积比学说无法解释高负荷条件下发生的丝状菌污泥膨胀问题。Chudoba 研究高负荷下污泥膨胀问题时，发现即使在水力流态是完全推流式的曝气池中，仍然可能存在高 SVI 现象。其认为存在另一种影响丝状菌和菌胶团微生物选择性生长的因素，并提出了如图 4-2 所示的 AC/SC 假说。

该假说认为，微生物对基质的利用经历了细胞内累积、储存和生物代谢三个阶段。通过传输和扩散作用，有机基质进入微生物细胞体内，在其内累积。细胞在进行合成生长之前，单位重量细胞所能积累的基质量称为细胞的累积能力（accumulation capacity，AC）。所积累的有机物质在细胞内进一步转化为储存物质。单位重量的微生物细胞所能储存的基质量称为储存能力（storage capacity，SC）。被去除的基质量，可分为被氧化部分、被积累和被储存部分。微生物的种类和特性各不相同，所以不同微生物的 AC 是不同的。在不同的微生物混合培养的混合液中，处于优势生长种群的是具有较高 AC 值的微生物。丝状菌的 AC 值通常要比菌胶团细菌的 AC 值低，如果微生物所摄取的营养物得不到及时的氧化降解或得不到足

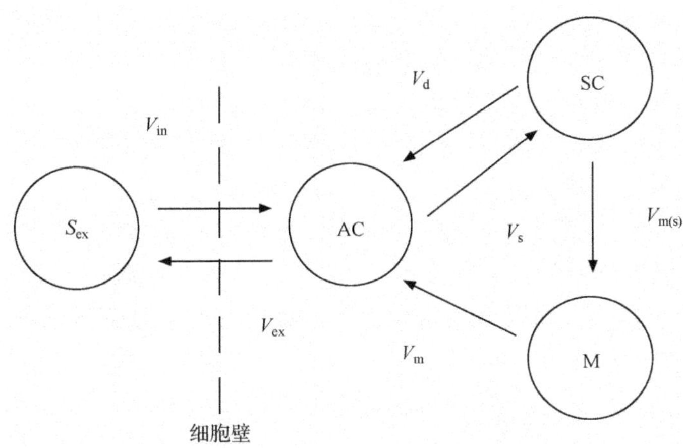

图 4-2　污泥膨胀的 AC/SC 假说

S_{ex}为细胞外基质浓度；V_{in}、V_{ex}为基质输入、输出细胞速率；

V_d、V_s 为储存物解聚，形成速率；V_m 为基质代谢速率；

$V_{m(s)}$为储存物质代谢速率；M 为代谢产物

够的营养物的话，则微生物的实际 AC 将不能得到充分的发挥而使其 AC 值降低。这便是 AC/SC 假说对高负荷条件下发生丝状菌污泥膨胀问题的解释。

通常认为，在高底物浓度情况下，菌胶团细菌储存底物的能力比丝状菌更强。这个理论很好地解释了为什么推流式活性污泥系统、SBR 系统和选择器系统可以很好地控制污泥膨胀[17-23]。然而，最近的研究表明，有一些膨胀污泥储存底物的能力甚至与沉降性能好的污泥相近或更强[6, 24-25]。纯菌和混合菌种的研究表明，确实有一些丝状菌(如 *M. parvicella*)在任何条件下(好氧、缺氧或厌氧)都具有较高的储存底物的能力[26-29]。当在底物缺乏的饥饿条件下，微生物可利用储存的物质进行代谢活动，因此，这类丝状菌与其他丝状菌或菌胶团细菌相比，有更强的竞争能力。具有高储存底物能力丝状菌的存在，可以解释为什么在某些情况下选择器不能发挥作用。但是，选择器可以很好地控制一些低储存能力的丝状菌的过量生长。

4.4　饥饿假说理论

早在 1963 年，Clesceri 在她的博士课题研究中就发现活性污泥中微生物的不同比生长速率对污泥的沉降性能有影响，间歇进水可以显著改善污泥的沉降特性，减少丝状菌的数量。她还发现不同的底物类型和饥饿时间都会对微生物有选择性的影响。后来，其他学者的研究也进一步证实了间歇进水确实可以改善污泥的沉降性能。Chudoba[8, 30]早先曾提出底物的浓度梯度能抑制丝状菌的生长，但在其后期的研究中[31]，他进一步提出仅仅是浓度梯度是不足以消除丝状菌，足够的饥饿时间也是非常重要的。Chiesa 和 Irvine 汲取前人经验，并在大量试验工作的基础上提出了控制丝状菌生长的饥饿假说[19]。

在连续进水的活性污泥系统内，优势菌种与底物浓度相关，也就是与有机负荷相关。在低底物浓度条件下（如延时曝气系统），对底物有高亲和力、最耐饥饿、生长缓慢的丝状菌占生长优势（如图 4-3 所示，底物浓度小于 S^*）。当底物浓度较高时（传统的活性污泥负荷），就出现两种情况：当溶解氧足够时，菌胶团细菌占生长优势；当溶解氧较低时，对溶解氧有高亲和力、对饥饿高度敏感的快速生长丝状菌占优势（如图 4-3 所示，底物浓度大于 S^*）。图 4-4 所示为溶解氧缺乏的情况，在

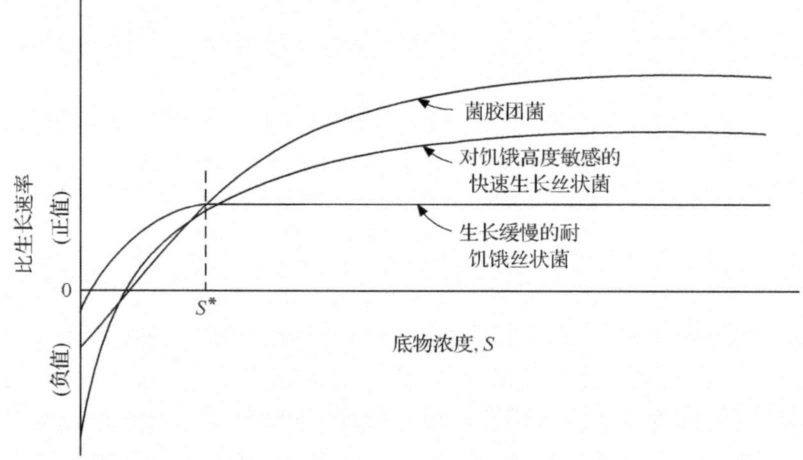

图 4-3 微生物生长速率与底物浓度的关系

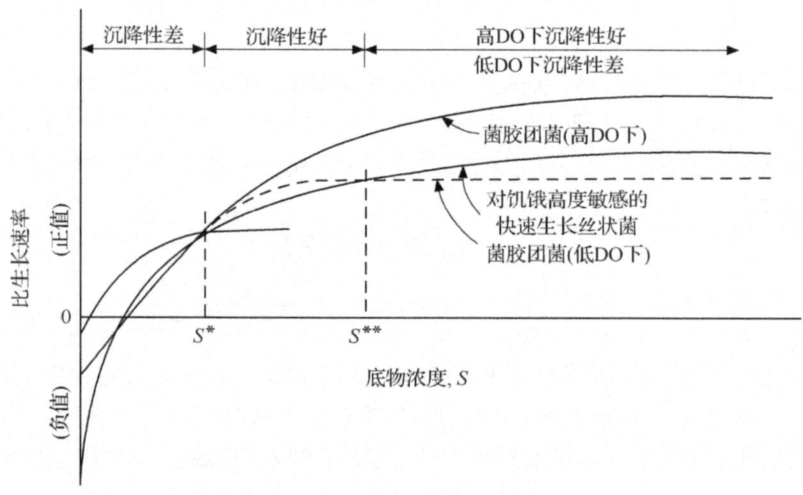

图 4-4 低溶解氧条件下微生物生长速率随底物浓度的变化情况

高负荷、低溶解氧条件下，上述第三类微生物将快速增殖，给活性污泥的沉降性能带来负面影响(如图 4-4 当底物浓度大于 S^{**}，溶解氧较低时)。该假说表明当有机负荷提高时，增加溶解氧浓度将有助于预防和缓解污泥膨胀。

该假说还解释了间歇进水系统的特定环境条件，对生长缓慢的耐饥饿丝状菌和快速生长的饥饿高度敏感丝状菌都有控制作用的原因。底物浓度逐渐升高，缓慢生长的丝状菌因其相对较低的底物利用率而被控制。在内源代谢期间，对溶解氧具有高亲和力的快速生长丝状菌具有相对较低的底物利用率，其长度和活性显著降低，因此其数量也减少。间歇进水的方式有利于能够对底物快速利用的菌胶团细菌的生长。利用间歇进水的方式可以控制污泥膨胀，但是还要注意保持饱餐和饥饿(食物充足 feast/食物缺乏 famine)之间合适的平衡关系，才能达到较好的效果。总之，间歇进水方式最有利于具有高的底物利用率和高的耐饥饿能力的微生物的生长。

该假说不但考虑了微生物的生长特性，还考虑了代谢类型对微生物的影响。该假说有一定的数据支持。

4.5　一氧化氮理论

Gabb 和 Casey[32-34] 分别以实际生活污水和配水为底物，在完全曝气、完全缺氧和间歇曝气的活性污泥系统中进行试验，他们发现低 F/M 丝状菌(如 0092 型、0041 型、1851 型、*M. parvicella* 和 0675 型)主要生长在间歇曝气的情况下；在完全曝气或完全缺氧的情况下，上述丝状菌都不会过量增殖。由此，他们推断正是间歇曝气，即活性污泥微生物交替处于好氧状态(以氧为电子最终受体)和缺氧状态(以 NO_2^- 或 NO_3^- 为电子最终受体)，使得低 F/M 丝状菌处于竞争优势。

此后，Casey 又进行了大量的小试和生产规模的试验，提出了 ND(nitrification-denitrification) 和 NDBEPR (nitrification-denitrification biological excess phosphorus removal)活性污泥工艺中低 F/M 丝状菌过量增殖的新理论。解释这个理论首先要了解反硝化的过程，Payne 提出反硝化路径如式(4-2)所示：

$$NO_3^- \longrightarrow NO_2^- \longrightarrow NO \longrightarrow N_2O \longrightarrow N_2 \tag{4-2}$$

NO_2^- 和 NO 为反硝化过程的中间产物。这个理论认为，污水处理系统中主要有两类细菌，即菌胶团细菌(也称絮凝体形成菌)和丝状菌。在反硝化过程中，这两种细菌的作用是不同的，丝状菌只能将 NO_3^- 还原为 NO_2^-，所以在丝状菌体内不会出现 NO 的累积；而菌胶团细菌可实现完全的反硝化过程，即可将 NO_3^- 通过式(4-2)所显示的途径完全还原为 N_2，在菌胶团细菌体内会出现 NO 的累积。所以，在后续的好氧条件下，两种细菌对缓慢生物降解有机物(slowly biodegradable COD，SBCOD)的利用上就出现了差别，菌胶团细菌体内累积的 NO 抑制了其对

SBCOD 的吸收和利用，尤其当 NO_2^- 浓度高时，这种情况会加剧。而丝状菌体内没有累积 NO，在好氧条件下对 SBCOD 的竞争上，具有优势作用，成为 BNR 系统内的优势菌种，致使缺氧-好氧交替运行的 BNR 工艺中发生丝状菌污泥膨胀。该理论可以解释去除营养物质的污水处理厂（尤其是采用硝化-反硝化脱氮工艺的污水处理厂）发生的污泥膨胀现象。

该假说有其优点，但仍然存在许多疑点。例如，NO_2^- 是 NO 的前体，而细菌细胞内的 NO 是很难测定的，有些研究者就以混合液内的 NO_2^- 浓度来预测 NO 的含量[35-36]。但是，直到目前为止，并没有试验证明，反硝化过程中的 NO_2^- 和 NO 具有一致性，这方面的内容还需研究。

0092 型丝状菌（一种低 F/M 丝状菌）可在许多 BNR 活性污泥处理厂大量存在，但却不能利用硝酸氮为电子受体[37]。而另一些研究表明 *M. parvicella* 可利用亚硝酸氮作为电子受体提供能量来吸收油酸[26]。另外，有些研究还表明，丝状菌既不能利用 NO_2^-，也不能利用 NO_3^- 为电子受体。所以这个理论还需要得到更进一步的证实。

除上述几种理论外，还有"拟人法"假说、"泄泻"假说、肥沃污泥假说、生物物理畸变假说、毒性选择假说和原生动物假说理论，但这些假说也不能全面解释污泥膨胀现象，实际中以前面的几种理论较为常用。

4.6　动力-扩散双选择理论

为了弄清决定污泥膨胀的关键因素是动力选择还是扩散选择，Lou 等[38]先后采用定量荧光原位杂交技术（FISH）和底物利用试验结合代谢模型的方法研究了这一问题。定量 FISH 表明在膨胀和非膨胀的污泥中，丝状菌总长度值都很高。在非膨胀污泥中，大多数的丝状菌在絮体内部；而在膨胀污泥中，丝状菌大量生长到絮体之外。这一结果与扩散选择理论一致。但在随后的底物利用试验结合代谢模型的研究中却发现沉降性良好污泥最大比生长速率要高于膨胀污泥的，这与动力选择理论相一致。考虑到这似乎相反的结论，Lou 等提出了动力-扩散双选择理论，并指出反应器中底物浓度和絮体大小是引发膨胀的主要因素。

动力-扩散双选择理论框架如图 4-5 所示，实线代表在不存在底物扩散限制的情况下丝状菌和菌胶团菌的生长速率曲线，而虚线则为在存在底物扩散限制时两类微生物的生长速率曲线。当微生物自由生长时，丝状菌和菌胶团菌的生长速率遵循 Monod 动力学方程，即只有动力选择影响两类微生物的竞争。如果底物浓度小于 C_{SA}（膨胀区），丝状菌将赢得竞争从而导致膨胀。但是，由于活性污泥絮体的存在，扩散阻力使得絮体内部和溶液中的底物浓度不一样。絮体越大越密实，扩散阻力也就越大，相当于表观 K_S 值增大。Martins 等[6,25]也注意到了这一现象，认

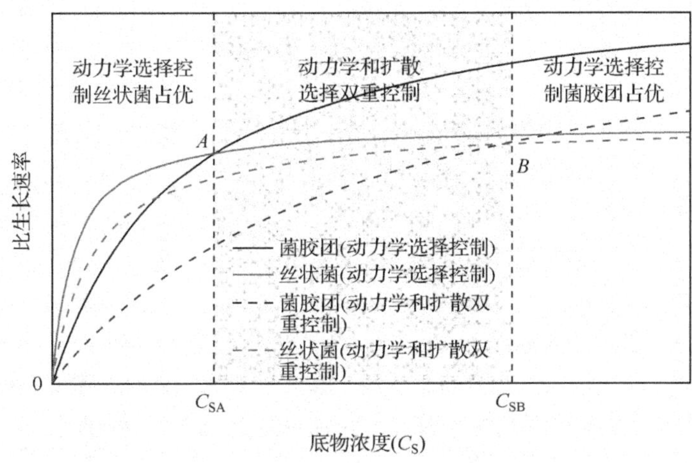

图 4-5　动力-扩散双选择理论

为扩散选择和动力选择是一回事，只是看问题的角度不同而已。图 4-5 的两虚线阐明了扩散阻力在丝状菌和菌胶团菌竞争中所起的作用，它使得生长速率曲线向右移动，同时 μ_{max} 保持不变。如果底物浓度高于 C_{SB}（非膨胀区），就不会发生污泥膨胀。因此，在膨胀区和非膨胀区，扩散限制的影响不显著；而在过渡区，膨胀与否取决于底物扩散限制的大小。阴影部分将随着扩散阻力的减小而减小，比如加大剪切力，减小絮体粒径。该理论还可预言即使保持底物浓度不变，减小絮体粒径也可以使已膨胀的污泥恢复正常。值得注意的是，该理论中的 C_{SA} 和 C_{SB} 不是定值，它取决于膨胀阈值（SVI＝150mL/g）、运行方式、絮体性质等诸多因素。

动力-扩散双选择理论的重要意义在于：其一，可以解释不同文献报道中相互冲突的试验数据。而单一的动力选择理论却对这些数据无能为力；其二，揭示了扩散阻力是如何影响菌胶团菌和丝状菌之间的竞争的。虽然该理论整合了动力选择和扩散选择两个当前应用较广的理论，但仍无法解释所有污泥膨胀问题。理论本身也需要进一步的验证。

第一，理论中提出了三个区域，按照底物浓度从低到高依次是膨胀区，过渡区和非膨胀区，但前文所述验证试验中混合液最高浓度也仅 200mg/L 左右，仍处于过渡区。因此非膨胀区的存在及临界值还需要进一步试验。

第二，其他原因，如剪切力也可能破坏絮体外部的丝状菌，如切断丝状菌。当然，在他们的试验中絮体也小。因此还无法弄清楚究竟是扩散阻力还是剪切力本身使得污泥沉降性变好。

第三，底物储存和衰减等因素都会影响菌胶团和丝状菌的竞争。这在上述验证试验中可以忽略（长时间进水），但在其他情况下，这些因素可能起到决定性影响。

4.7　扩展的选择理论

如前所述，当前应用最为普遍的理论是动力选择理论。但是它并不能解释所有的污泥膨胀问题，确切的说，该理论存在着一些不容忽视的缺陷。

第一，动力选择理论是建立在丝状菌（*K*-Strategists）的最大比生长速率 μ_{max} 和半饱和系数 K_S 都要比菌胶团菌（*R*-Strategists）低。在对一些丝状菌（如 *S. natans*、*Haliscomenobacter hydrossis*、1701 型、021N 型、*M. parvicella*）和一些菌胶团形成菌（如 *Arthrobacter globiformis*、*Z. ramigera*）进行的纯培养中的研究结果也证明了这一理论是正确的。然而，就这些菌胶团形成菌能否代表整个活性污泥却还是个有争议的问题。事实上，直到现在还没有人能够很确切地指出丝状菌与在污泥中存在的其他细菌相比一般说来都有一个较低的最大比生长速率。此外，对于为什么这种丝状的形态能够导致较低的比生长速率也没有得到理论上的解释。而且，对于丝状菌一般都有较低的 K_S值至今还没有得到过证实。

第二，动力选择理论的另一个重大缺陷是其无法解释实际情况中丝状菌和菌胶团菌这两种不同种菌群的共存的现象。根据单一的动力选择理论，发生污泥膨胀后，丝状菌将占据主导地位，菌胶团菌数量则不断减少，最终被淘汰。反之亦然。

第三，随着研究的深入，人们发现除 μ_{max}和 K_S外，还有一些内在因素如底物储存、细胞衰减也可对污泥沉降性产生影响。此外，一些外因如微生物之间的相互作用（如原生动物的影响）、运行环境的交替等也影响着菌胶团菌和丝状菌之间的竞争。基于 Monod 方程的单一的动力选择理论显然无法解释各种情况下的污泥膨胀问题。

由此可见，有必要将动力选择理论进行扩展，并与其他各理论进行整合，更好地理解丝状菌和菌胶团菌之间的竞争。

鉴于丝状菌动力学常数 K_S的大小资料少且不统一，在试验研究的基础上，Martins 等[6, 25]认为扩散选择理论和动力学选择理论只是从两个不同的角度解释同一个问题而已。因为如果将动力选择理论里的 K_S看成是底物吸收酶的一种特性，那么就看不出 K_S与“丝状”这种形态之间存在着什么直接的联系。然而，若把 K_S看成是由 Pipes 所提出的 *A/V* 假说中所提到的底物传递到细胞的一个表面底物传递系数，那么就可以很全面的解释动力学选择理论了。因为在絮凝体中，K_S值无论怎样都是受絮凝体形态影响的一种表现系数。底物扩散所受到的阻力越大（即絮凝体的面积和密度越大），则所能测得的 K_S值越高，当丝状菌伸出絮凝体外生长时，就意味着一个较低的 K_S值。

而为了克服动力选择理论在解释共存方面的局限性，也有一些学者提出了一些新的假说。Chiesa 和 Irvine[39]假定了一个可随时间变化的生长环境，以此解释了共存问题。Cenens等[40-41]将动力选择理论与丝状菌骨架理论结合，解释了共存在于絮体中丝状菌问题。

Lou等[42]则整合了动力选择理论、丝状菌骨架理论、底物储存和细胞衰减，提出了一个新的模型。模型预测结果是丝状菌和菌胶团菌可以共存。试验也证明了丝状菌的衰减速率小于非丝状菌的衰减速率，证实了丝状菌的又一项竞争优势。模型模拟表明，在低稀释比下，底物储存起到关键作用；而在高稀释比下，衰减速率更为重要。

主要参考文献

[1] Sezgin M, Jenkins D, Parker D S. Unified theory of filamentous activated-sludge bulking. Journal Water Pollution Control Federation, 1978, 50(2):362-381

[2] Kappeler J, Gujer W. Development of a mathematical model for "aerobic bulking". Water Research, 1994, 28(2):303-310

[3] van Loosdrecht M C M, Eikelboom D, Gjaltema A, Mulder A, Tijhuis L, Heijnen J J. Biofilm structures. Water Science and Technology, 1995, 32(8):35-43

[4] Picioreanu C, van Loosdrecht M C M, Heijnen J J. Mathematical modeling of biofilm structure with a hybrid differential-discrete cellular automaton approach. Biotechnology and Bioengineering, 1998, 58(1):101-116

[5] Benjacob E, Schochet O, Tenenbaum A, Cohen I, Czirok A, Vicsek T. Generic modeling of cooperative growth-pattens in bacterial colonies. Nature, 1994, 368(6466):46-49

[6] Martins A M P, Heijnen J J, van Loosdrecht M C M. Effect of feeding pattern and storage on the sludge settleability under aerobic conditions. Water Research, 2003, 37(11):2555-2570

[7] Donaldson W. Use of activated sludge increasing. Civil Eng, 1932, 2(3):167-169

[8] Chudoba J, Ottová V, Madera V. Control of activated sludge filamentous bulking—Ⅰ. Effect of the hydraulic regime or degree of mixing in an aeration tank. Water Research, 1973, 7:1163-1182

[9] Chudoba J, Grau P, Ottavá V. Control of activated sludge filamentous bulking—Ⅱ. Selection of microorganism by means of a selector. Water Research, 1973, 7:1389-1406

[10] Lau A O, Strom P F, Jenkins D. Growth-kinetics of *Sphaerotius natans* and a floc former in pure and dual continuous culture. Journal Water Pollution Control Federation, 1984, 56(1):41-51

[11] Vandeneynde E, Geerts J, Maes B, Verachtert H. Influence of the feeding pattern on the glucose-metabolism of *Arthrobacter* sp. and *Sphaerotilus natans*, growth in chemostat culture, simulating activated-sludge bulking. European Journal of Applied Microbiology and Biotechnology, 1983, 17(1):35-43

[12] Van Veen W L, Krul J M, Bulder C. Some growth-parameters of *Haliscomenobacter hydrossis* (syn. *Streptothrix hyalina*) a bacterium occurring in bulking activated-sludge. Water Research, 1982, 16(5):531-534

[13] Richard M G, Hao O, Jenkins D. Growth kinetics of Sphaerotilus species and their significance in activated sludge bulking. Journal Water Pollution Control Federation, 1985, 57:68-81

[14] Vanniekerk A M, Jenkins D, Richard M G. The compititive growth of zoogloea-ramigera and Type 021N in activated-sludge and pure culture—a model for low F/M bulking. Journal Water Pollution Control Federation, 1987, 59(5):262-273

[15] Rossetti S, Tomel M C, Levantesi C, Ramadori R, Tandoi V. "*Microthrix parvicella*": a new approach for kinetic and physiological characterization. Water Science and Technology, 2002, 46(1-2):65-72

[16] Tandoi V, Rossetti S, Blackall L L, Majone M. Some physiological properties of an Italian isolate of "*Microthrix parvicella*". Water Science and Technology, 1998, 37(4-5):1-8

[17] Vandeneynde E, Geerts J, Maes B, Verachtert H. Influence of the feeding pattern on the glucose-metabolism of *Arthrobacter* sp. and *Sphaerotilus natans*, growing in chemostet culture, simulating activated-sludge bulking. European Journal of Applied Microbiology and Biotechnology, 1983, 17(1):35-43

[18] Vandeneynde E, Vriens L, Decuyper P, Verachtert H. Plug flow simulating and completely mixed reactors with a premixing tank, in the control of filamentous bulking. Applied Microbiology and Biotechnology, 1984, 19(4):288-295

[19] Chiesa S C, Irvine R L. Growth and control of filamentous microbes in activated-sludge—an integrated hypothesis. Water Research, 1985, 19(4):471-479

[20] Chiesa S C, Irvine R L, Manning J F. Feast/famine growth environments and activated-sludge population selection. Biotechnology and Bioengineering, 1985, 27(5):562-569

[21] Majone M, Massanisso P, Carucci A, Lindrea K, Tandoi V. Influence of storage on kinetic selection to control aerobic filamentous bulking. Water Science and Technology, 1996, 34(5-6):223-232

[22] Prendl L, Kroiss H. Bulking sludge prevention by an aerobic selector. Water Science and Technology, 1998, 38(8-9):19-27

[23] Krishna C, van Loosdrecht M C M. Effect of temperature on storage polymers and settleability of activated sludge. Water Research, 1999, 33(10):2374-2382

[24] Beccari M, Majone M, Massanisso P, Ramadori R. A bulking sludge with high storage response selected under intermittent feeding. Water Research, 1998, 32(11):3403-3413

[25] Martins A M P, Heijnen J J, van Loosdrecht M C M. Effect of dissolved oxygen concentration on sludge settleability. Applied Microbiology and Biotechnology, 2003, 62(5-6):586-593

[26] Andreasen K, Nielsen P H. Growth of *Microthrix parvicella* in nutrient removal activated sludge plants: studies of *in situ* physiology. Water Research, 2000, 34(5):1559-1569

[27] Nielsen P H, Roslev P, Dueholm T E, Nielsen J L. *Microthrix parvicella*, a specialized lipid consumer in anaerobic-aerobic activated sludge plants. Water Science and Technology, 2002, 46(1-2):73-80

[28] Rossetti S, Tomei M C, Nielsen P H, Tandoi V. "*Microthrix parvicella*", a filamentous bacterium causing bulking and foaming in activated sludge systems: a review of current knowledge. Fems Microbiology Reviews, 2005, 29(1):49-64

[29] Slijkhuis H. The physiology of the filamentous bcterium *Micorthrix parvicella*. PhD thesis. Landbouwhogeschool, wageningen. the Netherlands, 1983

[30] Chudoba J, Blaha J, Madera V. Control of activated-sludge filamentous bulking—Ⅲ. Effect of sludge loading. Water Research, 1974, 8(4):231-237

[31] Chudoba J, Dohanyos M, Grau P. Control of activated-sludge filamentous bulking—Ⅳ. Effect of sludge regeneration. Water Science and Technology, 1982, 14(1-2):73-93

[32] Casey T G, Wentzel M C, Ekama G A. Filamentous organism bulking in nutrient removal activated sludge systems—Paper 11: A biochemical/microbiological model for proliferation of anoxic-aerobic (AA) filamentous organisms. Water Sa, 1999, 25(4):443-451

[33] Casey T G, Wentzel M C, Ekama G A, Loewenthal R E, Marais G V R. A hypothesis for the causes and control of anoxic-aerobic (AA) filamentous bulking in nutrient removal activated sludge systems. Water Science and Technology, 1994, 29(7):203-212

[34] Casey T G, Wentzel M C, Loewenthal R E, Ekama G A, Marais G V. A hypothesis for the cause of low F/M filament bulking in nutrient removal activated sludge systems. Water Research, 1992, 26(6): 867-869

[35] Lakay M T, Hulsman A, Ketley D, Warburton C, de Villiers M, Casey T G, Wentzel M C, Ekama G A. Filamentous organism bulking in nutrient removal activated sludge systems—Paper 7: Exploratory experimental investigations. Water Sa, 1999, 25(4):383-396

[36] Musvoto E V, Lakay M T, Casey T G, Wentzel M C, Ekama G A. Filamentous organism bulking in nutrient removal activated sludge systems—Paper 8: The effect of nitrate and nitrite. Water Sa, 1999, 25(4):397-407

[37] Horan N J, Buali A M, Eccles C R. Isolation, identification and characterization of filamentous and floc-forming bacteria from activated-sludge flocs. Environmental Technology Letters, 1988, 9(5):449-457

[38] Lou I, de los Reyes F L. Substrate uptake tests and quantitative FISH show differences in kinetic growth of bulking and non-bulking activated sludge. Biotechnology and Bioengineering, 2005, 92(6): 729-739

[39] Chiesa S C, Irvine R L. Growth and control of filamentous microbes in actived-sludge—an integrated hypothesis. Water Research, 1985, 19(4):471-479

[40] Cenens C, Smets I Y, Ryckaert V G, Van Impe J F. Modeling the competition between floc-forming and filamentous bacteria in activated sludge waste water treatment systems I. Evaluation of mathematical models based on kinetic selection theory. Water Research, 2000, 34(9):2525-2534

[41] Cenens C, Smets I Y, Van Impe J F. Modeling the competition between floc-forming and filamentous bacteria in activated sludge waste water treatment systems II. A prototype mathematical model based on kinetic selection and filamentous backbone theory. Water Research, 2000, 34(9):2535-2541

[42] Lou I C, de los Reyes F L. Integrating decay, storage, kinetic selection, and filamentous backbone factors in a bacterial competition model. Water Environment Research, 2005, 77(3):287-296

第 5 章　污泥膨胀的成因和主要影响因素

污泥膨胀之所以复杂，与导致污泥膨胀的成因复杂关系密切。实际中要成功预防与控制污泥膨胀，需要事先掌握和弄清诱发污泥膨胀的成因。各国学者对诱发污泥膨胀的成因进行了广泛研究，诱发因素可大致分为三大类：水质、环境和运行条件因素。

5.1　水质条件

对污泥膨胀有明显影响的水质因素主要包括有机底物的类型、进水中 C/N/P 比、硫化物的含量，以及有毒、有害物质等物质组分的含量。

5.1.1　有机物

1. 快速生物降解有机物

采用活性污泥法处理碳水化合物含量多的废水，易发生污泥膨胀。容易引起污泥膨胀的碳水化合物主要指葡萄糖、蔗糖、乳糖等单糖或二糖。一般认为，在导致丝状菌污泥膨胀的微生物中，最有代表性的是球衣菌属，它能将这些糖类物质直接作为能源予以利用，并易于繁殖。丝状菌膨胀的另一种致因微生物，如硫细菌，亦是这样。但是，对于不溶性高分子淀粉就没有那样的影响。因为，对于这些在利用之前必须加以分解的高分子物质，多数丝状菌对其的分解速度非常慢，难以增殖。但是，有些污泥膨胀的致因丝状菌，如蜡状芽孢杆菌蕈状变种和白地霉，不但能直接利用单糖类物质进行繁殖，而且对于复杂的高分子碳水化合物也能够充分加以利用而增殖。

另外，在糖类碳水化合物含量多时，活性污泥微生物亦能较易地将其代谢分泌出高黏性多糖类物质。而这些物质过多，覆盖在菌胶团微生物表面，导致非丝状菌性污泥膨胀。

废水中可溶性有机物含量多时，亦易于发生污泥膨胀。一般，这里所指的可溶性有机物，除了包括上述的单糖、二糖类物质，还包括低分子可溶性有机物。具体来说，是指乳品生产废水、发酵废水和制糖废水等。

一般来说，活性污泥中的丝状菌与其他菌胶团细菌相比较，对高分子物质的水解能力弱，也难于吸收不溶性物质。为此，当废水中含可溶性有机物多时，丝状菌就易于利用于自身繁殖，易于发生丝状菌膨胀。与城市污水相比较，工业废水更容易发生膨胀。其典型的丝状菌的种类随污水种类而不同。

纯菌培养试验表明，在以相对分子质量较低的脂肪酸和单糖类等简单、溶解性和易于代谢的有机物为底物时，大部分的丝状菌都生长良好。但这并不意味着在处理这些废水的活性污泥系统中就容易出现大部分的丝状菌。实际上在处理不同废水时，出现的丝状菌种类是不同的。溶解性、易降解底物有利于 *S. natans*、1701 型、021N 型、*Thiothrix*、*H. hydrossis*、*N. limicola* Ⅱ、*N. limicola* Ⅲ和 1851 型丝状菌的生长。当废水中含有单糖和溶解性淀粉时，有利于 *S. natans*、1701 型、*N. limicola* Ⅱ和 1851 型丝状菌的生长。当废水中含有挥发性脂肪酸如乙酸、丙酸和丁酸时，有利于 021N 型、0411 型、*Thiothrix*、0914、*N. limicola* Ⅱ和 *N. limicola* Ⅲ的生长。在调节池或初沉池的排水管道中，废水厌氧发酵产生上述挥发性脂肪酸。

2. 颗粒性有机物

当废水中含有难生物降解的底物或颗粒性有机物时，0041 型、0675 型和 0092 型丝状菌容易大量生长。在南非一些采用前端设置有厌氧/缺氧区的去除营养物质的污水处理厂(BNR)中，普遍存在上述丝状菌和一些 *M. parvicella* 菌。Ekama 和 Marais 等学者推测在厌氧和缺氧区，这些代谢缓慢的底物和颗粒性有机物的降解速率非常低，因此这些底物可以进入 BNR 污水处理厂的好氧区，在好氧区这些物质被分解转化为低浓度的易溶解性有机物，而溶解性有机物恰恰是有利于 0041 型、0675 型、0092 型和 *M. parvicella* 丝状菌生长的[1]。

Richard 研究了美国科罗拉多州的十个生活污水处理厂好氧消化池中丝状菌的生长情况。除了 0041 型、0675 型、0092 型、*M. parvicella* 和 Nocardioforms 丝状菌外，其他在混合液中出现的丝状菌进入好氧消化池后很快减少以至消失。在一些好氧消化池中，*M. parvicella* 和 Nocardioforms 丝状菌大量生长甚至影响污泥沉降性能，产生大量泡沫。好氧消化池中颗粒性有机物分解产生溶解性有机物而促使上述丝状菌大量生长[2]。

Eikelboom 发现在 BNR 污水处理厂中，当原水和回流污泥混合之后再进入曝气池时，会有利于 0041 型、0675 型丝状菌的生长。因此，研究者认为颗粒性有机物有利于某些丝状菌的生长[3]。

5.1.2　氮和磷营养物质

活性污泥微生物，为了进行正常的生长、繁殖，除了需要碳源外，还需要多种营养物质才能保证其正常的生长代谢活动，并维持微生物种类的动态平衡和生物活性。若底物中缺少这些营养物质，会抑制或终止许多生物化学反应，降低营养敏感型微生物的活性和底物降解能力，改变微生物种类和数量，促使丝状菌等低营养型微生物的过量生长，产生污泥膨胀问题。在工业废水和城市污水处理厂中，较常见的情况是缺乏氮和磷两种营养物质。通常认为氮、磷和碳之间应有适当的比例，一般经验提出的比例通常为 BOD_5 ∶N∶P=100∶5∶1。

Blackbeard 等调查了南非大约 33 座污水处理厂，其中有 27 个曾因氮或磷营养物质缺乏出现污泥膨胀问题[4]。Switzenbaum 等调查了美国马萨诸塞州的 112 座污水处理厂，其中 83 座是用活性污泥法（有推流式、间歇式和完全混合式），其中 34%曾发生由于营养物质缺乏引起的污泥膨胀[5]。

丝状菌的比表面积相对其他菌胶团细菌来说要大些，其可适合一个较宽的营养物质含量范围，而且在低底物浓度条件下，具有较强的积累能力。另外，许多丝状菌对营养物质有较强的亲和力。当氮、磷含量相对 BOD_5 的比例不足时，丝状菌比其他微生物较易利用底物，维持正常生活，进行生长繁殖。而在这种情况下，活性污泥中其他微生物，由于氮、磷得不到满足，以致逐渐衰退，于是就易发生丝状菌污泥膨胀。

不同微生物的化学组成不同，所适应的最佳生长环境也不尽相同。021N 型和 *Thiothrix* 丝状菌可生长在氮含量低的环境中，*S. natans*、*H. hydrossis* 和 *N. limicola* Ⅲ可生长在缺乏磷的情况下。

丝状菌污泥膨胀的致因微生物之一的白地霉，在氮和磷不足的废水中，能比较迅速增殖。高春娣等的研究表明，当氮、磷营养元素同时缺乏时，就会引起丝状菌过量生长的丝状菌污泥膨胀[6]。Wanner 等[7]研究发现，在膨胀的污泥中通常磷含量较少。若磷的含量以 P/MLSS 表示，当 P/MLSS<3%时，SVI 升高，容易发生污泥膨胀；当 P/MLSS>3%时，则很少发生污泥膨胀。通过对氮、磷联合对污泥沉降性能影响的研究发现，对于低的氮浓度，较低的 P/C（磷含量以 P/C 来表示）就可以维持低的 SVI 值；而对于高的氮浓度，则需要较高的 P/C 才能维持低的 SVI 值。这表明在活性污泥系统中需要维持 C、N、P 的平衡关系。Sheker 等[8]研究表明，在缺氮的情况下，缺氧选择器并不能抑制丝状菌的过量生长，SVI 仍大于 150mL/g。

另外，当废水中氮源、磷源不足时，相对而言就是碳源较多。在这种情况下，如果糖类物质较多，代谢产物多糖类高黏性物质增加，使得活性污泥易于发生非丝状菌性膨胀。田口广的研究表明，在处理面包酵母废液时，碳和磷都充足，只缺乏氮时，容易引起非丝状菌污泥膨胀[9]。国内彭永臻课题组的研究也发现进水中仅缺乏一种营养物质（氮或磷）时容易发生非丝状菌污泥膨胀[6]。

5.1.3 硫化物

Thiothrix、021N 型、*Beggiatoa* 和 0941 型，这四类丝状菌可以利用硫化氢为

能源，将硫化氢氧化为单质硫，并将这些硫以胞内颗粒物的形式沉积在菌体内。通过积硫试验，可以测定出丝状菌体内储存的单质硫。*Thiothrix* 和021N型丝状菌可以同时利用下水道内腐化废水中的硫化物和相对分子质量低的有机酸，因此在处理这些腐化废水时，这两种菌可以大量生长。但是这些丝状菌不能利用溶解性不好的硫化物，如硫化铁。

国内外的学者都发现在固定膜生物反应器内出现大量 *Beggiatoa* 菌种。在生物转盘污水处理厂的溶解氧缺乏的前端（超负荷区）的生物膜上出现大量一簇簇如毛发的白色附着物，这些白色附着物就是大量 *Beggiatoa* 菌聚集在一起所形成，而白色就是 *Beggiatoa* 菌体内单质硫颗粒所显现出的颜色。刮去表面的白色附着物则显现出下层黑色的腐化层。*Beggiatoa* 菌生长在腐化的生物膜的好氧表面，从下层溶液中获得溶解氧，将腐化层的硫化物氧化为单质硫并储存在其菌体内。

5.1.4　有毒物质

废水中的有毒物质主要指过高的COD、某些有机物（酚及其衍生物、醇、醛和某些有机酸等）、硫化物、重金属和氯化物等。毒性底物对活性污泥系统产生的影响主要是抑制活性污泥微生物的活性，使污泥比重减轻出现污泥上浮，导致处理效率降低。高浓度有机物可和细胞酶活动中心形成稳定的化合物，有机物无法被降解，细胞酶的活性降低，甚至使细胞中毒而死亡。酚类物质主要损伤微生物的细胞膜、钝化酶和使蛋白质变性。醇类物质通过溶解细胞壁和膜中的类脂，破坏膜结构并使蛋白质脱水变性。醛类物质能与蛋白质氨基酸中的多种基因共价结合而使其变性。有机酸能抑制微生物的代谢活性。重金属离子（尤其是 Hg^{+}、Ag^{+} 和 Cu^{2+}）进入细胞后主要与酶或蛋白质上的—SH结合而使之失活或变性。微量的重金属离子还能在细胞内不断积累最终对微生物发生毒害作用。当进水中底物类型突变或含有过量的毒性底物时，可使原来被驯化好并能降解有机毒物的微生物减少或消失。在该处理系统恢复过程中，某些丝状菌能比菌胶团细菌更快地适应变化的环境而出现优先生长。

有毒物质对活性污泥的影响，按其作用方式和条件，可分两个方面来考虑，即高浓度短时间作用和低浓度长时间作用。根据有毒物质的毒性，可分为：仅对正常菌胶团细菌有毒性作用，但对丝状菌无毒性作用；仅对与膨胀有关的丝状菌具有毒性作用（如氯和某些低浓度的重金属）；对两种微生物都有毒性作用。在第一种情况下，就会引起污泥膨胀（如含酚和氰的废水突然加入活性污泥中）[10]；而利用第二种情况，可以对活性污泥膨胀加以控制。

丝状菌污泥膨胀的致因微生物之一枯草芽孢杆菌和蜡状芽孢杆菌由于可形成内生孢子，所以存在有毒物质时，能适应恶劣环境，在其他相对衰弱的菌胶团细菌恢复活性之前，就迅速增殖，而发生丝状菌污泥膨胀。

5.1.5 腐化和酸化废水

废水如果储存或在排水管道、初沉池中停留时间过长，会出现硝化反应，这样的废水容易引起污泥膨胀。这主要有两个原因：第一，废水长时间储存，受到微生物的分解，不溶性物质转变为可溶性物质，高分子物质分解为低分子物质，产生低分子有机酸，由前面介绍可知，这样的废水容易引起污泥膨胀。第二，在厌氧条件下(如厌氧沼气发酵)，废水中的含硫物质被分解，产生硫化氢。贝氏硫细菌等丝状菌可将硫化氢加以氧化并以元素硫的形式蓄于菌体内，从而引起丝状菌污泥膨胀[11]。

5.1.6 脂类

最近一些学者的研究表明：在厌氧条件下，*M. parvicella* 可以吸收和储存油酸等长链脂肪酸。*M. parvicella* 可利用细胞表面结合的脂肪酶分解脂肪内含有的油酸。还有些调查发现当进水中含有脂类时，诺卡氏菌也易大量生长。

5.2 环境条件

5.2.1 温度

温度是影响微生物生长与生存的重要因素之一，每种微生物都有各自的适宜生长温度。在一定的温度范围内，随着温度的上升，细菌生长加速。各种微生物都有最低、最高生长温度。如球衣菌的适宜生长温度在30℃左右，在15℃以下生长不良。丝硫菌、贝氏硫细菌的适宜生长温度亦为30～36℃。通常认为，活性污泥系统曝气池的水温在正常温度范围内(8～25℃)，随着温度的提高，丝状菌生长速度加快。

活性污泥是一个由多种微生物组成的混杂群体。各种微生物的最适生长温度范围和最低、最高生长温度点都不一致，在水温随季节变化时，存在着一个天然的驯化或淘汰过程，与变化的水温相适宜的微生物逐渐繁殖并不断增多。一般认为，在春季向夏季过渡期易于发生丝状菌膨胀现象。据有关经验介绍，在低温情况下，可能发生非丝状菌性膨胀。这主要因为，如废水中含糖类碳水化合物有较多时，微生物在代谢过程中来不及将有机物完全氧化消耗，而以多糖类高黏性物质储存起来，并形成菌体外高黏性物质覆盖和积累，从而导致了污泥的高黏性膨胀。国内外的实际工程经验都表明，在低温(10～15℃)、高 MCRT 的活性污泥系统中，*M. parvicella* 易大量生长，引发丝状菌污泥膨胀。另外，在寒冷天气曝气池的泡沫(foam)主要由 *M. parvicella* 引起，而夏季曝气池中的泡沫主要由 *N. limicola*

引起。

Eikelboom 研究发现，在高 MCRT 的氧化沟中，随着季节的变换，*M. parvicella* 和 0092 型丝状菌交替成为优势菌种。当温度低于 15℃，*M. parvicella* 是优势菌种；当温度高于 15℃，0092 型丝状菌成为优势菌种[3]。而低温和长链脂肪酸有利于 *M. parvicella* 的生长。Knoop 和 Kunst 的研究发现，*M. parvicella* 易在低有机负荷和低温下生长是脱氮除磷的污水处理厂中发生污泥膨胀和泡沫的重要原因[12]。其他学者的研究发现，*M. parvicella* 不但容易利用脂肪酸，还可利用蛋白质和碳水化合物。当温度大于 20℃，即使在有机负荷$<0.1kgBOD_5/(kgMLSS \cdot d)$的情况下，*M. parvicella* 也不能大量繁殖；当有机负荷$>0.2kgBOD_5/(kgMLSS \cdot d)$，即使温度小于 15℃，*M. parvicella* 也不能长期存在。

在采用活性污泥法处理造纸废水和制药废水的研究中，近期人们发现在 35℃以内，丝状菌生长速率随温度升高而升高。在 35～40℃时，随着温度升高，丝状菌生长受到越来越严重的抑制，而且丝状菌表现为分散生长，没有附着在活性污泥絮体之上。

大部分的丝状菌都是中温微生物，温度达到 40℃时，其生长停止。但是，0914 型丝状菌是耐热微生物，在 50℃的活性污泥系统中发现仍有 0914 型丝状菌存在。

最近的研究还表明，随着温度的升高，SVI 升高，Krishna 认为在温度高于 30℃条件下，发生的污泥膨胀主要是由于胞外多聚物增高而引发的非丝状菌污泥膨胀[13]。

国内的研究者发现当突然降温时，污泥的沉降性能变差。反应温度突然降低，微生物的代谢速率降低，部分有机碳源不能被充分利用，形成胞外多聚物，使活性污泥微生物表面覆盖了大量的高黏性物质。这些黏性物质属于多糖类，在分子中具有许多羟基，为此，其与水的结合力很强，致使污泥的结合水增多，其外观表现则为体积增大。另外，活性污泥微生物为了适应环境的突变可能分泌一些黏性物质将自己包裹保护起来，而这些分泌物能结合大量的水分，可使污泥絮体的结合水增多，使污泥沉降性能变差。活性污泥中糖类黏性物质浓度越大，相对黏度就越大，而当温度为 15～30℃时，相对黏度随温度的降低而略有升高。当活性污泥的相对黏度增大时，活性污泥的 SV 也随之增大，污泥沉降性能越差。所以，温度降低的幅度越大，或是最终降低到的温度越低（在 15℃以下），对活性污泥微生物正常生长代谢的影响就越大，其就有可能产生更多的黏性胞外多聚物，致使污泥沉降性更差。所以，当温度突然降低时，就很有可能发生非丝状菌污泥膨胀。

5.2.2 pH

活性污泥系统运行时，为了使活性污泥微生物正常发育、生长，曝气池的 pH

应保持在 6.5～8.0 的范围内。国内外研究报道，当进水中含有强酸(如工业含酸废水)，活性污泥混合液的 pH 低于 6.0，会出现真菌的大量生长，菌胶团细菌的生长受到抑制。pH 降至 4.5 时，真菌将完全占优势，原生动物大部分消失，严重影响污泥的沉降、分离和出水水质。pH 超过 11 时，活性污泥即会破坏，处理效果显著下降。也有研究表明，球衣菌属的适宜 pH 为 6.5～7.6，在这种条件下，容易发生丝状菌污泥膨胀。而白地霉可能在 pH 为 3～12 的范围内进行增殖。

一些具有硝化阶段的活性污泥系统处理低碱度废水时也会出现低 pH 现象，但是在这种情况下从来都没有观察到真菌引起的污泥膨胀。当上游工业废水预处理过程中出现大量真菌时，就有可能引起丝状菌污泥膨胀。还有研究表明，在工业废水处理工程中，过高或过低的 pH 不一定会引起污泥膨胀，但是会使污泥解絮、抑制污泥活性或发生污泥上浮。

5.2.3 溶解氧

当曝气池中溶解氧浓度较低时，容易发生污泥膨胀[14]。一般情况，较低的溶解氧浓度不利于好氧菌的生长，虽然丝状菌也是好氧菌，但与其他菌胶团细菌相比，其具有较长的菌丝，比表面积大，对氧的亲和能力更强，所以更易夺得溶解氧进行生长繁殖，故在低氧环境中，他们仍可在竞争中取得优势，发生丝状菌污泥膨胀。另外，即使在相当长时间内保持在厌氧状态下，它们也不会失去活力，一旦恢复好氧状态，它们就会重新生长繁殖。

在低 DO 条件下，1701 型、*S. natans*、*H. hydrossis* 和 *M. parvicella* 丝状菌易于生长。低 DO 条件下，当 MCRTs 在 2～10 天时，有利于 1701 型、*S. natans* 和 *H. hydrossis* 的生长；当 MCRTs 较高时(接近 12 天)，有利于 *M. parvicella* 的生长。

Palm 以沉淀后的市政污水为进水，在连续进水的完全混合曝气池中，进行了低 DO 引起污泥膨胀的实验室规模的试验[15]。在控制 *S. natans* 菌种过量生长所导致的污泥膨胀过程中，Palm 发现 DO 浓度和 F/M 有很大的相关性。F/M 越高，所需的 DO 浓度越高。根据试验结果绘制了在控制低 DO 引起的污泥膨胀过程中，不同 F/M 和 DO 浓度的关系图。图 5-1 确定了发生污泥膨胀和未发生污泥膨胀时 F/M 和 DO 浓度范围。图中给出了在不同污泥负荷条件下防止污泥膨胀的 DO“安全运行曲线”，即在试验得到的未发生污泥膨胀的 DO 浓度上再加上 0.5mg/L 的安全量。总之，当 DO 浓度成为限制因素时，任何有机负荷条件下都有可能发生污泥膨胀；同样，只要负荷足够高，任何 DO 浓度条件下也可发生膨胀，随着工艺负荷的增长，微生物耗氧速率加快，为保证 DO 能够扩散到絮体颗粒内部，就要提高溶液中的 DO 浓度。需要说明的一点，图所示的“安全运行曲线”如果以左侧负荷来表示只是适用于 Palm 当时试验室试验的特定情况[15]，其他处理系统只能以此值作为参考值。Palm 后来又改进该试验，采用耗氧速率来表示(如图右侧纵坐标)，这样该“安全运行曲线”即可用于其他处理系统。

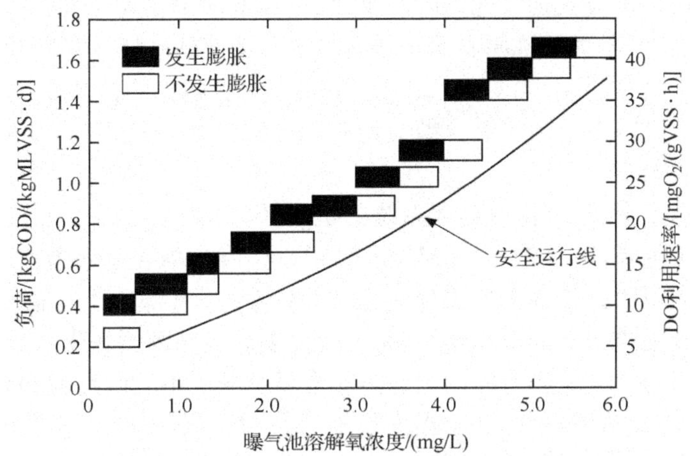

图 5-1　发生污泥膨胀和未发生污泥膨胀时 F/M 和 DO 浓度

根据图 5-1 所示的“安全运行曲线”，解决低 DO 引起的污泥膨胀，似乎非常简单，要么降低污泥负荷，要么提高 DO 浓度。虽然概念上容易理解，但实际操作起来却非常困难，必须要考虑到运行成本、实际设计的最大曝气量等一系列问题。

国内外的研究者都发现可以通过调整 F/M 和 DO 浓度可以控制低 DO 引起的污泥膨胀，但是控制污泥膨胀，恢复污泥良好的沉降性能所需要的时间比发生膨胀所需的时间更长。通过提高 DO 浓度来控制低 DO 引起的污泥膨胀需要 2～3 个污泥龄。也就是说若某污水处理系统的污泥龄为 10 天，则需要 20～30 天才能将过量的丝状菌淘汰掉，使丝状菌数量恢复原有水平，恢复原来良好的污泥沉降性能。

5.3　运行条件与工况

5.3.1　污泥负荷

荷兰微生物学家 Mulder 于 1980 年提出了两种可能引起丝状菌膨胀的条件[2]：①高负荷缺氧说，即废水的浓度高，微生物在高负荷下消耗大量氧气，造成水中缺氧或低氧条件，抑制了菌胶团细菌的生长，而有利于能耐受低氧的球衣菌的大量繁殖；②低负荷说，即进水浓度低，污泥处于极低负荷时，絮凝体中的菌胶团细菌得不到足够的营养，而交织于絮凝体中的球衣菌却形成长长的丝状体从絮粒中伸出，以增加表面积，充分吸收环境中的低浓度的营养。因丝状体的伸出，造成絮粒架空，导致比重减轻，沉降困难，发生污泥膨胀。低负荷引起污泥膨胀是公认的事实。

冲击负荷是指流入曝气池内的废水量、浓度和水质成分等的突然变化。当负荷突增时，活性污泥法系统原有的正常运行状态将遭到破坏，污泥中的原有生态将失去平衡，生物相也将发生变化。这种情况下，丝状微生物往往易于适应，尽快恢复活动，进行繁殖，而若当水质含糖类物质及可溶性成分较多时，就易于发生丝状菌性污泥膨胀[16]。

水量突然变大时，当活性污泥系统的机动性较小时，会出现污泥流失，而使曝气池内污泥浓度降低，低浓度的 MLSS 既可以引发丝状菌污泥膨胀，也可能引起非丝状菌污泥膨胀。当废水的成分变化时，就有可能有部分不能被氧化分解的物质以高黏性多糖类的形式被积蓄，则有可能发生非丝状菌污泥膨胀。

污泥负荷与污泥膨胀之间的关系是非常复杂的。不同研究者的研究结果大相径庭，在同样的负荷下，有的处于膨胀状态，而另外的研究中却表明污泥沉降性能良好。这主要是因为其他诸多因素如污水性质、运行条件等同时影响着污泥沉降性能。研究者的研究条件不同，因此不免得出不同甚至相互矛盾的结果。

5.3.2 反应器类型及流态

人们很早就认识到曝气池的类型和流态对污泥的沉降性能有很大的影响。1914 年由 Arden 和 Lokett 在英国的曼彻斯特市建造的第一个活性污泥法污水处理厂的运行方式为充-排式，但由于受到当时技术条件的限制，操作繁琐。所以当连续进水的推流式活性污泥工艺出现时，很快将其取而代之。可是人们很快发现，采用连续流之后出现了污泥沉降性能变差的问题。Donaldson[17]首先提出推流式曝气池中活性污泥的返混现象(返混现象改变了曝气池内的水力特性，使活性污泥处于完全混合状态)是促使污泥膨胀的一个重要原因。他提出通过将推流曝气池分隔成不同的格室，来改善污泥的沉降性能。流态影响的关键是底物的浓度梯度，当人们意识到这点时，又重新开始重视 SBR，并开发了带有选择器的活性污泥工艺。

Rensink[18]曾在三种不同流态(间歇式、推流式和完全混合式)的活性污泥试验模型中进行了对比试验，结果表明，反应器的类型对丝状菌的生长有很大的影响。在完全混合曝气池中，有机负荷在 0.1～0.5BOD_5/(kgMLSS · d)发生污泥膨胀；在推流式曝气池中，污泥负荷大于 0.5BOD_5/(kgMLSS · d)才发生膨胀；上述条件下，间歇式反应器都没有发生污泥膨胀。众多的研究者都发现，在同样负荷条件下，间歇式最不容易发生污泥膨胀，而完全混合式最易发生污泥膨胀，推流式反应器介于两者之间。

在采用均匀曝气、连续进水的完全混合式曝气池中常出现的丝状菌有 021N

型、*Thiothrix* 菌种、*S. natans*、*N. limicola* Ⅱ、1701 型、*H. hydrossis*、1851 型和诺卡氏菌。可以通过在曝气池进水端设立一个高负荷区，如选择器来抑制上述丝状菌的过量成长。当将选择器或曝气池分格或采用缺氧（或厌氧）选择器时效果更好。

在采用限量曝气或初始反应段不曝气的 SBR 系统中，上述丝状菌也可以得到抑制。当采用非限量曝气方式，即边进水边曝气时，则不能防止上述丝状菌引起的污泥膨胀。

还有一些高 MCRT（低负荷）的丝状菌（*M. parvicella*、0092 型、0041 型和 0675 型丝状菌）可以生长在首端设有不曝气区（缺氧区或厌氧区）的曝气池中。这就解释了为什么许多研究者发现缺氧或厌氧选择器并不能很好的控制污泥膨胀或是曾经被广泛推荐、认为能有效控制污泥膨胀的硝化/反硝化或强化除磷的污水处理系统内也会出现污泥膨胀问题。

一般来说，初沉池停留时间长的污水处理厂采用完全混合式曝气池和沿程分散进水的曝气池易引起污泥膨胀的发生。

5.3.3　进水方式

废水的进水方式主要分为连续进水和间歇进水（不连续进水）两种。连续流的活性污泥工艺通常采用连续进水；SBR 工艺通常采用间歇进水。在连续流反应器内，底物浓度沿反应器池长，在空间上出现浓度梯度；而在 SBR 反应器内，底物浓度随时间出现浓度梯度。一般认为间歇进水可控制污泥膨胀，其原理类似于在连续流反应器首端增设选择器。

如前所述，021N 型、*Thiothrix* 菌种、*S. natans*、*N. limicola* Ⅱ、1701 型、*H. hydrossis*、1851 型和诺卡氏菌可在连续进水的污水处理系统内存在，一般不在间歇进水的处理系统内存在（特别是当进水区或进水阶段不曝气）。但是间歇进水不能控制 *M. parvicella*、0092 型、0041 型和 0675 型丝状菌引起的污泥膨胀。

5.3.4　曝气方法

曝气方法主要包括机械搅拌式、鼓风曝气式和两者并用三种形式。采用机械搅拌式曝气方法，曝气池的水温受气温影响很大，冬季水温有可能较低，就容易发生高黏性膨胀。鼓风曝气采用鼓风机或空气压缩机向曝气池内供氧，水温受季节影响相对较小，在有些国家，曝气池水温一年四季都在 15℃以上，所以这种曝气池整年都有发生丝状菌污泥膨胀的危险。

5.3.5　污泥龄的控制

很多种丝状菌的 MCRT（污泥龄）范围相当宽，如 021N 型、*Thiothrix* 菌种、

S. natans、*N. limicola* Ⅱ、1701 型、*H. hydrossis* 和诺卡氏菌；另一类丝状菌只在高 MCRT(低 *F/M*)的条件下存在，如 *M. parvicella*、0092 型、0041 型、1851 型、0914 型、0803 型、0581 型和 0675 型丝状菌；还有两种丝状菌 0411 型和 1863 型在 MCRT≤2d(高 *F/M*)的条件下生长良好。当废水中含有高浓度的相对分子质量低的有机酸时，有利于 0411 型丝状菌的生长；而废水中含有疏水性底物(如油和油脂)时，有利于 1863 型丝状菌的生长。

表 5-1 总结了几种常见丝状菌 MCRT 的大概范围和相应的 *F/M*[3]。

表 5-1　活性污泥中几种丝状菌的 MCRT 和 *F/M*

MCRT/d	1.9	2.2	2.5	3.0	4.0	5.0	8.0	20	50
F/M/[kgBOD_5/(kgMLSS·d)]	0.8	0.7	0.6	0.5	0.4	0.3	0.2	0.1	0.05
1701 型			—	—	—	—	—		
S. natans				—	—	—	—		
H. hydrossis			—	—	—	—	—	—	
Thiothrix			—	—	—	—	—		
021N 型					—	—	—	—	
Nocardioforms			—	—	—	—	—	—	
0411 型				—	—	—	—		
N. limicola Ⅱ				—	—	—	—	—	
1863 型					—	—			
0041 型							—	—	
0675 型							—	—	
M. parvicella							—	—	
0581 型								—	
0803 型								—	
0914 型								—	
1851 型								—	
0092 型								—	

主要参考文献

[1] Clayton J A, Ekama G A, Wentzel M C, Marais G V R. Denitrification kinetics in biological nitrogen and phosphorus removal activated sludge systems treating municipal wastewater. Water Science and Technology, 1991, 23(4-6):1025-1035

[2] Jenkins D, Richard M G, Daigger G T. Manual on the causes and control of activated sludge bulking and

other solids separation problems. London: IWA Publishing, 2004

[3] Eikelboom D H. Process control of activated sludge plants by microscopic investigation. London: IWA Publishing, 2000

[4] Blackbeard J R, Gabb D M D, Ekama G A, Marais G V. Identification of filamentous organisms in nutrient removal activated sludge plants in South Africa. Water Sa, 1988, 14(1):29-33

[5] Switzenbaum M S, Plante T R, Woodworth B K. Filamentous bulking in Massachusetts: Extent of the problem and casestudies. Water Science and Technology, 1992, 25(4-5):265-271

[6] 高春娣，彭永臻，潼川哲夫，彭峰，杨庆. 营养物质缺乏引起的丝状菌污泥膨胀及其控制. 水处理技术，2003，(03):159-162

[7] Wanner J, Kragelund C, Nielsen P H. Microbiology of bulking. *In*: Microbial Ecology of Activated Sludge. London: IWA Publishing; 2010, 191-214

[8] Sheker R E, Aris R M, Shieh W K. The effects of fill strategies on SBR performance under nitrogen deficiency and rich conditions. Water Science and Technology, 1993, 28(10):259-266

[9] 田口广. 活性污泥膨胀与控制对策. 孙玉修，蔡汉弟译. 北京：中国建筑工业出版社，1981

[10] Grau P, DaRin B P. Management of toxicity effects in a large wastewater treatment plant. Water Science and Technology, 1997, 36(2-3):1-8

[11] Aesoy A, Odegaard H, Bentzen G. The effect of sulphide and organic matter on the nitrification activity in a biofilm process. Water Science and Technology, 1998, 37(1):115-122

[12] Knoop S, Kunst S. Influence of temperature and sludge loading on activated sludge settling, especially on *Microthrix parvicella*. Water Science and Technology, 1998, 37(4-5):27-35

[13] Krishna C, van Loosdrecht M C M. Effect of temperature on storage polymers and settleability of activated sludge. Water Research, 1999, 33(10):2374-2382

[14] Gaval G, Pernelle J J. Impact of the repetition of oxygen deficiencies on the filamentous bacteria proliferation in activated sludge. Water Research, 2003, 37(9):1991-2000

[15] Palm J C, Jenkins D, Parker D S. Relationship between organic loading, dissolved-oxygen concentration and sludge settleability in the completely-mixed activatedsludge process. Journal Water Pollution Control Federation, 1980, 52(10):2484-2506

[16] 张相忠，王淑莹，陈滢，刘敏，彭永臻. 污泥膨胀的研究. 哈尔滨商业大学学报（自然科学版），2002，(04):464-467

[17] Donaldson W. Using of activated sludge increasing. Civil Eng, 1932, 2(3):167-169

[18] Rensink J H. New approach to preventing bulking sludge. Journal Water Pollution Control Federation, 1974, 46(8):1888-1894

第 6 章　污泥膨胀的预防与控制

第 3～5 章重点介绍了丝状菌的微生物学、引发污泥膨胀的成因和污泥膨胀的机理，研究和了解这些知识主要目的是实现污泥膨胀的预防与控制。尽管国内外对污泥膨胀投入了大量的研究，污泥膨胀仍普遍发生，污泥膨胀的预防与控制仍然是污泥处理厂稳定运行首当其冲的问题。如何通过合理的工艺设计和调控运行，对污泥膨胀的发生起到预防，或者在污泥膨胀发生后及时地采取有效措施，改善污泥沉降性能，不仅是该领域研究的重点，也是污水处理厂运行员工最关心的问题。本章主要介绍目前国内外预防与控制污泥膨胀的一些措施和手段，主要包括以生物选择器为代表的特异解决方法(specific control methods)和以投加药剂为代表的非特异解决方法(non-specific control methods)。此外，本章对生物泡沫和非丝状菌污泥膨胀等泥水分离问题的预防与控制也进行了探讨。

6.1　生物选择器

生物选择器(selector)是在捷克学者 Chudoba 于 1973 年提出的动力学选择理论的基础下开发出来用于控制污泥膨胀的技术。而所谓生物选择器，就是使选择器内的生态环境有利于选择性地发展菌胶团菌，应用生物竞争机制抑制丝状菌的过度生长和繁殖，从而控制污泥膨胀的发生和发展。

6.1.1　生物选择器的分类

生物选择器根据运行条件的不同，可分为：好氧选择器、缺氧选择器、厌氧选择器，以及厌氧、缺氧串联组合选择器。如何选择生物选择器要根据具体的处理水质、流态、工艺类型等运行条件来合理选择。然而，无论哪一种生物选择器，都不能适用于所有类型的丝状菌污泥膨胀。下面分别介绍好氧选择器、缺氧选择器和厌氧选择器这三种选择器的机理。

1. 好氧选择器

好氧选择器(aerobic selector)属于动力型选择器。当底物浓度高时，菌胶团菌的比生长速率大于丝状菌($\mu_{floc}>\mu_{fil}$)，菌胶团菌在竞争中占优势；反之，当底物浓度低时，丝状菌的比生长速率大于菌胶团菌($\mu_{fil}>\mu_{floc}$)，丝状菌在竞争中占优势。这里说的底物既指有机物，又指氮、磷等营养元素和溶解氧，因此可以看出，丝状菌更“饥饿”，对恶劣环境更具有抵抗能力。正是利用以上原理开发出好氧生物选择器，引入浓度梯度的概念，使得选择器进水端具有较高的污泥负荷。

好氧生物选择器的设计要注意两点，其一，要求流态最好是推流，若是多格串联，也要求 5 格以上。其二，选择器的容积是关键，容积过小，不足以去除大部分易降解有机物，使其进入主反应区；容积过大，又使得浓度梯度降低，不利于菌胶团菌的生长。选择器容积是通过污泥负荷来计算的，而合理的污泥负荷值最好通过 $\mu \sim S$ 曲线来求得，在没有资料的情况下可以选择以下的推荐值，以 COD 表示为 3kgCOD/(kgMLSS · d)；以 BOD_5 表示为 1.75kgBOD_5/(kgMLSS · d)。这里说的污泥负荷是指选择器的平均负荷。

2. 缺氧选择器

缺氧选择器(anoxic selector)与系统反硝化所设计的缺氧池的重大区别在于两者的目的不同：设置选择器的目的在于控制系统污泥膨胀，改善污泥的沉降性能；而缺氧池是为了实现反硝化，降低出水中的硝酸盐氮浓度。

在缺氧选择器中，反硝化细菌利用易降解有机物作为电子供体(electron donor)，利用硝酸盐(NO_3^-)作为电子受体，获得迅速增殖，该过程称作反硝化(denitrification)。大多数丝状菌能有效地利用易降解有机物，但不能利用硝酸盐(NO_3^-)作为电子受体，所以，如果污水中所含有的易降解有机物在缺氧段被去除，则丝状菌的生长将被抑制。由于反硝化细菌属于菌胶团菌，因此，该过程控制了污泥膨胀的发生。

缺氧选择器既可以设计成推流式，也可以设计成完全混合式，而推流式效率更高，是因为推流式创造出的浓度梯度更有利于反硝化细菌的生长。

同好氧选择器一样，缺氧选择器也可以利用污泥负荷来设计，按照国外有关文献介绍，污泥负荷可取 0.7～1.0kgBOD_5/(kgMLSS · d)，对可降解 COD 负荷值为 1.2～1.7kgCOD/(kgMLSS · d)。对缺氧选择器来说，其作用是去除大量易降解有机物，从而使得进入好氧段的该类物质减少。在其他环境条件一定时，其选择效果与进入选择器的硝酸盐浓度有关：硝酸盐浓度越高，进入好氧段的易降解有机物越少，也就是说，希望此时硝酸盐过剩。另外，由于易降解有机物的去除非常迅速，因此，缺氧选择器容积较小。

对于以反硝化为目的的缺氧池来说，情况正好相反，希望有机物过剩，因为此时反硝化效果好，出水硝酸盐浓度低。但由于大多数城市污水受有机物限制，为了彻底去除硝态氮，除了利用水中易降解有机物外，尚需利用水中慢速降解有机物。慢速降解有机物被反硝化细菌利用之前，尚需经过水解反应，而缺氧条件下的水解反应速度较慢，因此相对于生物选择器，缺氧池通常需要较大的池容。

3. 厌氧选择器

同上面的情况类似，厌氧选择器(anaerobic selector)的目的是通过有效去除(此处是吸附)易降解有机物，达到控制污泥膨胀的目的；而厌氧池的目的是为了除磷。

在厌氧选择器中，聚磷菌(PAO)释放体内的聚磷作为能源，迅速吸附进水中的易降解有机物，特别是挥发性脂肪酸(VFAs)，而丝状菌和其他异养菌则没有这项功能；在后面的好氧环境下，有机物浓度降低，在同其他细菌的竞争中，聚磷菌由于吸附了大量的有机物，从而处于绝对优势。由于 PAO 也属于菌胶团菌，因此厌氧选择器具有控制污泥膨胀的作用。

同缺氧选择器一样，厌氧选择器也是代谢型选择器，所不同的是聚磷菌在选择器内只是完成了吸附过程，其增殖过程是在后面的主反应区(好氧区)完成的。

由于聚磷菌对溶解性有机物的吸附速度较快，因此厌氧选择器可设计成较小的容积，以泥龄计为 0.5～1.0d，设计中有时以水力停留时间来计算，为 40～60min。

作为选择器来说，希望磷过剩，此时选择效果好。该过程反应快，所需池容小。而作为厌氧池，希望有机物过剩，此时，出水磷浓度较低。

由于城市污水成分复杂，厌氧池泥龄的选择受进水水质的限制，若进水中含有大量 VFAs，则 PAO 对 VFAs 的吸附可迅速完成，此时，厌氧池需要较短的泥龄；而如果进水中仅有一部分 VFAs，则需要有机物在厌氧段进行发酵反应产生 VFAs，由于发酵反应速度慢，因此发酵反应成为厌氧段泥龄设计的控制因素。在 20℃时，若所需要的 VFAs 存在于进水中，则厌氧泥龄可短至 0.5d；若进水中不含有 VFAs，但含有易降解有机物通过发酵反应足以产生所需要的 VFAs，则厌氧泥龄大约为 1.5d；若进水中含有部分 VFAs，但仍需要部分发酵，则泥龄为 0.5～1.5d，这取决于 VFAs 含量。另一方面，若易降解物质数量不充足，则慢速降解有机物尚需要水解反应，再通过发酵反应生成 VFAs，此时厌氧泥龄更长，约 2.5～3d。

6.1.2 生物选择器的设计

生物选择器的设计可分为基于动力学模型的设计准则和经验设计准则。由于基于动力学模型的设计准则所需的动力学参数很难获得且难以精确，大多情况下优先选用经验设计准则。下面分别详细介绍这两种设计准则。

1. 基于生物动力学模型的设计准则

该准则首先是由 Niekerk 于 1988 年提出的，主要基于对生物选择器的数学描述，该描述中丝状菌和菌胶团菌的生长速率满足 Monad 方程。在高底物浓度条件下菌胶团菌将获得更高的生长速率，而在低底物浓度条件下丝状菌将获得更高的生长速率。通过求解生物选择器、反应器和二沉池内的一系列物料平衡方程，可得到最优的生物选择器的停留时间。

Kappeler 和 Gujer 在 1994 年又提出了另外一个关于丝状菌和菌胶团菌竞争的数学模型来用于生物选择器的设计。该模型主要考虑了进水 COD 的不同成分和接种污泥中丝状菌和菌胶团菌的比例。该模型力求使选择器的设计能达到减少主反应器丝状菌丰度的目的。通过给定的动力学参数和化学计量学参数，可模拟不同污泥龄、不同接种污泥等条件下选择器的体积。模拟结果表明，在典型的运行条件下，最优的生物选择器的体积一般为整个系统（曝气池和选择器体积之和）体积的 5%～10%。

但是基于生物动力学模型的设计准则的最大缺点是设计方法基于大量的动力学参数和化学计量学参数，而这些参数一般很难试验获得。

2. 基于经验的设计准则

经验设计准则涉及两个重要的设计参数分别为选择器水力停留时间（或接触时间）和选择器污泥负荷，各自的表达式如下所示。

1）选择器水力停留时间 t

$$t=\frac{Q+Q_R}{V_{SEL}} \tag{6-1}$$

式中，Q 为进水流量，m^3/d；Q_R 为污泥回流量，m^3/d；V_{SEL} 为选择器体积，m^3。

2）选择器污泥负荷 N_X

$$N_X=\frac{Q\times S_0}{V_{SEL}\times X} \tag{6-2}$$

式中，Q 为进水流量，m^3/d；S_0 为进水中底物浓度，COD mg/L；V_{SEL} 为选择器体积，m^3；X 为污泥浓度，mg/L。

相对于好氧生物选择器，缺氧和厌氧生物选择器具有更好的生物选择作用。究其原因，主要是很少有丝状菌能在缺氧或厌氧条件下利用其他电子受体，而不是氧气进行代谢。目前报道的能在缺氧或厌氧的条件下仍然能生长繁殖的丝状菌很少，主要有 *M. parvicella* 和 0092 型丝状菌。

在实际中采用缺氧或厌氧选择器必须满足以下条件：①当采用缺氧生物选择器时，主反应区需完成硝化，能为生物选择器提供所需的硝态氮；②在厌氧选择器内必须完成 COD 的快速去除，用于生物放磷。

表 6-1 和表 6-2 分别给出了文献中推荐的好氧生物选择器的水力停留时间和污泥负荷值，表 6-3 给出了缺氧选择器的水力停留时间和污泥负荷值。

表 6-1 文献中报道的好氧选择器水力停留时间

水力停留时间/min	参考文献
15	[1]
10～12	[2]
10～15	[3]
15	[4]
＞10	[5]
10～30	[6]
11	[7]
10～13	[8]

表 6-2 文献中报道的好氧选择器污泥负荷值

污泥负荷/[kgBOD_5(kgMLSS・d)]或[kgCOD/(kgMLSS・d)]	参考文献
＞20 (COD)	[9]
3 (BOD_5),20 (COD)	[2]
＞3	[10]
5～6 (BOD_5)	[11]
3.2～4.9 (BOD_5)	[12]
3 (BOD_5)	[13]
2～5 (BOD_5)	[14]
4.2 (COD)	[15]
1.8～2.7 (BOD_5)	[16]

表 6-3 文献中报道的缺氧选择器污泥负荷值

参数	推荐值	参考文献
接触时间	10～30 min	[16]
污泥负荷	2～6kgCOD/(kgMLSS・d)	[17]
接触时间	17～22 min	[18]
污泥负荷	0.8～1.2kgCOD/(kgMLSS・d)	[19]

生物选择器的设计还应注意以下几点。

1) 选择器需分格设计

当水力停留时间相同时，选择器的分格数越多则对丝状菌生长的抑制效果就越好，但分格过多将给施工和运行管理带来不便，一般的选择器分格数为 4～6 格。

2）尽量提高选择器第一格中的 F/M 值

研究证明，选择器中第一格的微生物组成和特性对抑制丝状菌的生长有重要影响。若第一格中的 F/M 值很大便能有效地抑制丝状菌的生长，并保证后续曝气池中污泥良好的沉降性能。

3）选择器的水力停留时间

污水在选择器中的停留时间以回流污泥能吸收 80%～90%的可溶性有机基质为宜。若停留时间过短则可溶性有机物在选择器中被菌胶团微生物吸收的较少，从而不能有效地抑制丝状菌的生长；若停留时间过长则会造成选择器中微生物活性梯度的增大，同时也增加了运行费用。对城市污水或与其水质相似的工业废水而言，污水在选择器中的水力停留时间一般为 5～30min（通常为 20min 左右）。

4）增加曝气池的水力停留时间

由于选择器主要是利用活性污泥中菌胶团对可溶性有机物的吸附作用来抑制丝状菌的生长，因而为使回流到选择器中的活性污泥具有较高的对有机基质的吸附活性（根据积累再生理论），就必须要求活性污泥在曝气池中将吸收进入细胞体内的有机物充分代谢，即要求有足够的曝气时间。曝气时间较长能使回流污泥处于饥饿状态，活性污泥进入选择器后便能很快地吸附污水中的有机基质，从而选择性地使菌胶团微生物成为曝气池中的优势菌而得到优势生长。在处理城市污水和与其水质相近的工业废水时，完全混合曝气池的曝气时间一般为 5～6h（废水的浓度较高时则应适当延长曝气时间）。

6.1.3　生物选择器的应用

生物选择器的理念广泛应用于市政污水处理和工业废水处理中，当采用推流式工艺时，如 A/O、A^2/O 工艺，其前段作用类同于生物选择器，一般不用单独再设置；氧化沟工艺形式繁多，选择器的设置与否除了考虑流态外，还应考虑其进水性质。像 Orbal 氧化沟，建议最好设置生物选择器；SBR 工艺中，像传统 SBR 工艺，其注水期相对于反应期时间较短，反应开始污泥负荷较高，此类反应期一般无须设置单独的选择器，但近年来在市政污水领域获得广泛应用的 CASS、CAST 类工艺，由于其注水期较长，有时等同于反应期，其污泥负荷较低，此类 SBR 工艺一般应设置生物选择器。

对于工业废水，由于不满足缺氧、厌氧选择器的应用条件（缺少氮、磷），一般选用好氧选择器对于市政污水，其选择器的形式一般结合系统除磷脱氮的要求综合考虑。

6.2 低负荷污泥膨胀的控制

根据动力学选择理论，在底物浓度低的情况下丝状菌相对于菌胶团会优势生长；相反，当底物浓度高时菌胶团会优势生长。另一种解释丝状菌在底物浓度低时过剩生长的理论是扩散选择理论。根据该理论，由于扩散受到限制，在活性污泥絮体内部菌胶团可利用的底物浓度相对于丝状菌偏小。而这种底物浓度低的情况将会导致菌胶团的生长速率低于丝状菌的生长速率。因此，低负荷容易导致污泥膨胀的发生。一般情况下，当活性污泥系统中的污泥负荷为 0.05～0.10kgCOD/(kgVSS·d)时，好氧池中的COD会很低，这种情况在完全混合式反应器尤为多见(图 6-1)。

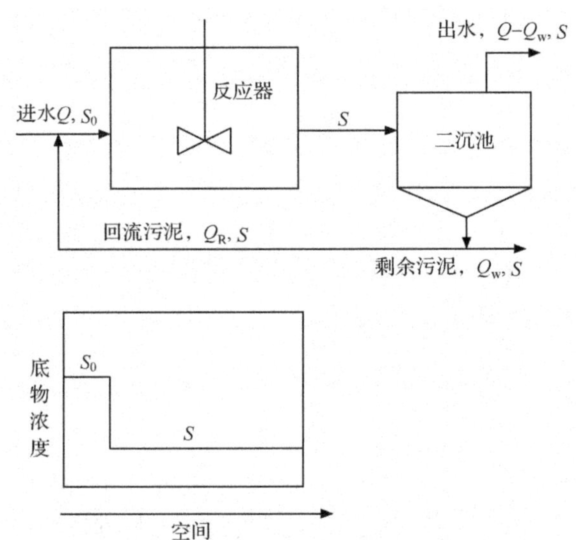

图 6-1 完全混合式的流程及底物浓度沿程变化示意图

针对低负荷引起的污泥膨胀，针对性的控制方法就是提高污泥负荷。而提高污泥负荷的方法可通过以下几种方式来实现：

(1) 加大排泥量，即缩短污泥龄。该方法可通过加大排泥量，来减低系统内的污泥浓度，提高单位污泥量所对应的底物浓度，这样会防止丝状菌相对菌胶团菌的优势生长，有效控制污泥膨胀。

(2) 加大进水量，即缩短水力停留时间。在条件允许的情况下，可以适当加大进水量，由于加大进水量会缩短 HRT，而 HRT 又与 COD-污泥负荷呈负相关性，这样也能变相提高污泥负荷，防止丝状菌的过量繁殖。

由于低负荷会带来高的 COD 去除率，因此由低负荷引起的污泥膨胀往往和好的活性污泥去除性能相关。为了防止污水处理厂的运行效果降低，目前比较行之有效的方法是在曝气池内形成底物浓度梯度。可以通过采用以下三种工艺来实现此目的：推流式反应器、序批式反应器(SBR)、接触池＋完全混合式反应器。

6.2.1　推流式反应器

在推流式反应器中，底物浓度随着反应器的流程依次降低，会呈现出浓度梯度(图 6-2)。而浓度梯度的出现有利于菌胶团菌相对于丝状菌的优势生长。基于动力学选择理论，在推流式反应器前段，由于底物浓度高，菌胶团菌将优势生长；在推流式反应器后段，由于底物浓度低，丝状菌将优势生长。但由于大部分的底物在前段被微生物利用，整体结果是推流式反应器有利于菌胶团菌优势生长。在实际污水处理厂，多设置多廊道来达到推流的效果，但这种多廊道的池子经常会由于好氧池内的曝气和缺氧或厌氧池内的搅拌而产生纵向上的混合，很难实现严格的推流运行。因此，在实际中多廊道的污水处理工艺很难有效的预防污泥膨胀，一般可以通过将廊道分隔化来取得好的结果。此外，还可以考虑在主反应区最前边设置一个生物选择器(图 6-3)。

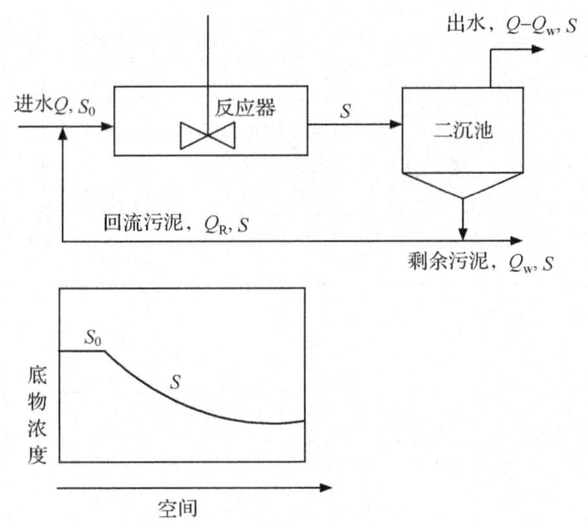

图 6-2　推流式反应器的流程及底物浓度沿程变化示意图

6.2.2　序批式反应器

SBR 法主要分为 5 个运行阶段，包括进水、反应、沉淀、排水和闲置，底物浓度会随时间变化(如图 6-4)。SBR 法在防止污泥膨胀方面的良好效能可从 SBR 法的反应阶段底物浓度的变化来分析。传统活性污泥法中的混合液流动状态实际上

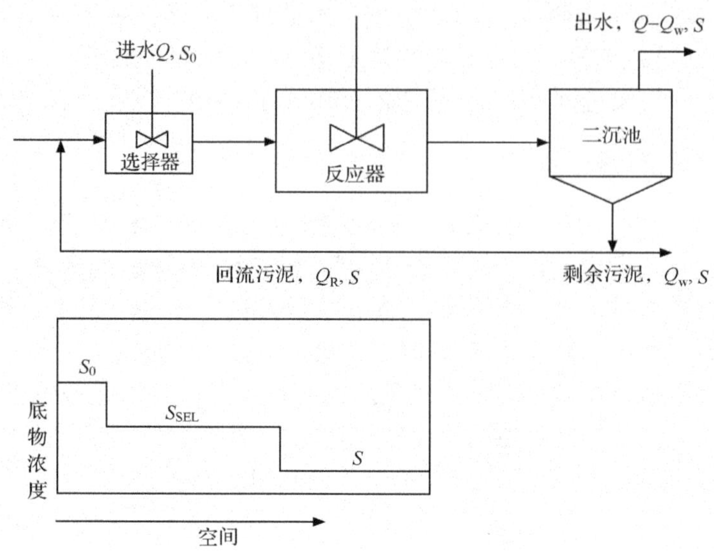

图 6-3　带有生物选择器的污水处理流程及底物浓度沿程变化示意图

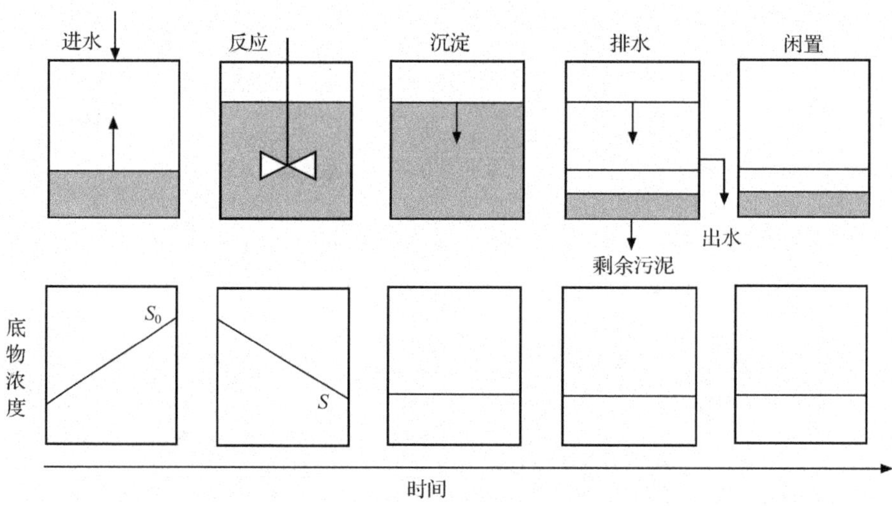

图 6-4　SBR 工艺流程及底物浓度随时间变化示意图

介于完全混合和理想推流式之间，其流态可用“离散度”(即 Peclect 数)来表示，它在完全混合方式时为零。在理想推流式时为无穷大。而 SBR 法中反应阶段的底物浓度变化相当于普通曝气池的分格数为无穷多，因而 SBR 工艺本身就是一个性能良好的防止污泥膨胀的选择器。此外，SBR 法还有如下几个特点：① 在进水阶段和反应阶段开始时，反应器处于缺氧状态。这种环境利于抑制丝状菌的过量生长；② 由于 SBR 法去除底物的速率大，其污泥龄短，这也使得比增长速率较小的丝状菌不能很好地繁殖；③ SBR 法可以省去初沉池，则可相对地减少废水中溶解性底物的比例，同时增加了总固体量。

当然，预防与控制污泥膨胀最有效的办法是根据实际情况，因地制宜地选择合适的处理工艺，推荐采用上述的推流式反应器、SBR 工艺及带有生物选择器或接触池的工艺，避免对处理低浓度的生活污水采用单独的完全混合法。对目前国内较广泛采用的氧化沟工艺，由于该工艺一般采用较大的回流比，在理论上接近完全混合法，一般推荐在氧化沟前段设置缺氧或厌氧选择器来抑制污泥膨胀。

笔者课题组研究了在处理实际生活污水的过程中，低负荷对改良 A/O 工艺和 SBR 工艺中活性污泥的沉降性能的影响。下面是部分试验研究结果。

6.2.3　改良 A/O 工艺中低负荷引起的丝状菌污泥膨胀及控制

改良 A/O 工艺的主要目的是为了防止污泥膨胀。污水首先进入曝气池首端的缺氧选择器，可局部的提高 F/M 值，在此环境下，菌胶团细菌迅速摄取、转化并储存污水中的大部分营养物质，夺取了丝状菌的营养源。另外，菌胶团细菌在有硝酸盐存在的缺氧条件下，有比丝状菌高出两个数量级的基质利用率和硝酸盐还原速率。所以，通常认为缺氧选择器能够很好地控制污泥膨胀。

改良的 A/O 工艺示意图见图 6-5。曝气池首端有一缺氧区，起到选择器和反硝化脱氮的作用，没有设立单独内循环系统，通过回流污泥来提供反硝化所需的硝态氮。曝气池最大工作体积为 66L，出水堰可以调节，可以根据试验需要，对曝气池体积进行调节。曝气池内设有 10 道活动隔板，可以灵活拆卸，用以调节缺氧段和好氧段的体积。为了避免返混现象，在隔板上交错开孔，使水流如图 6-5 所示，为上下流。二沉池有效体积为 20.5L，采用中心管进水，周边溢流出水。通过调节蠕动泵的转速或改变泵管管径可以调节进水流量、回流污泥流量。

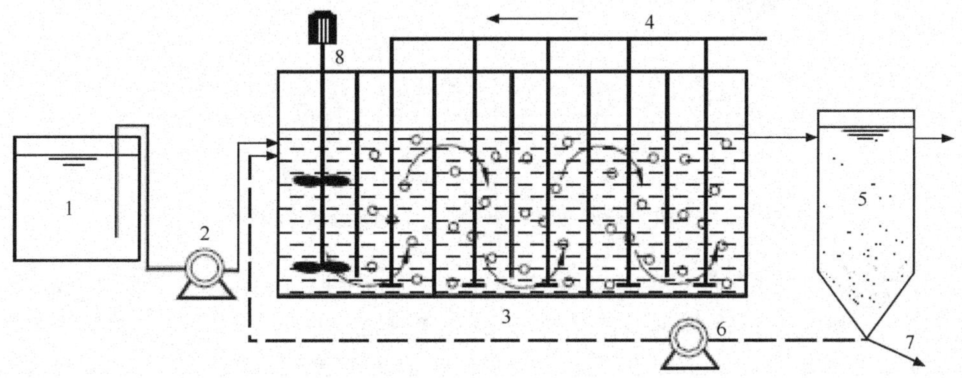

图 6-5　改良 A/O 工艺试验装置图

1. 贮水箱；2. 恒流进水泵；3. 曝气池；4. 曝气装置；5. 二沉池；6. 污泥回流泵；7. 排泥管；8. 搅拌器

试验过程中，保证溶解氧充足，曝气池好氧段溶解氧浓度在 2.0mg/L 以上，反应器内水温在 20～23℃，MLSS 维持在 3000mg/L 左右，污泥回流比为 100%。试验第一个星期，系统在有机负荷为 0.2kgBOD$_5$/(kgMLSS·d)条件下运行，水力停留时间为 7.1h，缺氧段停留时间为 1.2h。在这段时间内，污泥的沉降性能良好，SVI 始终维持在 100mL/g 左右。第二周开始，在其他条件一样的情况下，降低进水流量，将有机负荷降低到 0.1kgBOD$_5$/(kgMLSS·d)，水力停留时间延长到 14.3h。如图 6-6 所示，负荷降低后的第 4 天，SVI 就开始上升，第 10 天上升到 156.8mL/g，发生了污泥膨胀。SVI 进一步上升到 250mL/g 后，上升速度变慢。镜检观察，发现活性污泥中有大量丝状菌存在。由此可见，在低有机负荷的情况下，缺氧选择器并不一定能够完全预防丝状菌污泥膨胀。这主要因为，负荷太低(进水流量小或浓度低)，原水进入缺氧选择器后，即被稀释；而且，污泥回流液中的硝态氮在缺氧的情况下，进行反硝化也要消耗部分 COD，致使系统内的 COD 浓度梯度非常小，起不到抑制丝状菌过量繁殖的作用。后来的试验中，在低负荷条件下，将缺氧选择器改为好氧选择器或改变选择器体积，调整缺氧段停留时间，发现这些方法都不能预防丝状菌污泥膨胀的发生。另外，需要说明的是，污泥膨胀期间，由于二沉池体积相对较大，活性污泥在二沉池内停留时间较长(HRT=4.4h)，没有发生污泥流失现象，出水水质很好，出水清澈透明，悬浮物基本检测不出。

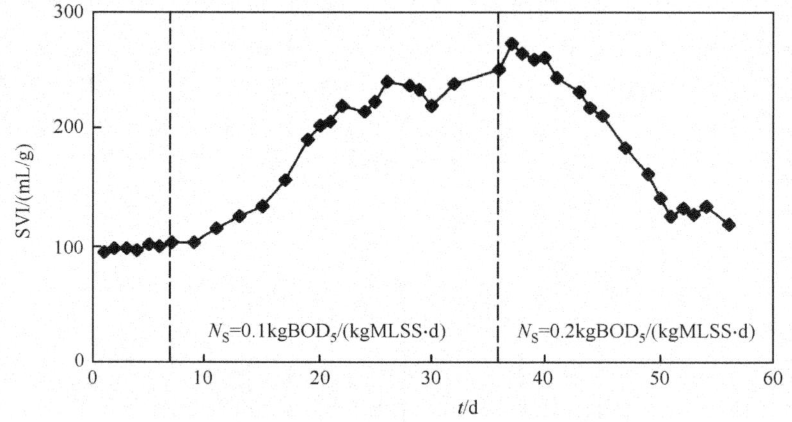

图 6-6 有机负荷对改良 A/O 工艺中污泥沉降性能的影响

对膨胀的活性污泥采取了两种控制方法。第一种是提高有机负荷，将进水流量调大，有机负荷仍恢复到原来的 0.2kgBOD$_5$/(kgMLSS·d)，SVI 开始下降，15 天之后，SVI 降到了 150mL/g 以下，污泥膨胀得到了控制。第二种方法是将从该系统内排出的剩余污泥，移入 SBR 反应器内，污泥浓度维持在 3000mg/L 左右，有机负荷为 0.2～0.3kgBOD$_5$/(kgMLSS·d)。在保证溶解氧充足的情况下，每天运行三个周期，每周期曝气 3h，沉淀 1.5h，排水 15min，每三个周期之间闲置 10h。12 天后，SVI 降低到 149mL/g(图 6-7)。采用这两种方法控制污泥膨胀的原理都是针对低负荷是引起污泥膨胀的原因，利用菌胶团细菌在高基质浓度下具有较强的竞争优势，生长速率比丝状菌快的特点，控制污泥膨胀。

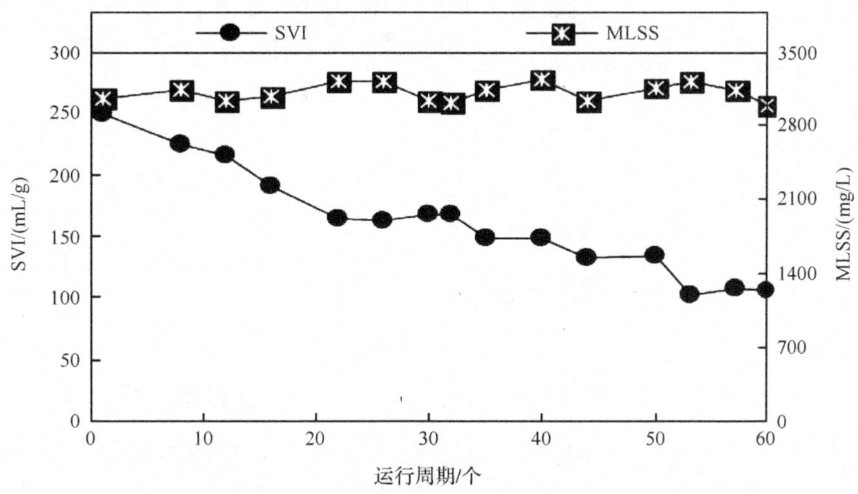

图 6-7　采用 SBR 工艺控制低负荷下改良 A/O 工艺中污泥膨胀

6.2.4　SBR 工艺中低负荷对活性污泥沉降性能的影响

采用 SBR 工艺处理生活污水。溶解氧浓度在 2.0mg/L 以上，反应器内水温为 20～23℃，MLSS 维持在 3000mg/L 左右。设定四个有机负荷即 0.16kgBOD_5/(kgMLSS · d)、0.11kgBOD_5/(kgMLSS · d)、0.08kgBOD_5/(kgMLSS · d)、0.03kgBOD_5/(kgMLSS · d)，其对应的曝气时间分别为 6h、8h、12h、24h。试验结果如图 6-8 所示，可以看出 SBR 工艺可以预防低负荷污泥膨胀，前三种负荷分别都运行了 22 周期，污泥沉降性能较好，SVI 值上升不大，没有发生污泥膨胀。由 6.2.3 节可知，当改良 A/O 工艺的负荷降低到 0.1kgBOD_5/(kgMLSS · d)时，发生了污泥膨胀。而在 SBR 工艺中，即使污泥负荷降低到 0.08kgBOD_5/(kgMLSS · d)仍然没有发生膨胀。这主要与 SBR 的工艺特点有关，虽然反应器内混合液呈完全混合状态，但其底物在时间上是一推流过程，形成较大的浓度梯度，反应初始的高有机物浓度，有利于菌胶团菌的优先生长，抑制了丝状菌的生长，起到预防污泥膨胀的作用。当曝气时间延长到 24h，运行了 3 周期后，出水 COD 开始升高，污泥浓度下降，出水浑浊。到第 7 周期，活性污泥因曝气时间过长，发生了污泥解体，出水 COD、SS 浓度都很高，丧失了去除有机污染物的能力(图 6-8)。在活性污泥工艺中，SVI 值并不是越低越好，尽管第四种负荷下，SVI 值较低，但处理效果很差，没有实际意义。

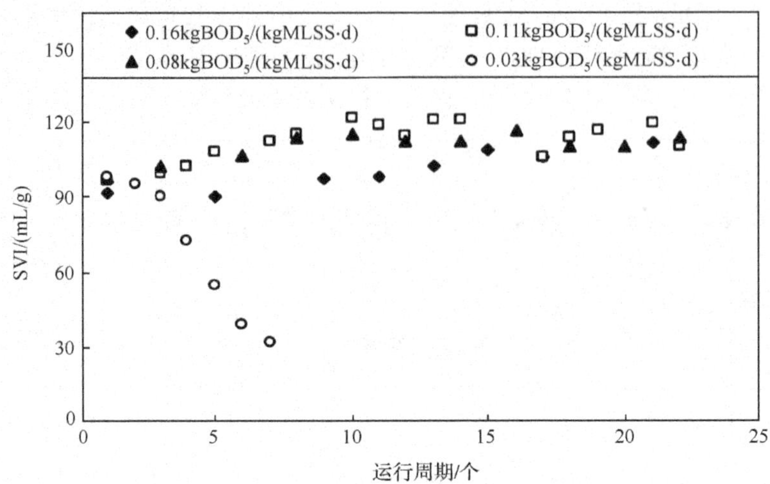

图 6-8 有机负荷对 SBR 工艺中活性污泥沉降性能的影响

由上可见，当论及有机负荷对活性污泥的沉降性能的影响时，一定要结合其所采用的工艺来考虑。SBR 工艺可以很好地预防低负荷引起的污泥膨胀；改良 A/O 工艺对低负荷污泥膨胀的预防能力相对较弱。

6.3 低溶解氧污泥膨胀的控制

6.3.1 控制污泥膨胀的最低 DO 值与 *F/M* 的关系

低溶解氧是引起污泥膨胀的最为常见的诱因之一。对于溶解氧对丝状菌和菌胶团菌的影响，可以通过设定 DO 为两种微生物生长唯一受限的底物，基于 Monad 方程来模拟研究。采用纯种的 1701 型和 *Sphaerotilus natans* 进行研究，发现这两种微生物的 DO 半饱和系数大约为 0.01～0.03mg/L，而纯种的菌胶团菌的 DO 半饱和系数为 0.07mg/L。虽然菌胶团菌相对于丝状菌具有较大的 DO 半饱和系数，但在常规的污水处理工艺中，DO 一般控制在 2.0mg/L 左右，因此，菌胶团菌和丝状菌均能正常生长，DO 不会成为限制性因素。但是，上述研究中给出的 DO 半饱和常数仅仅是真实的常数，并没有考虑 DO 扩散进絮体所需要的阻力。如果考虑到 DO 渗透或扩散进絮体内部需要克服较大的扩散阻力，则絮体内部的 DO 浓度很可能成为菌胶团生长受限的因素。然而，由于丝状菌扩散在絮体外围，很容易接触到 DO，DO 不会成为丝状菌生长受限的因素。如果采用 Monad 方程来描述 DO 对丝状菌和菌胶团生长和竞争的影响时，必须选用一个表观的 DO 半饱和系数，该系数应该比真实的常数大，而且菌胶团菌的 DO 半饱和常数应明显高于丝状菌的 DO 半饱和常数。

DO 在絮体内部的扩散阻力一定程度决定着 DO 在絮体内部的变化曲线，而后者又与絮体去除的底物量和有机负荷相关。也就是说，活性污泥法处理污水对 DO 需求量随污泥负荷率 F/M 而变化。当污泥负荷率高、基质浓度大，需氧量大，维持混合液中溶解氧浓度则高。Palm 等[20]发现，防止污泥膨胀的最低溶解氧浓度是污泥负荷率（F/M）的函数。因此，当 F/M 一定时，曝气池运行时将 DO 维持在丝状菌膨胀的最低溶解氧安全线以上，就可避免因 DO 供应不足而导致的丝状菌膨胀，不同污泥负荷下最低溶解氧安全线，见第 5 章图 5-1 所示。

6.3.2　改良 A/O 工艺中低溶解氧引起的丝状菌污泥膨胀及控制

试验条件如 6.2.3 节所述，系统在有机负荷为 0.2kgBOD_5/(kgMLSS · d)条件下运行，水力停留时间为 7.1h，缺氧段停留时间为 1.2h。系统在 DO 为 2.5mg/L的情况下连续运行四天，污泥沉降性能良好（图 6-9）。从第四天起，降低系统内溶解氧浓度至 0.8～1.0mg/L，SVI 开始上升，第 9 天上升到 166mL/g，最大可达到 180mL/g。第 22 天，溶解氧进一步降低到 0.5mg/L 左右，SVI 值进一步升高，最大可达到 375mL/g。通过镜检发现，丝状菌很多（图 6-10），发生了丝状菌污泥膨胀。虽然发生了丝状菌污泥膨胀，但处理出水水质未受影响，BOD、COD 去除率与膨胀之前相差不多，SS 去除率显著提高，出水清澈，SS 经常检测不出（取样 1L）。当 DO 浓度在 0.5mg/L 左右时，TN 的去除率从高溶解氧条件下的 30%～45%提高到 55%～75%。当 DO 浓度降低到 0.3mg/L 以下，氨氮、TN 去除率迅速降低。通过提高溶解氧的方法可以将此膨胀加以控制，但其恢复速率非常缓慢。

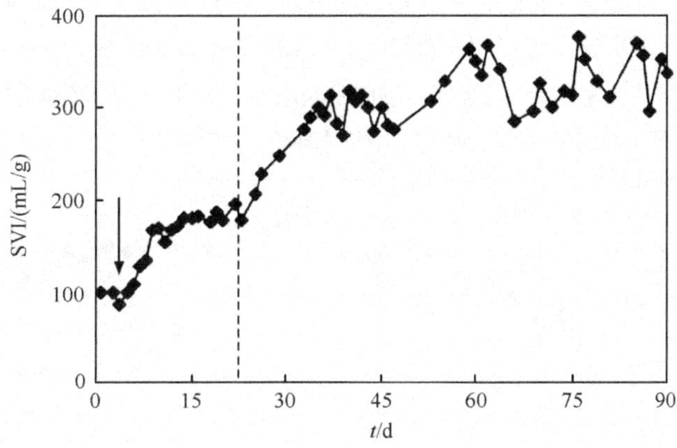

图 6-9　溶解氧浓度对改良 A/O 工艺中污泥沉降性能的影响

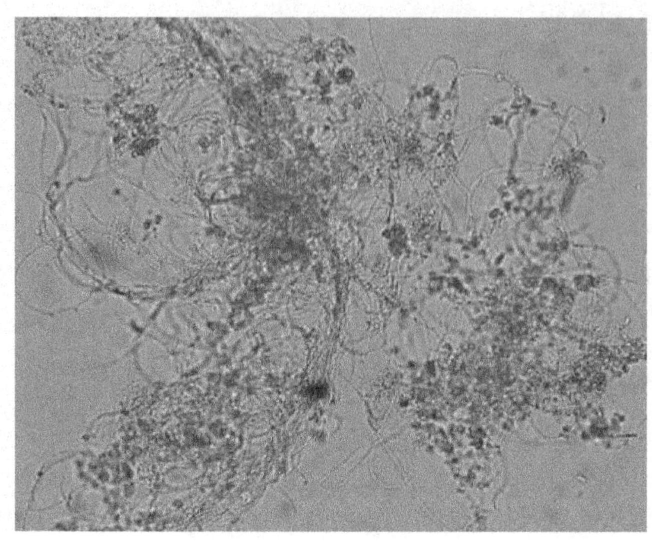

图 6-10 低溶解氧引起改良 A/O 工艺丝状菌污泥膨胀的污泥照片(200×)

6.3.3 SBR 工艺中低溶解氧引起的污泥膨胀及控制

SBR 工艺在一定程度上可以预防低负荷引起丝状菌污泥膨胀。但在无聚磷菌存在的情况下,SBR 工艺无法抑制低溶解氧引起的丝状菌污泥膨胀。试验结果如图 6-11 所示。在低溶解氧条件下,SVI 值逐渐升高,发生污泥膨胀。与低溶解氧条件下,改良 A/O 工艺中的污泥膨胀程度相比,在 SBR 工艺中发生的污泥膨胀的程度相对要轻一些。在改良 A/O 工艺中,SV 可以达到 95%(MLSS=2900mg/L);在 SBR 工艺中,SV 最大只达到 64%(MLSS=2904mg/L),SVI 最大达到 220mL/g。可见,虽然 SBR 工艺无法抑制低溶解氧条件下丝状菌的过量生长,但与改良 A/O 工艺相比,其系统内的污泥沉降性能要好一些。

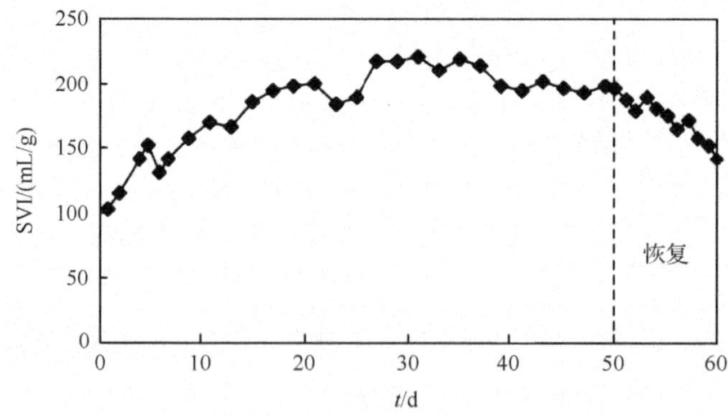

图 6-11 溶解氧浓度对 SBR 工艺中的污泥沉降性能的影响

通过提高溶解氧浓度可以使SBR系统内污泥膨胀得到有效控制，将溶解氧浓度提高到2.0mg/L以上，运行10周期后污泥膨胀得到控制，SVI降低到142mL/g。

6.4　营养物缺乏型污泥膨胀的控制

如第5章所述，活性污泥法中的微生物，为了维持其正常的生长、繁殖，除了需要碳源外，还需要多种营养物质(包括N、P、S及各种金属元素)才能保证其正常的生长代谢活动，并维持微生物种类的动态平衡和生物活性。若底物中缺失或缺少这些营养物质，将会抑制或终止一些生物化学反应，降低营养敏感型微生物的活性和底物降解能力，改变微生物种类和数量，促使丝状菌等低营养型微生物的过量生长，产生污泥膨胀问题。

此外，国内外研究结果表明：浮游分枝球衣菌(*Sphaerotius natans*)，丝硫细菌(*Throthrix* sp.)，贝氏硫细菌(*Beggiatoa*)等丝状菌的细胞干重中营养物质含量较少，对营养物质有较强的亲和力、吸收率和累积能力，且可适合较宽的营养物含量范围，使其在进水底物中缺乏营养物质时能占优势而过量增殖。本节在参阅大量国内外文献的基础上，对因污水中缺少营养物质(主要是N、P等)对微生物生长、繁殖等的影响规律，特别是引起丝状菌过量增殖出现污泥膨胀的原因以及有效控制这类膨胀的技术措施进行主要探讨。

6.4.1　营养物质的生理功能及来源

在污水生物处理时，活性污泥中的各种微生物类群在降解污水中污染物，进行生物化学反应以及其自身增长、繁殖等生理活动过程中需要多种营养物质(表6-4)，才能保证其正常的新陈代谢活动，并维持微生物种类的动态平衡和生物活性。从表6-4中可以看出，若底物中缺少这些营养物质，会抑制或终止许多生物化学反应，降低营养敏感型微生物的活性和底物降解能力，改变微生物类群和数量。使低营养型微生物，如某些丝状菌得以过量增殖，出现污泥膨胀问题。

6.4.2　缺乏营养物质引起的丝状菌污泥膨胀的状况

在南非大约33座污水处理厂中有27座因营养物质(N、P等)缺乏而有污泥膨胀问题。同样的问题在北美也出现过。美国马萨诸塞州有112座污水处理厂，其中83座是用活性污泥法，工艺设计与运行类型有传统活性污泥法(推流式、间歇式和完全混合式)、纯氧活性污泥法、接触稳定式、延时曝气和氧化沟。34%的水厂是由于营养物缺乏引起膨胀问题。从美国89座污水处理厂采集的膨胀污泥进行鉴定[21]，

表 6-4　营养元素的功能和来源

元素		人为提供形式	生理功能
大量元素	N	NH_4Cl	蛋白质及其水解产物、胨、肽、氨基酸等的成分
	P	KH_2PO_4、K_2HPO_4	核酸、磷酸和辅酶的成分
	S	$MgSO_4$	含硫氨基酸(半胱氨酸、甲硫氨酸)和含硫维生素(生物素、硫胺素等)的成分
	K	KH_2PO_4、K_2HPO_4	某些酶(果糖基酶、磷酸丙酮酸转硫酸酶等)的辅因子:维持电位差和渗透压
	Na	NaCl	维持渗透压:某些细菌和蓝细菌所需
	Ca	$Ca(NO_3)_2$、$CaCl_2$	某些胞外酶的稳定剂、蛋白酶等的辅因子;细菌形成芽孢和某些真菌形成孢子所需
	Mg	$MgSO_4$	固氮酶等的辅因子;叶绿素等的成分
	Fe	$FeSO_4$	细胞色素的成分;合成叶绿素、白喉毒素和氧高铁血红素所需
	Mn	$MnSO_4$	超氧化物歧化酶、氨肽酶和 *L*-阿拉伯糖异构酶等的辅因子
	Cu	$Cu\ SO_4$	氧化酶、酪氨基酸的辅因子
微量元素	Co	$CoSO_4$	维生素 B_{12} 复合物的成分;肽酶的辅因子
	Zn	$Zn\ SO_4$	碱性磷酸酶以及多种脱氢酶、肽酶和脱羧酶的辅因子
	Mo	$(NH_4)_6Mo_7O_{24}$	固氮酶和同化型及异化型硝酸盐还原酶的成分

1701 型是膨胀污泥中最常见的丝状菌,占 33%。浮游分枝球衣菌(*Sphaerotius natans*)占 7%。1701 型和 *Sphaerotius natans* 在低 DO 时都发生,而 1701 型发生于易降解碳源的工业或生活污水中。*Sphaerotius natans* 仅发生在生活污水中。*Sphaerotius natans* 引起膨胀是由于絮体间通过长、坚硬的丝状菌从絮体表面伸出架桥。1701 型引起的膨胀是由于菌胶团菌吸附和在丝状菌上生成一个开放的、松散的絮体结构而产生的。营养物(N、P)不足会引起丝硫细菌(*Thiothrix* sp.)、可能是 021N 型的过量增长。在 N 缺乏条件下,1701 型和 *Sphaerotius natans* 过量增长。在我国的工业废水处理中,因各种营养物质缺乏引起的丝状菌过量增殖问题也时有发生。

6.4.3　缺乏营养物质引起的丝状菌污泥膨胀机理

1. 一些丝状菌的细胞干重中营养物质含量较少

絮凝形成菌的细胞干重含 N 为 12%～14%;丝状菌如 *Sphaerotius natans*、*Thiothrix*、*Beggiatoa* 的细胞干重中含 N 仅为 5%～6%,因此,N、P 不足有利于这些丝状菌的增殖。

2. 对营养物质有较强的亲和力、吸收率和累积能力

Wagner通过研究发现[22]，污水中P的含量影响污泥沉降性能，如果P/MLSS<3%，容易发生污泥膨胀。Richard用021N型细菌进行实验，发现在营养物质浓度较低的情况下，丝状菌对营养物质具有累积能力。认为这是它们在不平衡生长条件下的又一优势。

N缺乏时，*Thiothrix* sp.、*S. natans*、021N型、可能是*H. hydrosis*、0041型、0625型易占优势。

在N受限制时最大氨利用率：CSTR和厌氧选择器菌胶团菌的最大氨利用率低，好氧和缺氧选择器菌胶团菌的最大氨利用率低，*S. natans*、1701型、*H. hydrosis*、021N型、*Thiothrix*、诺卡氏菌(*N. limicola*)的最大氨利用率高。在P受限制时最大正磷酸盐利用率：CSTR和厌氧选择器菌胶团菌的最大正磷酸盐利用率低，好氧和缺氧选择器菌胶团菌的最大正磷酸盐利用率低，*S. natans*、1701型、*H. hydrosis*、021N型、*Thiothrix*、*N. limicola*的最大正磷酸盐利用率高。

在厌氧池结构中，营养物(N、P)缺乏时因其高的营养物吸收率有利于丝状菌的生长。

Sheder等报道了在缺乏N(TOC/N=160/2.7)的情况下，缺氧选择器不能控制丝状菌的生长(SVI>150mL/g)。这表明许多丝状菌对营养物质有较强的亲和力，这可能是缺乏营养物质而导致污泥膨胀的原因。

3. 丝状菌可适合底物中较宽的营养物质含量范围

*Nocardia*菌群和*Sphaerotilus*可适合一个较宽的营养条件变化范围。021型、1701型、*Haliscomenobacter*、*pink-pigmented*菌株对底物介质的变化则较敏感。在丝状菌的几类中，主要包括*Sphaerotilus*、021N型与复杂的操作条件如不同有机负荷，低DO，不平衡的N、P条件或存在硫化物等的变化相关。另外，较宽范围的N、P浓度亦给其生长提供了条件。总之，1701型(*pink-pigmented*类群)和*Haliscomenobacter*类群在低营养物水平下还能较好地生长。

4. 广义的动力学选择理论

营养物缺乏情况下发生的丝状菌污泥膨胀也可以通过微生物选择理论来解释。当微生物处于受底物(即营养物质)限制的不利状态时，一方面，丝状菌由于具有低的最大比生长速率和饱和常数，在低营养物浓度下其生长速率大于菌胶团细菌的生长速率；另一方面，丝状菌的比表面积要大大超过菌胶团细菌的比表面积，总是能够尽最大可能的吸收利用有限的营养物，从而在低营养物浓度下能够比菌胶团细菌更快地生长。由此，丝状菌逐渐成为微生物中的优势菌种，过量生长的丝

状菌丝体伸出菌胶团边界，干扰了污泥絮体之间的接近和压实，降低了絮体的沉降速率，从而引起了低营养物下的丝状菌污泥膨胀。

6.4.4 缺乏营养物质引起的丝状菌污泥膨胀的试验研究状况

据有关报道，C/N>8.5 后，多引起 *S. natans* 的膨胀。相反，1701 型在此条件下不再去除底物。即处理高 C/N 工业废水中 1701 型出现，是一些选择优势引起。而不是 N 缺乏引起。Wagner 等发现膨胀污泥中含 P 量较少[23]。P/N 小的活性污泥具有很大的污泥体积指数。而 SVI 随 P/N 的增加而迅速减小，表明 SVI 与 P/N 之间存在着密切的相关性。

污水处理厂微量元素和营养物质影响污泥的沉降性能。Carter 和 Makinney 报道，Kansas 的 Lawrance 污水处理厂因缺乏 Fe 引起污泥膨胀。

对于完全混合的反应器在 BOD/N 的情况下就可形成 N 限制。BOD/N＝60/1时，SVI 超过 400mL/g，在 N 极端缺乏时(BOD/N＝297/1)，无论是完全混合反应器还是分格式的反应器都会发生严重的污泥膨胀。微生物镜检表明，与前两阶段以球衣细菌为主的膨胀不同，这时为非丝状菌型的结合水含量高造成的高黏度膨胀。原因在于过量的碳源存在，使微生物不能充分利用而转变为多聚糖类胞外储存物，这种储存物是高度亲水型化合物，从而形成结合水，影响了污泥的沉降性能。

Wagner 研究了污水中 P 含量对污泥沉降性能的影响，P/MLSS<3%，SVI 增加，可能发生膨胀。而超过这个比例后则很少发生膨胀。若 N 浓度低，则较低的 P/C 比就可以维持低的 SVI 值；而对于高的 N 浓度，则需要较高的 P/C 比以维持低的 SVI 值(即活性污泥系统中，需要在 C、N、P 之间维持一个平衡关系)[22]。

本书作者所在的实验室对营养物缺乏引起的污泥膨胀类型和控制方法进行了大量研究，发现进水中氮和磷同时缺乏将会引起较严重的丝状菌污泥膨胀。

试验中以啤酒废水为研究对象，采用 SBR 在线检测装置及其控制系统，SBR 反应器的有效容积为 14L。试验所用原水为啤酒废水，啤酒废水的主要成分包括多种糖类、酵母、醇类、氨基酸和蛋白质等有机物，属于含糖量较高的易溶解性废水，且营养物极不平衡，这种废水极易发生污泥膨胀。进水 COD 浓度为600mg/L，混合液悬浮固体浓度(MLSS)维持在 2000mg/L 左右，反应器内 DO 浓度在 2.0mg/L 以上，水温为(20±1)℃；有机负荷维持在 3.5～4.0kgCOD/(kgMLSS · d)左右。通过改变 NH_4Cl 和 KH_2PO_4 的投加量来改变进水中总氮(TN)及总磷(TP)含量，BOD/N/P 值依次为 100/5/1、100/4/0.8、100/3/0.6、100/2/0.4 和 100/1/0.3。用常用的比较直观的对污水处理厂运行有指导意义的 SVI 值来表示污泥沉降性能、污泥膨胀及程度。对于每一个进水 BOD/N/P 值，都进行足够长的周期数的运行，使其达到一个较为稳定的 SVI 值基本不变，此 SVI 值即为该

BOD/N/P 值下的最大 SVI 值，表示为 SVI_{max}。之后对污泥膨胀进行恢复和控制，使 SVI 降至 100mL/g 以下的正常状态并稳定一段时间，以进行下一进水 BOD/N/P 值的试验运行。检测分析的项目有 COD、BOD、DO、MLSS、SVI、TN、TP 等。

1. 营养物缺乏引起的丝状菌污泥膨胀

在营养物充足(BOD/N/P 为 100/5/1)的条件下，经过长期的稳定运行，污泥的沉降性能极好，SVI 一般在 45mL/g 左右，但污泥絮体的凝聚性能较差，污泥絮体颗粒小，上清液悬浮物较多。镜检时发现污泥微生物主要是菌胶团细菌，丝状菌极少。当逐渐减少进水中 NH_4Cl 和 KH_2PO_4 的投加量使 BOD/N/P 值分别为 100/4/0.8、100/3/0.6、100/2/0.4 和 100/0.94/0.3 时，污泥的沉降性能发生变化。不同进水 BOD/N/P 条件下污泥沉降变化如图 6-12 所示，相应的 SVI_{max} 和 V_{SVI} 如图 6-13 所示。

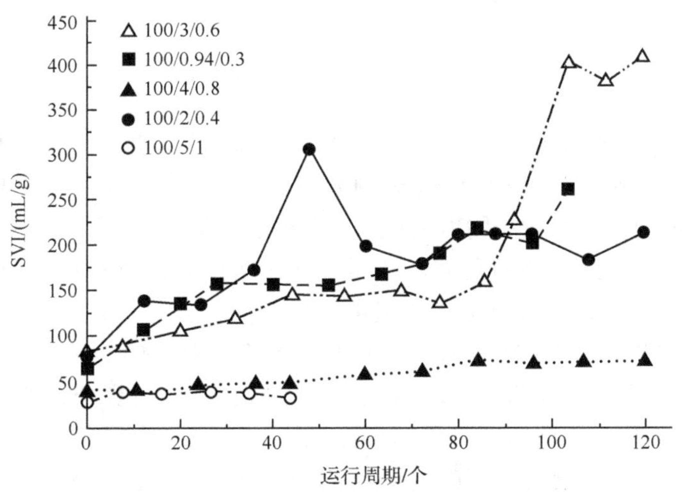

图 6-12　不同 BOD/N/P 值对污泥沉降性能的影响

进水 BOD/N/P 为 100/4/0.8 的条件下，污泥的 SVI 与进水 BOD/N/P 为 100/5/1 时相比略有上升，但上升的幅度相当小，70 个周期后仅从 40mL/g 上升到 75mL/g 左右，然后就维持在这个值(即 SVI_{max})基本不变，V_{SVI} 为 0.43mL/(g·T)。此时污泥微生物仍以菌胶团为主，丝状菌数量略有增加，但并没有过量生长。污泥的沉降性能与凝聚性能都很好，上清液清澈，出水悬浮物少。

在进水 BOD/N/P 为 100/4/0.8 时，污泥的沉降性能仍然能够保持正常。而传统观点认为只有当 BOD/N/P 为 100/5/1 才能满足活性污泥微生物生长的需要。本试验在进水 BOD/N/P 为 100/4/0.8 这样的条件下，污泥沉降性能正常。这时丝状菌与菌胶团细菌数量保持一个良好的比例关系，污泥絮体状态良好，结构

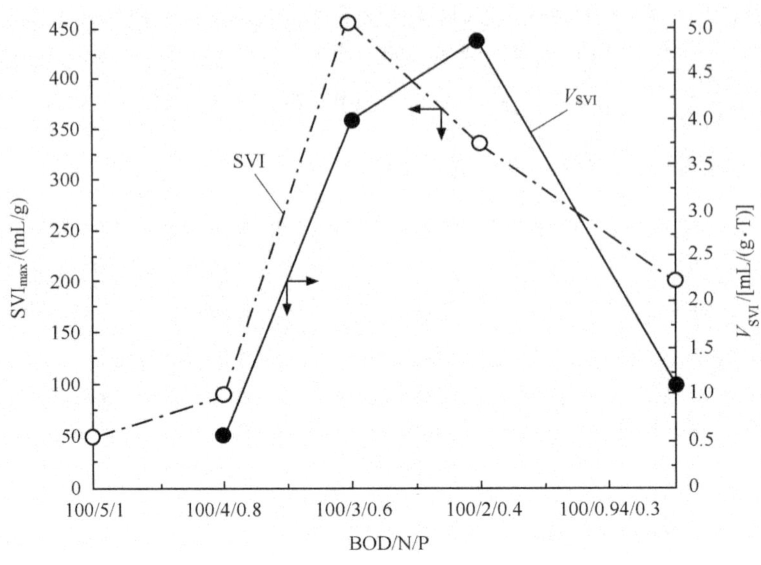

图 6-13 不同进水 BOD/N/P 条件下的 SVI_{max} 和 V_{SVI}

紧密，并没有出现丝状菌过量生长的污泥膨胀现象。这一结果表明，在本试验SBR 法处理啤酒废水的运行中，进水 BOD/N/P 为 100/4/0.8 并没有对微生物形成氮和磷的限制。因而，在活性污泥工艺处理工业废水的实际运行管理中，应根据废水水质具体测算微生物的营养需求量。在啤酒废水的处理中，只需满足 BOD/N/P 为 100/4/0.8 即可维持工艺的正常运行。

当进水 BOD/N/P 从正常时的 100/5/1 突然变为 100/3/0.6 时，经过 40 多个周期的运行，SVI 值上升到 150mL/g 以上，污泥的沉降性能开始恶化。丝状菌的数量逐渐增加，其生长超出菌胶团的边界，干扰了污泥絮体之间的接近和压实。污泥絮体的形状发生变化，由最初的棉絮状变为毛茸茸的圆球颗粒状，显微镜下可看到丝状菌细长的丝体伸出菌胶团的边界。

继续此条件下的运行，丝状菌数量进一步增加，污泥的沉降性能进一步恶化，经过 100 个周期的运行，SVI 上升到 200mL/g 以上，镜检观察存在过量丝体笔直的丝状菌，发生了丝状菌膨胀。从第 100 周期以后，SVI 的增长发生了变化，经过短短 10 个周期，SVI 迅速从 200mL/g 上升到 464mL/g，污泥沉降性能极度恶化，发生了严重的丝状菌污泥膨胀。镜检时看到大量的一束一束的丝体笔直丝状菌占据了整个菌胶团，球形污泥颗粒的体积增大，比重减小，沉降速度降低。在上清液中也能观察到有少量丝状菌缠绕在一起，上清液较浑浊。从图 6-13 中看到，此时 SVI_{max} 为最大，但是由于上升到 SVI_{max} 所需的运行周期数多，使得污泥发生膨胀的速率 V_{SVI} 并不是最大值。

当进水 BOD/N/P 从 100/5/1 突然变为 100/2/0.4 时，出现的情况又有所不同。经过最初的 38 个周期，SVI 上升到 180mL/g 左右，污泥絮体又由正常时的棉絮状变为圆球形颗粒状，存在过量的丝状菌，这些丝状菌的丝体笔直，一束一束排列整齐。在第 38 周期之后的 18 个周期内，SVI 迅速从 180mL/g 上升到 330mL/g，发生了较为严重的丝状菌污泥膨胀。然而，在此之后，SVI 值又开始迅速降低，3 个周期内，SVI 值迅速从 330mL/g 下降到 200mL/g，然后就一直维持这一 SVI 值基本不变。其最大 SVI_{max} 为 330mL/g，V_{SVI} 最大，为 4.41mL/(g · T)在此过程中一直监测污泥微生物的变化情况，发现在第 38 周期 SVI 值的迅速升高是由于此时大量丝状菌束从菌胶团中分散出来，使得污泥絮体非常松散，比重降低，其形状也不再是规则的圆球形颗粒。这些分离出来的丝状菌束由于缺少菌胶团细菌分泌的黏性物质的保护而很快就发生断裂，这一现象又导致了 SVI 值的迅速下降，降低到一定值(本试验中为 200mL/g)，然后保持一个平衡状态。

当进水 BOD/N/P 从 100/5/1 突然变为 100/0.94/0.3 时，已不再向进水中投加任何营养物质，仅靠污水中原有的营养成分提供微生物新陈代谢活动的营养。然而，尽管进水中氮和磷缺乏得最严重，却并没有发生严重的污泥膨胀，且其发生污泥膨胀的速率也是最慢的。从图 6-12 可以看到，经过 110 个周期的运行，SVI 值缓慢上升到 220mL/g，发生丝状菌污泥膨胀。期间没有出现如进水 BOD/N/P 为 100/2/0.4 条件下 SVI 值的大幅度波动，污泥微生物以过量生长的丝状菌为主，上清液较为清澈，出水悬浮物较少。

2. 氮和磷同时缺乏引起的活性污泥膨胀的恢复与控制

进水中氮和磷同时缺乏引起了丝状菌污泥膨胀。传统对丝状菌污泥膨胀的有效控制方法之一是提高有机负荷，利用菌胶团细菌对有机底物的高储存能力和积累能力选择性地培养菌胶团细菌，抑制丝状菌的生长，从而达到控制丝状菌污泥膨胀的目的。本试验中，对于氮和磷同时缺乏时每一个进水 BOD/N/P 条件下发生的丝状菌污泥膨胀，投加了充足的氮和磷等营养物质之后，在正常的有机负荷条件[F/M 为 4.0kgCOD/(kgMLSS · d)]下进行恢复。试验结果如图 6-14 所示。

尽管在进水 BOD/N/P 为 100/3/0.6 条件下发生的丝状菌污泥膨胀最为严重，反应结束时的 SVI 达到 450mL/g 左右，但是在投加了充足的氮和磷后，经过 10 个周期的运行，SVI 很快就下降到 200mL/g 左右，继续运行 20 多个周期后，SVI 下降到 150mL/g 以下，污泥膨胀得到了控制。

而对于进水 BOD/N/P 为 100/2/0.4 和 100/ 0.94/0.3 条件下发生的丝状菌污泥膨胀，由于在膨胀反应结束时的 SVI 均不是很高，仅为 220mL/g 左右，在进水中投加了充足的氮和磷后，SVI 也很快就降低下来。

由此可见，由进水中氮和磷同时缺乏引起的丝状菌污泥膨胀，投加了充足的营养物质后，在正常的负荷条件[F/M 为 4.0kgCOD/(kgMLSS · d)]下，即能得到有

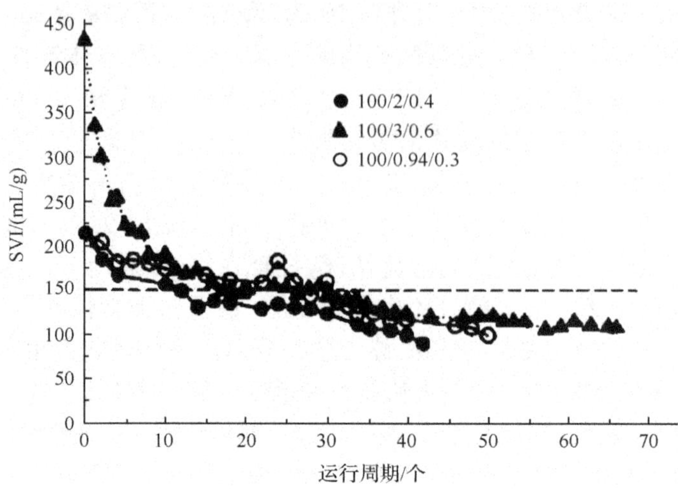

图 6-14 对不同进水 BOD/N/P 条件下发生的膨胀的控制

效的控制。因而，对于丝状菌污泥膨胀的控制，首先分析其发生的原因，根据其致因不同而采用不同的控制方法。

6.4.5 缺乏营养物质型污泥膨胀的控制技术及注意事项

根据 Jenkins 等的研究表明[21]，除 N、P 营养缺乏所造成的污泥膨胀外，几乎所有类型膨胀，绝大多数的丝线状菌都可以通过加氯加以控制。

美国马萨诸塞州典型污水处理厂因营养物缺乏引起的丝状菌污泥膨胀及其控制技术的研究结果见表 6-5。

表 6-5 马萨诸塞州污水处理厂中丝状菌膨胀和泡沫事例研究

处理厂	工艺类型	优势丝状菌	诱发原因	控制措施	结果
B厂(生活污水＋食品加工废水)	完全混合	*N. limicola* Ⅱ	P缺乏	提高 SRT	RAS 回流污泥加氯变为无丝状菌状态；停加氯丝状菌占优势
D厂(生活污水＋造纸废水)	间歇式(SBR)	*M. parvicella* 0041 型、1851 型	低 DO，N、P缺乏	变为推流式短时加 P	初期成功减少 SVI
E厂(生活污水＋造纸废水)	间歇式(SBR)	*Thiothrix* Ⅱ *S. natans*	P缺乏	加 P	RAS 回流污泥加氯变为无丝状菌状态；停加氯丝状菌占优势
F厂(生活污水＋造纸废水)	完全混合	*Thiothrix* Ⅱ *S. natans*	N、P缺乏	增加尿素和磷酸盐	RAS 加氯，膨胀程度和频率降低

由表 6-5 可见，尽管多数的非微生物选择性措施比微生物选择性便宜，但长远看，希望用微生物选择性来控制之，并降低运行成本。

实践证明，结合抑制丝状菌膨胀的选择器技术，并适量在底物中补加营养物质是控制缺营养型丝状菌膨胀的有效方法。对于大多数城市污水处理厂，由于进水中含有必需的营养元素，因此较少发生因缺乏营养物而引发的污泥膨胀。而对于一些工业废水处理厂，由于水质成分比较单一，容易产生缺乏营养物型的污泥膨胀，较常见的情况是缺乏氮和磷两种营养物质。如果实际中发生该类原因导致的污泥膨胀，可分析进水水质，找出缺乏的营养物质，并根据 COD 或 BOD 去除负荷，适当地在进水中或曝气池中投加缺乏的营养物质，投加的量可参考表 6-6 给出的营养物质理论需求量。比如，对于处理生活污水系统中最常见的缺乏氮和磷两种营养物质引发的污泥膨胀，可参考一般经验提出的比例 BOD_5 ∶ N ∶ P＝100 ∶ 5 ∶ 1 来投加 N 和 P 营养物质。工业废水中营养物不足，应尽可能使用便宜的工业产品（尿素、铵盐、商业化肥），在缺 N 时，从污泥消化池往曝气池中投加含 N 的污泥（不是污泥，而是上清液，含可滤残渣＜300mg/L），只要不使曝气池发生超负荷，已被证明是成功的。但是，为了避免使受水体承受附加的富营养负荷，其投量应以绝对需要量为限，并且及时分析检测出水水质。

表 6-6　活性污泥中营养物质的理论需求量

营养物质	理论需求量/(g/kg 去除 BOD)	营养物质	理论需求量/(g/kg 去除 BOD)
N	50	Mo	0.43
P	10	Zn	0.16
Fe	12	Cu	0.15
Ca	6.2	Co	0.13
K	4.5	Na	0.05
Mg	2.0		

在德国 Wulkatal 废水处理协会的污水处理厂中，不仅处理城市污水，也处理来自罐头厂和糖厂的废水。在接受和处理糖厂废水时，由此产生的剩余污泥的增加量，所需要的 N 和 P 的数量也增加，不能再靠城市污水来供应，需投加无机肥料。在前几年运行中，证明在糖厂生产季节后能够延缓膨胀污泥的形成，但不能完全防止。镜检证明，在加入了 N、P 化合物保证了有机碳化合物正常降解同时，这种变化的负荷状况导致活性污泥的成分发生变化，N 含量从 3％升至 5.5％，而 P 含量从 2％降到 1％，根据耗氧速率（OUR），投加了铵盐和磷酸盐，糖厂生产仅几天后出现明显的 N 极限量，而 P 的极限量出现在 6 周之后。几乎在出现 P 极限量的同时，伴有丝状菌的大量繁殖。这与 Wagner 的研究相符[22]，即活性污泥中 P 含量的降低会导致丝状菌的大量繁殖。因此，应经常检测活性污泥的 N、P 含量。

在 Leopoldsdorf 糖厂废水处理实验中使用了选择器。选择器为 $2m^3$，接触时间 10～20min，COD 负荷率为 0.85kg/(m^3 · d)，选择器中 COD 去除率为 60%以上；COD 总去除率大于 95%，实验表明，即使采用选择器，在营养物不足的情况下也不能防止污泥膨胀。但是，只要其体积与反应器体积之比达到 1∶40，出现任何污泥膨胀可在几天内消失。

6.5 高负荷污泥膨胀的控制

低负荷相对于高负荷更容易引起丝状菌污泥膨胀，但一些研究表明，高负荷也能引起丝状菌污泥膨胀，有时还会引起非丝状菌污泥膨胀。对于高负荷污泥膨胀，国内外提出了以下几种控制策略。

6.5.1 回流污泥再生法

由于在高负荷下，微生物仅仅是储存和吸收有机物为内储物，还来不及氧化，这样造成微生物特别是菌胶团细菌生长速率的降低，从而造成丝状菌生长占有优势。Chudoba 等根据这一理论提出将回流污泥在一单独设置的曝气池内曝气，将微生物体内储存物质氧化，从而使菌胶团细菌具有最大吸附和储存能力，恢复其活性，从而克服丝状菌膨胀。回流污泥再生法主要应用在脱氮脱磷工艺中。

6.5.2 投加填料法

王凯军在研究水解-好氧工艺开发的小试和中试中，曾观察到严重的污泥膨胀问题，对于控制污泥膨胀的各种措施进行了研究，例如，将完全混合流态改变为推流流态、厌氧出水预曝气、添加厌氧污泥等。这些方法被证明在某些情况下可以减缓污泥膨胀问题，但都不能很好地长期控制污泥膨胀的发生。基于此，为不降低运行负荷的前提下，考虑在生产性曝气池头部加占总池容 10%～15%软填料，与传统工艺不加填料时的 SVI 对比。加设软性填料系统总停留时间为 4h，污泥负荷为 0.4～0.8kgBOD_5/(kgMLSS · d)。传统曝气池在相同条件下的运行，在后期停留时间延长 1 倍。负荷降低到原来的一半，SVI 仍为 200～500mL/g，远高于加填料系统(SVI 平均在 100mL/g 左右)。从填料池的分析来看，填料上附着生长的微生物以硫丝菌、021N 型菌丝状菌为主。填料池对有机酸的去除率高达 80%，对 COD 去除率为 50%，H_2S 从 3.67mg/L 降至 0.77mg/L。从而去除了丝状菌的生长促进因素，有利于菌胶团菌的生长。

王凯军指出，填料池也相当一个广义的选择器，其将丝状菌固着于填料上在第一个池子中选择性地充分生长，但不进入活性污泥絮体之中。而菌胶团菌在第二个池内生长，从而避免了污泥膨胀的发生。其主要的作用是降低污水的有机负荷，菌膜的脱落是次要因素。对于有机负荷的降低是从两方面进行：①对有机物的直接去除，这个作用在分设的填料池中最为明显；②填料上生长的微生物量，增加了系统中总的生物量，从而降低了有机负荷。加填料控制污泥膨胀的方法很简单，但缺点是增加了一定的投资，还有填料的更换问题。一般适宜小型污水处理厂使用，而大型污水处理厂一般不宜采用。

作者又指出，高负荷引起的污泥膨胀是由于溶解氧限制所造成，但是，通过提高溶解氧的方法并没有明显改善污泥沉降性能。因此，该类污泥膨胀中高负荷可能是间接诱发污泥膨胀的原因，还需进一步弄清该类高污泥负荷污泥膨胀的成因。

6.6　投加氧化剂法

6.6.1　投加 Cl_2

控制污泥膨胀采用的最传统的氧化剂就是 Cl_2。采用 Cl_2 控制污泥膨胀是由美国 Jenkins 等提出的。在美国，绝大多数的城市污水处理厂的二级出水采用加氯消毒的方法。而控制污泥膨胀所需要的加氯量远远小于消毒所需要的量，而这样可以利用现成的消毒设备来同时完成两个任务。并且根据 Jenkins 等的研究表明，除 N、P 营养缺乏所造成污泥膨胀以外，几乎所有类型污泥膨胀，绝大多数的丝状菌都可通过加氯加以控制。Cl_2 一般投加在好氧反应器或回流污泥中。加氯量一般控制在 10～ 20mg/(L·d)的范围内，当加氯量大于加 20mg/(L·d)时就会有大量的菌胶团菌被杀死，造成絮体解体，处理效率降低。在脱氮除磷系统中，加氯量大于 3.07gCl_2/(kgMLSS·d)，就会破坏脱氮作用。

6.6.2　投加 H_2O_2

过氧化氢(H_2O_2)也广泛地应用于控制丝状菌污泥膨胀。一般将 H_2O_2 投加在回流污泥中。通过实验研究发现，控制丝状菌膨胀的最少投加量大约是 0.1kgH_2O_2/(kgMLSS·d)。在实验中，H_2O_2 投加量为 0.15kgH_2O_2/(kgMLSS·d)时可以控制 SVI 值，但 H_2O_2 投加量为 0.035kgH_2O_2/(kgMLSS·d)时对 SVI 值没有作用。

在脱氮除磷处理工艺中，当 H_2O_2 最低投加量为 3gH_2O_2/(kgMLSS·d)和 6.3gH_2O_2/(kgMLSS·d)时，对脱磷作用不产生影响，但当投加最为 9.5gH_2O_2/(kgMLSS·d)时，将在前 10 天破坏脱磷作用，但脱磷菌能够适应 H_2O_2 的毒性，H_2O_2 连续投加一段时间后，脱磷作用会慢慢恢复。H_2O_2 的毒性对硝化和反硝化作用只有少量的影响，在处理厂的检测中没有发现氨氮和硝酸盐氮有明显变化。

另外，H_2O_2除了可以作为氧化剂外，还是好氧反应器中的氧源。

应用 H_2O_2控制污泥膨胀的好处在于它的使用不会像投加氯一样带来一些负产物，但限制其应用的最大问题在于高成本，该方法在国外有所应用，但在国内还少见诸报道。

6.6.3 投加 O_3

臭氧(O_3)作为一种强氧化剂和消毒剂，常被应用在污水处理领域进行氧化和消毒。许多难降解有机物能够通过臭氧的氧化作用分解为易降解物质。臭氧氧化技术应用到污水处理行业，能有效地控制污泥膨胀，并且能够降低剩余污泥处理难度。首先在南非，van Leeuwen 和 Pretorius 在 1988 年实验发现臭氧也可以控制丝状菌膨胀。他们在 PHOREDOX 型硝化活性污泥系统中，O_3的最佳投加量是 $4gO_3/(kgMLSS·d)$。臭氧一般投加在 PHOREDOX 型处理厂的好氧区。结果显示，臭氧能够有效地改善硝化作用和去除难降解有机物质。之后有很多学者都曾对此进行过大量的研究[24-26]，结果证明：臭氧氧化技术控制污泥膨胀的这种功效，随着臭氧的投加很快就能显现出来。

1. 臭氧控制丝状菌的原理

1) 臭氧的物理特性

臭氧是氧气的同素异形体，拥有三个带负电荷的氧原子。臭氧分子的结构呈现出空间弯曲的形状，分子键之间形成了一个 117°的键角(图 6-15)。臭氧分子很不稳定，由氧气转化为臭氧的标准生成热为正值，因此这个转化过程需要吸收大量的热。臭氧的氧化电位为 2.07V，这使得臭氧具有很强的氧化性。

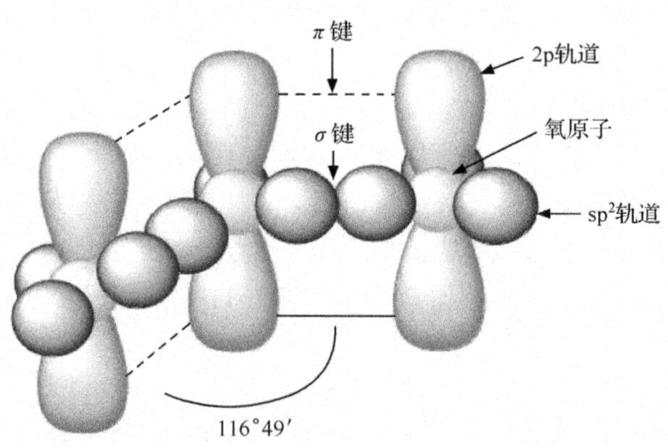

图 6-15 臭氧分子的空间结构

2）臭氧抑制丝状菌的机理

有研究报道，臭氧是污水处理领域可利用的最强的氧化剂[27]。由于臭氧分子非常的不稳定，半衰期很短，因此平常使用时只能通过臭氧发生器现场生成。当溶解于水中时，臭氧既可以以分子形态存在，又可以通过化学反应分解成一种比分子臭氧具有更强氧化效果的氧化剂——游离态羟基自由基（图 6-16）。影响这一反应过程的因素有很多，诸如：臭氧在水中的溶解度，水的温度、pH 等。臭氧的优点在于其本身对自然界无污染，也不会产生有毒有害的副产物。

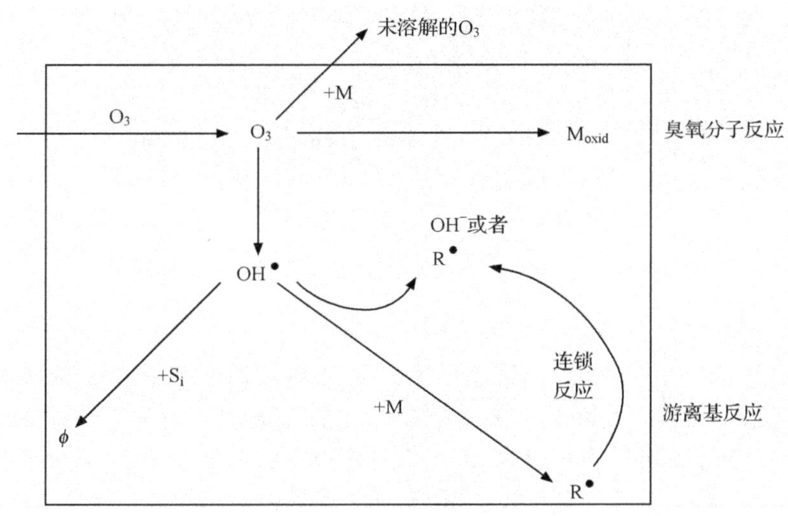

图 6-16　臭氧在水溶液中的反应过程

M：溶质；M_{oxid}：被氧化的溶质；S_i：自由基清除剂 i；ϕ：非臭氧分解催化剂；

R：起臭氧氧化催化剂作用的自由基

与其他微生物相比，丝状菌具有更大的比表面积，这也使得臭氧在其细胞表面具有更高的质量转移速率。因此在臭氧处理过程中，丝状菌也更容易受到侵害。这是因为臭氧分子更容易渗入丝状菌细胞内，造成细胞内部不可逆转的损坏，最终导致细胞裂解。

2. 应用实例介绍

1）污水处理厂的介绍

Himmerfjärden 污水处理厂主要处理当地生活污水和工业废水。一期处理水量为 34 万吨/天，二期设计处理水量 45 万吨/天。该污水处理厂采用活性污泥法处理废水，并设有后置缺氧池用来进行反硝化脱氮。污水处理厂的构筑物布置如图 6-17 所示。

图 6-17　Himmerfjärden 污水处理厂构筑物布置图

2）臭氧投加方案

选取 Himmerfjärden 污水处理厂生物处理单元的两个平行廊道作为考察对象。两个处理廊道是完全独立的，分别作为试验廊道和对照廊道。其中试验廊道拥有一条用于对回流污泥进行臭氧处理的管线。对照廊道设置普通污泥回流管线。共运行了两个阶段的臭氧投加试验，两个阶段的运行参数见表 6-7。

表 6-7　两个阶段运行过程中回流污泥流速、悬浮固体浓度以及臭氧投加量的对比

	MLSS/(mg/L)	回流污泥流速平均值/(m^3/h)	臭氧投加量/(gO_3/kgSS)
阶段一(8 周)	4863	18	6.5
阶段二(4 周)	5090	16	4.4

3）投加前后污泥沉降性的影响

在日常污泥沉降性能的监测过程中，该厂采用了污泥质量指数(SQI)。根据 SV 值的不同，SQI 有不同的计算公式，具体如下所示。不同 SV 值的 SQI 用下式计算：

$$SQI = \frac{污泥沉降体积}{悬浮固体浓度}(SV < 300mL/L)$$

$$SQI = \frac{200 + \dfrac{污泥沉降体积}{3}}{悬浮固体浓度}(300mL/L < SV < 800mL/L)$$

由上式可知，与通常用到的 SVI 相同，SQI 值也是由 30min 污泥沉降体积计算得出。

回流污泥进行臭氧处理后对抑制污泥膨胀效果非常显著。投加臭氧以后，二沉池水面非常清澈，可见污泥的沉降性能得到明显改善，污泥膨胀现象得到了很好的控制；而作为对照的二沉池水面漂浮有大量污泥，为污泥膨胀所致。

臭氧投加后，污泥的沉降性能得到了显著的提高。臭氧投加 1 周后，SQI 值就下降了 76mL/g；两周内与对照廊道比较相差了 100mL/g(图 6-18)。在试验期间，试验廊道终沉池的出水的 SS 稳定在 10mg/L 以下；而对照廊道出水的 SS 值波动特别大。

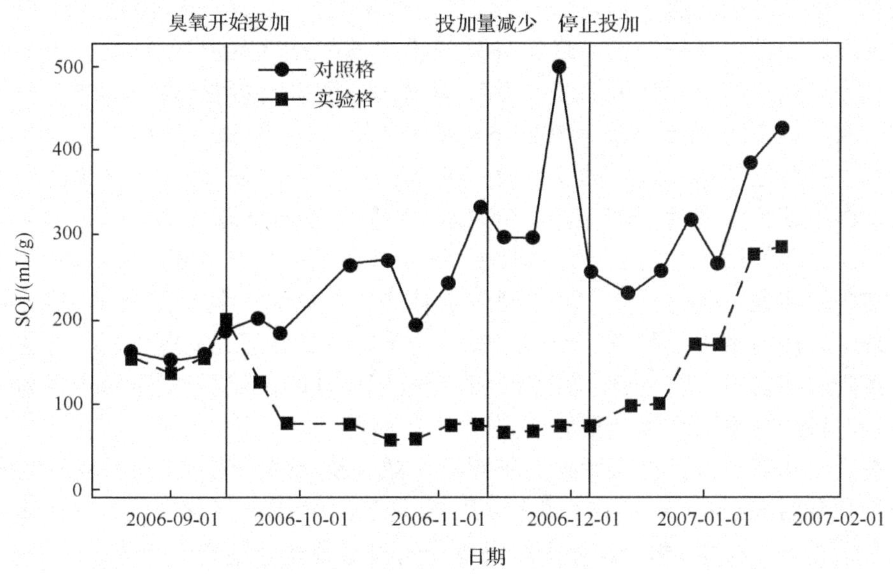

图 6-18　试验廊道和对照廊道内 SQI 的变化情况

4) 投加前后对丝状菌繁殖的影响

根据革兰氏和纳氏染色结果显示，并采用探针 Mpa 1410 进行 FISH 鉴定，确认 Himmerfjärden 污水处理厂中的优势丝状菌是 *Microthrix parvicella*。臭氧投加初期，对照廊道和试验廊道中的丝状菌丰度没有差异。试验廊道中 *M. parvicella* 染色结果为革兰氏阳性菌，并含有大量的磷粒。可是在持续投加臭氧 3 周以后，试验廊道的丝状菌染色效果既不表现出革兰氏阳性，也不表现为完全的革兰氏阴性。对照廊道的丝状菌情况则无变化。

投加臭氧运行后，絮状体的结构和形态都有了明显的改善。运行 3 周后，试验廊道中的絮体外部丝状菌基本上全部被臭氧作用杀死。运行两个月后，试验廊道中絮体内部能观察到少量的丝状菌，但是絮体的尺寸较以前有所增大。试验廊道和对照廊道的染色效果均显示含有革兰氏阳性的 *M. parvicella*，并且还含有纳氏阳性的磷颗粒。

从该实例可知，投加臭氧对控制污泥膨胀具有明显的效果。臭氧处理后，使得SQI值降低，从而有效地抑制了丝状菌过量繁殖引起的污泥膨胀。在观察期内，对照廊道的运行工况和水质指标都有较大的变化，污泥膨胀导致后处理构筑物发生了污泥流失现象。

在Himmerfjärden污水处理厂所进行的臭氧氧化试验表明，对回流污泥进行臭氧处理的确是控制污泥膨胀的有效方法。试验发现，投加较少的臭氧就能有效地破坏丝状污泥的结构，并且能够抑制丝状菌的再生。臭氧投加量减少以后，通过对试验廊道和对照廊道的污泥取样镜检发现，*M. parvicella* 呈现革兰氏阳性，并且包含纳氏阳性磷光体颗粒。降低臭氧的投加量将减轻臭氧对 *M. parvicella* 再生繁殖的影响。对于丝状菌和菌胶团菌，臭氧是一种非选择性试剂，对二者的生长都有影响[28]。正是由于臭氧具有很高的氧化还原电位，使得臭氧成为了所有的化学药剂中对微生物作用最强的氧化剂。研究显示，经过臭氧作用后，微生物的灭活首先是由于细胞壁遭到了破坏，紧接着是次生基质流出细胞外部。Hunt等[29]通过研究经臭氧作用失活的菌体细胞发现，细胞失活是一个非常复杂的过程，伴随有大量的质量传递和生化反应。氧化剂必须首先接触到微生物细胞的细胞表面，进而经细胞膜渗透进入细胞质。当细胞中至关重要的成分遭到一定程度不可逆的破坏后，细胞体就会失活。当丝状菌接触到经臭氧处理的回流污泥后，由于其易于扩散的特性将会导致其细胞体很快遭到破坏并失活。

臭氧技术对于调控剩余污泥产率同样有效。Salhi等[30]指出利用臭氧技术能够降低剩余污泥产率，并列举了很多采用这一技术的优势。他们更证实，在连续流工艺中采用这一技术，剩余污泥中有机成分的去除率能够达到100%。

经过臭氧处理后的回流污泥中COD、DOC和总磷的值之所以会增长，其中一个主要原因是臭氧的强氧化作用使得丝状菌细胞分解，细胞内成分释放到了周围环境中。随着丝状菌的解体，污泥浓度会逐渐升高，COD、DOC、总磷等值也就随之升高；直到丝状菌全部被氧化分解，这些值才趋于稳定。与对照组相比较，臭氧处理后出水中氨浓度并无太大差异，这一点说明臭氧并没有影响到硝化细菌的性能。通过研究硝化细菌的丰度和菌群结构可以进一步证实这一结论。通过对硝化细菌进行FISH分析证实，臭氧对脱氮除磷的去除效率没有影响，反而会提高出水水质。总的来说，臭氧氧化作用并不会对较敏感的除磷菌和生长缓慢的硝化细菌产生抑制，但是却能提高有机物和固体悬浮物质去除率[25,28]。

这项研究带动了臭氧在污水处理领域的应用，使得臭氧氧化处理成为控制污泥膨胀的一条新的有效途径。然而，臭氧氧化技术的应用还涉及很多参数的设定，例如曝气量的调节，回流污泥的流速选择等，要优化这些参数以及考察臭氧对剩余污泥产量的影响，还需要大量的试验做支撑，尤其是生产性规模的试验。同时，系统的自动控制也是一个值得考虑的问题。

6.7　增重剂和絮凝剂

目前,用于改善活性污泥沉降性能的无机凝聚剂或沉淀剂有石灰、铁或亚铁和铝盐等。将矾投加到活性污泥中,形成的絮凝物与膨胀污泥一起下沉,从而提高污泥的密度,改善污泥的沉降性能。在 Austria,Neusied 处理罐头废水的活性污泥厂,向进水中投加硫酸亚铁(10～14mg/L),发现 SVI 值从 450mL/g 降到了 60～70mL/g,同时还使得引起污泥膨胀的 021N 型丝状菌消失。

无机凝聚剂的应用,特别是它们的水解产物 $Fe(OH)_3$、$Al(OH)_3$ 和 SiO_2 的水解产物是一种可行的改善活性污泥性质的方法。目前在城市污水和工业废水处理厂采用合成聚合剂来抑制丝状菌过度生长而引起的架桥作用和絮体结构松散现象。合成聚合剂总是用于改善含有大量疏水性多孔物质的活性污泥的沉降性能(黏性或非丝状菌膨胀)。

合成有机聚合剂、石灰和铁或铝盐投加到混合液中,可以改善活性污泥的沉降性能。但是,投加石灰和铁或铝盐会增加固体负荷,而采用合成聚合剂是比较经济的。

· 高分子聚合物

最近发现,投加聚合氯化铝可以明显影响 *Microthix parvicella* 的生长,并提高污泥的沉降性能,一种原因可能是聚合氯化铝对 *M. parvicella* 的毒害作用,另一种原因是聚合氯化铝增加了絮体的絮凝性。

该方法已成功在实际污水处理厂得到了应用,根据污泥龄的不同,投加一种聚合氯化铝(PAX-14),投加量为 1.5～4.5g Al^{3+}/kgMLSS,可取得较好的效果。

6.8　非丝状菌污泥膨胀的控制方法

6.8.1　非丝状菌污泥膨胀的成因

非丝状菌污泥膨胀,也称黏性膨胀,是指由于菌胶团细菌大量积累高黏性物质或过量繁殖引起的无丝状菌过量生长的污泥沉降性能变差的现象。非丝状菌膨胀的原因主要有:污水水质成分;低温或温度波动过大;过高或过低的污泥负荷;低 DO 浓度;氮、磷等营养物质或某些微量元素的缺乏[31-32]。

1. 污水水质成分

Novak 等在小试脱氮系统中发现虽然有丝状菌存在,但真正造成污泥沉降性恶化的却是废水中混入大量油酸后,动胶菌属过量增殖造成的,出现指状生长,同时产生大量胞外聚合物。而在当降低油酸含量至原来的浓度后，污泥沉降性在 3 周内恢复正常[31]。除油酸外，高浓度脂肪或富含简单易降解的糖类、挥发性脂肪酸等都可能诱发黏性膨胀。

2. 低温或温度波动过大

研究发现，低温及温度波动过大会引起黏性膨胀[31-33]。反应温度突然降低，微生物的代谢速率降低，使部分有机碳源不能被充分利用，形成胞外多聚物。另外，为了适应环境的突变，微生物可能分泌一些黏性物质将自己包裹保护起来，而这些分泌物能结合大量的水分，可使污泥絮体的结合水增多，致使污泥沉降性能变差。另外，也有研究表明活性污泥的黏度与沉降性能之间也存在相关关系。活性污泥中含有的黏性物质增多，污泥的黏度越高，沉降性能越差。当温度恢复后，微生物的活性又逐渐恢复，代谢能力增强，可将有机碳源充分利用，微生物细胞外的多聚物减少。而且温度升高，活性污泥的黏度也会降低，所以活性污泥的沉降性能也就逐渐恢复正常。

3. 污泥负荷

一般认为污泥负荷在 BOD_5/MLSS 为 0.25～0.45kg/(kg·d)范围内才不易引发污泥膨胀，低于或高于这个范围都可能导致 SVI 值升高。当低温且污泥负荷过高时，污泥吸附大量营养物质，同时微生物代谢缓慢，其表面聚集了大量高黏性的多糖类物质，导致污泥的 SVI 值升高，形成污泥膨胀；而污泥负荷过低时，由于丝状细菌较菌胶团物质又较强的生长优势，丝状菌大量繁殖形成污泥丝状膨胀。此外，研究发现 EPS 于 SVI 有明显的相关性，而负荷对 EPS 的影响显著，随着负荷降低，EPS 含量增加，SVI 值也随之增大。

4. 低 DO

一般认为，低溶解氧可能是引起污泥丝状膨胀的主要因素，然而有关 DO 对污泥黏性膨胀的研究较少，且没有一个严格的区分 DO 高低的标准。王建芳等研究发现，在恒曝气量的 SBR 系统中，当发生黏性膨胀后，反应器中的 DO 只能维持在 0～0.17mg/L，主要是由于高黏性菌胶团异常增殖引起溶解氧的高消耗[34]。

5. 营养物质不平衡

营养物质如氮磷的缺乏常常造成污泥膨胀。这种情况特别容易发生在工业废水处理厂中。高春娣等以啤酒废水为对象，系统研究了氮磷缺乏对污泥沉降性的影响[35-36]。结果发现：在磷充足、氮缺乏的情况下，进水 BOD/ N 为 100/4 时，污泥的沉降性能良好；而在进水 BOD/ N 分别为 100/3 和 100/2 时，均发生由高含水率的黏性菌胶团过量生长引起的非丝状菌膨胀。在进水 BOD/N 为 100/0.94 的条件下，发生的非丝状菌膨胀最为严重。氮充足、磷缺乏的情况下，BOD/P 为 100/0.8 以上的条件下，污泥的沉降性能良好；当进水中 BOD/P 分别为 100/0.6 和 100/0.3 时，出现高含水率的黏性菌胶团过量生长的现象，发生非丝状菌膨胀；在进水 BOD/P 为 100/0.4 的条件下，发生更严重的非丝状菌膨胀。当氮磷成比例同步缺乏时，发生的则是丝状菌膨胀。这说明营养物质缺乏且不平衡才会导致非丝状菌膨胀。

另外，当进水中缺氮时，低有机负荷下，污泥沉降性能恶化程度并不严重[37]。这是由于微生物对自身细胞物质的分解代谢作用，剩余污泥量减少，代谢产物中的营养物质在一定程度上缓解了进水中氮缺乏的影响。

6.8.2　控制方法

1. 特异性控制法

对于因进水中含有大量油酸、挥发性有机酸、脂肪或易降解糖类造成的非丝状菌膨胀可采用二沉池出水稀释进水、降低碳水化合物和含糖类物质的浓度，也可以在污水进入曝气池之前，采用气浮方法先除油，降低进水中脂肪和油酸的浓度。延时曝气或对回流污泥进行再曝气对改善污泥沉降性也有一定作用。

对于低温引起的非丝状菌膨胀，可采取升温措施，如通入锅炉蒸汽，提高曝气池内污泥浓度，改进曝气设备，对回流污泥再曝气等。在四季温差较大的地区，改表面机械曝气为鼓风曝气。

对于负荷变化引起的膨胀，要检查负荷变化的主要原因，采取相应措施。当负荷变高时，还要检测溶解氧浓度是否变低。降低负荷，同时保证足够溶解氧。当负荷变低时，提高负荷，降低污泥浓度，同时一定要保证足够溶解氧。当进水中有机污染物浓度过高时，可以用二沉池出水来稀释进水。对负荷突然变化引起的非丝状菌污泥膨胀，通常为含糖类等可溶解性物质较多的废水浓度的增高，所以针对这种情况，除了降低进水浓度外，还可延时曝气或使回流污泥再曝气。

陈滢等采用提高 DO 浓度，降低有机负荷，提高温度的方法成功控制了由于低 DO 和高负荷引发的非丝状菌膨胀[32]。楼少华等[38]也采用类似的方法成功解决了山东某氧化沟污水处理厂的非丝状菌膨胀问题。这些调整的目的主要在于提高微生物的活性，减少胞外聚合物的形成。

对于营养物质缺乏（氮磷不平衡）造成的非丝状菌膨胀，常规方法是通过投加尿素、氯化氨、硫胺、硝酸铵、磷酸钠和磷酸氢二钠来补充氮、磷元素，使 BOD_5∶N∶P 为 100∶5∶1。也可以投加含氮量高的污泥消化液上清液。同时可以适当提高有机负荷，有助于氮、磷缺乏的污泥膨胀的恢复。高春娣等就是采用此法较快速的恢复污泥沉降性[35-36]。这是因为在高底物浓度下，正常状态的菌胶团细菌大量生长，逐渐取代了高含水率的黏性菌胶团，从而使得污泥的沉降性能恢复正常。Jobbagy 等则通过引入厌氧选择器，富集 GAOs，让其在厌氧段储存过量的碳源，从而相对减少了溶液中氮、磷等营养物质的缺乏程度和黏液分泌量。不但节省了投加氮、磷等营养物质所需的成本及可能需要的深度处理费用，而且强化了有机物去除效果，提高了污泥沉降性[39]。

2. 非特异性控制法

采用非特异性方法成功控制污泥膨胀的案例较少。Jenkins 曾报道营养物质缺乏所引的非丝状菌污泥膨胀，并不能用常规的控制丝状菌污泥膨胀的方法(投加聚合物、氯、H_2O_2 等)来控制[40]。田口广介绍投加无机药品不能取得预期的效果，投加高分子絮凝剂虽然可以暂时控制膨胀，但如果不连续投加又会出现污泥膨胀反复现象[41]。王建芳等[34]投加 NaClO 溶液来控制非丝状菌污泥膨胀(投加量为 41.65～83.3mg NaClO/kgMLSS)，发现污泥曝气时产生大量气泡，最后导致污泥与气泡混合全部流失。这主要是由于投加 NaClO 能氧化菌胶团外附着生长及游离的微生物，导致处理效率急剧下降，甚至系统崩溃，而引发黏性菌胶团过量增殖的微生物包裹于黏性分泌物中，不易受其影响。不过，van Leeuwen 在曝气池中用臭氧(投加量 1g O_3/kgMLSS)，来控制非丝状菌污泥膨胀，取得了较好的效果[42]。此外，向膨胀污泥中投加多孔填料，在不降低处理效能的情况下，能很快使系统免受污泥沉降性能恶化的困扰[34]。

3. 一些控制案例

本课题组对氮磷缺乏引起的污泥膨胀进行了相关的试验研究。分别考察了单独缺 N 引起的非丝状菌污泥膨胀及其恢复，以及单独缺 P 引起的非丝状菌污泥膨胀及其恢复。

1) 单独缺 N 引起的非丝状菌污泥膨胀及其恢复

高春娣等研究了低有机负荷下，进水中磷充足时，不同氮缺乏程度对活性污泥膨胀的影响。试验中，反应器有效容积为 14 L，共 3 个，采用微孔曝气，溶解氧检测仪在线检测反应器内 DO 浓度，使 DO 浓度维持在 2.0mg/L 以上，反应器内水温为(20±0.5)℃。试验采用啤酒废水，其主要成分包括多种糖类、醇类、酵母和氨基酸等有机物，属于含糖量较高的易溶解性废水，氮源主要以氨基酸和氨氮形式存在。废水可生化性好，其 BOD/COD 约为 0.618。由于进水的 BOD/COD 比值稳定，因此试验中采用 COD 值来表示有机物浓度，BOD 值由上述关系得到。试验过程中进水 COD 浓度为 600mg/L，污泥浓度(MLSS)维持在 1900～2100mg/L，反应过程中进水总磷(TP)一直保持充足(BOD/P 为 100/1)，通过改变 NH_4Cl 投加量来改变进水中总氮的含量，3 个反应器的进水 BOD/N 值分别为 100/5、100/2 及 100/0.94。为了排除其他环境因素的干扰，使除进水 BOD/N 值不同外，3 个反应器的其他条件完全相同。通过改变反应时间来控制进水有机负荷，对于每一个有机负荷，都要进行 15～20 个周期的运行，使其处于一个 SVI 值基本稳定的状态，然后进行下一个有机负荷的运行。主要试验结果如下：

a. 有机负荷为 4.0kgCOD/(kgMLSS · d)

在正常的有机负荷[*F*/*M* 在 4.0kgCOD/(kgMLSS · d)左右]下，反应时间为 1.5h，此时结果见图 6-19。进水 BOD/N 为 100/5 的条件下污泥指数较低，为40～50mL/g。进水 BOD/N 为 100/2 时，SVI 值逐渐上升至 256mL/g，发生非丝状菌污泥膨胀。在 SVI 的持续上升过程中，丝状菌的数量极少，出现了高含水率的黏性菌胶团大量生长的现象，阻碍了污泥絮体的下沉和压缩。SVI 上升到 256mL/g 左右即一直维持此值基本不变，发生非丝状菌膨胀。这时的上清液清澈，出水悬浮物少。在进水 BOD/N 为 100/0.94 这种极度氮限制的条件下，仅 30 多个周期污泥的 SVI 即迅速从 90mL/g 上升至 458mL/g。在这个过程中，一直都没有观察到丝状菌过量生长的现象，也发生非丝状菌膨胀。但是由于氮限制严重，菌胶团细菌分泌的形成黏性物质的胞外多聚物的含水率明显增高，这使得污泥结构更加松散，其比重接近于水的比重，污泥絮体的沉降严重性能恶化，沉降速率极其缓慢，这是进水 BOD/N 为 100/2 时没有出现的。并且这时的出水悬浮物较多，上清液浑浊。

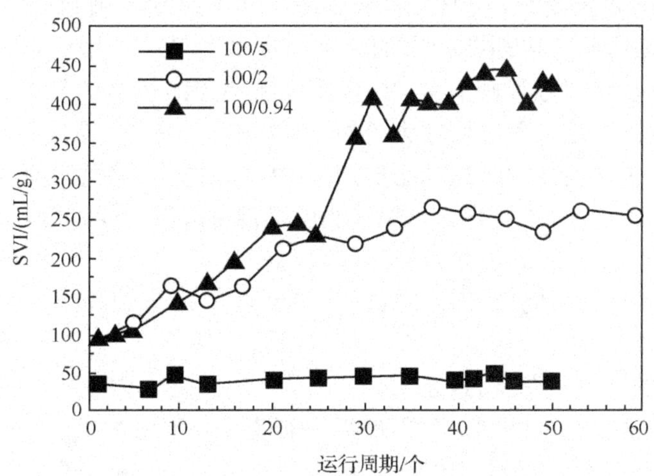

图 6-19　在 *F*/*M* 为 4.0kgCOD/(kgMLSS · d)时不同进水 BOD/N 条件对污泥沉降性能的影响

b. 有机负荷为 1.54kgCOD/(kgMLSS · d)

在有机负荷 1.54kgCOD/(kgMLSS · d)的情况下，不同进水 BOD/N 值(100/5、100/2、100/0.94)对污泥沉降性能的影响见图 6-20。

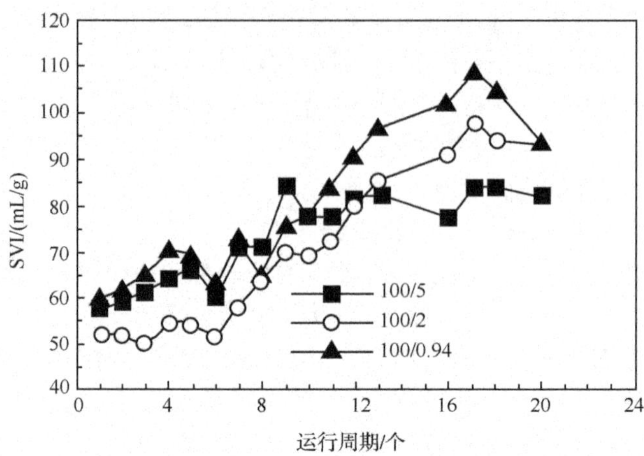

图 6-20 在 F/M 为 1.54kgCOD/(kgMLSS · d)时不同进水 BOD/N 条件对污泥沉降性能的影响

在进水 COD 浓度及反应器内混合液 MLSS 浓度基本不变的情况下，当反应时间增大至 4h 时，有机负荷降低到 1.54kgCOD/(kgMLSS · d)左右。这时，从图 6-20可以看到，3 个不同进水 BOD/N 值条件下的 SVI 都逐渐升高，15 个周期后，进水 BOD/N 为 100/0.94 条件下 SVI 达到 110mL/g，进水 BOD/N 为 100/2 及 100/5 条件下的 SVI 分别升高到 95mL/g 和 80mL/g。

观察此时的微生物相，发现虽然这 3 种条件下的 SVI 值相差不大，但是污泥絮体的状态及微生物组成却有较大的区别。进水 BOD/N 为 100/5 的条件下，污泥颗粒较细小，丝状菌数量略有增加，有伸展出菌胶团边界的趋势；进水 BOD/N 为 100/2 的条件下，菌胶团结构较为松散，丝状菌数量较多，有些丝状菌已经伸出菌胶团外，阻碍了絮凝体的沉淀和压实，并存在少量透明的胶粒；而在进水BOD/N 为 100/0.94 的条件下，主要是含水率较高的黏性菌胶团，丝状菌极少。

c. 有机负荷为 1.23kgCOD/(kgMLSS · d)

进一步延长反应时间至 5h，有机负荷降低至 1.23kgCOD/(kgMLSS · d)，这时 SVI 变化见图 6-21。

在此较低的有机负荷下，进水 BOD/N 为 100/5 时 SVI 经过 7 个周期上升至 125mL/g，随后又有所下降，15 个周期后降低至 95mL/g 左右。进水 BOD/N 为 100/2 的条件下 SVI 逐渐从 100mL/g 上升至 120mL/g 并维持不变。而进水 BOD/N 为 100/0.94 的条件下，其 SVI 在 5 个周期内上升至 128mL/g，随后迅速降低至 90mL/g。在反应进行过程中一直跟踪观察污泥的微生物相，发现进水 BOD/N 为 100/5 及 100/2 条件下 SVI 升高的过程中微生物中丝状菌数量有所增加，而进水 BOD/N 为 100/0.94 条件下的微生物仍以含水率较高的菌胶团为主。

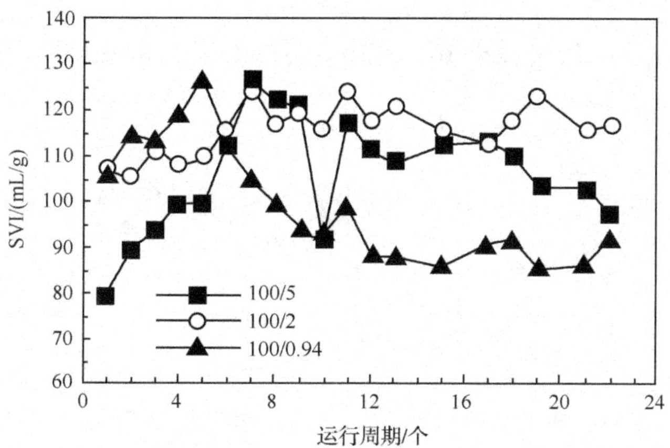

图 6-21　在 F/M 为 1.23kgCOD/(kgMLSS · d)时不同进水 BOD/N 条件对污泥沉降性能的影响

d. 有机负荷为 1.03kgCOD/(kgMLSS · d)

当延长反应时间至 6 h，有机负荷降低到 1.03kgCOD/(kgMLSS · d)时，SVI 变化见图 6-22。

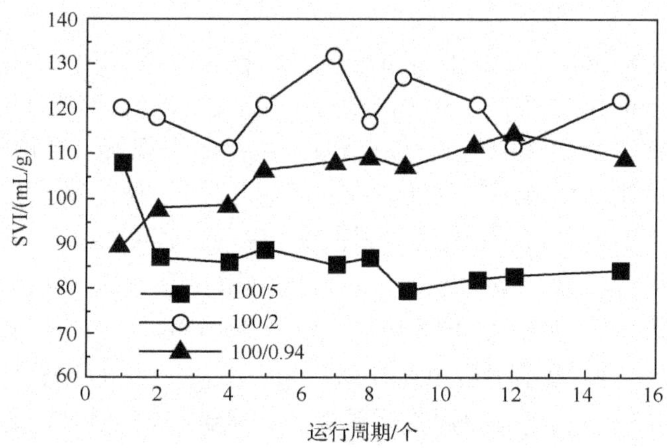

图 6-22　在 F/M 为 1.03kgCOD/(kgMLSS · d)时不同进水 BOD/N 条件对污泥沉降性能的影响

进水 BOD/N 为 100/5 条件下的 SVI 值进一步降低，至第 15 周期时已经从 100mL/g 降至 80mL/g，污泥颗粒絮体细小，颜色逐渐由原来的黄白色加深至黄红色，微生物中丝状菌数量也逐渐减少。在进水 BOD/N 为 100/2 的条件下，SVI 值变化不大，在 120mL/g 左右波动，污泥絮体尺寸不大，污泥颜色逐渐变成黄色，并且污泥中出现少量微型动物，以轮虫和钟虫为主。进水 BOD/N 为 100/0.94 条件下的 SVI 值略有上升，但变化不显著，污泥絮体呈浅黄色，微生物中的丝状菌数量有所增加，这使得污泥絮体的结构看起来比较松散。

e. 有机负荷为 0.62kgCOD/(kgMLSS · d)

进一步将反应时间延长至 10h，有机负荷降低至 0.62kgCOD/(kgMLSS · d)，SVI 变化见图 6-23。

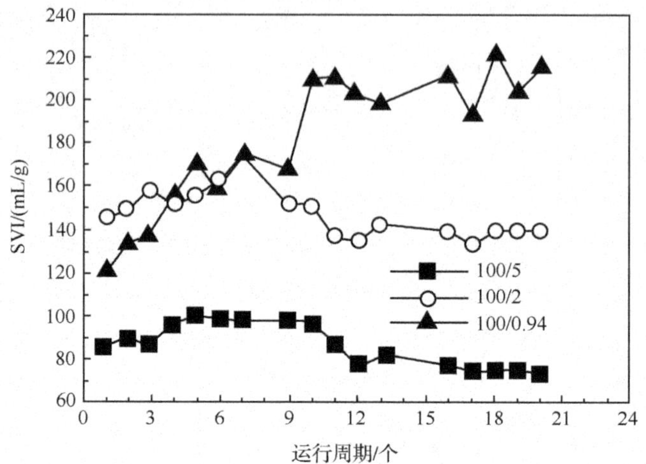

图 6-23　在 F/M 为 0.62kgCOD/(kgMLSS · d)时不同进水 BOD/N 条件对污泥沉降性能的影响

进水 BOD/N 为 100/5 条件下的 SVI 变化不大，前 10 个周期 SVI 一直在 80mL/g 到 100mL/g 之间，第 10 个周期后，SVI 开始降低，到第 15 个周期时，SVI 降至 70mL/g 并一直维持此值到反应结束。在污泥中观察不到微型动物，以结构紧密的菌胶团为主。污泥的颜色进一步加深，从黄红色变为砖红色。

SVI 值一直不上升，并且污泥的颜色变为红色，这可能是由于长期低负荷运行，反应时间较长，在污泥中培养出了硝化细菌所致。为此，检测了出水中的 NO_2^--N 及 NO_3^--N。在进水 COD 为 600mg/L、TN 为 18.54 mg/L、MLSS 为 2000mg/L 的条件下，出水中检测到有 0.2mg/L 的 NO_2^--N，没有检测到 NO_3^--N。由于进水中氮源的投加量是根据营养平衡公式得到的，只用来满足微生物降解有机物的需要，因此用于硝化反应的 NH_4^+-N 极少，这使得硝化反应不能完全进行。进水中的氮源(TN)由 NH_4Cl 及有机氮组成，其中以 NH_4Cl 为主，NH_4Cl 是一种极易被细菌利用的含氮化合物。在以前的试验研究中已得出结论，进水 BOD/N 为 100/4 时的氮源已经能够满足微生物降解有机物及自身新陈代谢的需要，进水 BOD/N 为 100/5 时的氮源在一般的有机物降解(去除 COD)反应完成后，将有部分剩余。而此时反应器内溶解氧充足(在 2mg/L 以上)，低负荷运行使得污泥龄增大，混合液中还存在 80～100mg/L 的 COD(此 COD 为微生物代谢产物及少量难降解有机物)。

这些运行条件非常适合世代时间长的硝化细菌生长。试验中，在出水中仅检

测到 NO_2^--N，没有检测到 NO_3^--N。这表明，由于反应器混合液中有机物降解反应完成后剩余的氮源较少，在混合液中主要发生的是上述不完全的硝化反应，而硝化细菌也以亚硝酸菌为主。

进水 BOD/N 为 100/2 条件下的 SVI 值有一个小幅度的上升，7 个周期后从 140mL/g 上升到 170mL/g，随后 SVI 值又开始降低，并基本上一直保持在 130～140mL/g。此时微生物中仍有丝状菌存在，但数量较少，并且出现了较多的原生动物和后生动物如钟虫和轮虫，其中以轮虫居多，主要为猪吻轮虫。

在进水 BOD/N 为 100/2 条件下 SVI 值始终在 140mL/g 左右而不继续升高发生污泥膨胀，分析原因是由于在有机负荷为 1.03kgCOD/(kgMLSS · d)时，反应时间较长，使得微生物在降解完有机物后长期处于内源呼吸期，已不能从其周围环境中获取能够满足自身生理需要的营养，通过分解代谢自身的细胞物质来维持生命活动，剩余污泥量减小，在此过程中，分解代谢产物中的氮和磷元素溶入水中，又为微生物提供了营养物质，在一定程度上缓解了进水中氮缺乏的影响，所以减小了氮缺乏引起的污泥膨胀的可能性。

进水 BOD/N 为 100/0.94 条件下 SVI 值有较为迅速的上升，10 个周期后 SVI 从 120mL/g 升高至 200mL/g 以上，发生了非丝状菌污泥膨胀。观察活性污泥微生物相，发现在有机负荷为 0.62kgCOD/(kgMLSS · d)的条件下，丝状菌数量仍然较少，主要是高含水率的黏性菌胶团，也出现了较多的后生动物。但是与进水 BOD/N 为 100/2 条件下出现的原生动物及后生动物种类不同，此时多为形体细长的线虫，且数量较多，还有少量的轮虫。

对于在低有机负荷条件下氮缺乏引起的污泥膨胀，在正常的有机负荷[F/M 为 4.0kgCOD/(kgMLSS · d)]下且氮充足时进行了恢复和控制。试验结果见图 6-24，直到反应结束时，进水 BOD/N 为 100/0.94 条件下的 SVI 最高为

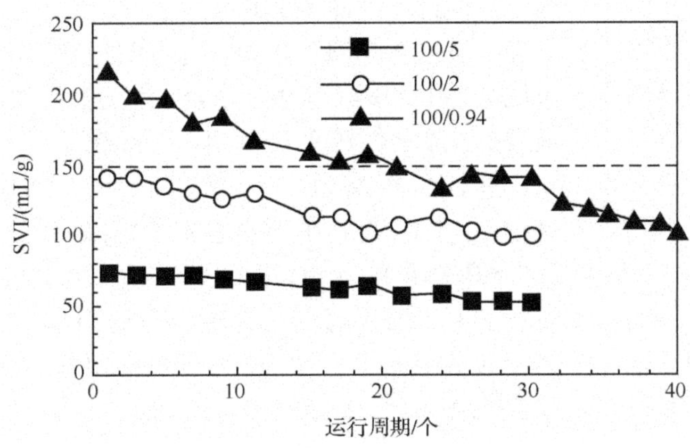

图 6-24 对低负荷条件下氮缺乏引起的污泥膨胀的恢复

216mL/g，进水 BOD/N 为 100/2 条件下的 SVI 仅为 140mL/g。因此，一旦有机负荷恢复到正常水平且营养物充足时，经过 21 个周期，进水 BOD/N 为 100/0.94 条件下的 SVI 值很快就降低至 150mL/g 以下。而进水 BOD/N 为 100/2 条件下的 SVI 也很快稳定在 100mL/g 左右。

由此可见，对于低有机负荷下氮缺乏引起的 SVI 值升高的现象，在有机负荷恢复到正常水平且营养物充足的情况下，能够得到有效控制。

通过大量的试验研究及对试验结果的系统分析，得出以下主要结论。

(1) 传统关于有机负荷对污泥膨胀影响的观点认为，低有机负荷是引起丝状菌污泥膨胀的主要因素之一。但是本试验中，进水营养物充足的条件下，在有机负荷逐渐从 1.54kgCOD/(kgMLSS · d)降低至 0.62kgCOD/(kgMLSS · d)的过程中，污泥的沉降性能基本保持良好，没有发生污泥膨胀。并且，在有机负荷降低至 0.62kgCOD/(kgMLSS · d)时，反应过程中发生不完全硝化反应。

(2) 进水 BOD/N 为 100/2 的缺氮条件下，正常有机负荷[F/M 为 4.0kgCOD/(kgMLSS · d)]时发生由高含水率黏性菌胶团过量生长引起的非丝状菌污泥膨胀；而在低有机负荷时，污泥浓度大幅度降低，微生物分解代谢自身细胞物质，分解出的营养物质为微生物提供了一定的氮。因此，SVI 没有进一步上升，直到反应结束时依然保持在 140mL/g 左右，没有发生污泥膨胀。

(3) 进水 BOD/N 为 100/0.94 的缺氮条件下，在正常有机负荷时发生由高含水率黏性菌胶团过量生长引起的严重非丝状菌污泥膨胀；在低有机负荷下 SVI 上升至 200mL/g 以上，也发生非丝状菌污泥膨胀。由于低有机负荷下污泥浓度迅速减小，微生物对自身细胞物质的分解代谢作用使得剩余污泥量减少，代谢产物中的营养物质在一定程度上缓解了进水中氮缺乏的影响，因此污泥沉降性能恶化程度并不严重。

2) 单独缺 P 引起的非丝状菌污泥膨胀及其恢复

试验采用 SBR 工艺。所用原水为啤酒废水，其主要成分包括多种糖类、酵母、醇类、氨基酸和蛋白质等有机物，属于易溶解性废水，极易发生污泥膨胀。进水中 COD 浓度为 600mg/L，混合液悬浮固体浓度(MLSS)维持在 2000mg/L 左右，反应器内 DO 浓度在 2.0mg/L 以上，水温为(20±1)℃；有机负荷维持在 3.5～4.0kgCOD/(kgMLSS · d)左右。反应过程中进水总氮一直保持充足，通过改变磷酸二氢钾的投加量来改变进水中总磷的含量，进水 BOD/P 值依次为 100/1、100/0.8、100/0.6、100/0.4 和 100/0.3。对于每一个进水 BOD/P 值，都进行足够长周期数的运行，使其达到一个较为稳定的 SVI 值，此值即为该 BOD/P 条件下的最大 SVI 值，表示为 SVI_{max}，它反映了污泥膨胀程度；SVI 持续上升到 SVI_{max} 值的过程中平均每一周期的升高值表示为 V_{SVI}，它反映了污泥发生膨胀的快慢。之后对污泥膨胀进行控制，使 SVI 降至 100mL/g 以下的正常状态并稳定一段时间，以进行下一进水 BOD/P 值的运行。检测分析的项目有 COD、BOD、DO、MLSS、SVI、TN、TP 等。

a. 磷缺乏对污泥沉降性能的影响

不同进水 BOD/P 比值条件下 SVI 值的变化如图 6-25 所示。各 BOD/P 比值下的 SVI_{max}和 V_{SVI}如图 6-26 所示。

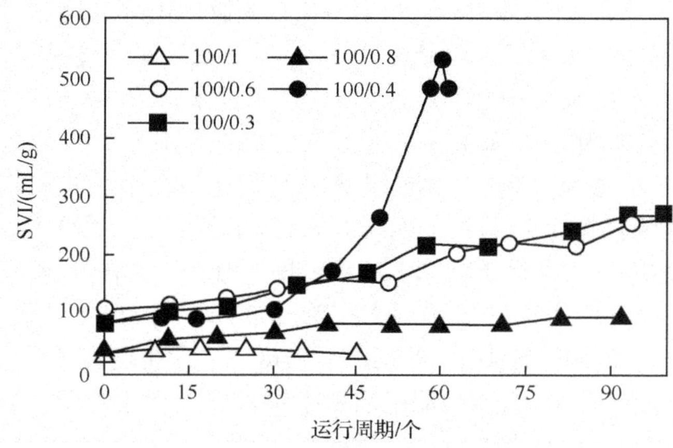

图 6-25　P 缺乏对污泥沉降性能的影响

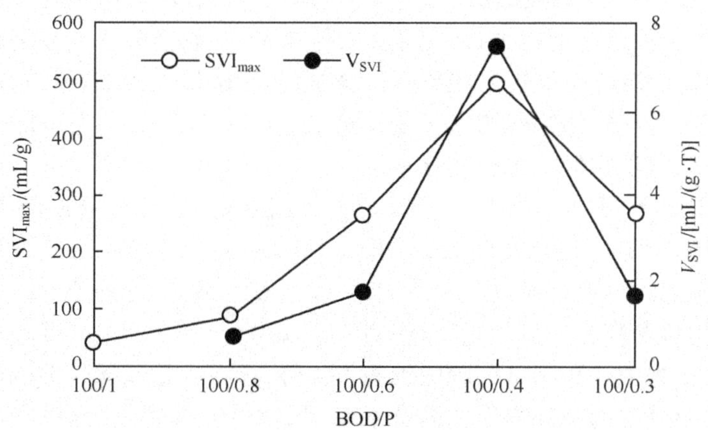

图 6-26　不同进水 BOD/P 下的 SVI_{max}和 V_{SVI}

在营养物充足(BOD/P 为 100/1)的条件下，经过长期的稳定运行，污泥的沉降性能良好，沉降速率很快，SVI 在 45mL/g 左右。但是絮体颗粒小，絮体结构松散，丝状菌极少，出水悬浮物较多，上清液浑浊。这时污泥微生物主要是菌胶团细菌。

当进水中 BOD/P 值为 100/0.8 时，经过一段时间的运行，SVI 值略有上升，40

多个周期后 SVI 从 40mL/g 升高到 85mL/g 左右，然后就维持在这个值基本不变。此时污泥微生物仍以菌胶团细菌为主，丝状菌数量略有增加，但并没有过量生长。污泥的沉降性能与凝聚性能都很好，上清液清澈。

传统观点认为，只有在进水中 BOD/P 满足 100/1 时，才能保证活性污泥微生物降解有机物及自身生长代谢的需要。然而试验中，在 BOD/P 为 100/0.8 的条件下，菌胶团状态良好，结构紧密，丝状菌生长在菌胶团内部，丝状菌和菌胶团细菌维持一个合适的比例，污泥沉降性能正常，并没有出现丝状菌过量生长的污泥膨胀现象。这一结果表明，在处理啤酒废水的运行中，进水中 BOD/P 为 100/0.8 并没有对微生物形成磷限制。因此在活性污泥工艺处理工业废水的实际运行管理中，为了减少处理成本，避免过剩的营养随出水排放而造成受纳水体的富营养化，应根据废水水质具体测算微生物的营养需求量，没有必要保持 BOD/P 为 100/1 这样高的进水 TP 浓度，只需满足 100/0.8 的条件即可维持工艺的正常运行。

当进水中 BOD/P 从正常的 100/1 变为 100/0.6 时，SVI 值缓慢上升，经过 100 多个周期的运行，SVI 升高至 SVI_{max} 为 265mL/g，发生污泥膨胀(图 6.26)。在 SVI 值持续上升的过程中，活性污泥中的微生物种属发生了变化。在 SVI 从开始的 70mL/g 升高到 170mL/g 左右这一过程中，丝状菌数量逐渐增加并成为活性污泥中的优势菌种。镜检观察此时的丝状菌的丝体多为笔直，伸出菌胶团外干扰了污泥絮体的沉淀和压实，导致污泥沉降性能较差。随着反应周期数的增加，这种丝体笔直的丝状菌数量逐渐减少，污泥絮体黏性增加，菌胶团分泌大量高含水率的黏性物质，使污泥的沉降性能进一步恶化。这时，丝状菌仍然存在，只是数量较少，且种类发生改变，出现丝体蜷曲的丝状菌。SVI 上升到 265mL/g 左右即一直维持在此值基本不变，发生非丝状菌膨胀。

当进水中 BOD/P 从 100/1 变为 100/0.4 时在前 40 多个周期的运行中，SVI 上升较为缓慢，SVI 从最初的 85mL/g 升至 185mL/g。然而，在 50 个周期后，SVI 突然出现大幅度的迅速升高，仅 10 个周期，就从 220mL/g 升到 500mL/g 以上，发生严重的非丝状菌膨胀，其 V_{SVI} 最高达到 7.51mL/(g·T)。在 SVI 逐渐上升的过程中，污泥微生物中一直都是菌胶团细菌占优势，存在少量丝体蜷曲的丝状菌。此时，菌胶团细菌分泌的胞外多聚物的含水率明显增高，这使得污泥结构更加松散，其比重接近于水的比重，污泥絮体的沉降性能严重恶化，沉降速率极其缓慢，上清液呈乳浊状。

在进水中 BOD/P 为 100/0.3 这种极度磷限制的条件下，发生了与进水中 BOD/P 为 100/0.6 条件下极为相似的污泥膨胀。100 多个周期后，SVI 值从最初的 90mL/g 上升至 270mL/g 左右。不同的是，在运行过程中，出现的丝状菌均是丝体蜷曲的类型，并且数量很少。

b. 磷缺乏引起的污泥膨胀的恢复与控制

对于每一个进水 BOD/P 条件下发生的非丝状菌膨胀，分别进行了在不同有机负荷条件下的控制。图 6-27 是进水中 BOD/P 为 100/0.6 发生的膨胀在投加了充足的磷源后，不同有机负荷下的恢复情况。

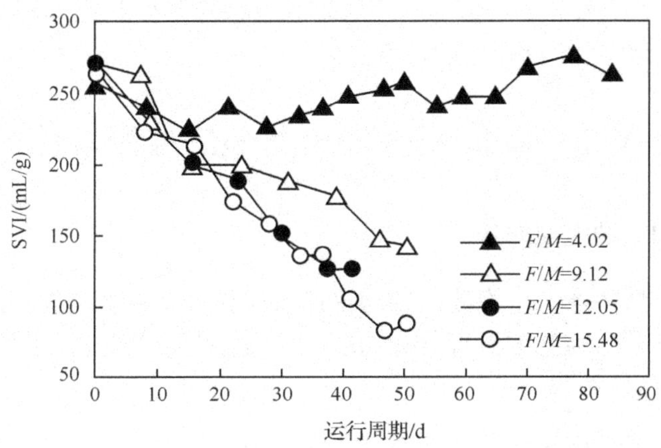

图 6-27　进水 BOD/P 为 100/0.6 条件下发生的膨胀在不同有机负荷下的恢复情况

从图 6-27 可以看出，在有机负荷为 4.02kgCOD/(kgMLSS · d)的条件下，SVI 没有下降的趋势，非丝状菌污泥膨胀并不能得到有效地控制；当有机负荷提高到 9kgCOD/(kgMLSS · d)以上时，SVI 迅速降低，并且有机负荷越高，污泥膨胀恢复得越快；对进水中 BOD/P 为 100/0.3 发生的非丝状菌污泥膨胀的控制与此基本相似。

菌胶团细菌具有对底物的高储存与积累能力，其相应的最大比增殖速率也较大，在不缺磷等营养物的高负荷下能快速生长。试验所采用的 SBR 工艺中，在反应初期的高底物浓度下，正常状态的菌胶团细菌大量生长，逐渐取代高含水率的黏性菌胶团，从而使得污泥的沉降性能恢复正常。有机负荷越高，正常状态的菌胶团细菌增殖的越快，非丝状菌膨胀恢复的越迅速。

进水中 BOD/P 为 100/0.4 时发生非丝状菌膨胀，投加充足的磷源后，无须提高有机负荷，在正常的有机负荷[4.0kgCOD/(kgMLSS · d)]下就能得到有效的控制。主要是在此条件下的污泥结构与进水中 BOD/P 为 100/0.6 与 100/0.3 时的区别。在进水中 BOD/P 为 100/0.4 的条件下，微生物不能正常增殖，与上述两条件相比，其总体数量在减小，菌胶团细菌分泌的黏性高含水率物质更多。因此在投加充足的磷源后，正常状态的菌胶团细菌大量生长，很快就取代了高含水率的黏性菌胶团，使污泥沉降性能恢复到了正常水平。

由上可见，在进水中 BOD/P 为 100/0.8 的条件下，污泥的沉降性能能够保持良好,出水中悬浮物少,SVI 在 80mL/g 左右。当进水中 BOD/P 分别为 100/0.6 和 100/0.3 时,发生高含水率黏性菌胶团过量生长引起的非丝状菌污泥膨胀。通过对这一膨胀的控制研究发现,进水中有机负荷越高,污泥膨胀恢复得越快。在进水中 BOD/P 为 100/0.4 的条件下,发生严重的非丝状菌污泥膨胀。出现大量高含水率的细胞外多聚物。但是这一严重的非丝状菌膨胀在投加充足的磷源后,正常的负荷条件下即能得到有效的控制。

6.9 其他泥水分离问题的控制方法

6.9.1 生物泡沫的控制方法

近年来,活性污泥法中泡沫问题的控制技术得到了较大的发展,据泡沫形成的机理及其影响因素,控制方法可分为物理化学方法和生物方法,在使用时应根据现场的实际情况加以选择。

1. 物化方法控制泡沫

1) 喷洒水

这是一种最常用的物理方法。通过喷洒水流或水珠能打碎浮在水面的气泡,以减少泡沫。打散的污泥颗粒部分重新恢复沉降性能,但丝状细菌仍然存在于混合液中,因此不能从根本消除泡沫现象。

2) 投加化学药剂

a. 混凝剂

投加铁盐、铝盐等无机混凝剂可以通过其凝聚作用提高污泥的压密性来改善污泥的沉降性,减少生物泡沫。有机物阳离子聚丙烯酰胺(acrylamidebased cationic polymer)也是常用的消泡混凝剂,其既有抑制 Nocardioform actinomycetes 生长的作用,又有消除污水中表面活性物质极性一非极性特点的作用。由于上述两点的存在,新的稳定泡沫难于大量生成,而在水面上的泡沫层由于水面紊动,泡沫受剪力作用不断破碎,表面泡沫水膜由于水分不断蒸发,泡沫不断破碎,泡沫层也逐渐消失。在美国洛杉矶市就有投加了 0.5mg/L 的阳离子聚丙烯酰胺消退了 110 000 m^3/d 污水处理厂曝气池里泡沫的成功实例[43]。

但是,投加混凝剂有一个缺点,就是仅能短期除去曝气池表面的丝状菌,一般 2～3 周以后又会出现,不具有长效性。仅能作为一种紧急处理的手段,不能在污水处理厂长时间应用该方法。但也有文献报道投加混凝剂之后泡沫问题得到根除。向出现严重诺卡氏泡沫的 Terminal 污水处理厂反应器中投加阳离子聚合物,3d 后泡沫根除,其机理是:投加的阳离子聚合物与废水表面存在的稳定泡沫的接触作用和聚合物絮凝使诺卡氏菌分散进入活性污泥絮体中[44]。

b. 氧化剂

投加强氧化剂，如氯、臭氧、过氧化氢等被证明是控制泡沫的有效方法。此外聚乙二醇、硅酮生产的市售药剂，以及氯化铁和铜材酸洗液的混合药剂等也具有较强的氧化性，也可当做消泡剂使用[45]。

在活性污泥中加氯以控制生物泡沫的产生的方法比较常见，在美国和澳大利亚已将其作为一种最普通和最有效的方法。表面加氯法在美国 23 座污水处理厂已获得良好的效果[43]，当其浓度达到 1000～2000mg Cl_2/L 时可以在 8～24h 内消除由诺卡氏菌产生的泡沫。而且在泡沫表面加入 2～3kg/h 的氯并不会降低处理能力。但 Blackall 认为在表面泡沫层加氯不及在回流污泥中加氯有效，因为其不仅破坏了泡沫而且也聚集其中的诺卡氏菌[46]。持反对意见的人认为如果在回流污泥中加氯不仅增加了药剂投加量，而且还会降低活性污泥的能力，降低处理效果[40]。也有实验发现在低剂量的情况下，加氯量的增长会使泡沫发生的可能性增大[47]。由微丝菌引起的生物泡沫应用加氯法则有待研究，因为微丝菌可以耐受 100gCl_2/kgMLSS，而在此剂量下，混合液中其他微生物早已经被杀灭[48]。

Goi 等[49]通过在曝气池中添加臭氧（2～6mg/L）成功地抑制了诺卡氏菌不正常增殖产生的泡沫。并发现污泥沉降性能好转了，在去除 COD、TOC、SS、PO_4^{3-}-P、TN 方面无不同，硝化作用增强，出水水质变好。

投加低浓度 H_2O_2 也可控制污水处理厂生物泡沫的产生。数据表明，投加低浓度 H_2O_2（20～25mg H_2O_2/kgMLSS）能氧化部分生物残渣和消除生物代谢过程产生的毒素，并能改善菌胶团菌生活的微环境，促进菌胶团菌的生长。在泡沫发生的敏感期间，预先投加低浓度的 H_2O_2 能较好地防止泡沫产生。

c. 杀菌剂

季铵盐 AFP（polyquaternary ammonium）是一种常用的化学消毒剂，可以用于杀灭许多种水生细菌。H wang 等通过污水处理厂观察、实验室试验以及现场应用，发现与氯、阳离子聚丙烯酰胺两种化学药剂相比较，投加 AFP 是抑制微丝菌过度增殖的最有效的方法。连续 5 天加入 20g/kgMLSS 的 AFP 后，SVI 从 340mg/L 降至 130mg/L。镜检发现，活性污泥絮体周围的微丝菌大部分已被破坏，但并未给出水水质带来变化。而且投加 AFP 后，该年冬季没有发生生物泡沫现象，这说明其有一定的时效性[48]。

2. 生物方法控制泡沫

1）降低 SRT

降低 SRT 控制生物泡沫，即利用丝状菌平均世代时间较长于絮体形成菌的特点抑制丝状菌的过度增殖。实践证明，当污泥停留时间在 5～6d 时，能有效控制诺卡氏菌属的生长，以避免由其产生的泡沫问题[45]。在美国，根据诺卡氏菌产生泡沫的具体情况，采用不同 MCRT 控制泡沫的污水处理厂数目统计结果见图 6-28。

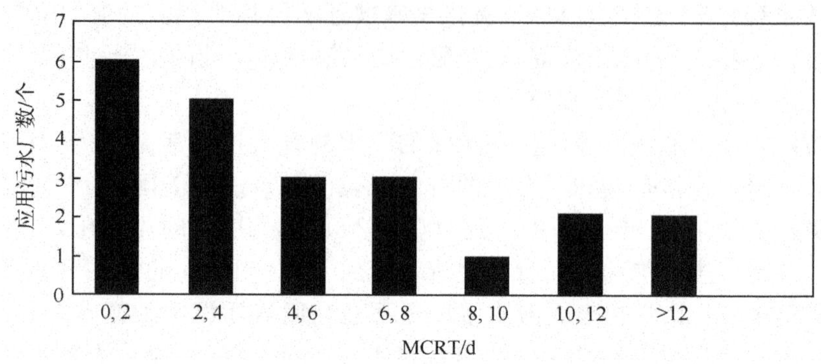

图 6-28　美国控制诺卡氏泡沫时采用不同 MCRT 值的污水处理厂数目统计(部分)

但微丝菌受泥龄变化的影响相对较小，如果生物泡沫主要由这些微生物引起，采用此法效果不大[50]。另外，当曝气池需要硝化时，需要相对较长的污泥龄，与此法矛盾。

2）选择性浮选或淘汰(SFW)

SFW 法是将载有诺卡氏菌等起沫微生物的泡沫溢流至系统外以去除泡沫问题的一种方法。在亚特兰大的 WPCP 污水处理厂研究表明，增加曝气量，允许载有诺卡氏菌的泡沫从曝气池中溢流到相邻池子里，可以获得很好的泡沫去除效果[51]。在南非，通过选择性浮选，生物泡沫可在一天内从活性污泥中去除掉。泡沫去除后，生物相中的丝状菌明显减少，而去除的泡沫中几乎都是丝状菌，且超过95％的泡沫微生物能在最初的 4h 内去除。

3）降低曝气量

降低曝气量，能在一定程度上控制生物泡沫的发展。一方面，降低曝气量相应地减少了曝气池中微气泡生成量，有效降低曝气池中选择性浮选强度，而选择性浮选恰是活性污泥过程中泡沫产生的重要原因；另一方面，降低空气输入率能降低曝气池中的 DO 浓度，抑制诺卡氏菌等严格的好氧菌属的过度增殖。但是，减小曝气量，硝化作用会受到抑制，出水浊度也会相应有所提高，这是采用此法控制泡沫问题时需要考虑的地方[51]。

4）回流厌氧消化池上清液

试验表明，厌氧消化池上清液能抑制 *Rhodococcus rhodochrous* 菌属的生长，但由于厌氧消化池上清液中 COD 和氨氮浓度很高，它们都会影响出水水质[45]，因此应慎用。

5）增设生物选择器

在生物曝气池的前端设置厌氧、缺氧或好氧的选择器，可以抑制和淘汰某些丝状细菌的生长，从而降低生物泡沫的发生几率。有文献报道，好氧选择器能一定程度地控制微丝菌，但对诺卡氏菌属无大影响；而缺氧选择器对诺卡氏菌属有控制作用，却对微丝菌无作用[52-53]。

以上泡沫控制技术还可与控制污泥膨胀等活性污泥异常运行情况相结合，综合调节活性污泥运行工艺。如针对 Phonenix 活性污泥污水处理厂相当低的 MLSS 和 SRT 较短的情况下运行状况且一直存在着的连续的膨胀污泥环境，采用 DO 为0～0.13mg/L 的缺氧选择器。结果：当总氮还原约 75 %时，曝气的缺氧选择器可以对污泥的膨胀全部控制；诺卡氏菌泡沫可以初步控制，在泡沫表面直接喷洒高浓度的氯(2000～3000mg/ L)泡沫很快消除。

6）其他控制方法

除了上述方法之外，加强上部搅拌、投加特别微生物、降低污水 pH、辐射、修改原有反应器形式等方法都能对泡沫起一定的控制作用，在运用时可根据实际情况加以选择[43]。

一些特殊菌种可以消除诺卡氏菌的活力，如肾形虫。增加捕食性和拮抗性的微生物，对某些泡沫细菌也有控制作用[54]。

6.9.2　污泥上浮的控制方法

因在二沉池反硝化而导致的污泥上浮可通过增加污泥回流量或及时排除剩余污泥即在脱氮之前将污泥排除的方法控制；也可以降低混合液污泥浓度，缩短污泥龄和降低溶解氧等，使之不进行到硝化阶段；加强缺氧区反硝化功能也能减少该问题的发生。对于因曝气池内曝气过度，使污泥搅拌过于激烈，生成大量小气泡附聚于絮凝体上而引发的污泥上浮，适当降低曝气量或搅拌强度即可。因流入大量脂肪和油类引起的污泥上浮应先考虑通过隔油或气浮处理，减少其在曝气池中的浓度。

主要参考文献

[1] Daigger G T, Robbins M H, Marshall B R. The design of a selector to control low-F/M filamentous bulking. J Water Pollut Control Fed, 1985, 57(3):220-226

[2] ATV. Working Group, 2.6.1. Prevention and control of bulking sludge and scum. Korrespondenz Abwasser, 1989, 36(13):165-177

[3] Eikelboom D H. The role of competition between floc-forming and filamentous bacteria in bulking activated sludge. In: Madoni P Ed. Biological approach to sewage treating process: current status and perspectives . Perugia Italy:Luigi Bazzucchi Center, 1991:143-149

[4] Pujol R. Control of filamentous bulking by the contact zone: design and results. Newsletters of the

IAWPRC Specialist group on activated sludge population dynamics, 1992, 4(1):24-26

[5] Rensink J H, Donker H. The effect of contact tank operation on bulking-sludge and biosorption processes. Water Sci Technol, 1991, 23(4-6):857-866

[6] Prendl L, Kroiss H. Bulking sludge prevention by an aerobic selector. Water Sci Technol, 1998, 38(8-9):19-27

[7] Guida M, Cesaro G, Lipardi I L, Melluso G. A full scale application in the control of the filamentous bulking generated by Type 021N *F. thiothrix* sp. Water Sci Technol, 2002, 46(1-2):507-510

[8] Martins A M P, Heijnen J J, van Loosdrecht M C M. Effect of feeding pattern and storage on the sludge settleability under aerobic conditions. Water Res, 2003, 37(11):2555-2570

[9] Lee S E, Koopman B L, Jenkins D, Lewis R F. The effect of aeration basin configuration on activated-sludge bulking at low organic loading. Water Sci Technol, 1982, 14(6-7):407-427

[10] Chudoba J, Wanner J. Notes on oxic anoxic and anaerobic selectors. Newsletters of the IAWPRC Specialist group on activated sludge population dynamics, 1989, 1(2):46-49

[11] Linne S R, Chiesa S C, Rieth M G, Polta R C. The impact of selector operation on activated-sludge settleability and nitrification: pilot-scale results. J Water Pollut Control Fed, 1989, 61(1):66-72

[12] Daigger G T, Nicholson G A. Performance of 4 full-scale nitrifying waste-water treatment plants incorporating selectors. Research Journal of the Water Pollution Control Federation, 1990, 62(5):676-683

[13] Albertson O E. Bulking sludge control: Progress, practice and problems. Water Sci Technol, 1991, 23(4-6):835-846

[14] Still D A, Ekama G A, Wentzel M C, Casey T G, Marais G R. Filamentous organism bulking in nutrient removal activated sludge systems . 2. Stimulation of the selector effect under aerobic conditions. Water Sa, 1996, 22(2):97-118

[15] Nakhla G, Lugowski A. Control of filamentous organisms in food-processing wastewater treatment by intermittent aeration and selectors. J Chem Technol Biot, 2003, 78(4):420-430

[16] Hsu M, Wilson T E. Activated sludge treatment of municipal wastewater-USA practice. In :Eckenfelder W W, Grau P, Eds. activated sludge process design: Theory and practice. Technomic Publising Co, Inc Lancaster PA, 1992:37-68

[17] Wanner J. Kinetic and metabolic selection in controlling the filamentous organisms in activated sludge systems. In:Jenkins D, Ramadori R, Cingolani L, Eds. Preventative and control of bulking activated sludge. Perugia, Italy: Luigi Bazzucchi Center, 1993:17-42

[18] Marten W L, Daigger G T. Full-scale evaluation of factors affecting the performance of anoxic selectors. Water Environ Res, 1997, 69(7):1272-1281

[19] Andreasen K, Agertved J, Petersen J O, Skaarup H. Improvement of sludge settleability in activated sludge plants treating effluent from pulp and paper industries. Water Sci Technol, 1999, 40(11-12): 215-221

[20] Palm J C, Jenkins D, Parker D S. Relationship between organic loading, dissolved oxygen concentration and sludge settleability in the completely mixed activated sludge process. J Water Pollut Control Fed, 1980, 52(10):2484-2506

[21] Jenkins D, Richard M G, Daigger G T. Manual on the causes and control of activated sludge bulking and other solids separation problems. London: IWA Publishing, 2004

[22] Wanner J, Kragelund C, Nielsen P H. Microbiology of bulking. *In*: Microbial Ecology of Activated

Sludge. London: IWA Publishing, 2010: 191-214

[23] Wanner J, Grau P. Identification of filamentous microorganisms from activated-sludge: A compromise between wishes, needs and possibilities. Water Res, 1989, 23(7): 883-891

[24] Caravelli A, Giannuzzi L, Zaritzky N. Effect of ozone on filamentous bulking in a laboratory scale activated sludge reactor using respirometry and INT-dehydrogenase activity. J Environ Eng-asce, 2006, 132(9): 1001-1010

[25] Saayman G B, Schutte C F, van Leeuwen J. Chemical control of filamentous sludge bulking in a full-scale biological nutrient removal activated sludge plant. Ozone-sci Eng, 1998, 20(1): 1-15

[26] Sankaran S, Khanal S K, Pometto A L, van Leemen J. Ozone as a selective disinfectant for nonaseptic fungal cultivation on corn-processing wastewater. Bioresour Technol, 2008, 99(17): 8265-8272

[27] von Gunten U. Ozonation of drinking water: Part I. Oxidation kinetics and product formation. Water Res, 2003, 37(7): 1443-1467

[28] van Leeuwen J, Sridhar A, Harrata A K, Esplugas M, Onuki S, Cai L S, Koziel J A. Improving the biodegradation of organic pollutants with ozonation during biological wastewater treatment. Ozone-sci Eng, 2009, 31(2): 63-70

[29] Hunt N K, Marinas B J. Inactivation of *Escherichia coli* with ozone: Chemical and inactivation kinetics. Water Res, 1999, 33(11): 2633-2641

[30] Salhi M, Deleris S, Debellefontaine H, Ginestet P, Paul E. More insights into the understanding of reduction of excess sludge production by ozone. 2003

[31] Novak L, Larrea L, Wanner J, Garciaheras J L. Non-filamentous activated-sludge bulking in a laboratory-scale system. Water Res, 1993, 27(8): 1339-1346

[32] 陈滢，彭永臻，刘敏，甘一萍，王淑莹. SBR 法处理生活污水时非丝状菌污泥膨胀的发生与控制. 环境科学学报，2005，25(1)：105-108

[33] 张雷，王晖，刘晓艳. 浅谈活性污泥膨胀的诱因及其控制方法. 中国资源综合利用，2004，6：13-17

[34] 王建芳，赵庆良，林佶侃，金文标，肖本益. 低溶解氧和磷缺乏引发的非丝状菌污泥膨胀及控制. 环境科学，2007，28(3)：545-550

[35] Peng Y, Gao C, Wang S, Ozaki M, Takigawa A. Non-filamentous sludge bulking caused by a deficiency of nitrogen in industrial wastewater treatment. Water Sci Technol, 2003, 47(11): 289-195

[36] 高春娣，彭永臻，王淑莹. 磷缺乏引起的非丝状菌活性污泥膨胀. 中国环境科学，2002，22(1)：40-43

[37] 高春娣，彭永臻，王淑莹，川哲夫，尾崎益雄. 不同有机负荷下氮缺乏对活性污泥膨胀的影响. 安全与环境学报，2002，2(3)：22-26

[38] 楼少华，王涛，邓荣森，熊艾玲，李烈峰. 实际运行中高粘性污泥膨胀及其控制. 中国给水排水，2004，20(2)：101-103

[39] Jobbágy A, Literáthy B, Tardy G. Implementation of glycogen accumulating bacteria in treating nutrient-deficient wastewater. Water Sci Technol, 2002, 46(1-2): 185-190

[40] Jenkins D, Richard M G, Daigger G T. Manual on the causes and control of activated sludge bulking and other solids separation problems. London: IWA Publishing, 2004

[41] 田口广著. 活性污泥膨胀与控制对策. 孙玉修，蔡汉弟译. 北京：中国建筑工业出版社，1981：209-211

[42] van Leeuwen J. Ozonation for non-filamentous bulking control in an activated sludge plant treating fuel synthesis waste water. Water Sa, 1989, 15(2): 127-133

[43] 谢冰，徐亚同. 活性污泥污水处理厂生物泡沫产生机理及控制. 净水技术，2006，25(1)：1-6

[44] Ho C D, Jenkins D. The effect of surfactants on *Nocardia* foaming in activated sludge. Water Sci Technol, 1991, 23: 879-887

[45] 李探微，彭永臻，陈志根，韦苏，吕阳泉．活性污泥法的生物泡沫形成和控制．中国给水排水，2001，17(4)：73-76

[46] Blackall L L, Marshall K C. The mechanism of stabilization of actinomycete foams and the prevention of foaming under laboratory conditions. Journal of Industrial Microbiology, 1989, 4(3): 181-187

[47] Krishna R P, David J, Wendell K. *Nocardia* effects in waste activated sludge. Water Sci Technol, 1998, 38(2): 49-54

[48] Yongwoo H, Toshihiro T. Control of *Microthrix parvicella* foaming in activated sludge. Water Res, 1998, 32(5): 1678-1868

[49] Goi M, Nishimura T, Kuribayashi S, Okouchi T, Murakami T. An experimental study to suppress scum formation accompanying the abnormal growth of *Nocardia* by adding ozone in the aeration tank. Water Sci Technol, 1994, 30

[50] Tipping P J. Foaming in activated-sludge processes-an operators overview. Journal of the Chartered Institution of Water and Environmental Management, 1995, 9(3): 281-289

[51] Tyler R, Phil N, Carl J. Solution of *Nocardia* foaming problems. Wat Pollut Control Fed, 1990, 62(7): 915-919

[52] Paolo M, Donatella D. Testing the control of filamentous microorganisms responsible for foaming in a full-scale activated-sludge plant running with initial aerobic or anoxic contact zones. Bioresource Technology, 1997, 60: 43-49

[53] Rossetti S, Tomei M C, Nielsen P H, Tandoi V. "*Microthrix parvicella*", a filamentous bacterium causing bulking and foaming in activated sludge systems: a review of current knowledge. Fems Microbiology Reviews, 2005, 29(1): 49-64

[54] Soddell J A, Seviour R J. Microbiology of foaming in activated-sludge plants. Journal of Applied Bacteriology, 1990, 69(2): 145-176

第 7 章　预防与控制污泥膨胀的专家系统

7.1　专家系统简介

专家控制系统(expert control system,简称专家系统,ES)是智能控制的一个重要分支。所谓专家系统,是把专家系统的理论和技术同控制理论、方法与技术相结合,在未知环境下仿效专家的智能实现对系统的控制。专家系统内部含有大量的某个领域的专家水平的知识与经验,能够运用人类专家的知识和解决问题的方法进行推理和判断,模拟人类专家的决策过程,来解决该领域的复杂问题。专家系统适于各种非结构化问题,尤其能处理定性的、启发式或不确定的知识信息。其主要优点为:在一定程度上模拟人的思维活动规律,能进行自动推理;可以不断监督生产过程,实现特定性能指标下的优化控制,可进行操作指导;可实现复杂系统的高质量控制、故障诊断和容错控制、参数和算法的自动修改、不同算法的组合等。

7.1.1　专家系统的结构

专家系统的结构是指专家系统各组成部分的构造方法和组织形式。选择什么结构最为合适,要根据系统的应用环境和所执行任务的特点来确定。系统结构选择恰当与否,直接关系到专家系统的适用性和效率。专家系统的一般系统结构框图如图 7-1 所示。

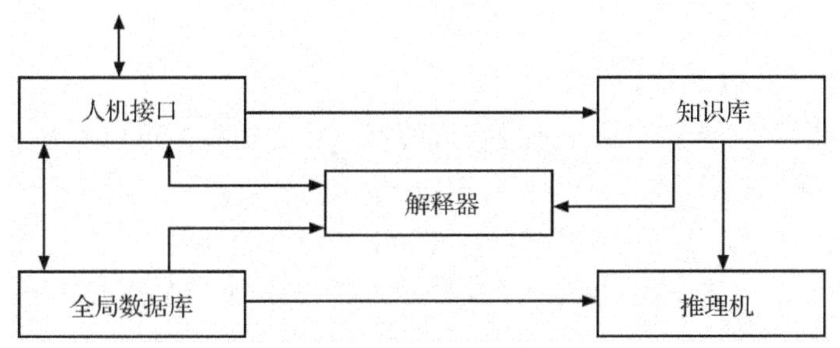

图 7-1　专家系统结构图

1) 知识库

知识库(knowledge base)以某种存储结构存储领域专家的知识,包括事实和可行的操作与规则等。为了建立知识库,首先要解决知识获取与知识表示的问题。

知识获取是指知识工程师如何从领域专家那里获得将要纳入知识库的知识。知识表示要解决的是如何使用计算机能够理解的形式来表达和存储知识的问题。

2）全局数据库

全局数据库(global database)亦称为总数据库，它用于存储求解问题的初始数据和推理过程中得到的中间数据。

3）推理机

推理机(reasoning machine)根据全局数据库的相关内容，从知识库中选择可匹配的规则，并通过执行规则来修改数据库中的相关内容，通过不断地推理导出问题的结论。推理机中包含如何从知识库中选择规则的策略和当有多个可用规则时如何消解规则冲突的策略。

4）解释器

解释器(expositor)用于向用户解释专家系统的行为，包括解释“系统是怎样得出这一结论的”、“系统为什么要提出这样的问题来询问用户”等用户需要解释的问题。

5）人机接口

人机接口(interface)是系统与用户进行对话的界面。用户通过人机接口输入必要的数据、提出问题、获得推理结果及系统的相关解释；系统通过人机接口要求用户应答系统的询问，回答用户的问题并解释结果。

由于每个专家系统所需要完成的任务不同，因此其系统结构也不尽相同。知识库和推理机是专家系统中最基本的模块。知识表示的方法不同，知识库的结构也就不同。推理机是对知识库中的知识进行操作的，推理机程序与知识表示的方法及知识库结构是紧密相关的，不同的知识表示对应不同的推理机。

7.1.2 专家系统的优点

专家系统具有以下优点[1]：

(1) 适应性强。专家知识在任何合适的计算机上都是可以利用的。

(2) 成本低。提供给用户的专家知识成本非常低。

危险性低。专家系统可用于那些可能对人有害的环境。

(3) 持久性。专家知识是持久的，不像人类专家那样会退休或死亡，专家系统的知识会无限地持续。

(4) 复合专家知识。复合专家知识可以做到在白天或晚上的任何时间同时、持续地解决某一问题。由几个专家复合起来的知识，其水平可能会超过一个单独的专家。

(5) 可靠性强。专家系统可增强正确决策的信心，这是通过向专家提供一个辅助观点而得到的。此外，专家系统还可协调多个专家的不同意见。不过，如果专家系统是由某一个专家编程设计的，那这个方法就不能奏效。如果专家没有犯错的话，专家系统应该始终与专家意见一致。但是，如果专家很累或有压力就可能犯错误。

(6) 解释、说明。专家系统能明确、详细地解释导出结论的推理过程。一个人（专家）可能会太厌烦、不愿意或是没有能力去这样做，但明确、详细的解释可增强得出正确决策的信心。

(7) 响应快。迅速或实时的响应对某些应用来讲是必要的。依靠所使用的软件或硬件，专家系统可以比专家反应得更迅速或更有效。某些突发的情况需要响应得比专家迅速，因此实时的专家系统是一个好的选择。

(8) 始终稳定、理智和完整的响应。实时和突发情况下，当专家由于压力或疲劳而不能高效地解决问题时，这一点是至关重要的。

(9) 智能家教。专家系统可以作为一个智能家教，让学生执行实例程序，解释系统的推理。

(10) 智能数据库。专家系统能以智能的方式来存取一个数据库，例如数据挖掘。

7.1.3　基于规则的专家系统结构

基于规则的专家系统是最常用的一般专家系统，也就是基于规则的推理，这是因为通常所说的经验知识，是指人们思维时所遵循的准则，经验知识很容易转换成用更形式化的方法表示的规则，因此规则是一种最简单的知识表示法。规则表达知识不仅具有易于理解和处理简单明了的特点，而且每条规则可独立表达一个意思，便于修改和模块化。

专家系统的两个主要模块是知识库（knowledge base）和推理机（inference engine），知识库包括某具体系统所需要的所有知识，包括收集的事实、方法和启发性知识，它通常编码为规则，以“IF 〈条件〉 THEN 〈结论〉”表示。推理机是计算机的一组程序，目的是用于控制、协调整个专家系统的工作。

1. 知识库

知识库包括知识的获取、知识的表示。知识库中知识的获取是专家系统开发的核心也是它的瓶颈。

知识的获取（knowledge acquisition）是专家系统重要的组成部分，被称为专家系统的瓶颈。建立专家系统的关键是从专家那里获得知识，这一过程是非常重要而且十分困难的。例如，对于污水处理厂运行专家系统而言，所谓知识获取是指通过人工方法或机器学习方式从不同领域专家处（或潜在的知识源）提炼知识，并把它转化为计算机程序的过程，这里潜在知识源包括专家、书本、数据库以及人们的经验等，如图 7-2 所示。

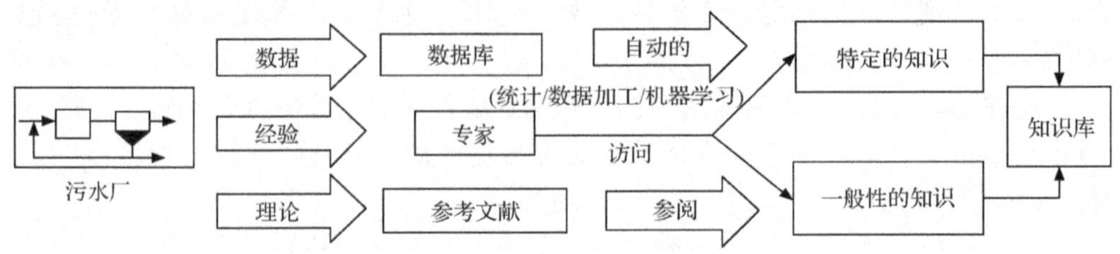

图 7-2 污水处理厂运行专家系统知识获取的方法

知识的获取包括调查和编辑来源于不同知识源的信息，以及问题的解决方案。①首先包括辨识、确定问题的多样性、获得污水处理厂运行效果差的警告症状（并及时给出警报）。可以通过分析试验和污水处理厂实际运行历史数据库（在线和离线数据）和专家咨询实现，获得原始数据需要加工和处理，以剔除不正确和冗余的数据。可采取自动知识获取技术来获得大部分客观信息，包括四个步骤：数据处理、自动分类、解释和编码。它允许选择大量的相关变量以确定污水处理厂的运行状态、变量的检测位置。一旦确认表征某个症状的变量，它的定性预警值及其范围（高、低、正常或趋势——增加、降低和稳定）通过统计分析和模糊化过程建立。②确定问题分析的机理，并辅以对污水处理领域专家的访问，由于专家可以提供启发性知识，所以访问很重要，可以使传统的来源于文献的推测机理更加适宜面对特定的污水处理厂和具体的问题。③确定和归纳问题出现的原因及其解决方案。例如脱氮效率降低的原因有多个，需要确定每个原因的解决方案，特定的方案就是特定的控制策略，它能对症下药，实现系统相对最优控制。这些控制策略是通过和污水处理专家访谈和数据分析处理获得的，只要发现问题及其原因，最好选用对应的控制策略，如不能确定合适的原因或者特定的知识库不包含所有情况，应采用一般性控制方案。污水处理厂知识库中的知识可以分为两大类：①一般性知识，所有污水处理厂运行管理都需要的知识；②特定性知识，不同污水处理厂各自的特性和相应信息。

知识的表示（knowledge representation） 专家系统具有人工智能，必须以专家知识作为它们工作的基础，而知识只有用适当的形式表示出来才便于在计算机中储存、检索、使用和修改。知识的表示就是研究如何用最合适的形式来组织知识，从而对所要解决的问题最为有利。一般来说，知识表示的最好办法是与所要解决问题的性质和求解方法密切相关的。

为了保证知识的最优表示，该过程由两步组成：组织和记载。知识的组织应用“输入-中间-输出”的方法。“输入”确定问题的信息源；“输出”确定正在讨论问题的答案和方法；“中间”确定输入和输出之间的联系，它们之间的连接是专家知识的核心，可以转换为决策树的不同分枝，它是程序性知识，代表问题解决过程中的推理。记载是以相对清晰、容易被专家理解的方式表达组织的知识。

在所有知识表示的方法中(表、决策树、图、框架等)，决策树是最有效的方法，它可以把各种判定组织起来，可以作为知识的表示模式，也可以作为推理方法，易于构造，且十分有效，通过对结构进行广度优先搜索可以方便的转变为产生式规则。决策树代表一系列因果链接关系，从症状分析到问题提出，从原因发现到方案提出，为了建立一个决策树，需要明确研究问题的种类和数量，在推理策略时应用的症状、事实、关系和方法可以通过决策树构造和表示，决策树包括分层、自顶向下的连接和解决不同问题所需知识的相互关系。为了保证知识的最优表示，需作如下工作：①确定发现的问题及解决方案，以描述性知识“节点”或“叶”来表示；②问题解决过程中的推理程序，以“枝”的形式来表示。一旦决策树建立，需要逐步完善决策树，包括每个分枝直到系统完全正确。工艺的所有启发性规则都可以很容易的从决策树每个路径的根部到每个叶来获得，并以 IF/THEN 的形式表达。

2. 推理机

推理机根据当前的输入数据或信息，利用知识库中的知识，按一定的推理策略去处理、解决当前问题。常用的推理策略有正向推理、反向推理和正反向推理三种方式。

正向推理指从原始数据和已知条件推断出结论的方法。这种推理方式也称数据驱动策略。要设计一个正向推理机就是设计一组程序，使其具有下述功能：①能利用数据库中的事实或数据去匹配规则的前提，若匹配不成功，能自动地进行下一条规则的匹配；②若规则匹配成功了，将此规则的结论部分自动地加入数据库；③能判断何时推理结束；④能将匹配成功地规则记录下来。

反向推理是先提出结论或假设，然后去找支持这个结论或假设的条件或证据是否存在。如条件满足，结论就成立；如不满足，就设法提出新的假设，再重复上述过程，直到得出答案为止。这种由结论到数据的反向推理策略，又称为目标驱动策略，即由顶向下策略，要设计一个反向推理机，至少应该使其具有下述功能：①能根据用户要求或情况提出假设；②能验证此假设是否在数据库中；③能从知识库中将结论部分包含此假设的规则都找出来；④能将找出来的规则的前提部分取出，并作为新的假设逐条验证；⑤能判断假设是否是证据节点，若是，则能向用户提出相应的问题，并记录结果；⑥能将匹配成功的规则记录下来；⑦能判断何时结束推理。

单纯的正向推理是在人-机对话的过程中可能向用户提一些无关的问题，即绕了很多弯子还接近不了目标。而单纯的反向推理在一个假设被否定时，如何提出新的假设也需要进一步的启发信息，有时会遇到困难。因此，有的系统采用两种策略混合的方法，即正反向推理。所谓正反向推理是先根据数据库中的原始数据，通过正向推理帮助系统提出假设，再运用反向推理，进一步寻找支持假设的证据，如此反复，直到得出结论或不再有新的事实加到数据库为止。

3. 决策树的开发

无论通过文献参考和特定专家访问获得一般性知识，还是不同污水处理厂的特定知识，都以决策树的形式表示，将易于转化为规则并编码为知识库。决策树包括分析、原因确认和控制策略，来解决污水处理厂的运行问题、避免冲突和冗余。决策树记载着专家如何一步一步地进行信息加工并最终决策的过程，有些分枝是特定的包含着所研究污水处理厂的特性信息，而其他分枝的一般性知识可以应用到所有污水处理厂。下面详细介绍决策树建立步骤。

(1) 当查询决策树的每个分枝时，需要说明问题的种类及个数。以确认和解决污泥沉淀问题的决策树为例，该决策树应包括丝状菌膨胀的所有原因，另外也可以根据不同分枝推测其他问题(泡沫、黏性膨胀问题)。

(2) 需要收集和列出每个问题出现的症状。

(3) 确认不同症状的定性警告信息(高、低、不正常和趋势)和它们的观测位置。这些警报可以翻译为专家系统的元规则，并帮助指出问题。例如，①高值：出水 TSS、COD、BOD 或浊度、污泥层高度、泡沫存在、丝状菌存在、SVI；②低值：F/M、DO 浓度；③不正常值：F/M、pH、BOD/TN；④趋势：SVI 的变化。

(4) 确认分析问题的推理机制。包括当警报启动时对主要变量的检测，不同变量和推理问题的相关关系。

(5) 一些中间事实或数据可以获得其他决策树。例如，微型动物不活动表明系统受到毒性负荷冲击；较高的 SVI，且较少的丝状菌，表明黏性膨胀。

(6) 不仅确定文献中描述的一般原因(低 DO、低 F/M 比、低 pH、营养物缺乏)，而且还有特定的原因。

(7) 通常应用文献提供的控制方法不能很好地解决特定问题，这时需要提供特定的被证实的控制策略。

(8) 制作决策树并检查核对，这一步可能较长并需要重复修改、核对每个分枝。

专家系统推理可以从不同的数据(定性或定量数据、化学或生物的)，通过不同的分枝获得一个结论，这个特性使得专家系统尽管缺少一些相关数据，也正常工作。

7.2　专家系统开发方法和工具

7.2.1　专家系统的开发方法

专家系统的开发是一项综合技术，一个成功的专家系统开发需要知识工程师和领域专家的密切配合和坚持不懈地努力。

1）建造专家系统的步骤

根据软件工程的生命周期方法，一个实用专家系统开发过程可类同一般软件系统开发过程，主要分为认识、概念化、形式化、实现和测试等阶段。

a. 认识阶段

知识工程师与领域专家合作，对领域问题进行需求分析。包括认识系统需要处理的问题范围、类型和各种重要特征、预期的效益等，并确定系统开发所需的资源、人员、经费和进度等。

b. 概念化阶段

把问题求解所需要的专门知识概念化，确定概念之间的关系，并对任务进行划分，确定求解问题的控制流程和约束条件。

c. 形式化阶段

把已整理的概念、概念之间的关系和领域专门知识用适合于计算机表示和处理的形式进行描述和表示，并选择合适的系统结构，确定数据结构、推理规则和有关控制策略，建立起问题求解模型。

d. 实现阶段

选择适当的程序设计语言或专家系统工具建立可执行的原型系统。

e. 测试阶段

通过运行大量的实例，检测原型系统的正确性及系统功能。通过测试原型系统，对反馈信息进行分析，进而进行必要的修改，包括重新认识问题，建立新的概念或修改概念之间的联系、完善知识表示与组织形式、丰富知识库的内容、改进推理方法等。

专家系统的这一开发过程，类似一般软件系统开发过程的瀑布模型，各阶段目标明确，逐级深化。开发过程的瀑布模型如图 7-3 所示。

2）原型系统与快速原型法

由于领域专家的知识是长期积累的经验和专门知识，因此，知识工程师不可能在短时间内获得所需要的全部专家知识，并把它们按知识表示方式和知识库的结构要求存入知识库中。也就是说，决定专家系统性能的专门知识是逐步增加和不断完善的。这就需要采用增量式开发方法，即通过对基本功能的逐步扩大来完善

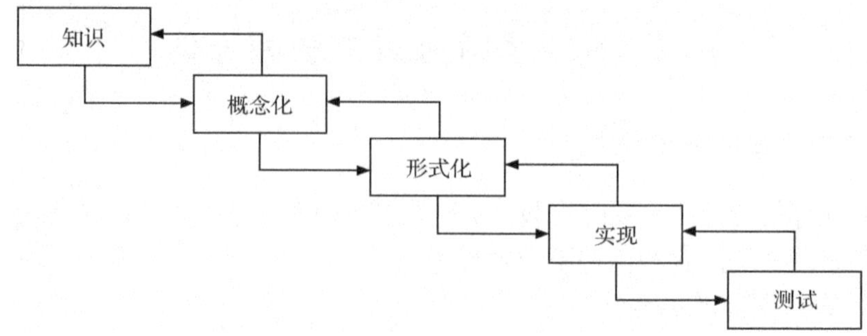

图 7-3 专家系统开发过程的瀑布模型

系统。专家系统具有需要经常修改和完善的知识库并与相对稳定的推理机相分离的结构特点，从而适应了这种增量式开发方法。增量式开发可能保证对基本功能的有效验证，有利于在整个开发过程中得到一系列功能日趋完善的原型系统。

根据系统的复杂程度和实用性，原型系统一般可分成以下 5 种。

a. 演示原型

大多数专家系统都开始于一个演示原型，它是仅能解决少量问题的一个演示型系统。演示原型主要有两个作用：一是确信人工智能和专家系统技术能有效地用于所要解决的问题；二是测定问题的定义、范围以及领域知识的表示是否正确。一个典型的基于规则的大型专家系统，其演示原型一般仅有 50～100 条规则，能充分地执行 2～3 个测试实例。

b. 研究原型

研究原型是能运行多个测试实例的原型系统，这些测试实例能显示领域问题的重要特点。大型专家系统的研究原型一般具有 200～500 条规则。

c. 领域原型

通过改进研究原型而获得领域原型，领域原型系统运行可靠，具有比较流畅和友善的用户接口，能基本满足用户的需要。大型专家系统的领域原型一般具有 500～1000 条规则，能很好地执行许多测试实例。

d. 产品原型

产品原型是已经通过广泛的领域问题测试的原型系统，并往往用一种效率更高的语言或专家系统工具来实现，以增加推理的速度和减少存储空间，大型专家系统的产品原型一般具有 500～1500 条规则，求解领域问题准确快速，工作可靠。

e. 商品化系统

商品化系统是已投入商品市场实际销售和运行的系统，并能适应用户市场的需要。利用专家系统技术和专家系统的开发工具尽快地建立专家系统的演示原型，然后进行修改、充实和完善。这也就是专家系统开发的快速原型法。虽然演示原型比较简单,只能解决少量的领域问题,也不具备许多辅助功能,但是,通过演示原型的运行和测试可以实际验证系统方案的可行性和有效性,检验应用问题的定义范围,从而在系统设计的最初阶段就能避免放大的原则性错误。而且可以提高领域专家的兴趣和信心,增强同领域专家的合作。

7.2.2 专家系统的开发工具

知识工程师建造一个专家系统时,使用专家系统工具可以极大地简化建立专家系统的工作,减少建造的工作量,提高建造的专家系统的性能。专家系统工具的出现,是知识工程的重大进程,它帮助知识工程师完成了许多工作,能大大缩短专家系统的研制周期。对于各领域的专家来说,工具比一般的程序设计语言更易学习和使用,因此,在专家系统的开发中更多地使用专家系统工具来建造一个专家系统。

20世纪80年代以来,专家系统工具的研究和开发受到高度重视,各种性能良好的工具不断涌现,并已显示了工具的巨大作用。例如,利用工具EMYCIN成功地开发了PUFF(肺功能失调诊断专家系统)、SACON(结构分析专家系统)、CLOT(血凝疾病诊断专家系统)、HEAMED(精神药理学顾问)、LITHO(结石光图形分析专家系统)、DART(计算机故障诊断专家系统)和BIUEBOX(医院日常监护专家系统)等专家系统。其中,SACON专家系统的开发过程中只用了大约4个月,获取了170条规则和40个参数。在PUFF专家系统的开发过程中,与领域专家合作提取知识只用了50个小时,建立基本模型只用了10个周的工作量,通过150个病例来测试该模型的性能,系统的诊断结果与专家结论一致率达到90%以上。另一个典型例子是使用知识工程语言OPS构造的VAX计算机配置专家系统R1,该系统具有为获得全部的计算机组件及其关系所需的3000多条启发式规则。R1系统投入使用后,可以为生产VAX计算机的DEC公司每年节省几千万美元。

专家系统工具及其功能主要分为两类,一类是用于生成专家系统的工具,称为生成工具;另一类用于改善专家系统性能的工具,称为辅助工具。

1. 系统生成工具

系统生成工具主要帮助知识工程师构造专家系统中的推理机和知识库结构。按照生成工具的本身特征又可分为以下4类。

1) 程序设计语言

程序设计语言是开发专家系统的最基本的工具。典型的程序设计语言是LISP语言和PROLOG语言,用这两种人工智能语言能方便地表示知识和设计各种推理机。具有面向对象风格的语言C++,以及传统语言C和PASCAL等也是构造专家系统的常用语言。

2) 骨架系统

骨架系统是把一个成功的专家系统删去其特定领域知识而留下的系统框架。例如，系统生成工具EMYCIN就是删去医疗诊断专家系统MYCIN的医疗诊断知识而获得的骨架系统。骨架系统继承了原专家系统中行之有效的知识表示方式、推理机和知识库结构以及全部辅助工具。因此，利用骨架系统建造专家系统时，只要把特定领域的知识按照该骨架系统的知识表示方式输入到知识库中，就构成了一个特定领域的专家系统。

骨架系统之所以能快速方便地构造一个专家系统，是由于专家系统的推理机与知识库是分离的，只要知识库的知识表示方式和知识库的结构确定后，推理机就随之确定了。

由于骨架系统生成的专家系统完全继承了原系统的知识表示方式和知识库结构以及推理机等，因此，限制了专家系统设计的设计选择。但是，另一方面，选择某个骨架系统生成一个特定领域的专家系统时，若生成的专家系统与骨架系统的原系统是属于同一类问题领域，那么就更易生成和效果更好。或者说，骨架系统作为生成工具，缺乏通用性和灵活性，每一个骨架系统只适合于某一类特定的问题领域。

3) 知识工程语言

知识工程语言是专门用于构造和调试专家系统的通用程序设计语言，它能够处理不同的问题领域和问题类型，提供各种控制结构。用知识工程语言设计推理机和知识库，比用一般的人工智能程序设计语言(如LISP或PROLOG等)更为方便。由于知识工程语言并不与特定的结构和方法紧密联系，因此比骨架系统更为灵活和通用。

常见的知识工程语言工具有：

(1) OPS(Official Production System)是著名的通用型语言工具，从OPSl到OPS5、OPS5＋、OPS5e、OPS83，已经历了许多版本的修改。OPS是用LISP语言实现的，主要采用基于规则的知识表示和正向推理。用OPS83能很快地编写出紧凑的产生式专家系统程序，其数据类型特征、用户定义的函数及过程均与当前的过程型程序设计语言PASCAL和C语言类同。OPS已广泛用于开发计算机设计、模式识别、图像处理、故障诊断、实时控制等方面的专家系统。

(2) KEE(Knowledge Engineering Environment)也是著名的通用语言工具，是IntelliCorp公司于1984年开发的。它把基于框架、基于规则、面向过程和面向对象的方法结合在一起，提供了一种多范例程序设计环境，适于设计范围较大的实用专家系统。KEE已用来建造了卫星失灵诊断、加热冷却管理、金融保险分析、工厂控制模拟、遗传工程研究、光导纤维制造以及原子能发电站紧急状态报警等方面数以千计规模不等的实用专家系统。

(3) ROSIE(Rule-oriented System for Implementing Expertise)是第一个专家系统的通用程序设计系统，主要特点是基于规则和面向英语解释，具有英语语法。ROSIE 是 Rand 公司于 1981 年开发的，用 InterLISP 和 C 语言实现的。它已被用来开发了法律决策、战况分析、空战规划等专家系统。1982 年，Rand 公司推出了它的另一个专家系统工具 ROSS，主要特点是基于规则和面向对象。

(4) CLIPS(C Language Integrated Production System)是自 20 世纪 80 年代中期以来使用广泛的通用语言工具，其特点是具有产生式系统的实用特征，并集成了 C 语言的基本语言成分。把人工智能与传统语言相结合，是当代通用型语言工具的重要发展方向。CLIPS 是美国航空航天管理局(NASA)于 1985 年推出的。它实际上是一种通用的产生式语言，具有产生式系统的使用特征，并集成了 C 语言的一些基本语言成分。它可以在许多机器上运行，已广泛用于开发各类专家系统和知识处理系统。

CLIPS 是一种多范例编程语言，它支持基于规则的、面向对象的和面向过程的编程。基于规则的 CLIPS 编程语言的推理和表示能与 OPS5 相似，但功能更强。在语法方面，CLIPS 规则与 CLIPS/R2 和 Jess 语言的规则极为相似。CLIPS 仅支持正向链规则，而不支持反向链规则。

(5) ART(Automatic Reasoning Too1)是美国 Inference 公司于 1984 年推出的一种通用语言工具，它是采用 L1SP 语言和 C 语言实现的。主要特点是基于规则和基于框架的知识表示、面向过程的正向与反向推理及双向推理。

4) 专家系统开发环境

专家系统开发环境是以一种或多种工具和方法为核心，加上与之配套的各种辅助工具和界面环境的完整集成系统。近几年来，专家系统的规模越来越大，出现了知识数量达数千条乃至数万条规则，知识层次包括元知识、经验性知识、原理性知识和常识性知识等几个层次的专家系统。因此，超大规模知识库的组织和管理变得突出起来。不同的知识表示系统之间以及人工智能技术与数据库等传统主流技术之间的系统集成技术引起了人们的高度重视。把数据库、逻辑推理、模块化技术、面向对象程序设计方法、支持智能体通信以及多媒体用户界面等先进技术集成到一个智能系统开发工具中，已成为专家系统和智能系统开发工具的主要发展方向。

目前，有些知识工程语言系统已经发展成这样的集成系统，集成系统中有一组预先定义的称为组件的程序模块，每个组件实现一种人工智能技术。这种环境可提供多种类型的推理机制和多种知识表示方法，帮助专家系统的建造者选择结构、设计规则语言和使用各种组件，使之成为一个完整的专家系统。

美国 Inference 公司于 1993 年推出的 ART* Enterprise 是一种集成化的智能应用软件开发工具，它具有面向对象、多种数据库管理、基于事例的推理(Case-Based Reasoning)和多媒体用户界面(GUI with Multimedia)等特点。对于金融业、汽车工业、电子工业、钢铁工业、航空航天部门、通信部门、计算机设计与制造业等的信息咨询与决策、故障诊断、设计规划已有广泛的应用。

2. 系统辅助工具

系统辅助工具主要用于帮助建造高质量的知识库和调试专家系统。

知识获取工具和知识库管理与维护工具是最重要的辅助工具。知识获取工具有自动知识获取工具，知识库编辑工具、面向问题求解方法的知识获取工具、面向特定知识生成技术的知识获取工具、面向特定问题领域的知识获取工具以及基于特定语言的知识获取工具等类。其中，自动知识获取工具采用机器学习方法来进行知识获取，例如，EXPERT-EASY 通过归纳学习能自动生成问题领域的求解规则。知识库编辑工具能把专家领域知识加工、编辑到知识库中，这样的编辑工具有 TEIRESIAS 编辑器。知识库管理与维护工具能检查输入知识的一些常见错误，自动维护知识库中知识的一致性和完备性。这些工具不仅能帮助知识工程师加快建造专家系统的速度，还能保证和提高知识库的质量，调试和改进专家系统。

7.3 污泥膨胀成因的诊断与应急控制系统

污泥膨胀现象是现代去除营养物质污水处理厂越来越常见的问题。当发生污泥膨胀后，如何快速的查找污泥膨胀的原因，提出控制措施是问题的关键所在。本节所介绍的污泥膨胀应急控制系统主要包括：污泥膨胀诱因的快速判断和污泥膨胀的控制措施。

7.3.1 污泥膨胀诱因的检索图

图 7-4 提出了快速查找污泥膨胀原因的检索图。具体步骤：①对活性污泥进行镜检观察，根据有无丝状菌的过量生长来判断是丝状菌膨胀还是非丝状菌膨胀。②对于丝状菌膨胀，要进一步进行革兰氏、纳氏染色和积硫试验，结合丝状菌有无分枝，根据 Eikelboom 的丝状菌分类方法确定丝状菌的种类。③然后根据表 7-1 和表 7-2 查找该种丝状菌容易生长在何种环境之中，何种原因可能诱发其过量生长。④根据表 7-1、表 7-2 中提供的可能原因，结合污水处理厂的实际情况进一步调查，确定主要诱因。⑤根据污泥膨胀的主要诱因，采取相应措施。

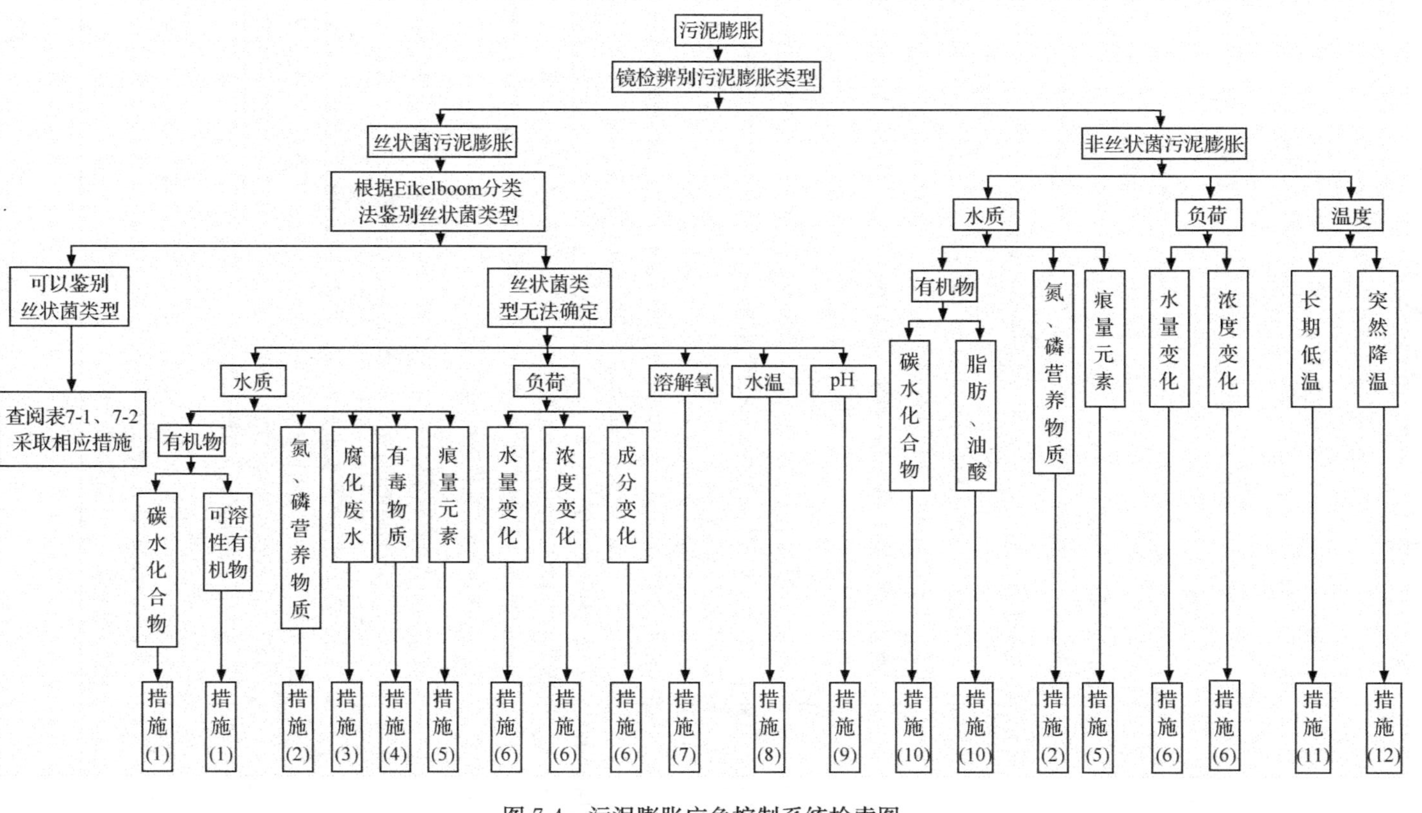

图 7-4　污泥膨胀应急控制系统检索图

表 7-1　活性污泥中的丝状菌与其生长环境

丝状菌	在活性污泥中的特点和适宜生长环境
Actinomycetes（放线菌）	容易形成浮渣，对 SVI 的影响较小；进水中含有脂肪或其他疏水性成分、表面活性剂；水温高于 15℃；高污泥负荷 0.1～0.7kgBOD_5/(kgMLSS · d)
Beggiatoa（贝氏硫细菌）	不会对絮体的沉降性能产生太大影响；可作为判别进水中是否含硫化物(H_2S)的指示生物
‘Cyanophyceae’（蓝藻）	污泥负荷＞0.1kgBOD_5/(kgMLSS · d)；废水中有机酸浓度高，如乙酸和丙酸；完全混合曝气池；缺乏营养物质；很少出现在生活污水处理厂；易引起含大量有机酸的工业废水处理厂严重的污泥膨胀
Flexibacter（屈挠杆菌）	偶尔出现在高负荷条件下；对絮体的沉降性能无影响
Haliscomenobacter hydrossis（*H. hydrossis*）	高负荷的生活污水处理厂，污泥负荷＞0.2kgBOD_5/(kgMLSS · d)；低负荷的工业废水处理厂；进水中含有低分子成分（农业废水）；进水中含高浓度的氮；完全混合的曝气池；曝气池内溶解氧浓度低；缺乏磷；在去除营养物质的生活污水处理厂数量少；易出现在进水中含大量易降解成分的工业废水处理厂
Leucothrix	偶尔出现在工业废水处理厂，可导致极高的 SVI 值；污泥负荷＞0.1kgBOD_5/(kgMLSS · d)；废水中包含许多易降解成分，如脂肪酸；完全混合曝气池；相当高的盐度（10～40g/L）
Microthrix parvicella（*M. parvicella*）	低负荷生活污水处理厂；容易形成浮渣；冬季最多；夏季最少；污泥负荷＜0.2kgBOD_5/(kgMLSS · d)；废水中含有大量脂肪酸，如：油酸；进水中含脂肪（甘油三酸酯）。在污水管道，初沉池或厌氧区（生物除磷工艺）停留时间较长的废水；水温＜15℃，主要生长在秋末或冬季；曝气池内低溶解氧浓度/或较大的缺氧区（＞40%曝气池体积）；生活污水去除营养物质的污水处理厂很有利于其生长；很少发生在工业废水处理厂
Nostocoida limicola Ⅰ	发生在处理生活污水的低负荷污水处理厂（氧化沟）；该菌的出现会引起污泥的大块上浮，形成浮渣层；对 SVI 的负面影响是有限的
Nostocoida limicola Ⅲ	在高负荷污水处理厂或工业废水处理厂会大量出现；在低负荷（去除营养物）的生活污水处理厂出现的少；对 SVI 的影响是有限的，但是可以形成浮渣；污泥负荷在 0.1～0.3kgBOD_5/(kgMLSS · d)；工业废水中含有大量易降解成分（农产品加工厂）；进水经过预沉淀、水温较低、营养物质缺乏、完全混合曝气池都有利于其生长
Fungi（真菌）	真菌很少出现在生活污水处理厂；很少引起工业废水处理厂的污泥膨胀；只有当 pH 很低时，才会形成优势菌种

续表

丝状菌	在活性污泥中的特点和适宜生长环境
Sphaerotilus natans（浮游球衣菌）	缺乏氧，氮或磷；进水中含大量低分子成分（农产品加工业）；污泥负荷>0.2kgBOD_5/(kgMLSS·d)；完全混合的曝气池；进水中易生物降解成分高的工业废水处理厂容易发生；在实验室（配水）中很易发生；*S. natans* 的大量繁殖可引起极高的 SVI；很少出现在现代去除营养物质的污水处理厂
Streptococcus（链球菌）	链球菌很少出现在活性污泥中，对污泥沉降性能无影响；决定其生长的因素还没确定
Thiothrix（发硫菌）	低分子物质（如脂肪酸），还原性硫成分有利于其生长；硫化物被氧化，元素硫暂时的被储存在细胞内，明亮的硫粒在生态上容易区分，污泥负荷>0.1kgBOD_5/(kgMLSS·d)；缺乏氧；氮或磷；完全混合曝气池；通常引起高负荷的工业废水处理厂的污泥膨胀；很少出现在现代低负荷去除营养物质的污水处理厂，除非含有大量的硫成分（腐化废水）
0041/0675 型	污泥负荷<0.2kgBOD_5/(kgMLSS·d)；城市污水和回流污泥在进入曝气池之前预混合，生活污水处理厂进水中含颗粒成分；但工业废水中则还不清楚
0092 型	污泥负荷<0.1kgBOD_5/(kgMLSS·d)；原进水温度>15℃；在生活污水处理厂的出现随季节而变化，在夏天和秋天达到最大值；对 SVI 值影响有限；在工业废水处理厂常为游离于絮体之间
0211 型	经常出现在高负荷污水处理厂
021N 型	污泥负荷范围较宽 0.05～0.4kgBOD_5/(kgMLSS·d) 当污泥负荷>0.1kgBOD_5/(kgMLSS·d)时，容易发生膨胀；进水中含许多易降解成分（脂肪酸等）；缺乏营养物质，包括氧气；完全混合曝气池；021N 型菌是严格好氧的；常引起没有营养物质去除的工业废水和生活污水处理厂的污泥膨胀
0411 型	通常出现在高负荷污水处理厂[>0.3kgBOD_5/(kgMLSS·d)]；影响该菌生长的因素还不清楚；该菌对污泥沉降性能的影响很小
0581 型	偶尔出现在低负荷生活污水处理厂和间歇进水的情况下
0803 型	污泥负荷<0.2kgBOD_5/(kgMLSS·d)；工业废水（纺织、制药废水）；厌氧预处理的废水；主要导致工业废水处理厂的污泥膨胀；很少大量出现在生活污水处理厂；前置反硝化可导致 0803 型菌种的消失（0914 型菌也同样）
0914 型	进水中含有还原性硫，污泥负荷<0.2kgBOD_5/(kgMLSS·d)的污水处理厂容易出现该菌；硫可在进水中含有，也可在污水处理厂中形成；进水预沉淀和生物除磷工艺（含厌氧段）可促使该菌种的生长；在生活污水处理厂数量较少；通常出现在工业废水处理厂
0961 型	污泥负荷>0.2kgBOD_5/(kgMLSS·d)；废水中含大量易降解成分（农业废水）；经常在工业废水处理厂大量繁殖；在去除营养物质的废水厂很少出现

续表

丝状菌	在活性污泥中的特点和适宜生长环境
1701 型	1701 型菌很少在活性污泥中观察到，下列情况有助于该菌的生长：污泥负荷 $>0.2kgBOD_5/(kgMLSS \cdot d)$；废水中含有大量碳水化合物，特别是淀粉；低溶解氧；完全混合曝气池；相对较高的水温（>15℃）；主要是引起农业废水处理厂的高 SVI；不在去除营养物质的生活污水处理厂出现
1702 型	偶尔出现在活性污泥中，有关其生长的影响因素还未知
1851 型	经常出现在低负荷污水处理厂，但几乎不在生活污水处理厂占优势；在工业废水（农业废水）处理厂大量存在；污泥负荷 $<0.15kgBOD_5/(kgMLSS \cdot d)$；相对分子质量低的底物（农业废水）有利于其生长；该菌的有关信息资料很少
1852 型	很少出现，有关其情况仍未知
1863 型	主要出现在高负荷污水处理厂，污泥负荷 $0.3\sim0.6kgBOD_5/(kgMLSS \cdot d)$ 之间；对活性污泥的沉降性能无影响，易于形成浮渣

表 7-2　不同运转条件下的活性污泥中的丝状菌

运转条件	丝状菌
污泥负荷 $<0.2kgBOD_5/(kgMLSS \cdot d)$	*M. parvicella*、*Nostocoida limicola* Ⅰ、0041/0675 型、0092 型、0581 型、0803 型、0914 型、1851 型
污泥负荷 $>0.1kgBOD_5/(kgMLSS \cdot d)$	Actinomycetes、Cyanophyceae、*Flexibacter*、*Haliscomenobacter hydrossis* (*H. hydrossis*) *Leucothrix*、*Nostocoida limicola* Ⅲ、*Sphaerotilus natans*、*Thiothrix*、0211 型、021N 型、0411 型、0961 型、1863
出现在工业废水处理厂	Cyanophyceae、*H. hydrossis*、*Nostocoida limicola* Ⅲ、0092 型、021N 型、0803 型、0914 型、0961 型、1851 型
出现在生活污水处理厂	*H. hydrossis*、*M. parvicella*、*Nostocoida limicola* Ⅰ、*Thiothrix*、0041/0675 型、0092 型、021N 型、0581 型
实验室配水中常见丝状菌	*Sphaerotilus natans*
低 pH	Fungi
缺氧或低溶解氧条件下出现的丝状菌	*Beggiatoa*、*H. hydrossis*、*M. parvicella*、*Sphaerotilus natans*、*Thiothrix*、021N 型、1701 型
除磷系统中出现的丝状菌	0803 型、0914 型
缺乏营养物质	Cyanophyceae、*H. hydrossis*（缺磷）、*Nostocoida limicola* Ⅲ、*Sphaerotilus natans*、*Thiothrix*、021N 型
间歇进水	0581 型
水温低于 15℃	*M. parvicella*、*Nostocoida limicola* Ⅲ、
水温高于 15℃	Actinomycetes、0092 型、1701 型
进水中含硫化物（H_2S）	*Beggiatoa*、*M. parvicella*、*Thiothrix*、0914 型
完全混合池型中出现的丝状菌	Cyanophyceae、*H. hydrossis*、*Leucothrix*、*Nostocoida limicola* Ⅲ、*Sphaerotilus natans*、*Thiothrix*、021N 型、1701 型

对于某些丝状菌污泥膨胀，根据 Eikelboom 的丝状菌分类方法可能很难确定菌种，则需要根据图 7-4 逐一加以分析，也可利用排除法，确定主要原因，然后采取相应措施。

目前来说，非丝状菌污泥膨胀发生还较少。图 7-4 已经概括几个主要原因，可以针对不同情况，采取措施。

7.3.2　污泥膨胀的控制措施

对于丝状菌污泥膨胀，一般常采用的应急措施是投药处理。①投加 NaClO、Cl_2、漂白粉、H_2O_2、次氯酸和臭氧等灭菌剂来杀死丝状菌。加氯的剂量较低，而且大部分污水处理厂都设有出水加氯消毒系统，因而加氯控制丝状菌污泥膨胀成为最普遍的一种方法。但是，氯等灭菌剂对微生物是无选择性的杀伤剂，既能杀灭丝状菌，也能杀伤菌胶团细菌。控制不好，还会带来出水水质恶化的不良后果。因此，应注意选择氯的投加点和严格控制投加量。投加 H_2O_2 可控制膨胀，但需要的剂量较大，而且会出现停止投加后，污泥膨胀反弹的现象[2]。②投加絮凝剂增加活性污泥的絮凝性，如硫酸铝、三氯化铁、聚合氯化铁、硫酸铁和聚丙烯酰胺等高分子絮凝剂。这些药品的投加由于溶解于处理水中，剂量大时，可能随着处理水排入公共水域，会增大水体受污染的危险。③投加黏土、硅藻土、消石灰等的助沉法，可增加活性污泥的比重，加速污泥沉降速度。这些助沉剂的投加可能降低出水水质。这类控制方法由于没有深入了解引起污泥膨胀的真正原因而经常无法彻底解决污泥膨胀问题，带有一定的盲目性。

有关非丝状菌污泥膨胀的控制方法在第 6 章已经进行了介绍，就不赘述了。

这里主要介绍除了上述方法外，根据图 7-4 查找到污泥膨胀的主要诱因后，还可采取如下针对性的应急措施。

措施(1)：对于进水中碳水化合物或可溶性有机物含量多的废水，可降低废水在调节池或初沉池内的停留时间，加大活性污泥中无机物的含量；还可以使回流污泥在进入曝气池之前再曝气，使活性污泥进入内源呼吸期，提高与丝状菌的竞争能力；最有效的方法是通过引入其他废水，改变废水成分。

措施(2)：通过投加尿素、氯化氨、硫胺、硝酸铵、磷酸钠和磷酸氢二钠来补充氮、磷营养元素，使 BOD_5 ∶N∶P 为 100∶5∶1。也可以投加含氮量高的污泥消化液上清液。同时可以适当提高有机负荷，有助于氮、磷缺乏的污泥膨胀的恢复。

措施(3)：缩短废水在污水管道和调节池的停留时间；降低污泥在二沉池内的停留时间；对进水进行预曝气，吹投硫化氢。

措施(4)：查找毒物来源，可用二沉池出水稀释进水，降低毒物影响。

措施(5)：补充添加痕量金属元素营养液。

措施(6)：检查负荷变化的主要原因，采取相应措施。当负荷变高时，还要检测溶解氧浓度是否变低。降低负荷，同时保证足够溶解氧。当负荷变低时，提高负荷，降低污泥浓度，同时一定要保证足够溶解氧[3]。当进水中有机污染物浓度过高时，可以用二沉池出水来稀释进水。对负荷突然变化引起的非丝状菌污泥膨胀通常为含糖类等可溶解性物质较多的废水浓度的增高，所以针对这种情况，除了降低进水浓度外，还可延时曝气或使回流污泥再曝气。

措施(7)：加强曝气，提高曝气池内溶解氧浓度[4]；适当降低曝气池内活性污泥浓度，提高曝气池内溶解氧浓度。

措施(8)：各种丝状菌的适宜生长温度范围不同，最好先鉴别丝状菌，然后再采取相应措施。例如，球衣菌容易在温度为20～30℃的范围内增殖[5]。可采取降温措施，如不能做到，只能采取投加药剂杀死。但是采用射流曝气和机械快速搅拌回流污泥可控制球衣菌引起的污泥膨胀。提高曝气池内pH到9以上，可控制球衣菌的生长[6-7]。

措施(9)：检查pH变化的情况，增大还是降低，考虑有无其他工业废水引入。在曝气池进水中投加碱或酸来调节pH。低pH、低负荷引起的污泥膨胀，可采取提高pH和有机负荷的方法使丝状菌污泥膨胀得到有效控制。一般，pH突然增高很少会引起污泥膨胀，通常会引起污泥上浮或污泥解体。

措施(10)：用二沉池出水稀释进水，降低碳水化合物和含糖类物质的浓度；延时曝气；对回流污泥进行再曝气。降低进水中脂肪和油酸的浓度，污水进入曝气池之前，采用气浮方法先除油。

措施(11)：通入锅炉蒸汽，减少排泥量，提高曝气池内污泥浓度；对回流污泥再曝气；改进曝气设备，在四季温差较大的地区，改表面机械曝气设备为鼓风曝气。

措施(12)：对回流污泥再曝气；延时曝气；通入锅炉蒸汽，采取升温措施。

实验室和污水处理厂的现场资料表明，当发生丝状菌污泥膨胀后，如果二沉池体积足够大，在没有发生污泥流失的情况下，处理出水水质并不会恶化。所以，可采取以上措施，使膨胀逐渐得到控制。如果发生了污泥流失，则可通过加药的方法将污泥膨胀得到初步控制，然后再采取上述方法。但是对加药量要严格控制，最好先采用小试来确定加药量。本试验中发现，当加氯量过大时，非但不会降低SVI，还会杀伤其他菌胶团细菌，使污泥解体，出水水质恶化。而且，加氯也不能够立刻控制膨胀，仍要有一定的恢复时间。多数情况下，SVI不会突然增大，其有一个逐渐上升的过程，所以要对SVI进行日检测，观察其变化趋势，当发现SVI连续上升时，就要及时查找原因，采取相应措施。

7.3.3　应用举例

北京市某污水处理厂采用氧化沟工艺，其污水处理部分主要工艺流程如图 7-5所示。

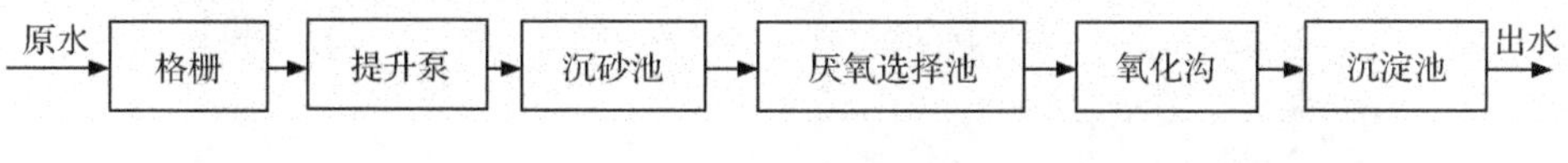

图 7-5　北京市酒仙桥污水处理厂工艺流程图

该厂在 2002 年冬季，发生了丝状菌污泥膨胀，活性污泥沉降性能变差，SVI 值逐渐升高。11 月 8 日，达到 150mL/g。这种污泥指数超过 150mL/g 的情况持续了将近 190 天。该污水处理厂发生污泥膨胀，寻求解决措施。

第一，将所取泥样制成活性污泥压片标本，在低倍镜下观察活性污泥絮体形态和有无丝状菌。通过观察，发现活性污泥中丝状菌数量很多。可判定该污水处理厂所发生的污泥膨胀为典型的丝状菌污泥膨胀。

第二，进一步做纳氏染色和革兰氏染色试验。染色试验结果表明：纳氏染色阳性（如图 7-6，可以清楚地看到菌体内深色的聚磷颗粒），革兰氏染色阳性（如图 7-7）。然后做积硫试验，将经过处理的活性污泥标本在高倍显微镜（400×）下观察，发现丝状菌体内并无硫粒积存。根据 Eikelboom 的丝状菌分类方法，对照可以判定该污水处理厂活性污泥中 *M. parvicella* 菌为主要丝状菌。

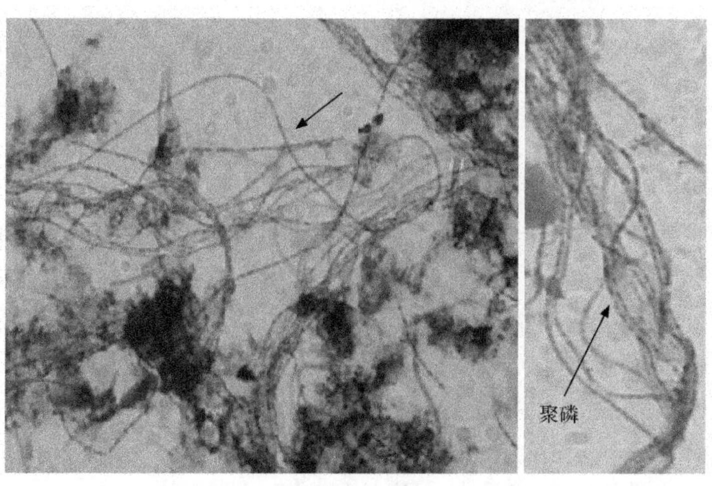

图 7-6　*M. parvicella* 丝状菌纳氏染色阳性含深色聚磷颗粒（1000×）

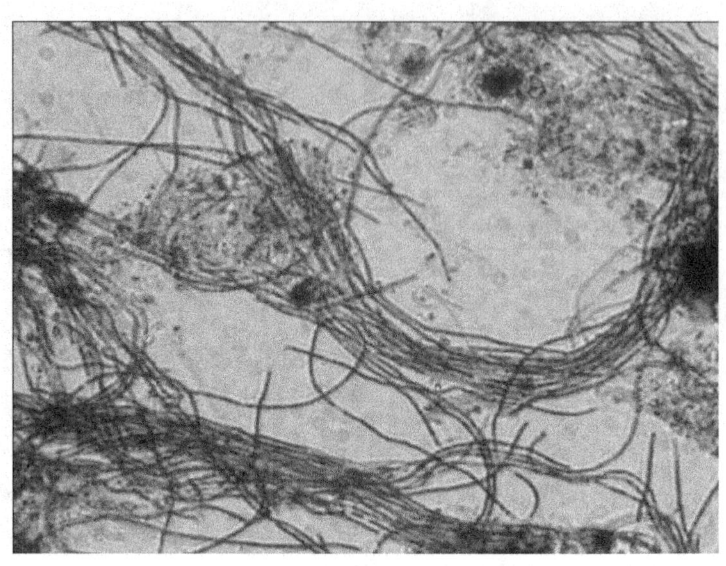

图 7-7　*M. parvicella* 丝状菌革兰氏染色阳性(1000×)

第三，结合表 7-1 和表 7-2，查找 *M. parvicella* 菌容易生长的条件。污泥负荷<0.2kgBOD_5/(kgMLSS · d)[8]；废水中含有大量脂肪酸(如油酸)；在污水管道、初沉池或厌氧区(生物除磷工艺)停留时间较长；水温<15℃；曝气池内低溶解氧浓度或较大的缺氧区(>40%曝气池体积)。去除营养物质的生活污水处理厂很有利于其生长。

第四，结合污水处理厂的实际运行工况确定该污泥膨胀的主要诱因。①污泥负荷：由第 7 章的介绍可见，该污水处理厂采用氧化沟工艺，污泥负荷较低，在0.03～0.12kgBOD_5/(kgMLSS · d)之间。但该厂自建厂以来，长期在低负荷下运行，污泥沉降性能良好，可见低负荷并不是这次污泥膨胀的主要诱因。②水质：Knoop 的研究表明，*M. parvicella* 不但容易利用脂肪酸，还可利用蛋白质和碳水化合物[9]。该污水处理厂所处理污水中 60%以上为生活污水，其中含有 *M. parvicella* 易吸收的底物。但是，在发生污泥膨胀期间，进水水质并无太大变化，所以可排除水质影响。③工艺影响：由第 7 章介绍可见，该污水处理工艺在氧化沟首端设立厌氧区，污水在此经过厌氧酸化，产生 *M. parvicella* 易于利用的底物，该现象长期存在，并不是这次污泥膨胀的主要原因。④水温：*M. parvicella* 适宜生长的温度条件为小于 15℃[10]。当该厂 SVI 达到 150mL/g 是在 11 月 8 日，当天水温为 18℃。并且在 12 月 14 日之前，曝气池内水温都在 15℃以上。虽然冬季的低温可促使 *M. parvicella* 过量生长，加剧污泥膨胀的程度。但仍然不是这次产生丝状菌污泥膨胀的根本原因。⑤溶解氧：*M. parvicella* 可在低溶解氧条件下生长，溶解氧波动较大时，也可刺激 *M. parvicella* 的过量生长。此次污泥膨胀期间，该厂曝气设备出现问题，致使曝气池内溶解氧浓度降低，并且出现溶解氧的波动。由此可见，低溶解氧是引起此次污泥膨胀的主要原因。另外，低污泥负荷、低温和低溶解氧都有利于 *M. parvicella* 生长，而十二月和一月活性污泥受到这三重因素的共同影响，所以，这段时间内污泥膨胀最严重。

第五，采取相应措施。通常认为控制丝状菌污泥膨胀最为快速有效的方法是投加化学药剂，如加氯杀死丝状菌，达到控制污泥膨胀的目的。但是，Hwang 的研究表明，当投加氯来控制 *M. parvicella* 引起的污泥膨胀时，所投加的氯非但没有抑制 *M. parvicella* 的生长，反倒使正常菌胶团细菌生长受到影响，造成污泥解体，出水水质变差[11]。所以，采用通常的投加氯的方法并不能有效控制 *M. parvicella* 引起的污泥膨胀。但是可以投加 AFP(quaternary ammonium polymer)来达到控制膨胀的目的。

在该污水处理厂发生污泥膨胀期间并没有出现污泥流失现象，其处理出水水质良好，处理能力未受影响。所以，不建议采用投加化学药剂来控制污泥膨胀，一者因为投加药剂会增加运行费用；二者加药是否会影响正常菌胶团细菌的生长(包括长期影响和短期影响)，是否会给净化效果带来负面影响还需考虑。

虽然低溶解氧是引起 *M. parvicella* 过量生长的主要原因，但是仍然可以从温度和负荷的角度来考虑控制污泥膨胀。有研究表明：当温度大于 20℃，即使在有机负荷$<$0.1kgBOD_5/(kgMLSS · d)的情况下 *M. parvicella* 也不能大量繁殖；当有机负荷$>$0.2kgBOD_5/(kgMLSS · d)，即使温度小于 15℃，*M. parvicella* 也不能长期存在。在实验室小试中，通过提高曝气池内水温和提高有机负荷的方法，7 天的时间就使污泥膨胀得到控制。通过提高溶解氧和提高温度，4 天的时间可使 SVI 从 239mL/g(MLSS 为 3592mg/L)降低到 146mL/g(MLSS 为 3548mg/L)。

实际污水处理厂中所遇到的问题要更加复杂：首先，发生污泥膨胀时已经进入冬季，曝气池水温无法提高；第二，该厂实际运行的水量比设计水量低，进水浓度和进水量也无法提高，所以无法通过调整进水量或进水浓度的方法来提高有机负荷；第三，可以考虑集中进水，只让部分氧化沟运行，但是进入冬季，气温较低，如果氧化沟裸露，可能会出现管道冻裂现象。第四，曝气设备出现故障，无法通过提高曝气量的方法增加曝气池内溶解氧浓度。

分析以上情况之后，只有采取降低污泥浓度(MLSS)才是最实际、可行和经济的控制措施。通过降低 MLSS，可以提高曝气池内溶解氧浓度。同时，在其他条件不变的情况下，降低 MLSS 有利于提高有机负荷。另外，Westlund 的研究表明，*M. parvicella* 是一种生长非常缓慢的微生物[8]，通过加大排泥，减小泥龄可将其从活性污泥中去除。降低 MLSS 之初，污泥膨胀现象似乎并没有得到控制。这主要有两个原因：一是因为该厂污泥处理能力有限，所以排泥量受到限制，溶解氧浓度并没有显著提高。在 2 月份之前，溶解氧浓度仍然较低，大部分时间都在 0.85mg/L 以下。二是因为污泥膨胀的恢复过程非常缓慢，需要一段较长的恢复期。进入 3 月下旬水温开始升高，活性污泥中微生物生长速率加快，曝气池内污泥量增大。但是因为污水处理厂污泥处理能力有限，无法排放更多的污泥，所以曝气池内污泥浓度增高。进入四月份后随着曝气池内水温和 DO 浓度的升高（部分曝气设备修复，调整了出水堰板高度，增加曝气池内溶解氧浓度），SVI 逐渐降低，到 5 月 16 日 SVI 值降低到 146mL/g，污泥膨胀现象基本得到控制。

实际污水处理厂污泥膨胀现象的发生是一个缓慢过程。所以污水处理厂要经常的对所检测的 SVI、SV 和 MLSS 数据加以整理，绘制曲线图，当发现 SVI 有上升趋势时，就应及早查找原因，采取控制措施，做到早发现早控制。

7.4　预防与控制污泥膨胀专家系统的开发和应用

目前，国内外关于采用专家系统实现污水处理过程的优化与控制的研究尚处于起步阶段，鲜见专门针对污泥膨胀问题进行专家系统开发的研究报道。

在 7.3 节的基础上，本书作者所在的课题组在试验研究和查阅大量文献的基础上，首先建立了预防与控制污泥膨胀的专家系统决策树（见图 7-8），采用产生式规则将其改写为相应 CLIPS 专家系统语言程序，并在 Visual Studio 2005 的开发环境下，开发了一套基于运行工况与污泥沉降性能为指示特征来实现污泥膨胀的诊断、预防与控制的智能控制系统[12]。

该专家系统正在申报相应的专利，对部分功能简要介绍如下：

该系统以处理城市污水和工业废水的活性污泥法中各种运行指标（包括进出水指标和运行控制参数）和污泥沉降性能（包括污泥沉降指数 SVI、污泥层高度、丝状菌丰度）的变化为依据，建立常规污水处理工艺中预防与控制污泥膨胀的调控规则，构建预防与控制污泥膨胀的专家系统，通过内部专家系统内部推理，提供可供运行人员参考的污泥膨胀诱发成因和有效的解决方案，实现对丝状菌污泥膨胀的预测和专家诊断，向运行人员提供可靠的解决方案或帮助其完成自动调控功能，最终实现污水处理厂的高效稳定运行，并提高现有污水处理厂的自动控制水平[12]。

下面部分界面的截图（图 7-9 和图 7-10）。

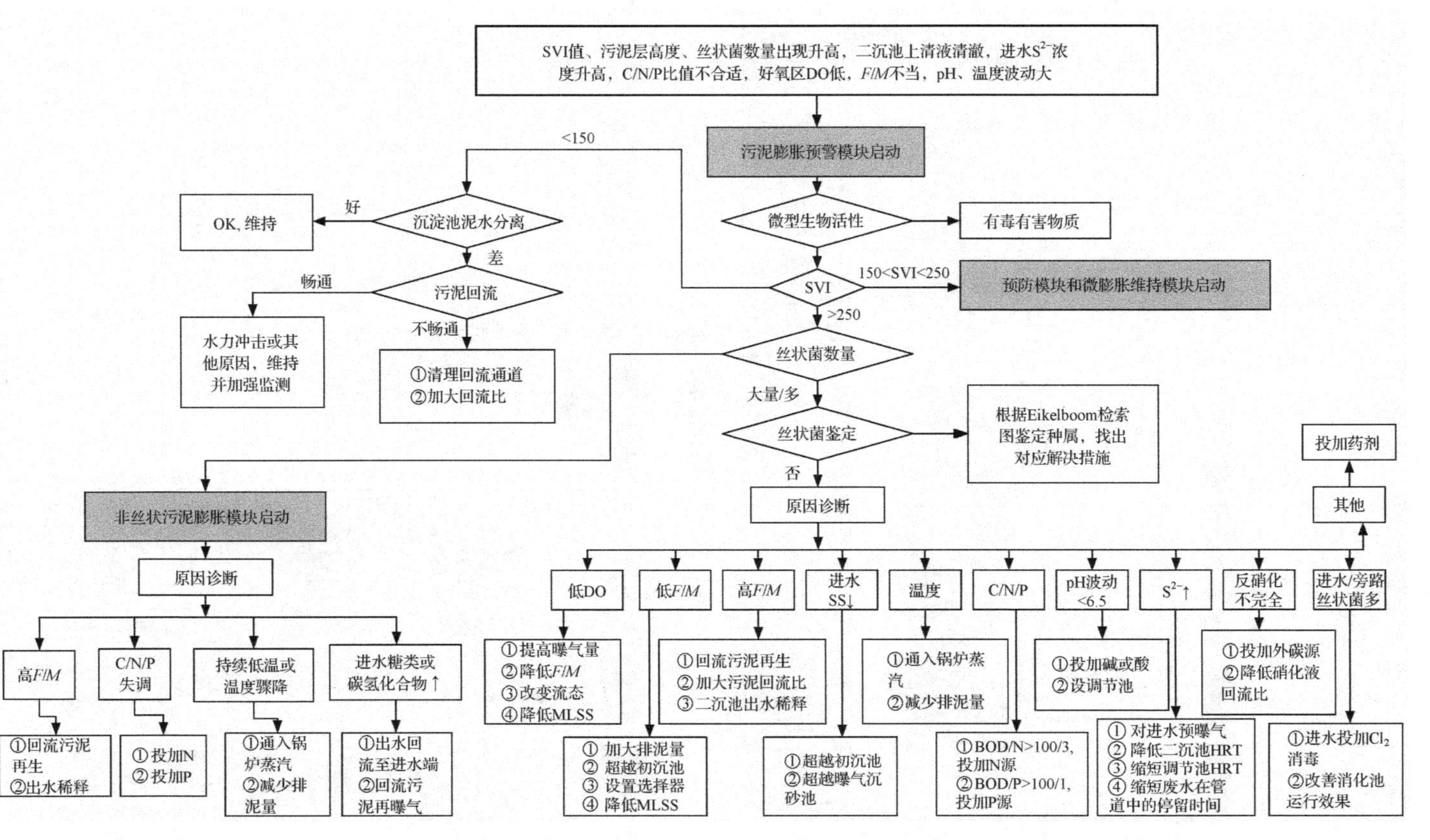

图 7-8　预防与控制污泥膨胀的专家系统决策树[12]

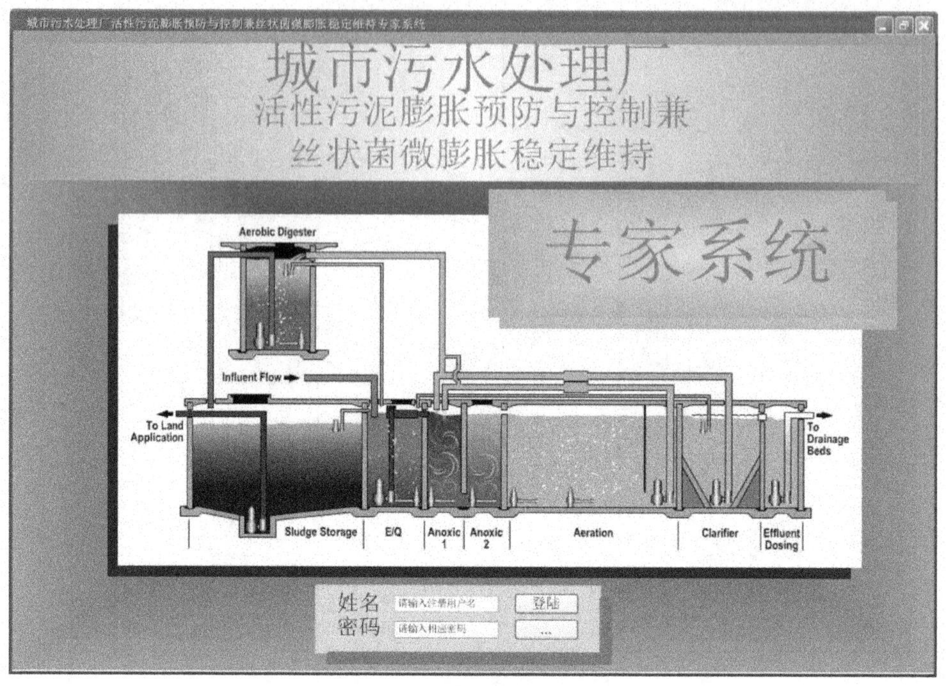

图 7-9　专家系统登录界面[12]

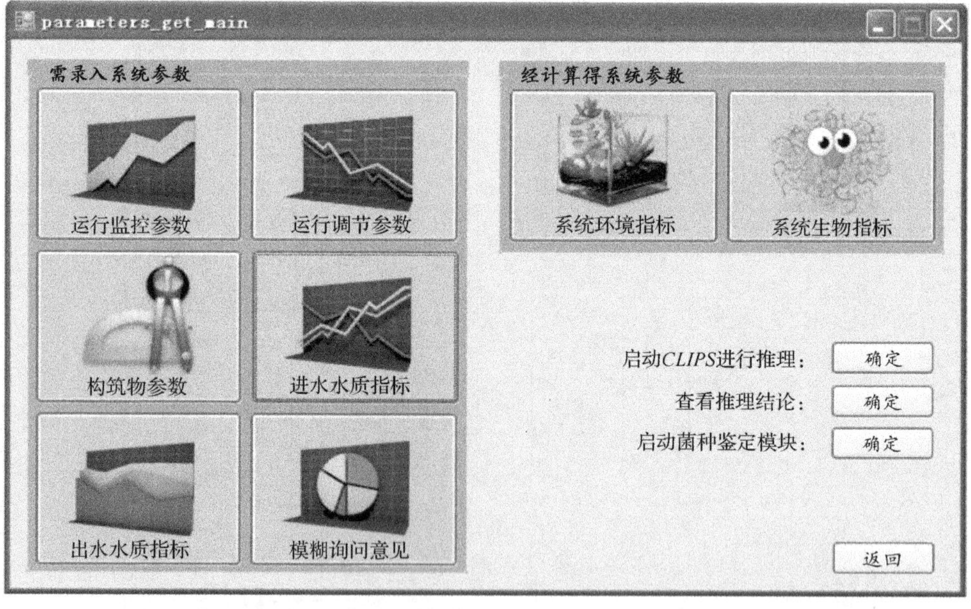

图 7-10　专家系统运行参数获取界面[12]

主要参考文献

[1] Giarratano J C, Riley G D. 专家系统原理与编程. 印鉴，陈忆群，刘星成译. 北京：机械工业出版社，2006

[2] 张耀斌，费庆志，王瑛. H_2O_2 与间歇进水方式对污泥膨胀控制研究. 环境工程，2000，18(3):9-11

[3] 周利. 污泥负荷及溶解氧对污泥膨胀的影响. 哈尔滨:哈尔滨建筑大学博士学位论文，1999:130

[4] 丁峰. pH 值及营养物质对活性污泥膨胀的影响. 哈尔滨:哈尔滨建筑大学博士学位论文，1999:91

[5] 陈接锋，许旭萍，李惠珍. 球衣菌属的研究概况. 环境科学与技术，2002，(06):43-46,49

[6] 刘寒，李旭，谢有奎，周从直. 活性污泥膨胀的机理与控制. 后勤工程学院学报，2004，(02):88-91

[7] 王凯军. 活性污泥膨胀的机理与控制. 北京:中国环境科学出版社，1992:171

[8] Westlund A D, Hagland E, Rothman M. Bulking and foaming caused by *Microthrix parvicella* at three large sewage treatment plants in the greater Stockholm area. Water Science and Technology, 1996, 34(5-6):281-287

[9] Knoop S, Kunst S. Influence of temperature and sludge loading on activated sludge settling, especially on *Microthrix parvicella*. Water Science and Technology, 1998, 37(4-5):27-35

[10] Eikelboom D H. Process control of activated sludge plants by microscopic investigation. London: Handbook IWA Publishing, 2000

[11] Hwang Y W, Tanaka T. Control of *Microthrix parvicella* foaming in activated sludge. Water Research, 1998, 32(5):1678-1686

[12] 郭建华. 基于种群优化的低氧节能活性污泥微膨胀研究. 哈尔滨:哈尔滨工业大学博士论文,2011:185-196

第 8 章　污泥膨胀的数学模型

8.1 引　　言

活性污泥法数学模型能帮助我们更好地理解污水生物处理系统内部发生的各种过程，并通过模拟各种运行工况来了解一些复杂的现象。经校正后的模型还可帮助提供正确的控制策略来使整个污水处理系统稳定运行。目前，各国学者通过前期的研究已建立了各种活性污泥法和生物膜法相关的数学模型，其中著名的有国际水协会组织开发的 ASM1、ASM2 和 ASM3 模型。

到目前为止，也提出了一些用于解释污泥膨胀现象，并主要描述丝状菌和菌胶团竞争的数学模型。本章主要通过对 4 个典型的数学模型的介绍，从模型的角度来进一步阐述污泥膨胀的成因和机理。

8.2 Chudoba 动力选择模型

第一个好氧污泥膨胀数学模型由捷克著名学者 Chudoba 于 1973 年首次提出，该模型至今被广为应用。该模型基于丝状菌和菌胶团菌对于一定浓度范围内的可溶性有机底物存在动力学竞争而提出的。

从 Monod 方程可知，微生物的增长速率和底物降解速率的关系可用式(8-1)所示：

$$\frac{\mathrm{d}X}{X\mathrm{d}t} = \mu = \mu_{\max}\frac{S}{K_S + S} \tag{8-1}$$

式中，X 为微生物浓度，mg/L；t 为时间，d；S 为底物浓度，mg/L；K_S 为半饱和常数，mg/L；μ 为微生物比生长速率，d^{-1}；$\mu_{\max}$ 为微生物最大比增长速率，d^{-1}。

比值 $\mu_{\max}/K_S$ 的大小直接决定着丝状菌与菌胶团菌谁将在竞争中处于优势。菌胶团菌具有较大的 $\mu_{\max}$ 和 K_S。在底物浓度低的条件下，具有较小 K_S 的丝状菌的 $\mu_{\max}/K_S$ 比值相对于菌胶团菌大。相反，在底物浓度高的条件下，K_S 的影响可以忽略，菌胶团菌由于具有较大的 $\mu_{\max}$ 而具有竞争优势。

该模型能很好地预测和描述在完全混合式反应器中，由于底物浓度低而容易滋生丝状菌。而在推流式反应器中，由于反应器进水前端具有较高的底物浓度，从而利于菌胶团菌优势生长。该模型也为选择器提供了充分的理论基础。

文献报道的丝状菌和菌胶团菌的动力学参数差别不大。由于城市污水浓度和组分相对复杂也变化较大，因此很难得到准确的动力学参数。

虽然该模型简单，但当一些特定的条件导致丝状菌和菌胶团菌在动力学参数存在明显差异时，该模型能很好地描述污泥膨胀现象。

8.3　Chiesa 和 Irivine 模型

Chiesa 和 Irivine 于 1985 年[1]通过对比文献中报道的微生物理化性质，提出了更为复杂的丝状菌和菌胶团菌之间相互竞争的数学模型。

该模型根据动力学特性，将活性污泥中的微生物分为三种类型：①快速生长的菌胶团细菌；②具有高底物亲和能力、生长缓慢的耐饥饿丝状菌（具有低的米门常数，K_m）；③对溶解氧具有高亲和力、对饥饿高度敏感的快速生长丝状菌。表 8-1 为微生物生理学特性和各自生长速率和底物浓度的关系。

表 8-1　活性污泥微生物的相关生理学特性

特性	菌胶团细菌	高有机负荷下的丝状菌	低有机负荷下的丝状菌
底物亲和力	低	高	高
最大比生长速率	高	高	低
内源代谢速率	低	高	低
耐饥饿能力	高	低	很高
累积典型的储存物能力	高	高	变化
最大底物利用率/形成储存物质	很高	高	低
低溶解氧条件下代谢活性的降低	高	轻微	—

3 种菌在不同的底物浓度条件下的比生长速率参见第 4 章，图 4-4。

在高 DO 条件下：

当 $S < S^*$，慢速增长、耐饥饿能力强的丝状菌将优势生长；

当 $S > S^*$，快速生长的菌胶团细菌将优势生长。

而在低 DO 条件下：

当 $S < S^*$，具有高底物亲和能力、生长缓慢的耐饥饿丝状菌将优势生长；

$S^* < S < S^{**}$，快速生长的菌胶团细菌将优势生长；

当 $S > S^*$，对溶解氧具有高亲和力、对饥饿高度敏感的快速生长丝状菌将优势生长。

Chiesa 和 Irivine 模型的特点在于将丝状菌根据他们在不同底物浓度、不同 DO 浓度和缺乏底物条件下所表现出的不同特性进行了详细分类。而 Chudoba 提出的动力学选择模型只是简单地分为丝状菌和菌胶团菌。

8.4 AEROFIL 模型

8.4.1 模型假设

Kappeler 和 Gujer 于 1994 年提出了较为详尽和全面的“好氧膨胀模型”(aerobic filamentoos bulking model,简称 AEROFIL)[2-3]。该模型囊括了兼性好氧菌胶团菌、专性好氧丝状菌和硝化菌,并区分了不同菌种在厌氧、缺氧和好氧条件下不同生长特性。该模型主要为了解释在大多数情况下由 *Sphaerotilus natans*,021N 型和 0961 型引起的好氧膨胀现象。

该模型使用于以下系统:①污泥龄小于 10 天的完全好氧处理系统;②带有缺氧选择器的好氧处理系统,且污泥龄低于 10 天;③带有厌氧选择器的好氧处理系统,且不支持 EBPR 正常运行;④较低浓度的表面活性剂(能诱发放线菌属的生长)或较低的长链脂肪酸(有利于微丝菌的繁殖),他们的代谢不能通过动力学方程来预测。

反应器内的丝状菌和菌胶团菌的分布主要取决于他们对快速降解的 COD 的竞争能力,并且受一些物理特性的影响,比如生物絮体的大小和固液之间的扩散阻力大小。

根据 ASM1 模型,可生物降解的 COD 被区分为溶解性的可快速生物降解的 COD(用 S_S表示)和颗粒或胶体的慢速生物降解的 COD(用 X_S表示)。X_S必须先通过菌胶团菌的分解才能被丝状菌和菌胶团菌。水解产物(用 S_H表示)类似于可快速生物降解的 COD。因此,可生物降解的 COD 在该模型中包括两种,S_S和 S_H。这两种底物被菌胶团菌和丝状菌降解的动力学特性不同。延伸于絮体外部的丝状菌能快速代谢 S_S,但 S_S必须首先扩散到絮体内部才能被菌胶团菌代谢。但对于 S_H恰好相反,由于 S_H是由位于絮体内部的菌胶团菌水解掉 X_S产生的,它首先被絮体内部的菌胶团菌先利用,而 S_H从絮体内部扩散至絮体外部的液相中后才能被延伸于絮体外部的丝状菌代谢。因此,丝状菌和菌胶团菌的竞争取决于二者对两种不同基质的选择性竞争能力。

扩散过程可通过增大 K_S值使其大于真实的半饱和常数,表观 K_S值一定程度上能模拟扩散阻力造成的影响。模型中采用了较小的 K_S值来表征菌胶团菌对 S_H的亲和力,采用较大 K_S值来表征菌胶团菌对 S_S的亲和力。相反,采用了较大的 K_S值来表征丝状菌对 S_H的亲和力,采用较小 K_S值来表征丝状菌对 S_S的亲和力。而溶解性的、难生物降解的 S_I和颗粒性的、难生物降解的 X_I浓度对二者的竞争没有影响。

8.4.2　模型中的过程描述

AEROFIL 模型借鉴了 ASM1 和 ASM2 模型。表 8-2 给出了模型中涉及的动力学参数的定义和参考值，表 8-3 和表 8-4 分别是过程的动力学方程描述和化学计量学关系。

限制性底物(包括 COD、氨氮、硝酸盐氮和溶解氧)对竞争的影响通过下面的动力学方程表示：

$$\frac{S}{K_S + S}$$

一些成分对微生物生长的抑制影响，可通过下面的开关函数来表示：

$$\frac{K_I}{K_I + S}$$

式中，S 代表抑制性底物浓度，K_I 表示该抑制底物的抑制常数。

AEROFIL 模型和 ASM 1、ASM2 模型的差别在于衰减、水解和硝化/反硝化过程的表征不同。

微生物的衰减速率取决于 DO 浓度：衰减过程在好氧条件下可用内源呼吸来描述，而在缺氧或厌氧的条件下可用腐化来描述。

水解过程用简化的一级方程来描述，并假定该过程只在好氧和缺氧条件下进行，而在厌氧条件下不进行。在好氧条件下的限制性因子为溶解氧浓度，而在缺氧条件下的限制性因子为硝酸盐氮的浓度，并且带有 DO 的开关函数。

兼性好氧的菌胶团菌可通过利用 S_S 和 S_H 既可在好氧条件下生长，又可在缺氧条件下生长。在好氧条件下，限制性底物包括 COD、氨氮和 DO，而在缺氧条件下的还包括硝酸盐浓度，且带有 DO 的开关函数。

而对于专性好氧丝状菌只能利用 S_S 和 S_H 在好氧条件下生长。

硝化菌具有双重底物：氨氮和 DO。

在表 8-2 中给出的动力学参数中要着重注意表观 K_S 值，该值直接影响菌种之间的竞争，主要通过式(8-2)来计算。

$$K_S = K_{S0} + \frac{\mu_{max}\gamma\delta}{Y_H a D_S} \tag{8-2}$$

式中，K_{S0} 为真实的底物饱和常数(ML^{-3})，μ_{max} 为最大增长速率(T^{-1})，γ 为污泥密度(ML^{-3})，δ 为扩散距离(L)，Y_H 为微生物产率系数(M 微生物 M 底物$^{-1}$)，a 为生物絮体的比表面积(L^{-1})，D_S 为底物扩散系数(L^2T^{-1})。

该模型已成功在中试反应器和实际的污水处理厂中进行了验证，可用于考察和验证进水水质、工艺流程、有机物负荷和进水中所含的可快速生物降解的底物浓度等条件对污泥种群竞争的影响。而且还可用于评估和计算最佳的好氧选择器和缺氧选择器的容积。

表 8-2　动力学参数:定义和参考值

动力学参数		X_{floc}	X_{fil}	X_{nitr}	单位
最大比生长速率	μ_{max}	3.0	0.9	3.0	d^{-1}
S_S 半饱和常数	K_S	8	—	1	$gCOD/m^3$
S_H 半饱和常数	K_H	1	—	4	$gCOD/m^3$
O_2 半饱和常数	K_{O_2}	0.25	0.4	0.1	gO_2/m^3
NO_3 半饱和常数	K_{NO_3}	0.5	—	—	gNO_3^--N/m^3
缺氧生长因子	η_g	0.8	—	—	—
NH_4 半饱和常数	K_{NH_4}	0.01	0.4	0.01	gNH_4^+-N/m^3
X_{floc} 和 X_{fil} 的产率系数	Y_H	0.63	—	0.63	gCOD/gCOD
X_{nitr} 产率系数	Y_A	—	0.24	—	gCOD/gCOD
分子因子	b'	0.5	0.14	0.5	d^{-1}
惰性颗粒 COD 分解因子	f_I	0.08	0.08	0.08	gCOD/gCOD
内源呼吸校正系数	η_{endog}	0.4	0.4	0.4	—
惰性颗粒 COD 内源呼吸因子	f_P	0.2	0.2	0.2	gCOD/gCOD
氮在微生物体内和难降解 COD 内的系数	i_{XB}	0.06	0.06	0.06	gN/gCOD
好氧条件下的水解常数	k_h		5		d^{-1}
溶解性 COD 水解产生系数	f_H		0.07		gCOD/gCOD
缺氧水解因子	η_h		0.6		—
氨氮水解产生系数	i_{XS}		0.04		gN/gCOD

表 8-3　AEROFIL 模型反应动力学速率方程　(单位：$g\ m^{-3}\ d^{-1}$)

微生物	过程	速率方程
兼性好氧菌胶团 X_{floc}	好氧生长 S_S	$\mu_{max,floc} \cdot \left(\frac{S_S}{K_S+S_S} \cdot \frac{S_S}{S_S+S_H}\right) \cdot \left(\frac{S_{NH_4}}{K_{NH_4}+S_{NH_4}}\right) \cdot \left(\frac{S_{O_2}}{K_{O_2}+S_{O_2}}\right) \cdot X_{floc}$
	好氧生长 S_H	$\mu_{max,floc} \cdot \left(\frac{S_H}{K_H+S_H} \cdot \frac{S_H}{S_S+S_H}\right) \cdot \left(\frac{S_{NH_4}}{K_{NH_4}+S_{NH_4}}\right) \cdot \left(\frac{S_{O_2}}{K_{O_2}+S_{O_2}}\right) \cdot X_{floc}$
	缺氧生长 S_S	$\eta_g \cdot \mu_{max,floc} \cdot \left(\frac{S_S}{K_S+S_S} \cdot \frac{S_S}{S_S+S_H}\right) \cdot \left(\frac{S_{NO_3}}{K_{NO_3}+S_{NO_3}}\right) \cdot \left(\frac{S_{NH_4}}{K_{NH_4}+S_{NH_4}}\right) \cdot \left(\frac{S_{O_2}}{K_{O_2}+S_{O_2}}\right) \cdot X_{floc}$
	缺氧生长 S_H	$\eta_g \cdot \mu_{max,floc} \cdot \left(\frac{S_H}{K_H+S_H} \cdot \frac{S_H}{S_S+S_H}\right) \cdot \left(\frac{S_{NO_3}}{K_{NO_3}+S_{NO_3}}\right) \cdot \left(\frac{S_{NH_4}}{K_{NH_4}+S_{NH_4}}\right) \cdot \left(\frac{S_{O_2}}{K_{O_2}+S_{O_2}}\right) \cdot X_{floc}$
	内源呼吸	$\eta_{endog} \cdot b'_{floc} \cdot X_{floc} \cdot \left(\frac{S_{O_2}}{K_{O_2}+S_{O_2}}\right)$
	分解	$b'_{floc} \cdot X_{floc} \cdot \left(\frac{S_{O_2}}{K_{O_2}+S_{O_2}}\right)$
自养硝化菌 X_{nitr}	生长	$\mu_{max,nitr} \cdot \left(\frac{S_{O_2}}{K_{O_2}+S_{O_2}} \cdot \frac{S_{NH_4}}{K_{NH_4}+S_{NH_4}}\right) \cdot X_{nitr}$
	内源呼吸	$\eta_{endog} \cdot b'_{nitr} \cdot X_{nitr} \cdot \left(\frac{S_{O_2}}{K_{O_2}+S_{O_2}}\right)$
	分解	$b'_{fil} \cdot X_{fil} \cdot \left(\frac{S_{O_2}}{K_{O_2}+S_{O_2}}\right)$
专性好氧丝状菌 X_{fil}	好氧生长 S_S	$\mu_{max,fil} \cdot \left(\frac{S_S}{K_S+S_S} \cdot \frac{S_S}{S_S+S_H}\right) \cdot \left(\frac{S_{NH_4}}{K_{NH_4}+S_{NH_4}}\right) \cdot \left(\frac{S_{O_2}}{K_{O_2}+S_{O_2}}\right) \cdot X_{fil}$
	好氧生长 S_H	$\mu_{max,fil} \cdot \left(\frac{S_H}{K_H+S_H} \cdot \frac{S_H}{S_S+S_H}\right) \cdot \left(\frac{S_{NH_4}}{K_{NH_4}+S_{NH_4}}\right) \cdot \left(\frac{S_{O_2}}{K_{O_2}+S_{O_2}}\right) \cdot X_{fil}$
	内源呼吸	$\eta_{endog} \cdot b'_{fil} \cdot X_{fil} \cdot \left(\frac{S_{O_2}}{K_{O_2}+S_{O_2}}\right)$
	分解	$b'_{fil} \cdot X_{fil} \cdot \left(\frac{S_{O_2}}{K_{O_2}+S_{O_2}}\right)$
	好氧水解	$k_h \cdot X_S \cdot \left(\frac{S_{O_2}}{K_{O_2}+S_{O_2}}\right)$
	缺氧水解	$\eta_b \cdot k_h \cdot X_S \cdot \left(\frac{K_{O_2}}{K_{O_2}+S_{O_2}}\right) \cdot \left(\frac{S_{NO_3}}{K_{NO_3}+S_{NO_3}}\right) \cdot X_{nitr}$

表 8-4 AEROFIL 模型化学计量学

微生物	过程	S_{O_2}	S_S	S_H	S_I	X_S	X_I	X_{floc}	X_{nitr}	X_{fil}	S_{NH_4}	S_{NO_3}
兼性好氧菌胶团 X_{floc}	好氧生长 S_S	$-\frac{1-Y_H}{Y_H}$	$-\frac{1}{Y_H}$					$+1$			$-i_{XB}$	
	好氧生长 S_H	$-\frac{1-Y_H}{Y_H}$		$-\frac{1}{Y_H}$				$+1$			$-i_{XB}$	
	缺氧生长 S_S		$-\frac{1}{Y_H}$					$+1$			$-i_{XB}$	$-\frac{1-Y_H}{2.86Y_H}$
	缺氧生长 S_H			$-\frac{1}{Y_H}$				$+1$			$-i_{XB}$	$-\frac{1-Y_H}{2.86Y_H}$
	内源呼吸	$-(1-f_P)$					$+f_P$	-1			$i_{XB}\cdot(1-f_P)$	
	分解			$1-f_I$			$+f_I$	-1			$i_{XB}\cdot(1-f_I)$	
自养硝化菌 X_{nitr}	生长	$-\frac{4.57-Y_A}{Y_A}$							$+1$		$-i_{XB}-\frac{1}{Y_A}$	$-\frac{1}{Y_A}$
	内源呼吸	$-(1-f_P)$					$+f_P$		-1		$i_{XB}\cdot(1-f_P)$	
	分解			$1-f_I$			$+f_I$		-1		$i_{XB}\cdot(1-f_I)$	
专性好氧丝状菌 X_{fil}	好氧生长 S_S	$-\frac{1-Y_H}{Y_H}$	$-\frac{1}{Y_H}$							$+1$	$-i_{XB}$	
	好氧生长 S_H	$-\frac{1-Y_H}{Y_H}$		$-\frac{1}{Y_H}$						$+1$	$-i_{XB}$	
	内源呼吸	$-(1-f_P)$					$+f_P$			-1	$i_{XB}\cdot(1-f_P)$	
	分解		$1-f_I$				$+f_I$			-1	$i_{XB}\cdot(1-f_I)$	
	好氧水解			$1-f_H$	f_H	-1					$-i_{XS}$	
	缺氧水解			$1-f_H$	f_H	-1					$-i_{XS}$	
单位		COD	COD	COD	COD	COD	COD	COD	COD	COD	N	N

8.5　动力学选择-骨架耦合数学模型

8.5.1　引言

为了更好的描述丝状菌和菌胶团菌相互竞争的机理，建立相应的数学模型可以从定性和定量考察各种参数对于二者竞争的影响，对于控制恶性污泥膨胀及稳定维持丝状菌污泥微膨胀具有重要的意义。

Chudoba 建立的动力学选择理论可以作为单基质封闭系统内丝状菌和菌胶团菌相互竞争模型。然而活性污泥系统常为连续流系统，仅靠动力学选择理论不能够满足建立连续流系统中丝状菌和菌胶团菌相互竞争的数学模型的需要，加入新的参数及模型的扩充将是完善丝状菌和菌胶团菌相互竞争数学模型的必要步骤。目前为止，已有不少以动力学选择理论为基础建立的丝状菌和菌胶团菌相互竞争的数学模型[4-7]，但其中并没有能够预见连续流系统中丝状菌与菌胶团菌共生的模型。可见，丝状菌和菌胶团菌相互竞争数学模型的建立仍需要进一步的研究及完善。

本节以带有二沉池的完全混合式连续流反应器为基础，建立了丝状菌与菌胶团菌的竞争模型。模型主要包括三个方面，其一为基于单基质动力学选择理论的数学模型，其二为基于单基质动力学选择理论及丝状菌骨架理论的模型，最后为基于双基质(有机物及 DO)与丝状菌骨架理论的模型。

8.5.2　模型的假设

1. 模型满足的条件

建立的模型需满足以下几个条件。

条件 1：模型需能够描述在常规的运行条件下，丝状菌和菌胶团菌二者能同时存在于污水处理系统。

条件 2：模型能够满足动力学选择理论和丝状菌骨架理论等常规的污泥膨胀原理。

条件 3：在满足上述条件的基础上，模型具备简单性，且能在今后的试验中进行验证。

2. 模型假设

为了使数学模型简单、易于求解，并且能最大程度的满足实际情况，进行了如下假设。

假设 1：进水中不含有任何微生物。
假设 2：曝气池内混合均匀，各点浓度相同。
假设 3：污泥和底物在二沉池内完全分开。
假设 4：出水中不含有任何微生物。
假设 5：回流污泥和排放污泥中不含任何底物。
假设 6：菌胶团菌相对于丝状菌在二沉池内的压缩特性较好。

8.5.3 数学模型

1. 基于单基质动力学选择的数学模型

对于一个典型的生物污水处理系统，包括一个连续流曝气池和一个二沉池，具体流程和参数见图 8-1 所示。回流污泥比为 r，污泥排放比为 w。此外，根据假定 6，两种微生物在二沉池内的压缩情况不同，菌胶团比丝状菌具有更好的压缩性，故设定菌胶团菌的压缩系数大于丝状菌的压缩系数，即 $\beta_{floc}>\beta_{fil}$。

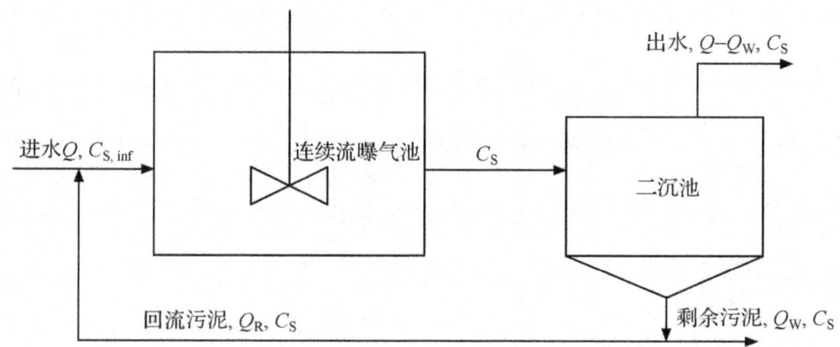

图 8-1 典型的生物污水处理系统

底物浓度的变化、菌胶团菌和丝状菌在反应器内和二沉池的变化速率方程如式(8-3)～(8-8)所示。

$$\frac{dC_S}{dt}=D(C_{S,inf}-(1+r)C_S)-\frac{\mu_{floc}}{Y_{floc}}C_{Xfloc}-\frac{\mu_{fil}}{Y_{fil}}C_{Xfil} \tag{8-3}$$

$$\frac{dC_{Xfloc}}{dt}=rD\beta_{floc}C_{Xfloc,sed}-(1+r)DC_{Xfloc}+\mu_{floc}C_{Xfloc} \tag{8-4}$$

$$\frac{dC_{Xfil}}{dt}=rD\beta_{fil}C_{Xfil,sed}-(1+r)DC_{Xfil}+\mu_{fil}C_{Xfil} \tag{8-5}$$

$$\frac{dC_{S,sed}}{dt}=(1+r)\frac{Q}{V_{sed}}C_S-(1-w)\frac{Q}{V_{sed}}C_{S,sed} \tag{8-6}$$

$$\frac{\mathrm{d}C_{\mathrm{Xfloc,sed}}}{\mathrm{d}t}=(1+r)\frac{Q}{V_{\mathrm{sed}}}C_{\mathrm{Xfloc}}-(r+w)\frac{Q}{V_{\mathrm{sed}}}\beta_{\mathrm{floc}}C_{\mathrm{Xfloc,sed}} \tag{8-7}$$

$$\frac{\mathrm{d}C_{\mathrm{Xfil,sed}}}{\mathrm{d}t}=(1+r)\frac{Q}{V_{\mathrm{sed}}}C_{\mathrm{Xfil}}-(r+w)\frac{Q}{V_{\mathrm{sed}}}\beta_{\mathrm{fil}}C_{\mathrm{Xfil,sed}} \tag{8-8}$$

由于上述建立的模型含有 6 个微分方程，使得模型相对复杂，较难进行稳定性分析，因此，对模型进行了简化。

假定二沉池内只进行物质交换而并不发生生化反应，二沉池的动态变化相对于反应器的动态变化更快。此外，由于系统的稳定性首先取决于动态变化较慢的生化反应器，可假定二沉池处于稳定状态。上述的 6 个微分方程可简化为 3 个代数方程[见方程组(8-9)]和 3 个微分方程[见方程组(8-10)]。

$$\begin{aligned}&\frac{\mathrm{d}C_{\mathrm{S,sed}}}{\mathrm{d}t}=0\rightarrow C_{\mathrm{S,sed}}=\frac{(1+r)}{(1-w)}C_{\mathrm{S}}\\&\frac{\mathrm{d}C_{\mathrm{Xfloc,sed}}}{\mathrm{d}t}=0\rightarrow C_{\mathrm{Xfloc,sed}}=\frac{(1+r)}{\beta_{\mathrm{floc}}(w+r)}C_{\mathrm{Xfloc}}\\&\frac{\mathrm{d}C_{\mathrm{Xfil,sed}}}{\mathrm{d}t}=0\rightarrow C_{\mathrm{Xfil,sed}}=\frac{(1+r)}{\beta_{\mathrm{fil}}(w+r)}C_{\mathrm{Xfil}}\end{aligned} \tag{8-9}$$

$$\begin{aligned}&\frac{\mathrm{d}C_{\mathrm{S}}}{\mathrm{d}t}=D[C_{\mathrm{S,inf}}-(1+r)C_{\mathrm{S}}]-\frac{\mu_{\mathrm{floc}}}{Y_{\mathrm{floc}}}C_{\mathrm{Xfloc}}-\frac{\mu_{\mathrm{fil}}}{Y_{\mathrm{fil}}}C_{\mathrm{Xfil}}\\&\frac{\mathrm{d}C_{\mathrm{Xfloc}}}{\mathrm{d}t}=\mu_{\mathrm{floc}}C_{\mathrm{Xfloc}}-D_{\mathrm{g}}C_{\mathrm{Xfloc}}\\&\frac{\mathrm{d}C_{\mathrm{Xfil}}}{\mathrm{d}t}=\mu_{\mathrm{fil}}C_{\mathrm{Xfil}}-D_{\mathrm{g}}C_{\mathrm{Xfil}}\end{aligned} \tag{8-10}$$

式(8-10)中，

$$D_{\mathrm{g}}=\frac{w(1+r)}{r+w}D \tag{8-11}$$

2. 基于单基质动力学选择和骨架理论的数学模型

基于动力学选择及骨架理论的数学模型中底物浓度的变化、菌胶团菌和丝状菌在反应器内和二沉池的变化速率方程如式(8-12)～(8-17)所示。

$$\frac{\mathrm{d}C_{\mathrm{S}}}{\mathrm{d}t}=D[C_{\mathrm{S,inf}}-(1+r)C_{\mathrm{S}}]-\frac{\mu_{\mathrm{floc}}}{Y_{\mathrm{floc}}}C_{\mathrm{Xfloc}}-\frac{\mu_{\mathrm{fil}}}{Y_{\mathrm{fil}}}C_{\mathrm{Xfil}} \tag{8-12}$$

$$\frac{\mathrm{d}C_{\mathrm{Xfloc}}}{\mathrm{d}t}=rD\beta_{\mathrm{floc}}C_{\mathrm{Xfloc,sed}}-(1+r)DC_{\mathrm{Xfloc}}+\mu_{\mathrm{floc}}C_{\mathrm{Xfloc}}+\alpha\frac{Y_{\mathrm{floc}}}{Y_{\mathrm{fil}}}C_{\mathrm{Xfil}} \tag{8-13}$$

$$\frac{\mathrm{d}C_{\mathrm{Xfil}}}{\mathrm{d}t}=rD\beta_{\mathrm{fil}}C_{\mathrm{Xfil,sed}}-(1+r)DC_{\mathrm{Xfil}}+\mu_{\mathrm{fil}}C_{\mathrm{Xfil}}-\alpha C_{\mathrm{Xfil}} \tag{8-14}$$

$$\frac{\mathrm{d}C_{\mathrm{S,sed}}}{\mathrm{d}t}=(1+r)\frac{Q}{V_{\mathrm{sed}}}C_{\mathrm{S}}-(1-w)\frac{Q}{V_{\mathrm{sed}}}C_{\mathrm{S,sed}} \tag{8-15}$$

$$\frac{dC_{Xfloc,sed}}{dt}=(1+r)\frac{Q}{V_{sed}}C_{Xfloc}-(r+w)\frac{Q}{V_{sed}}\beta_{floc}C_{Xfloc,sed} \tag{8-16}$$

$$\frac{dC_{Xfil,sed}}{dt}=(1+r)\frac{Q}{V_{sed}}C_{Xfil}-(r+w)\frac{Q}{V_{sed}}\beta_{fil}C_{Xfil,sed} \tag{8-17}$$

式中，Q 为进水流量，L/h；V_{sed}为二沉池的体积，L；α 为生长与菌胶团菌内部丝状菌的骨架系数。

同样，对模型进行了化简，简化后上述的 6 个微分方程可简化为 3 个代数方程[见方程组(8-18)]和 3 个微分方程[见方程组(8-19)]。

$$\begin{aligned}\frac{dC_{S,sed}}{dt}&=0\rightarrow C_{S,sed}=\frac{(1+r)}{(1-w)}C_S\\ \frac{dC_{Xfloc,sed}}{dt}&=0\rightarrow C_{Xfloc,sed}=\frac{(1+r)}{\beta_{floc}(w+r)}C_{Xfloc}\\ \frac{dC_{Xfil,sed}}{dt}&=0\rightarrow C_{Xfil,sed}=\frac{(1+r)}{\beta_{fil}(w+r)}C_{Xfil}\end{aligned} \tag{8-18}$$

$$\begin{aligned}\frac{dC_S}{dt}&=D[C_{S,inf}-(1+r)C_S]-\frac{\mu_{floc}}{Y_{floc}}C_{Xfloc}-\frac{\mu_{fil}}{Y_{fil}}C_{Xfil}\\ \frac{dC_{Xfloc}}{dt}&=\mu_{floc}C_{Xfloc}-D_gC_{Xfloc}+\alpha\frac{Y_{floc}}{Y_{fil}}C_{Xfil}\\ \frac{dC_{Xfil}}{dt}&=\mu_{fil}C_{Xfil}-D_gC_{Xfil}-\alpha C_{Xfil}\end{aligned} \tag{8-19}$$

式(8-19)中，

$$D_g=\frac{w(1+r)}{r+w}D \tag{8-20}$$

3. 基于双基质选择和骨架理论的数学模型

该数学模型的数学表达式同基于单基质选择和骨架理论的数学模型的最大差别在于丝状菌和菌胶团菌的生长同时受有机底物和溶解氧的双重限制。它们各自的生长速率满足方程(8-21)～(8-22)：

$$\mu_{floc}=\mu_{max,floc}\frac{C_S}{K_{S,floc}+C_S}\frac{C_O}{K_{O,floc}+C_O} \tag{8-21}$$

$$\mu_{fil}=\mu_{max,fil}\frac{C_S}{K_{S,fil}+C_S}\frac{C_O}{K_{O,fil}+C_O} \tag{8-22}$$

8.5.4 参数选取

各模型中参数选取如表 8-5。

表 8-5　模型中涉及参数的取值

参数	单位	菌胶团菌	丝状菌
动力学参数	mg COD/L	$K_{S,floc}=60$	$K_{S,fil}=10$
	h^{-1}	$\mu_{max,floc}=0.6$	$\mu_{max,fil}=0.2$
	mgSS/mgCOD	$Y_{floc}=0.88$	$Y_{fil}=0.88$
	mg/L	$K_{O,floc}=0.2$	$K_{O,fil}=0.02$
	h^{-1}	$\alpha=0.01$	
其他参数		$r=0.5$	
		$w=0.05$	
		$D=0.6$	
	mgCOD/L	$C_{s_0}=300$	

8.5.5　结果与讨论

1. 基于动力学选择的原型模型

1）稳定性分析

采用四五阶的龙格-库塔方法，对建立的数学模型进行了数值求解，模型中涉及的动力学参数和其他参数取值见表 8-5 所示，得出结果如表 8-6。

表 8-6　模型的稳定性分析

状态	特征值	条件
丝状菌完全被淘洗	$D_g=\mu_{floc}$ $C_S^*=\dfrac{K_{S,floc}D_g}{\mu_{max,floc}-D_g}$ $C_{X,floc}^*=\left(\dfrac{C_{s,inf}}{1+r}-C_S^*\right)Y_{floc}\dfrac{w+r}{w}$ $C_{X,fil}^*=0$	$D_g<D<\mu_{max,floc}$
二者共存	$D_g=\mu_{fil}=\mu_{floc}$ $C_S^*=\dfrac{\mu_{max,fil}K_{S,floc}-\mu_{max,floc}K_{S,fil}}{\mu_{max,floc}-\mu_{max,fil}}$ $\dfrac{C_{X,floc}^*}{Y_{floc}}+\dfrac{C_{Y,fil}^*}{Y_{fil}}=\left(\dfrac{C_{s,inf}}{1+r}-C_S^*\right)\dfrac{w+r}{w}$	1 个特征值等于 0

续表

状态	特征值	条件
菌胶团菌完全被淘洗	$C_S^* = \frac{K_{S,floc} D_g}{\mu_{max,fil} - D_g}$ $C_{Xfil}^* = \left(\frac{C_{s,inf}}{1+r} - C_S^*\right) Y_{fil} \frac{w+r}{w}$ $C_{X,floc}^* = 0$	$D_g < \frac{\mu_{max,fil} K_{S,floc} - \mu_{max,floc} K_{S,fil}}{K_{S,floc} - K_{S,fil}}$
菌胶团菌和丝状菌均被淘洗	$C_S^* = \frac{C_{S,inf}}{1+r}$ $C_{Xfloc}^* = 0$ $C_{Xfil}^* = 0$	$D_g > \mu_{max,floc} \frac{C_{S,inf}}{K_{S,floc} + C_{S,inf}}$

* 代表各参数的特征值。

2）基于动力学选择的数学模型求解

重点考察了不同的稀释比（D）下丝状菌和菌胶团菌浓度的变化规律（图 8-2），初始的 S 值取的是 300mg/L，而丝状菌和菌胶团菌的浓度分别取的是 800mg/L 和 2000mg/L。

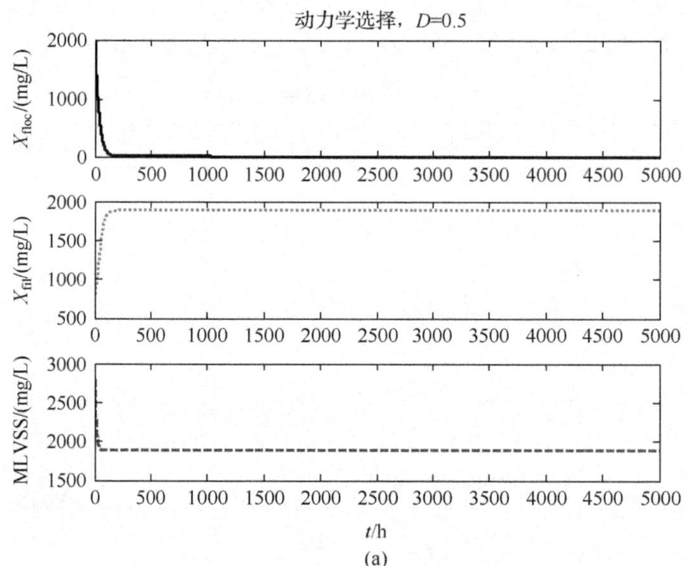

(a)

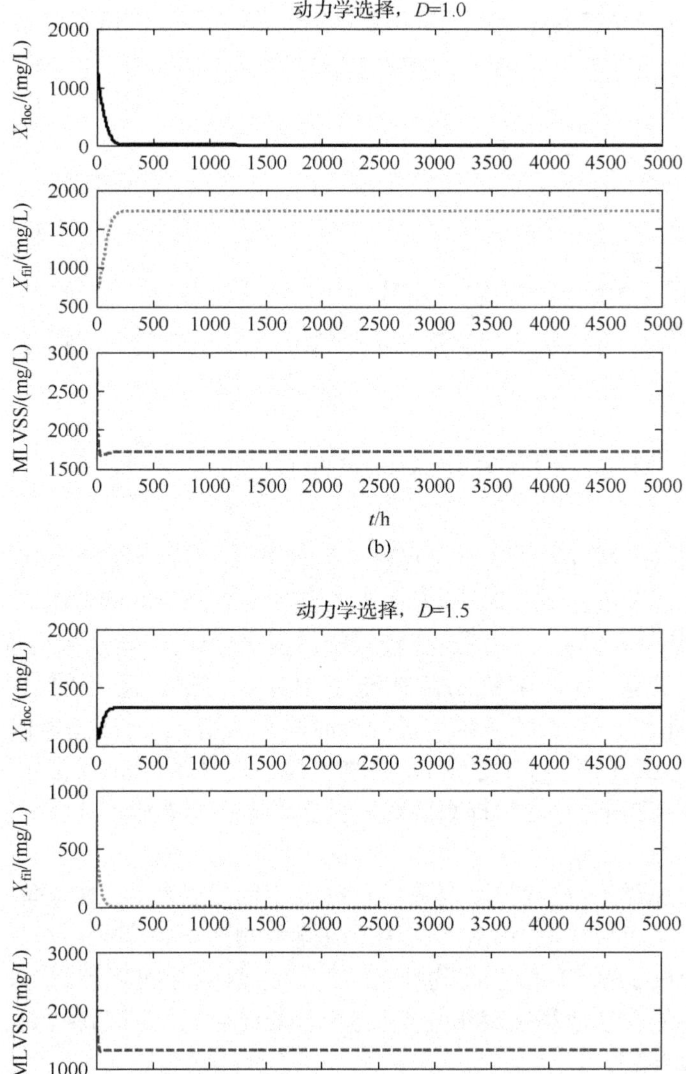

动力学选择，D=1.0
X_{floc}/(mg/L)
X_{fil}/(mg/L)
ML VSS/(mg/L)
t/h
(b)
动力学选择，D=1.5
X_{floc}/(mg/L)
X_{fil}/(mg/L)
ML VSS/(mg/L)
t/h
(c)

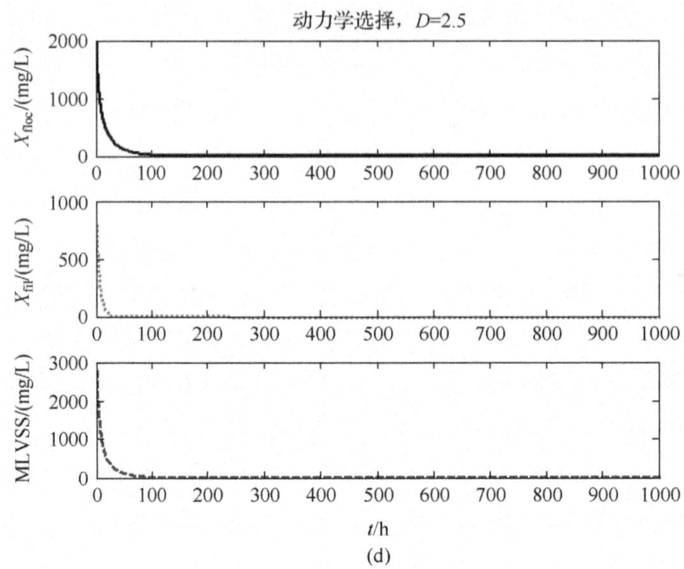

图 8-2　不同稀释比丝状菌、菌胶团和 MLVSS 浓度的变化

(a) $D=0.5$；(b) $D=1.0$；(c) $D=1.5$；(d) $D=2.5$

对比发现，在较低的 D 值(0.5)条件下，丝状菌浓度会随着时间逐渐增大，之后稳定在某一浓度值左右。对应的，菌胶团菌浓度会随着时间逐渐下降，之后逐渐被淘洗出系统[图 8-2(a)]。可见，在较低的稀释比条件下，丝状菌会优先利用有限的基质进行快速繁殖，而菌胶团菌在竞争中处于劣势。随着增大稀释比($D>1.0$)，即增大进水负荷，丝状菌浓度仍随着时间逐渐增大，但其竞争优势不如 D 值为 0.5 时明显[图 8-2(b)]。对应的，菌胶团菌被淘洗的时间也相应增长。可见，低稀释比的小范围上调，能够提高菌胶团菌会优先利用有限的基质的几率，提高菌胶团菌的竞争力。

继续增大稀释比，丝状菌浓度在竞争中处于明显劣势，很难竞争过菌胶团，随着反应器运行时间增长，丝状菌将会从反应器中淘洗出去[图 8-2(c)]。当稀释比增大到一定值($D>2.0$)，由于底物在反应器内停留的时间特别短，丝状菌和菌胶团菌二者都不能有效地利用底物来生长繁殖，最终导致二者菌种都会从反应器淘洗出去[图 8-2(d)]。

综上所述，基于动力学选择的数学模型在不同稀释比条件下，丝状菌与菌胶团菌均不能共存，活性污泥系统中只能存在其中一种菌种，而另一种将被淘洗，这与丝状菌普遍存在于菌胶团菌中的现状不符，故该模型需要进一步的调整与完善。

2. 基于动力学选择及骨架理论的模型

1）稳定性分析

分别以菌胶团菌的比生长速率 μ_{floc} 和丝状菌的比生长速率 $\mu_{fil-\alpha}$ 作为纵坐标，底物浓度 C_S 作为横坐标绘制图形，两条曲线将会出现两个交点，分别为 D_1 和 D_2，其值分别为

$$D_1=\frac{D_g-\alpha-\sqrt{(-D_g+\alpha)^2-\dfrac{4\alpha K_{S,fil}\mu_{max,floc}}{K_{S,floc}K_{S,fil}}}}{2}$$
$$D_2=\frac{D_g-\alpha+\sqrt{(-D_g+\alpha)^2-\dfrac{4\alpha K_{S,fil}\mu_{max,floc}}{K_{S,floc}K_{S,fil}}}}{2} \tag{8-23}$$

对式(8-18)，式(8-19)及式(8-23)求解得出方程结果如表 8-7 所示。

表 8-7　模型的稳定性分析

状态	特征值	条件
丝状菌完全被淘洗	$D_g=\mu_{floc}$ $C_S^*=\dfrac{K_{S,floc}D_g}{\mu_{max,floc}-D_g}$ $C_{Xfloc}^*=\left(\dfrac{C_{s,inf}}{1+r}-C_S^*\right)Y_{floc}\dfrac{w+r}{w}$ $C_{Xfil}^*=0$	$D_g<D_1 \vee D_g>D_2$
二者共存	$D_g=\mu_{fil}-\alpha$ $C_S^*=\dfrac{K_{S,fil}(D_g+\alpha)}{\mu_{max,fil}-(D_g+\alpha)}$ $C_{Xfloc}^*=\left(\dfrac{C_{s,inf}}{1+r}-C_S^*\right)\dfrac{\alpha Y_{floc}}{D_g+\alpha-\mu_{floc}}\dfrac{w+r}{w}$ $C_{Xfil}^*=\left(\dfrac{C_{s,inf}}{1+r}-C_S^*\right)\dfrac{Y_{floc}(D_g-\mu_{floc})}{D_g+\alpha-\mu_{floc}}\dfrac{w+r}{w}$	$D_1<D_g<D_2$
菌胶团菌完全被淘洗	$C_S^*=\dfrac{C_{s,inf}}{1+r}$ $C_{Xfloc}^*=0$ $C_{Xfil}^*=0$	$D_g>\mu_{max,floc}\dfrac{C_{s,inf}}{K_{S,floc}+C_{s,inf}}$

2）基于单基质选择和骨架理论的数学模型求解

采用四五阶的龙格-库塔方法，对建立的数学模型进行了数值求解，模型中涉及的动力学参数和其他参数取值见上表 8-5 所示。

重点考察了不同的稀释比(D)下丝状菌和菌胶团菌浓度的变化规律(图 8-3),初始的 S 值取的是 300mg/L,而丝状菌和菌胶团菌的浓度分别取的是 800mg/L 和 2000mg/L。

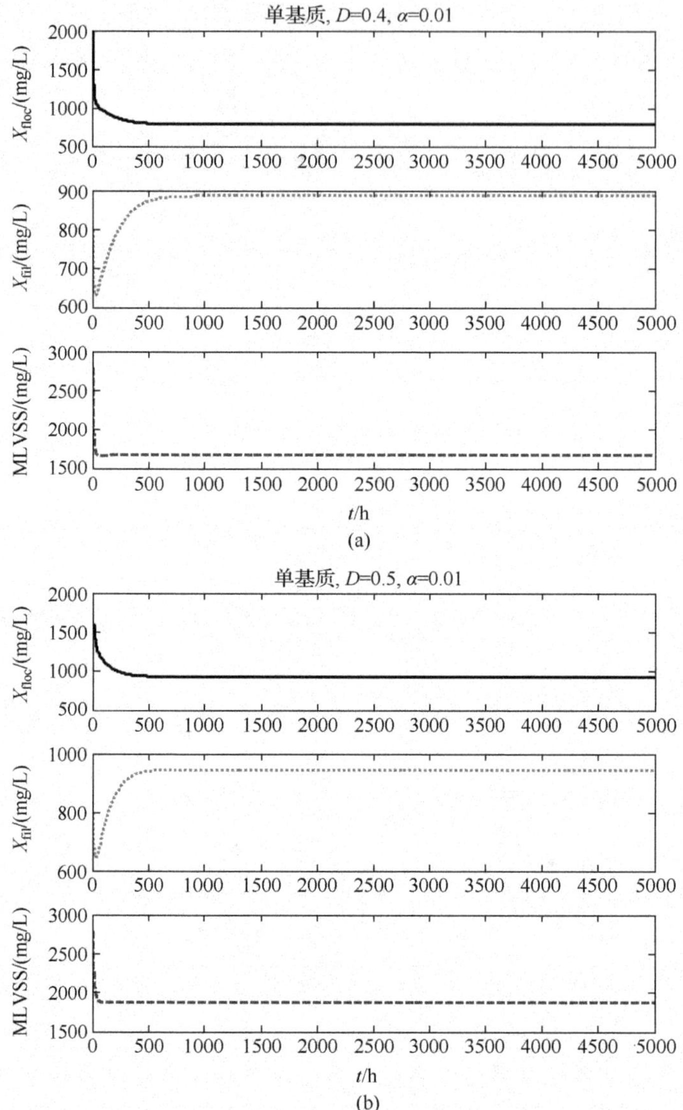

(a)

(b)

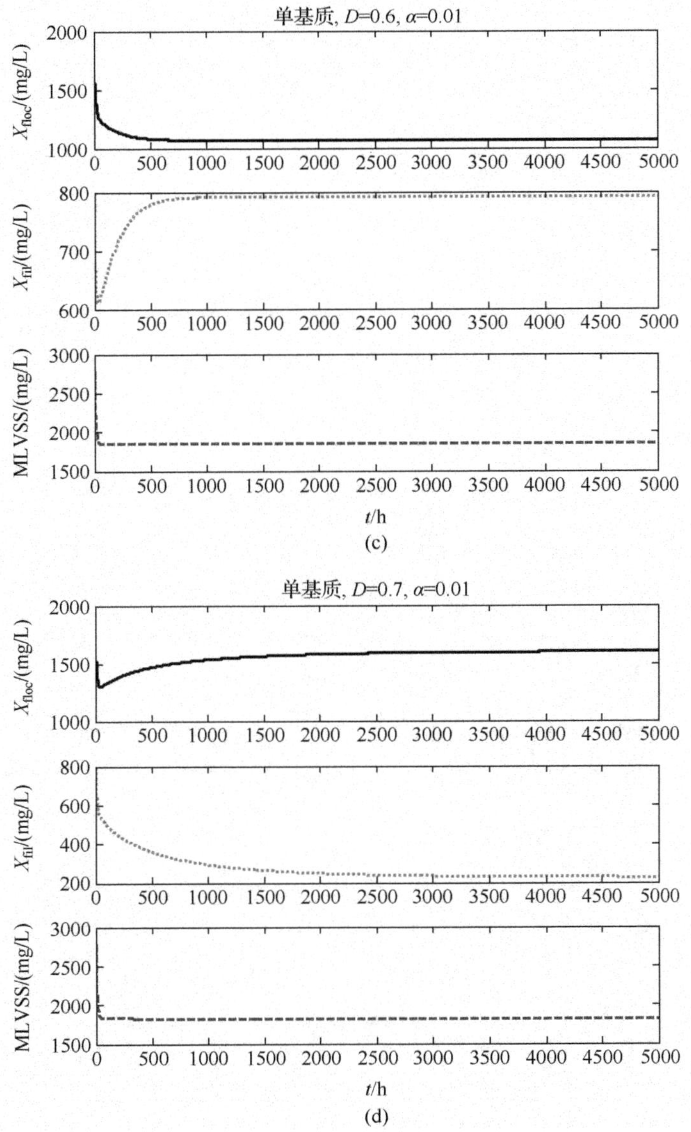
单基质, D=0.6, α=0.01
X_floc/(mg/L)
X_fil/(mg/L)
MLVSS/(mg/L)
t/h
单基质, D=0.7, α=0.01
X_floc/(mg/L)
X_fil/(mg/L)
MLVSS/(mg/L)
t/h
(c)

(d)

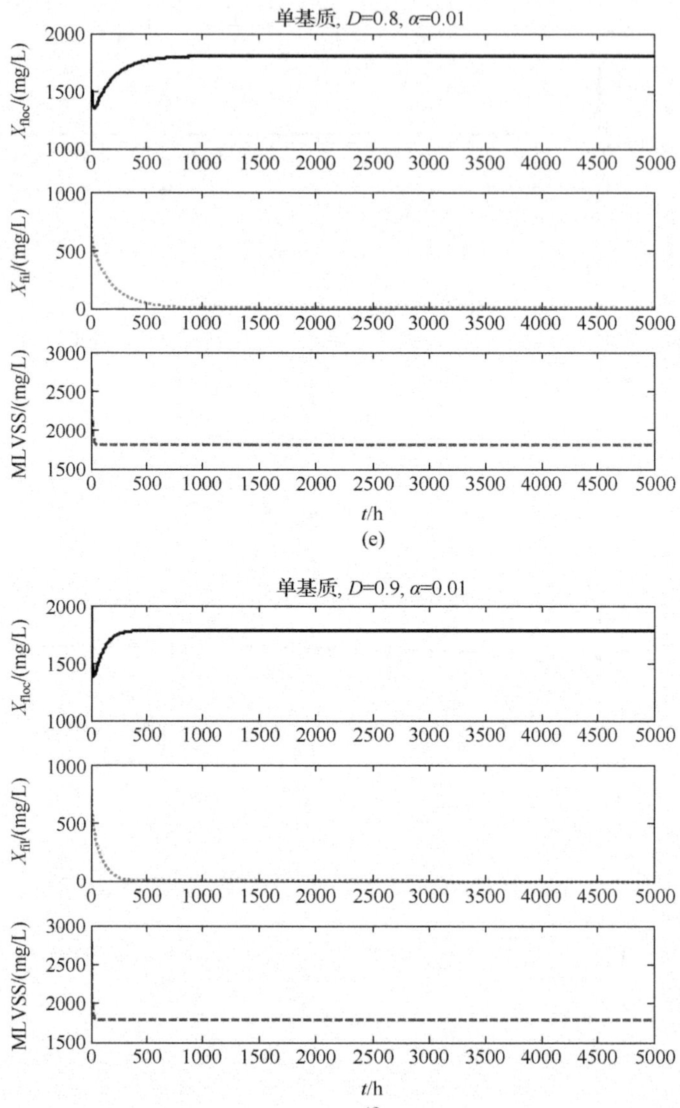

单基质, D=0.8, α=0.01
X_floc/(mg/L)
X_fil/(mg/L)
MLVSS/(mg/L)
t/h
(e)
单基质, D=0.9, α=0.01
X_floc/(mg/L)
X_fil/(mg/L)
MLVSS/(mg/L)
t/h
(f)

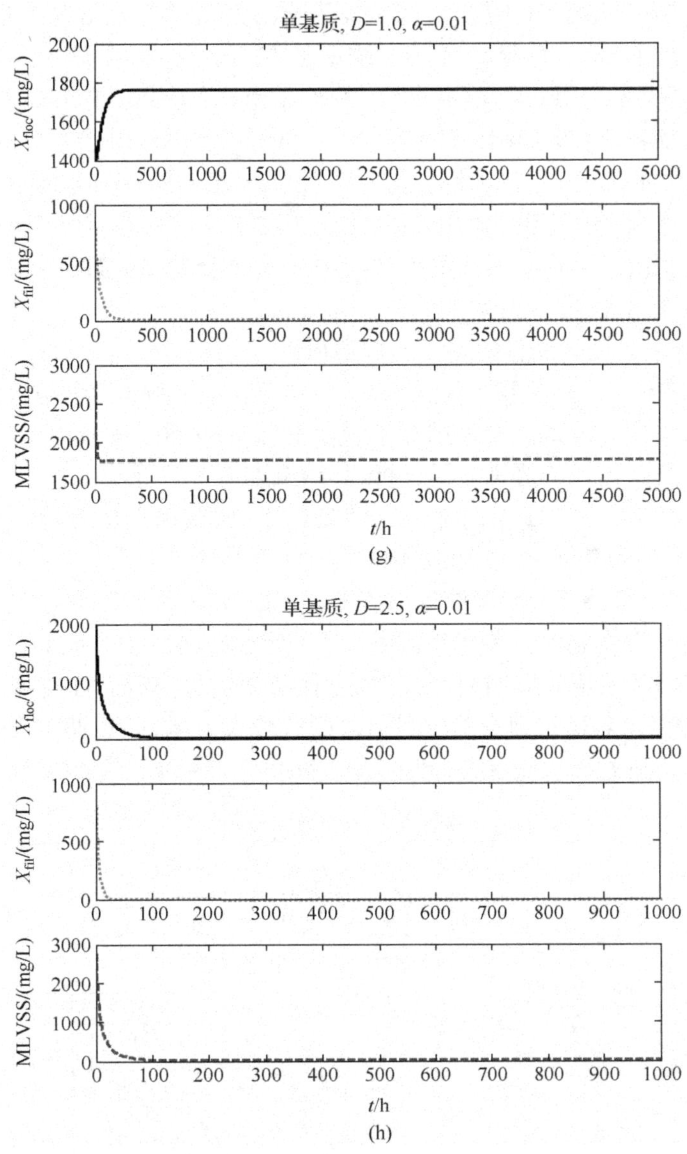

图 8-3　不同稀释比丝状菌、菌胶团和 MLVSS 浓度的变化

(a) D=0.4；(b) D=0.5；(c) D=0.6；(d) D=0.7；(e) D=0.8；(f) D=0.9；(g) D=1.0；(h) D=2.5

对比发现，在较低的 D(0.4～0.6)条件下，丝状菌浓度会随着时间逐渐增大，之后稳定在某一浓度值左右。对应的，菌胶团菌浓度会随着时间逐渐下降，之后稳定在某一浓度值左右。可见，在较低的稀释比条件下，丝状菌会优先利用有限的基质进行快速繁殖，而菌胶团菌在竞争中处于劣势。

随着增大稀释比(D>0.7)，即增大进水负荷，丝状菌浓度会随着时间逐渐下降，之后稳定在某一浓度值左右。对应的，菌胶团菌浓度首先出现小幅下降，之后会随着时间逐渐上升，最后稳定在某一浓度值左右。可见，在适中的稀释比条件下，菌胶团菌会优先利用有限的基质进行快速繁殖，而丝状菌在竞争中处于劣势。

继续增大稀释比，丝状菌浓度在竞争中处于明显劣势，很难竞争过菌胶团，随着反应器运行时间增长，丝状菌将会从反应器中淘洗出去[图 8-3(e)、(f)、(g)]。

当稀释比增大到一定值($D>2.0$)，由于底物在反应器内停留的时间特别短，丝状菌和菌胶团菌二者都不能有效地利用底物来生长繁殖，最终导致二者菌种都会从反应器淘洗出去[图 8-3(h)]。

3）基于双基质选择和骨架理论的数学模型

除了进水中 COD 是菌胶团和丝状菌生长的底物外，DO 为影响丝状菌与菌胶团菌竞争的另一重要因素。故采用双基质莫能方程对不同稀释比、不同 DO 条件下丝状菌与菌胶团生长趋势进行了分析，其结果如图 8-4 所示。

图 8-4 显示在 $\alpha=0.01$ 不同稀释比的条件下，菌胶团菌的浓度均随着 DO 值的增加而上升，但 D 值较大时，菌胶团菌的浓度上升速率较快，其值也较大。相反地，不同稀释比的条件下丝状菌浓度随着 DO 值的升高而降低，其下降速率及浓度值与稀释比呈正相关关系。在高负荷条件下(低稀释比)[图 8-4(a)、(b)]，DO 对丝状菌及菌胶团菌的增长影响较小，此时丝状菌为优势菌种。在适当的稀释比条件下，DO 值的变化对丝状菌及菌胶团菌浓度有较大影响，通过调节 DO 值能够使丝状菌与菌胶团菌处于平衡状态[图 8-4(c)、(d)]。而稀释比较高的条件下，较低的

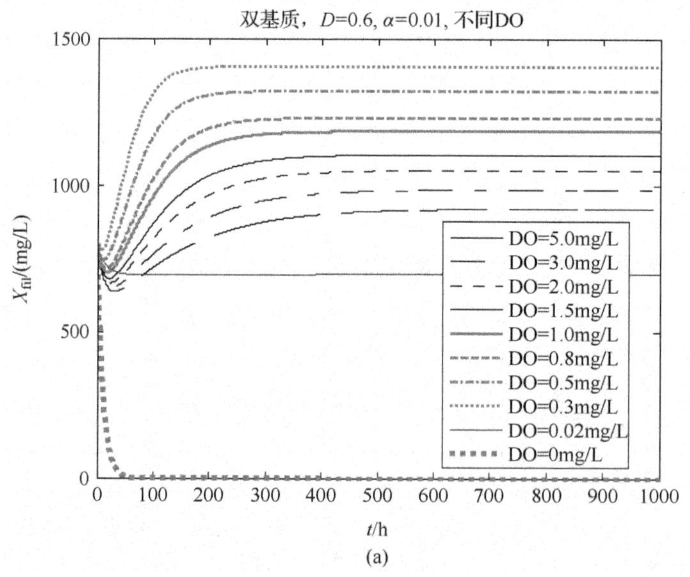

(a)

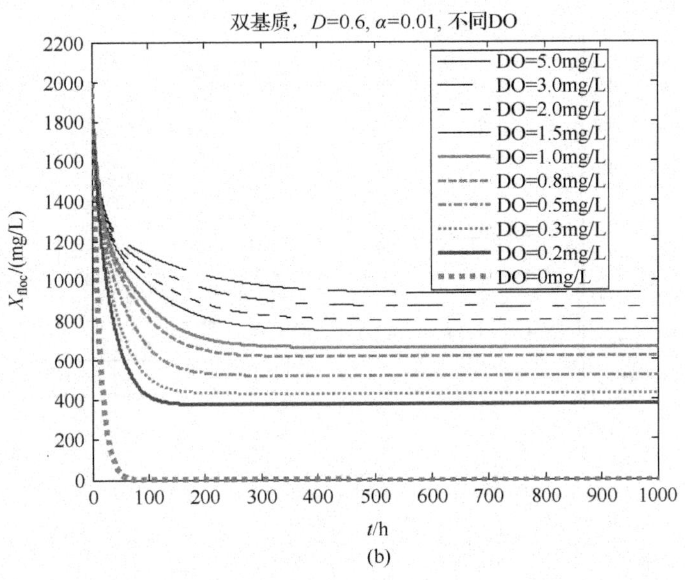
双基质，D=0.6, α=0.01, 不同DO
X_{floc}/(mg/L)
t/h
DO=5.0mg/L
DO=3.0mg/L
DO=2.0mg/L
DO=1.5mg/L
DO=1.0mg/L
DO=0.8mg/L
DO=0.5mg/L
DO=0.3mg/L
DO=0.2mg/L
DO=0mg/L
(b)

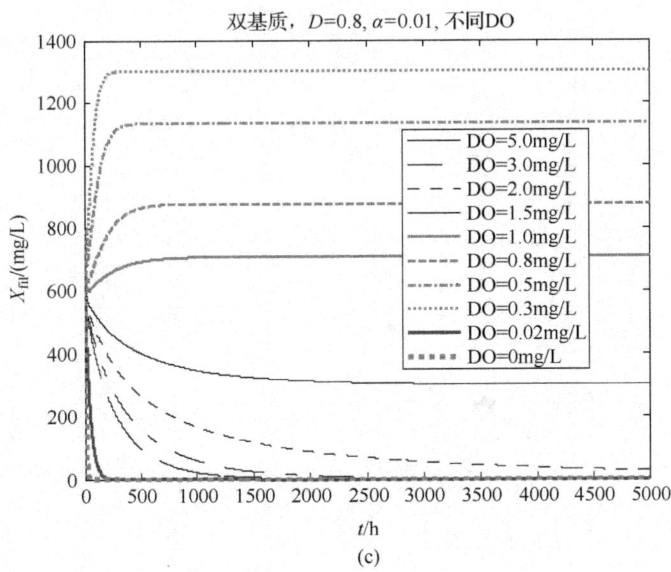
双基质，D=0.8, α=0.01, 不同DO
X_{fil}/(mg/L)
t/h
DO=5.0mg/L
DO=3.0mg/L
DO=2.0mg/L
DO=1.5mg/L
DO=1.0mg/L
DO=0.8mg/L
DO=0.5mg/L
DO=0.3mg/L
DO=0.02mg/L
DO=0mg/L
(c)

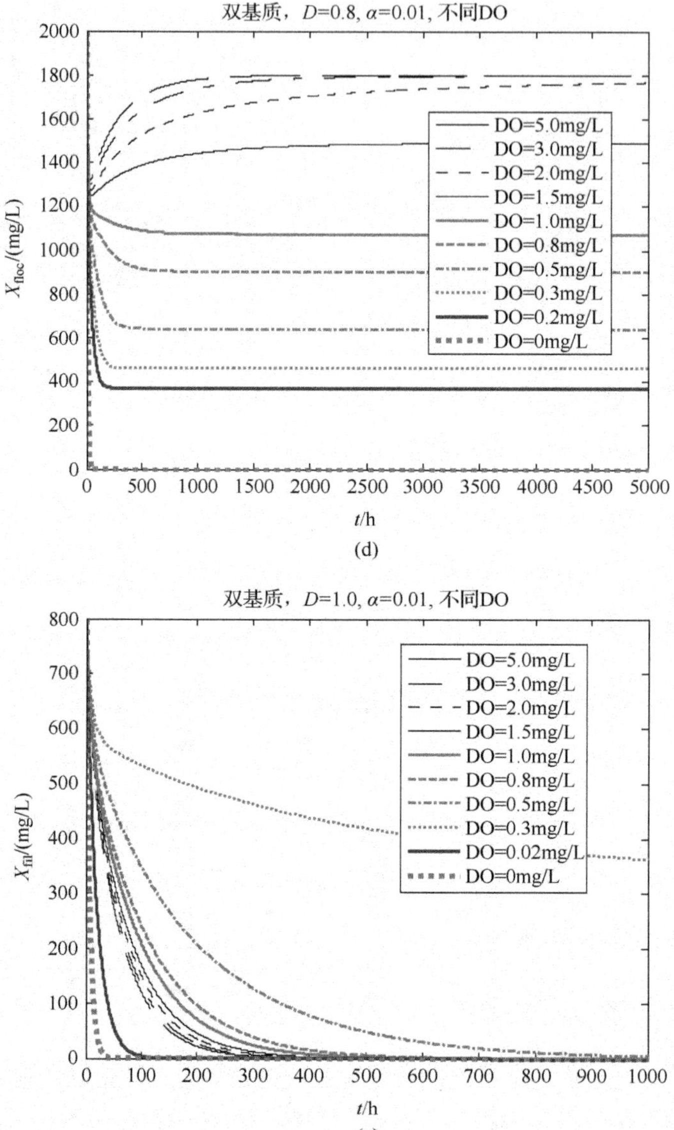
双基质，D=0.8, α=0.01, 不同DO
X_{floc}/(mg/L)
t/h
DO=5.0mg/L
DO=3.0mg/L
DO=2.0mg/L
DO=1.5mg/L
DO=1.0mg/L
DO=0.8mg/L
DO=0.5mg/L
DO=0.3mg/L
DO=0.2mg/L
DO=0mg/L
(d)
双基质，D=1.0, α=0.01, 不同DO
X_{fil}/(mg/L)
t/h
DO=5.0mg/L
DO=3.0mg/L
DO=2.0mg/L
DO=1.5mg/L
DO=1.0mg/L
DO=0.8mg/L
DO=0.5mg/L
DO=0.3mg/L
DO=0.02mg/L
DO=0mg/L

(e)

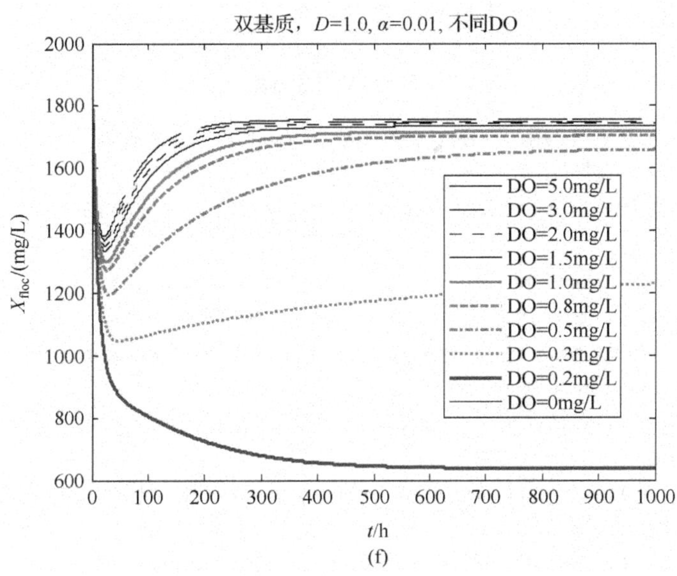

(f)

图 8-4　不同稀释比丝状菌、菌胶团和 MLVSS 浓度的变化

DO 值就能淘汰丝状菌，菌胶团处于竞争优势地位[图 8-4(e)、(f)]。可见，单独的低 DO 条件并不一定会造成丝状菌的过量增殖，低 DO 与高负荷相协同才会导致污泥膨胀的发生，而适当的负荷及 DO 值能够使丝状菌及菌胶团菌获得平衡生长。

本节以连接二沉池的完全混合式连续流反应器为基础，从基于单基质动力学选择理论、基于单基质动力学选择理论及丝状菌骨架理论以及基于双基质选择与丝状菌骨架理论三个方面建立了丝状菌与菌胶团菌的竞争模型。对各型求解得出结论如下：

(1) 基于单基质动力学选择的数学模型下，丝状菌与菌胶团菌不能同时存在于活性污泥系统中，两者必有一淘洗出系统。

(2) 基于单基质动力学选择理论及丝状菌骨架理论的数学模型能够预见丝状菌与菌胶团菌的共生；且在低稀释比条件下，丝状菌为优势菌种，随着稀释比的提高，系统中菌胶团菌的竞争优势得到提升，而过高的稀释比会导致丝状菌与菌胶团的全部淘洗。

(3) 基于双基质选择与丝状菌骨架理论的模型中，同一稀释比条件下菌胶团菌的浓度均随着 DO 值的增加而上升；在低稀释比条件下，DO 对丝状菌及菌胶团菌的竞争影响较小；增大稀释比，DO 值对丝状菌及菌胶团菌竞争的影响增大。

污泥膨胀之所以复杂在于成因的不确定性，以及对导致污泥膨胀的优势丝状菌缺乏认识。这也导致了很难建立统一的、能准确描述丝状菌和菌胶团菌竞争的数学模型。目前借助于现代分子生物学方法，有望建立运行条件和种群结构的可靠相关性，为建立统一的数学模型奠定基础。

主要参考文献

[1] Chiesa S C, Irvine R L. Growth and control of filamentous microbes in activated-sludge: An integrated hypothesis. Water Research, 1985, 19(4): 471-479

[2] Kappeler J, Gujer W. Development of a mathematical-model for aerobic bulking. Water Research, 1994, 28(2): 303-310

[3] Kappeler J, Gujer W. Verification and applications of a mathematical-model for aerobic bulking. Water Research, 1994, 28(2): 311-322

[4] Hermanowicz S W. Dynamic changes in populations of the activated sludge community effects of dissolved oxyegen variations. Water Science and Technology, 1987, 19(5-6): 889-895

[5] Kappeler J, Gujer W. Development of a mathematical-model for aerobic bulking. Water Research, 1994b, 28(2): 303-310

[6] Kappeler J, Gujer W. Verification and applications of a mathematical-model for aerobic bulking. Water Research, 1994a, 28(2): 311-322

[7] Lau A O, Strom P F, Jenkins D. The competitive growth of floc-forming and filamentous bacteria—a model for activated sludge bulking. Journal Water Pollution Control Federation, 1984, 56(1): 52-61

第 9 章　国外控制污泥膨胀的经验和实践

9.1　澳大利亚

9.1.1　澳大利亚污水处理厂泥水分离问题概况

澳大利亚境内的污水处理厂进水水质参数存在一些差异，因此导致丝状菌的种类和数量也存在差异。有关澳大利亚污水处理厂中的污泥膨胀的调查数据几乎来自于维多利亚、新南威尔士和昆士兰等。调查数据显示，污水处理厂经常会出现短期的不明原因的丝状菌大量增殖现象。

生物泡沫问题在澳大利亚污水处理厂中经常发生。Blackall 作为澳大利亚最早期研究生物泡沫问题的学者[1]，在对 64 座澳大利亚污水处理厂进行调研之后，将所发现的引起生物泡沫的微生物大体归为三种：*M. parvicella*，*Nocardia amarae*（*Gordonia amarae*），以及 *S. piniformis*。后两者在昆士兰污水处理厂的生物泡沫中十分常见。

调查发现，生物泡沫不是由单一因素引起的，不能仅仅归因于 DO 浓度、污泥龄或者负荷等某一项运行参数。为了找出其中的原因，Seviour 等[2]进行了大范围的调查，涉及许多不同类型的反应器，约半数的污水处理厂存在生物泡沫。随之进行了更为全面的镜检，并且为更多类型的丝状菌命名。结果表明，*G. amarae* 和 *S. piniformis* 以及 *M. parvicella* 的出现频率相对于以前的调查结果显得更为频繁。在不同地区，优势丝状菌的种类有所不同，这种差异或许与气候和当地人的饮食有关。

Soddell 和 Seviour 所获得的数据表明[3]，*S. piniformis* 在各地采用活性污泥法的污水处理厂中很常见。该菌种的分枝情况多种多样，但经分离纯培养会发现均为同一种菌种。这与 *G. amarae* 的情况大不相同，在显微镜下有诸多微生物形态与后者类似，但却属于不同的种属，这可能与它们的生理特性也有很大区别。

Seviour 在 1994 年对维多利亚州和新南威尔士州的 65 座污水处理厂发生的污泥膨胀和生物泡沫现象进行了一次深入调查研究[4]。采样期间，发现有 53 座污水处理厂出现了污泥膨胀现象，而 44 座污水处理厂发生了生物泡沫。由于很多污水处理厂没有进行沉降性能的监控，致使污泥膨胀问题不如生物泡沫问题那样明显，诸多污水处理厂运行人员对是否发生了膨胀并不确定。半数以上的污水处理厂同时存在污泥膨胀和生物泡沫问题，表明这些问题在澳大利亚普遍存在。

污水处理厂一旦产生了生物泡沫问题，该问题就会持续存在。运行中出现的问题与某个具体的运行或是设计参数并无因果性的关系（但是或许与污泥负荷有关，有待进一步调查研究）。

调查中的主要发现是，在调查地的污水处理厂中，*M. parvicella* 在污泥膨胀或是生物泡沫样本中均属优势菌种。0041/0675 型丝状菌仍然非常常见，*G. amarae* 和 *S. piniformis* 在生物泡沫中比在活性污泥混合液中更为常见。调查中将 Eikelboom 定义的一些类型的丝状菌进行了分离纯培养，从而第一次通过 16S rDNA 序列的数据确定了它们的真正种属。

Bradford 等也进行了相似的调查[5]。他同时使用了镜检和 FISH 技术来鉴别丝状菌。FISH 技术能检测到一些隐藏在菌胶团中的丝状菌，这些丝状菌用低倍数的显微镜是观察不到的。FISH 技术对一些丝状菌的鉴定与以往结论不同。该技术能够证明 GALO 在一些样本中存在，同时证明了之前对生物泡沫中细菌知之甚少。并不是活性污泥中的每种丝状菌都有合适的探针，因此，仅能采用 FISH 对部分的菌类进行鉴定。Bradford 的一些结论与早先的结论并不相同，这或许反映了近年来建造的污水处理厂构筑物发生了变化。然而，*M. parvicella* 仍旧很少成为优势菌种，一些过去存在生物泡沫问题的污水处理厂的生物泡沫消失了，*S. piniformis* 在所有不产生生物泡沫的污水处理厂中根本没有检出，这与早先的研究结果也不相同。

由于调查结果有限，大部分的工作都是描述性的，很难确定和归纳哪种条件适宜某种丝状菌的生长，或者哪种条件会导致这些运行问题。大多说情况下，泥水分离问题的出现是由于多种不利影响因素共同作用所致，而不是某一单独因素的影响。Seviour 等指出[4]，Eikelboom 和 van Buijsen 以及 Jenkins 等所描述的重要准则对于澳大利亚的大多数污水处理厂来说并不适用。例如，一些常见的丝状菌，包括 *M. parvicella*，0041/0675 型，0914 型，0803 型和 *N. limicola* Ⅱ，既在高负荷，也在低负荷繁殖，既在长污泥龄，也在短污泥龄下繁殖，生长的温度范围也比较广。他们认为这些数据可能反映了同一形态菌种的不同生理特性，应该加强对适于某些丝状菌形态的普遍因素的概括，这样才能为当前的控制提供基础。这些问题似乎只有创造菌种纯培养条件才能解决。然而，Seviour 认为 1863 型丝状菌在短污泥龄污水处理厂中更普遍存在，污泥膨胀和生物泡沫在低负荷污水处理厂中更易发生。对于这个结论，有人支持，也有人反对。另外，人们对生物泡沫在传统污泥法系统还是氧化沟系统中更易发生也没有达成一致。这些结论只能说明对于如此多样的系统要概括出引起这些问题产生的普遍原因很困难，数据也不足。

9.1.2　污泥膨胀和生物泡沫的控制方法

如果不解决丝状菌分类，弄清促进或抑制丝状菌生长的条件，建立影响因素可控的系统，所有的试图控制膨胀和生物泡沫问题的尝试都是基于经验，并没有一定成功的把握。除非两座污水处理厂引起膨胀的菌种完全相同，否则不可能把一座污水处理厂的经验移植到另一座污水处理厂中。从长期目标来看，分子探针的运用将会有助于这个问题的解决。活性污泥中一般含有大量不同种类的丝状菌，通过消除不利因素，可能降低其中一种的数量，但是其他丝状菌可能又会成为优势菌种，并且引起同样棘手的问题。要解决这一难题，还应该积累更多的数据。

通过调查发现，学者或运行人员完全不必对“并没有有效控制膨胀或生物泡沫问题的方法”这样的评论感到吃惊。事实上，用于昆士兰生物泡沫控制的方法无一奏效。一些控制方法来自别国，如改变污泥回流比、减小泥龄、调节 MLSS 等。选择器在一些污水处理厂当中有应用，但是不太多，具体效果怎样并不清楚。

调查并没有给出控制污泥膨胀的普遍方法，但是许多用于控制生物泡沫问题的方法也同样被用于控制膨胀。因此，加强排泥、加氯成为短期应对污泥膨胀的常见的应急措施，而且几乎不会有人检测处理前、处理中、处理后的丝状菌数目。

9.1.3　澳大利亚解决污泥膨胀的案例

澳大利亚某污水处理厂采用传统活性污泥法工艺，处理一个约为 20 万人口的地区所产生的生活污水以及少量的工业废水。该污水处理厂由三个建于不同时期的处理分厂组成，这三个分厂处理的原水水质相同，按照各自体积比例处理相应量的废水。

污水处理厂设计特征如下：三个分厂的处理流程中都设有初沉池，分厂 A 的初沉池比分厂 B 和分厂 C 的初沉池更能有效去除脂类。分厂 A 采用推流式曝气池，处理量为 6100 t/天。二沉池设有双刮泥机系统，池底为 40°倾角。这个污水处理厂几乎不产生污泥膨胀和生物泡沫问题，平均的 DSVI 是 150mL/g。分厂 B 和分厂 C 的处理量为 5700 t/天，这两个分厂的主反应器与分厂 A 的略微有所不同，更近似于完全混合系统。分厂 B 和分厂 C 都设有单个刮泥机的二沉池，底部倾角介于 20°～30°。后两个分厂不定期地都会发生膨胀和生物泡沫问题。分厂 B 内污泥的平均 SVI 和 DSVI 分别为 123mL/g 和 71～353mL/g，而分厂 C 内污泥的平均 SVI 和 DSVI 则分别为 141mL/g 和 57～396mL/g。

在调查实验过程中对每周的样本进行镜检，这些样本是污水厂每天采集来的，并对其中的优势丝状菌进行了鉴定，评定了丝状菌的丰度。每个分厂内污泥的絮体结构、大小，以及丝状菌的种类略有不同。分厂 A 中菌胶团以丝状菌为骨架，小而密实，几乎没有出现丝状菌菌丝的桥连现象。观察到的丝状菌以 *Nostocoida limicola* Ⅱ为主。在监测末期，该菌几乎成为生物相中唯一的丝状菌，微生物的活性也开始减弱。其余常见的丝状菌还有 021N 型以及 0041/0675 型，偶尔可见 *Haliscomenobacter hydrossis*。

在分厂 B 中，生物相在检测六个月间发生了很大的变化。菌胶团中丝状菌从很少的量发展到一个菌胶团中有 20 多根丝状菌。原生动物的量很不规律，常常一连几个星期一个也看不到。菌胶团的大小和形态变化较大，但总体比分厂 A 中菌胶团大。在观测期内，第一优势丝状菌为 021N 型，而第二优势丝状菌为 *N. limicola* Ⅱ和 0041/0675 型丝状菌。

分厂 C 的生物相中有大的菌胶团，菌丝的桥连现象非常普遍，所以该厂常常发生污泥膨胀。引起膨胀的丝状菌主要为 021N 型丝状菌。然而，在分厂 B 和分厂 C 中，当生物泡沫产生时，生物泡沫中主要存在的丝状菌也是 021N 型丝状菌。在这两个分厂中，0041/0675 型丝状菌和 *N. limicola* Ⅱ是第二优势丝状菌。*Haliscomenobacter hydrossis* 也能观察到。目前还不知道是否 021N 型丝状菌是原本就存在的形成生物泡沫的微生物还是通过其他机制转移到生物泡沫中的。根据其没有很强的亲水性推测，021N 型丝状菌可能不是导致生物泡沫出现的丝状菌。

DSVI 和 SVI 是该污水处理厂判定是否发生膨胀的指标，当 DSVI 大于 150mL/g 时，认为发生了膨胀。控制方法是加氯，但这不是澳大利亚所有污水处理厂都普遍采用的方法。许多污水处理厂一般不倾向采取这种方式，该方法通常最后才用。可惜的是，在研究期间，没有保存任何加氯的记录。加氯 2～3 天后，可以使 DSVI 达标。在分厂 C，曾有一次加氯量过大，导致 DSVI 降到 80mL/g。分厂 A 和分厂 B 持续每天加 70kg 氯，分厂 C 每天加 60kg 氯，氯被加到每个池子的回流管路中。污水处理厂的布置特点决定每次只能给一个水池加氯。污水处理厂 C 的加氯量比较低，以防菌胶团解絮。加氯后，持续的生物泡沫现象也逐步消失了。

DSVI 数据表明，分厂 A 和分厂 B 污泥膨胀时有发生，分厂 C 大约 4～6 周发生一次。加氯后并未进行镜检来考量加氯的效率，DSVI 值是仅有的控制指标。根据经验，澳大利亚的污水处理厂通常都是这种情况，一些污水处理厂在采取加氯或者其他控制方法后没有进行效果检测。

从上述调查结果可知，澳大利亚的污水处理厂中出现了大部分了世界各地出现的丝状菌，而 *Skermania piniformis* 是一种普遍的导致生物泡沫的微生物，即使在美国和捷克的镜检也发现了该微生物的存在，但在其他地方尚没有普遍报道。

有一些证据表明，*M. parvicella* 在较温暖的地方较少出现。然而，它还是澳大利亚引发膨胀和生物泡沫的主要丝状菌。根据澳大利亚的研究数据来判定“原因和影响”间的关系根本不可能，因为影响因素间有太多的交互作用，目前对所涉及的变量没有深入的理解。对膨胀和生物泡沫问题的控制策略只能基于对生物相中丝状菌的鉴定。生物泡沫很容易察觉，澳大利亚采用 SVI 值和 DSVI 值来评价膨胀是否发生。对澳大利亚污水处理厂中对膨胀控制采用的措施调查后发现，一些污水处理厂采用加氯的方法，一些则选择缩短泥龄，改变曝气量后者添加选择器的方式。几乎在所有的案例中，采用方法前都没有对菌种进行鉴定，通常也不会对所选用的控制策略的效果进行监测，更不会进行镜检跟踪种群的变化。

9.2 捷　　克

9.2.1 20世纪八九十年代污水处理厂中泥水分离问题的调研

尽管早期的许多关于活性污泥丝状菌鉴定的论文来源于前捷克斯洛伐克[6-7]，但是在20世纪80年代之前并没有对污泥膨胀进行过全面的调研研究。在此期间，虽然未进行全国性的官方调查研究，但是通过对活性污泥系统的监控发现，普遍存在的丝状菌主要包括：*Sphaerotilus natans*、021N型、*Thiothrix* spp.、*Haliscomenobacter hydrossis*、*Nostocoida limicola*、*M. parvicella*、Nocardioforms和Fungi。由于当时城市污水处理厂大多采用高负荷运行和延时曝气系统，因此在城市污水处理厂中并没有出现严重的污泥膨胀问题。而污泥膨胀主要发生在一些城镇中的工业污水处理站中(例如：水果和蔬菜罐头厂、甜菜加工厂、葡萄酒加工厂、酿酒厂)。啤酒厂污水会反复导致活性污泥中丝状菌的永久存在。在活性污泥法处理生活污水的系统中出现生物泡沫这一问题实际上到20世纪80年代末才被了解和重视。第一个生物泡沫案例发现于一个厌氧-好氧的处理系统中(EBPR)。生物泡沫中所发现的微生物主要有*Nostocoida limicola*和0041型[8]。

20世纪90年代，在多个污水处理厂中发现了优势丝状菌的动态变迁。布拉格中心污水处理厂就是一个典型的例子。该污水处理厂的活性污泥作为实验装置的接种污泥使用已经长达15年之久。该污水处理厂采用推流式活性污泥法，经常能检测到丝状菌。20世纪80年代，优势丝状菌主要为*Sphaerotilus natans*和021N型[9-10]。但是，在1991年和1992年，*Nostocoida limicola*成为了主要类型，而*Sphaerotilus natans*和021N型很少被检测到，对比前后，没有发生明显的工艺条件改变，优势丝状菌的变迁可归因于污水水质的改变。当时，在常规的处理生活污水的活性污泥法系统中也观察到了生物泡沫。生物泡沫主要是由Nocardioforms的过量繁殖所引起。这些生物泡沫与1990年后进入捷克斯洛伐克市场的洗洁剂，以及家庭的主要消费由肉类食品变为便宜的蔬菜等因素有关。

在捷克，有关污水处理厂内活性污泥定期调研和监察始于20世纪90年代早期，该工作从布拉格地区开始，然后扩大到全国范围内。这项研究的目的是鉴别捷克地区污水处理系统中最常见的丝状菌种类，以及研究它们在对活性污泥絮体以及其分离特性的影响。

早在1995年，一项问卷调查发放到了该国大多类活性污泥处理厂的运行管理人手中，以期得到以下数据。①反应装置的设计流量和实际运行流量，污泥龄，污泥浓度，SVI，夏、冬季平均温度；②工艺类型和流程图；③污水类型(生活污水、城市废水、工业废水的种类)，进水中各组分(COD、BOD、SS、N 和 P)的浓度以及出水的排放指标；④对于扩建或改建的污水处理厂，其改建前后工艺设备、运行条件和污泥沉降性等数据；⑤分离问题：SVI 数值、二沉池中污泥性能，以及污泥的镜检照片；⑥关于污泥膨胀：膨胀的程度，采用的对策；⑦关于生物泡沫：观察到问题的描述，采用的对策；⑧分离问题的季节性变化。

根据问卷调查的结果，把反复出现分离问题的污水处理厂挑选出来，然后去现场进一步核对问卷调查的结果，并且收集污泥和生物泡沫样本，以用于进行显微镜检查。活性污泥样本是取自曝气池的出水端，生物泡沫样本是取自曝气池表面漂浮的生物泡沫。

样本的显微镜分析是采用 Eikelboom 和 van Buijsen[11]，Jenkins 等[12]的方法进行的，目的是为了弄清楚以下内容：①絮体特性以及丝状菌对絮体结构的影响；②原生动物和菌胶团；③整体的和单个的丝状菌丰度；④将检测到的丝状菌的特征整理成图片文件和录像作为今后培训和授课的材料。丝状微生物的丰度按 0～6 级来划分：当单个的丝状微生物丰度为 4(即 1 个絮体中含 5 根丝状菌或镜检视野中随处可见)或更高时，这种丝状菌便被认定为优势丝状菌。污泥的沉降性能是通过 SVI 来衡量的。活性污泥根据 SVI 值进行分类如下所示："沉降性能好" 指 SVI 值低于 100mL/g；"轻微膨胀" 指 SVI 值为 100～200mL/g；"严重膨胀"指 SVI 值高于 200mL/g。

在 1996 年和 1997 年，分别对 78 座和 72 座活性污泥厂进行了现场调研和取样[13-14]。在这期间，由于许多污水处理厂采用合理的设计，并采取相应的控制污泥膨胀的手段，污泥膨胀变得不像以前那样非常棘手和难预防[15]。这些设计有效地抑制了 S 菌群和 C 菌群丝状菌的生长[8]，在这项调查中，在城市污水处理厂中很难检测到 *Sphaerotilus natans* 和 021N 型这样的丝状菌。这项调查证明了在过去的 10 年里 A 菌群的丝状菌(*M. parvicella* 和 *Nostocoida limicola*)逐渐成为了优势丝状菌。BNR 系统很少繁殖 S 菌群和 C 菌群的丝状菌，主要是由于这些丝状菌的繁殖受到了新陈代谢选择的抑制，而 A 菌群的丝状菌对新陈代谢的选择作用并不敏感。

优势丝状菌的丰度呈增长的趋势：在 1996 年，丝状菌丰度为 4 和 5 的污水处理厂数量相当，但是到了 1997 年，大多数污水处理厂内的丝状菌丰度为 5(部分污水处理厂已经接近了 6)。在丝状菌丰度适中或者比较低的条件下，活性污泥絮体的特性会影响到沉淀性能；反之，当丝状菌丰度较大时，无论污泥絮体特性如何，均会导致污泥膨胀或者出现生物泡沫。在传统的污水处理厂和 BNR 污水处理厂中，最常见的优势丝状菌是 *M. parvicella*、*Nostocoida limicola*，以及 0092 型和 0041/0675 型。全国性的调查显示，由属于 F 菌群的丝状菌引起的生物泡沫[8]成为了最严重的泥水分离问题。表 9-1 给出了在反复出现生物泡沫的污水处理厂最普遍的引起生物泡沫的丝状菌，主要包括 *M. parvicella*、*Actinomycetes*、GALOs（先前被认为是NALOs——像 *Nocardia amarae* 一样的微生物）或者由 *Nostocoida limicola* 组成。表 9-2 表明在脱氮除磷工艺中发生生物泡沫的概率更大，在同时去除有机物和脱氮的污水处理厂最为明显，反而在传统的去除有机物的污水处理厂中生物泡沫问题较少发生。这项调查也确定了抑制生物泡沫的对策（表 9-3）。

表 9-1　在生物泡沫中最常见的丝状微生物（1996 年和 1997 年）

1996 年			1997 年		
丝状菌	个数	占调查污水处理厂量/%	丝状菌	个数	占调查污水处理厂量/%
M. parvicella	16	73	*M. parvicella*	18	55
GALOs	6	27	GALOs	12	36
N. limicola	5	23	*N. limicola*	4	12
No. of foaming plants	22		No. of foaming plants	33	

表 9-2　活性污泥工艺类型和生物泡沫产生频率的对比（1997 年）

工艺类型	污水处理厂数量	发生生物泡沫的水厂	%
C	51	19	37
C，N	13	9	69
C，N，P	8	5	63

注：C 为单独去除有机物；N 为脱氮；P 为强化生物除磷工艺（EBPR）。

表 9-3　最常见的生物泡沫抑制对策（1996～1997 年）

生物泡沫控制策略	污水处理厂数量	百分比/%
喷洒水	26	42
物理或机械撇除	18	20
回流污泥调节	16	26
降低污泥龄	15	24
安装挡板	13	21
设置生物选择器	10	16
加氯	3	5

1997 年对 70 多座活性污泥污水处理厂进行了取样，1998 年选择了 33 座污水处理厂进行了考察。从表 9-4 可知，1997 年和 1998 年间绝大部分考察的污泥处于“轻微膨胀”。而膨胀污泥由 1997 年的 21%增长到了 1998 年的 36%。丝状菌的丰度高并不直接意味着 SVI 值高[16]。在许多情况下发现，形态结实紧凑的絮体与过量的丝状菌一起生长会导致沉降性能变好；相反，即使丝状菌丰度很低，不规则或松散的絮体结构也会导致沉降性能变差。

表 9-4 1997 年和 1998 年，丝状菌总量和沉降性能关系的评定(33 座污水处理厂)

年份	SVI(mL/g)	丝状菌丰度				Σ**
		3	4	5	6	
1997	<100	1	4	6	1	36
	100～200	1	2	11	—	43
	>200	—	—	7	—	21
	Σ*	6	18	73	3	100
1998	<100	—	1	2	1	12
	100～200	1	3	11	2	52
	>200	—	—	11	1	36
	Σ*	3	12	73	12	100

* 不同丝状菌丰度水平上污水处理厂数量所占总样本的比例，%；** SVI 值处于该范围内的污水处理厂所占总样本的比例，%。

通过两年的现场调研，大部分的混合液体样本能够按以下形式进行描述：中小体积的絮体具有结实的内核，且有稳定的结构和不规则的形状，丝状菌的存在会通过架桥作用或使絮体结构松散来影响絮体的结构稳定性。这项调查包含了传统的活性污泥法和 BNR 工艺，其中 18 座污水处理厂(55%)是仅有只去除 COD 的传统工艺，8 座污水处理厂(24%)具有反硝化区，7 座污水处理厂的反应器(21%)采用生物脱氮除磷系统。这两年间，混合液体中观察到的最常见的四种优势丝状菌是：*M. parvicella*、*Nostocoida limicola*、0092 型和 0041/0675 型。在 1998 年，*Haliscomenobacter hydrossis* 也被观察到了。在观察中，最常见的丝状菌的结构和形态在所有污水处理厂中是一样的。

1997 年，*Haliscomenobacter hydrossis*、0041/0675 型和 0803 型是最常见的第二优势丝状菌。1998 年，*Haliscomenobacter hydrossis* 和 0041/0675 型是最常见的第二优势丝状菌。此外，0961 型、1701 型和 *Thiothrix* spp. 也是 1998 年间常见的第二优势丝状菌。在 1997 年和 1998 年所选择的污水处理厂中，分别观察到了 13 座污水处理厂出现了生物泡沫(占所有污水处理厂的 33%)和 26 座污水处理厂出现生物泡沫(占所有污水处理厂的 79%)。因此，生物泡沫问题在 1998 年变得更加严重。生物泡沫通常出现在曝气池的角落里。*M. parvicella*、Gram＋rods (1997 年间没有鉴定出)和 GALOs 是这两年间引起生物泡沫的主要菌属。含 1863 型、1851 型和 0581 型菌属的生物泡沫也开始呈现增长的势头。在生物泡沫中，还观察到了其他丝状菌类，但是由于它们数量很少，并不能导致生物泡沫的形成。在生物泡沫中，出现丝状菌的丰度大小依次为：*M. parvicella*、GALOs、*Nostocoida limicola*、0092 型、0041/0675 型和 1851 型。在这两年间，未鉴定的 Gram

＋rods 是混合液和生物泡沫中的常见的主要微生物。这些杆菌是革兰氏阳性，纳氏阴性，许多还含有纳氏阳性颗粒。它们呈单个细胞生长，或者呈由粒径 0.8μm 的细胞(2～4 个)组成的短链生长。目前还不清楚这些细菌是否为已鉴定的丝状微生物(*M. parvicella*、GALOs)以其他的生长形式存在，还是一种还未被鉴定的细菌种类。这些革兰氏阳性杆菌大数情况下与 *M. parvicella* 和 GALOs 一起被观测到。

9.2.2　2000 年对 8 座脱氮除磷污水处理厂的调查

所有调研的污水处理厂均是在低有机物负荷的条件下运行的 BNR 污水处理厂。其中 4 座是具有初沉池和廊道式池型的 R-AN-D-N 系统(再生-厌氧-缺氧-好氧)[17]。另外 4 座具有 A^2/O 系统。处理的污水主要是生活污水以及食品加工废水(牛奶加工厂、啤酒厂、肉食品加工厂、罐头生产厂、淀粉厂等处的废水)和制革废水。对于这 8 座污水处理厂内的活性污泥，每年至少镜检四次(至少每个季度取一个混合液样本和一个生物泡沫样本)。32 个污泥样本的絮体均具有稳定的结构，菌胶团群落并不能影响到它们的沉降性能。鞭毛虫、变形虫和纤毛虫数量均匀分布。絮体特性、反应器种类和季节之间没有显著的联系[18]。许多污泥样本被归类为“轻微膨胀”状态(SVI：100～200mL/g)。絮状体结构，丝状菌种类和位置，聚磷菌的数量和密度，以及无机盐的存在对活性污泥的沉降性能具有明显的影响。SVI 值，丝状菌数量和实际的活性污泥沉降性能之间并没有发现存在明显的相关关系。在混合液中丝状菌的丰度绝对不会小于 3，大多数情况为 5(每个絮体中丝状菌数量多于 20 个)。

从 2000 年的调查结果可知：0092 型和 *M. parvicella* 是最常见的优势丝状菌。*Haliscomenobacter hydrossis* 和 0041/0675 型是第二优势丝状菌，在一般的运行条件下其丰度较低为 1～3。

大多数污水处理厂采用化学除磷。调查中有 3 座污水处理厂通过投加硫酸铁来除磷。化学沉淀作用对丝状菌种类和沉淀性能的影响如表 9-5 所示。在没有采用化学沉淀作用的污水处理厂中，取了 6 个膨胀污泥的样本，丝状菌丰度的从高到低的顺序为：*M. parvicella*(67%)、0092 型、0803 型和 *Nostocoida limicola*(33%)。在 10 个污泥沉降性能好或轻微膨胀的污泥样本中均观察到了 0092 型。*M. parvicella* 在 30%的样本中都有存在。0092 型在添加了无机盐的 16 个样本中均有出现；与没有添加铁盐的样本比较，0092 型出现的概率相当。在沉降比较好的污泥样本中出现的概率为 80%，在膨胀污泥样本中出现的概率为 33%。*M. parvicella* 大部分是在沉降较好的污泥样本中检测到的(80%)，在高 SVI 值的样本中，存在的概率为 67%。因此，在采用或是不采用化学沉淀的污水处理厂中，优势丝状菌 0092 型和 *M. parvicella* 菌均能检测到。*M. parvicella* 对沉降性能的负面影响可通过添加铁盐而得到部分的消除。

表 9-5　SVI 值，丝状菌种类和化学沉淀作用的相互关系

	投加 $Fe_2(SO_4)_3$			未投加 $Fe_2(SO_4)_3$		
SVI(mL/g)	<100	100～200	>200	<100	100～200	>200
0092 型	80%	75%	33%	100%	100%	50%
M. parvicella	80%	62%	67%	25%	33%	67%
1851 型	—	—	—	—	—	33%
N. limicola	—	—	33%	—	—	33%

2000 年的调研中，有 3 座污水处理厂中未发生生物泡沫现象，但有 2 座污水处理厂却始终存在生物泡沫。季节的转变导致了生物泡沫的出现，大量的生物泡沫是在冬季和春季出现，但是在 2 座观察到生物泡沫的污水处理厂中其生物泡沫却只在气候温暖时出现。从表 9-6 中可以看出，形成生物泡沫的丝状菌主要是 *M. parvicella* 和 Gram＋rods，以及一些 0092 型、0581 型和 GALOs，沉淀效果好的活性污泥比轻微膨胀的污泥发生生物泡沫的概率要小。

表 9-6　2002 年间 8 座污水处理厂出现的形成生物泡沫的丝状菌种类

	(R-AN-D-N)				(AN-D-N)			
	1	2	3	4	5	6	7	8
冬季	—	0581 型	*M. parvicella* 0092 型	—	*M. parvicella*	—	*M. parvicella*	Gram＋rods
春季	—	0581 型 Gram＋rods	*	—	*M. parvicella* Gram＋rods	—	*M. parvicella*	*M. parvicella* Gram＋rods
夏季	—	—	*M. parvicella* Gram＋rods	—	*M. parvicella* Gram＋rods	—	GALOs	*M. parvicella*
秋季	—	—	*	—	*M. parvicella*	—	GALOs	—

* 表示对于不稳定和较稀薄的生物泡沫只进行了观察，没有取样。

9.2.3　生物泡沫控制措施

1. 喷洒水

生物泡沫能够通过稀释作用而分解。控制生物泡沫的喷洒水量会远高于控制清洁剂引发生物泡沫的用水量。喷洒水并不能根除产生生物泡沫的原因。由于喷洒水而从生物泡沫中分解出来的丝状菌返回到混合液中或进入回流的活性污泥中，因此，该方法使得丝状菌仍保留在系统里面。也正由于这个原因，喷洒水的方法仅考虑作为紧急措施使用，尤其是大量的漂浮生物泡沫从二沉池流失的时候。从几座污水处理厂的情况可知，这种在混合液廊道上或二沉池上安装喷洒水装置是一种减少生物量流失的有效方法。

2. 生物泡沫撇除法(物理去除法)

机械去除生物泡沫可以防止引发生物泡沫的微生物利用在生物泡沫中的较长的生物停留时间。最新的二次澄清池设计的优点就是给矩形的和圆形的沉淀单元装上了撇渣设备，这些设备在整个水面上工作，并且有浮渣储存装置。生物泡沫可以被收集并且用机械装置转移到混合液廊道中。这些撇除的生物泡沫后续处理必须与其他的污泥进行分开处理，尤其当采用消化池进行污泥稳定时更应注意这一点。

3. 污泥回流调控

增加活性污泥回流流速能够减少池底沉淀污泥层的停留时间，防止脱氮作用的发生，对防止污泥上浮有利，但这项对策不能用做长期的控制方法。

4. 调节污泥龄

有效地消除活性污泥中的生物泡沫形成微生物(特别是 GALOs)要求的污泥龄很短，这可能会对污水处理效果造成不利的影响。短的污泥龄将会导致大量的快速生长的异养菌，因此脱氮除磷系统不宜采用该措施。

5. 附加安装挡板

正确的二沉池设计和建造对控制生物泡沫的发生至关重要。二沉池应能够保留和收集漂浮的污泥，阻止它们被出水带走。二沉池还应装备挡板，以保护出水堰和出水撇渣设备；如果没有这项措施的话，出水的 SS 就得不到保障。

9.3　丹麦、希腊及荷兰

近几十年来，BNR 工艺被大量应用于丹麦、希腊及荷兰的城市污水处理厂的升级改造中。但在许多升级后的 BNR 工艺活性污泥处理厂中，丝状微生物显著增加，污泥的沉降性能出现了明显下降[19-22]。因此，1993～1996 年欧盟实施了一项计划，研究 BNR 工艺中丝状微生物对污泥沉降性能的影响。该计划通过调查这 3 个国家的 200 多家 BNR 工艺处理厂，考察了 DSVI、丝状指数、优势丝状菌及厂区设计运行的情况。同时，此项计划还包括实验、中试及实际污水处理厂的调研，以提出更好的控制策略。本节内容主要介绍欧盟此项计划的主要成果及这 3

个国家在泥水分离问题上获得的经验。

9.3.1 污水组成及工艺流程

表 9-7 中列出了这 3 个国家污水的主要水质指标[23]。除了温度不同，这 3 个国家的污水成分差异不大。表 9-7 中 BOD 和 COD 中的具体有机化合物成分数据不全。Raunkjar 等[24]发现丹麦 4 座污水处理厂中的 COD 含蛋白质、碳水化合物、脂质及 VFAs 分别为 28%、18%、31%及 6%。对希腊的污水研究表明[23]，其中 30%的 COD 是溶解性的，且可生物降解部分在 6%～14%（相应的 VFAs 部分占 4%～10%）。这些组分含量的大小都取决于污水在排水管道中的停留时间。荷兰的污水处理厂中的进水有 1/3 的 COD 是溶解性的。

表 9-7　三个国家污水组成

	丹麦	希腊	荷兰
COD/(mg/L)	530	500	550
BOD/(mg/L)	250	250	200
SS/(mg/L)	300	300	
TN/(mg/L)	50	50	49
TP/(mg/L)	16	15	8
pH	7～8	7～8	7～8
温度/℃	8～18	15～28	5～20
COD 中蛋白质/%	28		
COD 中碳水化合物/%	18		
COD 中脂质/%	31		18～14
COD 中 VFAs/%	6	4～10	5～10

在丹麦，污水处理厂的有机负荷只有大约 50%来自生活污水，余下的主要来自于食品加工行业的废水。而在荷兰及希腊，进入污水处理厂的工业废水则较少，希腊污水主要的负荷（5%～20%）来自化粪池。

在这 3 个国家，一般处理量较大的污水处理厂（>5000 人口当量）中设置初沉池。污水处理厂工艺设置具有如下特点[25]：①脱氮一般是通过前置反硝化作用或者同步/间歇反硝化作用实现，不投加外加碳源；②硝酸盐一般从曝气池回流至反硝化池；③部分采用 BioDenitro 工艺，通过交替的缺氧-好氧实现生物脱氮；④多在 Carrousel氧化沟系统中借助同步硝化反硝化实现脱氮；⑤部分污水处理厂通过间歇曝气实现反硝化。

间歇和同步反硝化工艺处理厂中，可生物降解底物在好氧池被部分利用；而在循环交替和 BioDenitro 工艺处理厂中则是在厌氧区被全部利用。除磷是通过投加化学药剂(硫酸铁、氯化铁、硫酸铝、聚氯化铝)和 EBPR 工艺实现的。后者一般是在脱氮系统前加厌氧池以除磷(如 UCT、Bardenpho、A^2O、BCFS 及 BioDenipho 系统),因此 EBPR 具有脱氮除磷双重效果。

9.3.2　污泥膨胀和生物泡沫的情况

通过对这 3 个国家的污水处理厂的调查,可以得到 MLSS、SVI、DSVI、丝状指数[26]的数据,并确定丝状微生物的种类。荷兰 20 座污水处理厂升级为 BNR 工艺后,其中 60%的 SVI 增大。同样,丹麦的污水处理厂在引进脱氮工艺后 SVI 也相应增大[21-22]。通过 1993 年 7 月、12 月以及 1994 年 4 月对丹麦 100 座脱氮污水处理厂的调查,发现 SVI 和 DSVI 具有明显的季节性变化(表 9-8)。冬季有 20%的污水处理厂 DSVI>150mg/L,而夏季只有 14%的污水处理厂 DSVI>150mg/L。大多数情况下,较高的 SVI 和 DSVI 值与较高的丝状菌指数有关。

表 9-8　丹麦 100 座污水处理厂 SVI、DSVI 及丝状指数的季节变化

调查	1993 年 7 月	1993 年 12 月	1994 年 4 月
平均 SVI/(mL/g SS)	138	163	162
SVI>150mL/g(%污水处理厂)	30	50	57
平均 DSVI/(mL/g SS)	115	124	130
DSVI>150mL/g(%污水处理厂)	14	21	20
丝状指数(0～4)	2.4	2.5	2.7

1993 年 11 月至 1998 年 11 月,在希腊 18 座脱氮除磷污水处理厂也进行了类似的调查。通过每两个月进行的数据记录和镜检,发现 SVI 和 FI 的值(0～5)具有明显的季节性变化(表 9-9)。大部分的高 SVI 值与高 FI 值对应,其中 75%的高 SVI 值是由于 *M. parvicella* 造成的。通常来说,FI 值> 2.5 会造成 SVI > 200mL/g。

表 9-9　希腊 18 座污水处理厂的 SVI 和 FI 值(0～5)的季节变化

调查	夏天(7 月～10 月)	冬天(11 月～6 月)
平均 SVI/(mL/g)	160	220
SVI > 250mL/g(%样本)	—	30
平均 FI	2	2.5
FI > 3.5(%样本)	—	28

丝状菌指数通常用来估计活性污泥中丝状菌的数量。指数从 0～5(Eikelboom 指数)的级别从某种程度上说需依靠个人的判断,因此基于准确计数或测量

得到的分类更为精确[27]。在丹麦的一些污水处理厂中，采用比丝状菌数量(SFN)来表征丝状菌的数量。SFN的确定方法如下：在载玻片上滴50μL的污泥样本，盖上24mm×32mm的盖玻片，沿着盖玻片的长边(32mm)，设定3条计数横断线，统计从絮体延伸在外并且与3条横断线相交的丝状菌数量，用样本的MLSS除以与单条横断线相交的丝状菌平均数量，得到具体的比丝状菌数量[28]。

调查结果表明，丹麦污水处理厂的不同工艺流程对DSVI的影响[22]主要如下：EBPR工艺污水处理厂，特别是未设初沉池时，污泥具有最好的沉降性。这是由于EBPR工艺中污泥的絮体结构更为密实些。前置反硝化和BioDenitro工艺污水处理厂中的DSVI值基本没有变化。设有初沉池的BioDenitro工艺污水处理厂具有最低的SVI，未设时，具有最高的SVI。在Avedoer污水处理厂(丹麦)，进一步考察了选择器以及运行模式对污泥沉降性的影响。此厂采用的是氧化沟工艺，当强化同步硝化反硝化效果时，引发了由*M. parvicella*引起的污泥膨胀。FI从夏天的1～2升到冬天/春天的4；DSVI从125mL/g升高至大于300mL/g。表9-10为该厂一年多四种工艺流程的平行检测情况[29]。缺氧选择器的设置，以及将同步硝化反硝化转为交替硝化/反硝化的运行模式将会降低DSVI，到冬天DSVI、FI和SFN降低更多，但转化为间歇运行则没有影响。根据*M. parvicella*和0041型数量的变化，可知FI和SFN的降低主要是由*M. parvicella*的减少造成的。

表9-10　Avedoer污水处理厂(丹麦)中不同运行模式对DSVI、SFN的影响以及*M. parvicella*和0041型相对数量关系

	选择器	脱氮	DSVI /(mL/g)	丝状指数	SFN /(counts /gSS)	丝状菌	
						M. parvicella (%)	0041型 (%)
冬天1994/1995：							
SND	无	SND	258	3,5	64	90	10
间歇曝气	无	曝气头开/关	255	3,5	63	81	19
选择器+SND	缺氧(30min)	SND	189	2,7	28	66	34
(4)Bio Denitro	瞬时(<1min)	交替运行	215	2,9	28	49	51
冬天1997/1998：							
选择器+Bio Denitro	瞬时(<1min)	交替运行	148	2,3	17	48	52

注：%表示为出现该丝状菌污水处理厂数量的百分比。

中试和实际污水处理厂的调查研究表明，丝状菌数量按如下工艺流程呈从高到低的趋势如下。

脱氮工艺流程：同步反硝化（最高）>间歇硝化/反硝化>交替硝化/反硝化（BioDenitro）>前置反硝化（最低）。

除磷工艺流程：EBPR（高丝状菌数，絮体紧密）（最高）>投加铁盐除磷>投加铝盐除磷（最低）。

流态：完全混合式活性污泥法（CMAS）（最高）>选择器＋ CMAS>推流式（最低，但需进一步证明）。

此排列是根据丝状菌的数量确定的，并不能绝对代表其沉降性能。如前面提到的 EBPR 工艺污水处理厂，尽管丝状菌数量大，但由于污泥絮体紧密仍易于沉降。同样，荷兰污水处理厂升级改造为 BCFS 工艺时，紧密的污泥絮体也使其具有好的沉降性能。通常 EBPR 中大量的 *M. parvicella* 易产生生物泡沫问题。0041 型一般出现在交替硝化/反硝化过程中，与 *M. parvicella* 相比，减少沉降性的能力较小[25]。另外，Andreasen 和 Sigvardsen[22]发现在丹麦的交替和前置反硝化工艺中也有类似的沉降特性。铁盐和铝盐的投加不会抑制丝状微生物的生长，而是通过紧密污泥絮体来增加其沉降性。

目前，*M. parvicella* 是 BNR 污水处理厂中最重要的丝状微生物，其次为 0041 型（丹麦）、0092 型、*N. limicola*、0803 型及放线菌（希腊）。1994 年春天记录的最主要的丝状微生物见表 9-11。

表 9-11　1994 年春天主要的丝状微生物种群

种类	荷兰					丹麦		希腊
	氧化沟	Carrousel	Schreiber 污水处理厂	多种工艺结合	生物除磷	BioDenitro	前置反硝化	多种工艺结合
M. parvicella	58	66	44	67	74	28	43	55
0041 型	6		11		32	38	20	
0092 型	3				5	9		10
1851 型					3			
0803 型					5	3		
0914 型					5			
N. limicola					16	3	10	
Actinomycetes								20
021N 型		3	11			6		
Thiothrix sp.						6		
S. natans	3		11					
其他	31	32	9	21	19	32	30	11

注：表中数字代表出现该种丝状菌污水处理厂数量所占调研水厂总数量的百分数。

丝状菌(*S. natans*、021N 型、*Thiothrix*)能导致传统活性污泥处理厂的污泥膨胀,但是由于在 EBPR 的厌氧部分中,丝状菌不能反硝化或代谢底物进行储能,它们在脱氮除磷污水处理厂中却并未出现。只有在易生物降解的有机底物(如工业废水)渗入曝气区时,丝状微生物才会形成一个稳定的数量组成。*M. parvicella* 的数量呈季节性变化,夏、秋天较低,冬天增长,至早春达最大值,致使 SVI/DSVI 也出现季节性变化。*N. limicola* 的数量变化与前者相似,但不明显。0092 型则相反,在夏天达到最大值。尽管在北欧(8～16℃)、南欧(15～28℃)各季节温度不同,但有趣的是两地微生物的季节变化却相似。

9.3.3 污水组成、工艺流程及运行参数对丝状菌生长的影响

在这三个国家,经过对污水处理厂的调查,诱发各种丝状微生物生长的主要参数包括:污水水质特性和工艺流程[25]。

由于丹麦污水处理厂的进水大部分来自食品加工行业,易生物降解的有机物进入曝气区,使得 *N. limicola*、021N 型和 *Thiothrix* 的数量增加,但 *M. parvicella* 却难以生长。一般来说,*M. parvicella* 主要利用城市污水中的脂质部分[30-31]。由于污水中脂质和 LCFA 的数据较少,难以得出其浓度与 *M. parvicella* 数量的关系。

生物除磷的厌氧条件能刺激 *M. parvicella* 的生长。设置初沉池将促进脂质水解,也能增加 *M. parvicella* 的数量。Andreasen 和 Nielsen[31-32] 研究了 *M. parvicella* 的生理活动,发现它在原位条件下不会利用 VFAs 和易生物降解的 COD,在厌、缺、好氧条件下会吸收 LCFAs。用 ^{33}P 进行放射性示踪实验发现 *M. parvicella* 在交替厌、好氧条件下释磷、吸磷速率缓慢,而厌氧条件下它对 LCFAs 的吸收表明具备储存高能化合物的能力。由于 *M. parvicella* 既不利用 VFAs,释磷吸磷也不快,不属于除磷菌[32]。

脱氮过程中 *M. parvicella* 的繁殖说明它可能能进行反硝化,但由于 *M. parvicella* 生长缓慢,它的繁殖也可能是因为脱氮过程泥龄的增加所致[30,33]。*M. parvicella* 一般在同步硝化反硝化和间歇反硝化过程中增长较快,在前置反硝化和交替法中较慢,这可能由于它在缺氧条件下比好氧条件下增长速率低。此外在低氧水平下,由于其 K_{DO} 较低,约为 0.016mg/L,因此在同步硝化反硝化系统更具竞争力。但是,采用不同电子受体的饥饿实验[32] 表明 *M. parvicella* 能够利用硝酸盐、亚硝酸盐作为电子受体,但 Tandoi 等[33] 的纯培养基实验则只能利用硝酸盐。

在 BioDenitro 系统中,*M. parvicella* 的数量较其他工艺少,而 0041 型恰恰相反。这是由于此系统的选择器配水廊道混合了原水和回流污泥,加上交替运行产生的底物梯度所造成的。污水与回流污泥混合,使污泥絮体吸收脂质/LCFA,将

去除底物中颗粒性的组分[34]。在推流式配置中，由于选择器和底物梯度的影响，*M. parvicella* 也出现了类似的减少。

荷兰的许多氧化沟系统运行情况证明了选择器对 *M. parvicella* 的抑制作用[34-35]，而脱氮除磷功能的引入在某种程度上又减小了选择器的作用。但是，Avdore WWTP(DK)的调查仍显示出选择器在脱氮除磷处理厂中巨大的影响。

9.3.4　控制措施及经验

三个国家都提出了各种特异、非特异的控制措施。由于污泥膨胀的发生往往取决于多个因素，因此，必须认识到控制措施在不同处理厂的差异性，很可能不同污水处理厂采取不同的控制策略。

1. 非特异控制措施

在丹麦，人们通常采用加氯来选择性去除丝状微生物。丹麦的工业和城市生活污水处理厂大多采用长污泥龄运行，尽管硝化效果会受到影响，但一般仍采用在曝气池加氯。在曝气池氯投加剂量为 2～10kgCl_2/(tSS · d)，每天 2 次(早上 50%，下午 50%)，持续 3～10 天。一般来说，利用氯很难完全控制 *M. parvicella*，但丹麦的实例证明可投加 5～10kgCl_2/(tSS · d)来控制 *M. parvicella* 的过量生长。但是由于投加 10kgCl_2/(tSS · d)会完全抑制硝化作用，因此在投加前必须进行小试试验，小心确定投加量。由于 *M. parvicella* 生长慢，加氯产生的效果可持续数月。

由于加氯过程对环境影响较大，所以其他的非特异措施也相继出现。投加铝盐也能减少 *M. parvicella* 的数量，而对其他丝状菌影响不大。一般来说，采用投加聚合氯化铝至污泥回流管线，每天剂量为 1～3kgAl/(tSS · d)。丹麦 Aby 污水处理厂投加聚合氯化铝两个月后，DSVI 从 175mL/g 降至 100mL/g，同时 SFN 从 20counts/gSS 降至 10counts/gSS。加入剂量为 1.5kgAl/(tSS · d)，考虑到对硝化效果的影响，一个月后投加量降至 0.7kgAl/(tSS · d)。由荷兰的经验数据可得剂量公式如下：

$$\text{铝剂量}/[\text{kgAl}/(\text{tSS}\cdot\text{d})]=60/\text{泥龄} \tag{9-1}$$

因此短泥龄运行时投加药剂费用更高，而采用此投加量一般不会抑制硝化作用。同时投加铝也能减少由 *M. parvicella* 产生的生物泡沫问题。

在荷兰及丹麦，污水处理厂也曾经采用投加云母来控制工业废水的污泥膨胀。在曝气池中投加云母时，初始投加量为已有生物量的 80%～100%，进一步投加量等同于日产污泥量的生物量。投加云母见效较快，且不抑制硝化作用[36]。由于提高了脱水污泥的固体浓度，将抵消污泥的增长量，所以此方法不会增加废污泥量，也不会增加二沉池的固体负荷。

2. 特异控制措施

1）生物选择器

近20年来，生物选择器已成为众多污水处理厂基本组成部分，特别是对工业废水的处理。传统活性污泥处理厂中易滋生的丝状菌（如 *S. natans*、1701型、021N型和 *Thiothrix*），通过设置厌氧、缺氧选择器可有效预防他们的过量生长。此项欧盟的计划证实，如果大部分易生物降解底物在生物选择器中被有效利用后，BNR的厌、缺氧条件对这些丝状菌具有较好的控制作用。BNR污水处理厂中选择器的大小形状应与传统的大小形状相似。

在许多工业废水处理厂中，要保证易生物降解COD完全在厌氧或缺氧选择器中被利用，很可能面临进水缺少N和P元素。此时应优先选择设置好氧选择器，但好氧选择器的效果一般不如厌氧或缺氧选择器。也可选择在进水中适当加入硝态氮，效果比好氧选择器要好，但是会增加运行成本。在造纸废水的处理中，可以通过变一级系统为二级，且 F/M 分别为1kgCOD/(kgSS · d)和0.2kgCOD/(kgSS · d)，以控制污泥膨胀。

工业废水中丝状菌的数量组成比城市污水复杂，含有一些新的丝状菌群。现代生物技术，例如FISH、FISH-MAR已成为研究丝状微生物生理特点的重要工具，以保证最佳控制措施的实施[37-39]。此方法可以不借助纯培养或分离试验来研究不同条件下底物的代谢优先性和吸收能力。

2）具体控制 *M. parvicella* 过量繁殖的措施

M. parvicella 是BNR处理厂中最常见的丝状微生物，它在BNR系统中大量繁殖表明它不受代谢选择（厌氧或缺氧选择器）的控制。实际上生物除磷的起始厌氧环境会刺激 *M. parvicella* 的生长。Knoop和Kunst[40]研究了污泥龄对 *M. parvicella* 生长的影响，并指出BNR处理厂中应避免过长的污泥龄，防止 *M. parvicella* 生长。BNR中原水和回流污泥的即时混合对防止 *M. parvicella* 的过量繁殖具有一定效果，但并非长期有效。

在大部分丹麦的EBPR中，厌氧区被分为3～4段，以形成底物梯度，但此梯度不足以控制 *M. parvicella* 的生长。由于 *M. parvicella* 厌氧条件下会储存LCFA，所以应尽量减小厌氧区的停留时间以保证稳定的除磷效果。一些荷兰处理厂在厌氧段后设二级选择器来改善处理效果。

选择完全混合活性污泥系统还是推流式系统，需要权衡许多因素（如灵活性、DO控制、建设运行费用）。在完全混合系统中，设置生物选择器能够解决大部分的膨胀问题。对于脱氮工艺，三个国家的经验表明应该避免同步硝化反硝化和间歇反硝化。但在Avedore WWTP的生产试验中发现，设置缺氧选择器能改善同步硝化反硝化污水处理厂的污泥沉降性能[41]。

3）其他特异控制措施

一些丹麦 BNR 处理厂在曝气池持续的低 DO(<0.5～1 mg/L O_2)将会导致 *M. parvicella* 的增长。这在荷兰已有先例[42]，因此采用提高 DO 来控制 *M. parvicella* 的增长。

9.4　意　大　利

截止到 1996 年，在意大利大约有 8500 座城市污水活性污泥处理厂，还有 3000 座处于建设中[43]；意大利也有很多的工业废水活性污泥处理厂。这些污水处理厂主要采用好氧或者缺氧-好氧的运行工艺。目前，EBPR 类型的污水处理厂较少，但是之后该类污水处理厂的数目也许会增加，这要取决于欧盟对“敏感区域”的定义，这些区域将采用严格的氮磷排放标准。在意大利，其中有 30%～40%的活性污泥处理厂经常遭遇污泥膨胀或生物泡沫问题。

目前采用显微镜观察对活性污泥进行镜检已经很常规，特别是在比较大的污水处理厂里，对于优势丝状菌也进行了相应的鉴定。主要是借助 Eikelboom 和 van Buijsen[44]，Jenkins 等[28]的手册，以及意大利版本的相关手册[45-46]。

9.4.1　优势丝状菌调查

Di Marino 等[47]和 Rossetti 等[48]分别在意大利南部、中部的市政污水处理厂和工业污水处理厂对引起污泥膨胀和生物泡沫的丝状菌做了一些相关调查。最近，又做了两个范围更广的调查，一个是全国性的[49]，另一个是在意大利北部污水处理厂[50]，调查结果见表 9-12。

表 9-12　污泥膨胀污水处理厂丝状菌丰度及运行参数表

污水处理厂	人口当量	pH	ORP /mV	BOD /(mg/L)	COD /(mg/L)	TKN /(mg/L)	P /(mg/L)	SVI /(mg/L)	丝状菌丰度排序
Andria	84 000	6.51	−250	2 730	7 000	102	30	298	*Thiothrix*>021N 型>1701 型>*Nocardia*
Bari Ovest	371 000	7.94	−298	630	1 220	87	10	326	*Thiothrix*>021N 型>*Nocardia*
Bari Est		7.47	−196	488	1 041	85	14	332	021N 型>*Thiothrix*>1701 型>*Nocardia*>0041 型
Brindisi	62 000	7.96	−301	360	760	45	12	307	*M. parrvicella*>*Nocardia*>021N 型>0092 型>*Thiothrix*

续表

污水处理厂	人口当量	pH	ORP /mV	BOD /(mg/L)	COD /(mg/L)	TKN /(mg/L)	P /(mg/L)	SVI /(mg/L)	丝状菌丰度排序
Casalnuovo	2 800	8.37	76	307	700	71	9	521	021N 型>1701 型>*Thiothrix*>0041 型
cassanom	7 800	7.42	−55	350	805	75	28	523	021N 型>1701 型>*Thiothrix*>0041 型
Casalnuovo	2 300	8.1	−122	430	1 280	54	14	530	*Thiothrix*>021N 型>0041 型>*M. parrvicella*
cerignola	51 000	7.28	−58	645	1 510	89	23	341	*Thiothrix*>1801>*H. hydrossis*>*Nocardia*
chieuti	1 900	7.12	−198	490	890	57	11	612	021N 型>0041 型>0092 型>*M. parrvicella*
crispiano	11 500	7.46	−147	430	888	52	15	403	021N 型>*Thiothrix*>*H. hydrossis*>*S. natans*
gioia colle	27 000	6.41	−54	1 380	7 300	227	62	349	*Thiothrix*>021N 型>1701 型>*N. limicola*
Ginosa	21 700	8.31	−50	470	880	108	13	510	*Thiothrix*>*H. hydrossis*>0961 型>1701 型>*Nocardia*
Giovinazzo	21 000	7.58	−61	555	1 180	111	15	588	*Thiothrix*>1701 型>021N 型>*H. hydrossis*>1851 型
gravina	36 000	8.12	68	594	1 926	74	10	300	021N 型>*H. hydrossis*>*N. limicola*>1701 型
grumo	12 000	7.77	−82	585	1 057	62	19	411	1701 型>*H. hydrossis*>0092 型>0041 型
minervino M	12 200	8.47	−80	486	917	50	1.5	505	021N 型>*Thiothrix*>*N. limicola*>*Nocardia*
molfetta	64 400	7.98	−290	552	1 117	171	22	459	*Thiothrix*>*M. parrvicella*>1701 型>1863 型
novoli	9 000	7.2	−180	280	410	62	12	350	*M. parrvicella*>*Thiothrix*>1701 型
ascoli S	7 200	7.0	−150	460	830	56	10	290	*S. natans*>1701 型>*Nocardia*>1851 型

续表

污水处理厂	人口当量	pH	ORP/mV	BOD/(mg/L)	COD/(mg/L)	TKN/(mg/L)	P/(mg/L)	SVI/(mg/L)	丝状菌丰度排序
volturara A	1 100	7.4	−50	320	560	42	7	500	*H. hydrossis*>*N. limicola*>1701 型>*Nocardia*>1851 型
villa castelli	7 500	7.31	−193	444	742	52	14	367	*M. parrvicella*>*Thiothrix*>0041 型>*S. Natans*>*N. limicola*
monteparano	2 100	7.85	10	519	1 718	82	7	343	*M. parrvicella*>*Thiothrix*>0041 型>0092 型>1863 型
sammichele	7 000	6.38	−138	498	1 089	84	9	305	*Nocardia*>*Thiothrix*>021N 型>0041 型>*N. limicola*
Nala	27 000	7.38	−245	492	1 028	85	7	285	*Nocardia*>*Thiothrix*>021N 型>1701 型>1863 型

1. 意大利南部普利亚区

调查的 172 座污水处理厂中，大约有 30%的污水处理厂存在严重的丝状污泥膨胀现象，有 24 座污水处理厂 SVI>300mL/g，丝状菌丰度高达 5 或 6。表 9-12 罗列的引起泥水分离问题的主要丝状菌是 *Thiothrix*(9 个案例中为第一优势丝状菌，10 个为第二优势丝状菌)，021N 型(7 个案例中为第一优势丝状菌，8 个案例中为第二优势丝状菌)，*M. parrvicella*(4 个案例中为第一优势丝状菌，4 个为第二优势丝状菌)，和 *Nocardia*(2 个案例中为第一优势丝状菌，8 个案例中为第二优势丝状菌)。*Sphaerotilus natans* 和 1701 型仅在一个案例中为第一优势丝状菌，其他的丝状菌(*Haliscomenobacter hydrossis*、0041 型、*Nostocoida limicola* 和 1863 型)都是作为第二优势丝状菌。对于氧化还原电位(ORP)低的污水常常有利于 *Thiothrix* 和 021N 型的繁殖。有 5 个案例中存在生物泡沫现象(由 *M. parrvicella* 和 *Nocardia* 引起)，主要原因是长污泥龄和浮渣在处理系统内的反复循环。

2. 意大利中部拉齐奥区

此次调查是对坐落在意大利中部城市拉齐奥区的 39 座活性污泥厂进行了调研[48]。活性污泥污水处理厂普遍存在泥水分离问题。所调查的污水处理厂中，有 46%的丝状菌丰度为非常普遍，30%的丝状菌丰度是大量，5%的丝状菌丰度为过量。

在污水处理厂中，存在的主要丝状菌包括 *Microthrix* 和 *Nocardioforms*(分别是 32%和 15%的污水处理厂中的优势丝状菌)和 0092 型、0041 型和 0675 型。

3. 意大利北部的工业废水处理厂

15 座处理各种工业废水(精致化学药品、制革厂、石油化工厂、食品加工厂)的生物脱氮污水处理厂中,有 5 座遭遇了严重的泥水分离问题。主要的丝状菌是 0041 型(作为第一优势丝状菌 2 次,第二优势丝状菌 3 次),*Nostocoida limicola*(作为第一优势丝状菌一次,第二优势丝状菌 3 次),0092 型(作为第一优势丝状菌一次,第二优势丝状菌 2 次),*Haliscomenobacter hydrossis*(作为第一优势丝状菌一次),而其他丝状菌仅仅作为第二优势丝状菌(0675 型、*Nocardia* spp.、*M. parvicella*、1701 型、1851 型、1863 型)。这些丝状菌也是引起污泥膨胀和生物起泡的主要微生物,而 *M. parvicella* 和 *Nocardia*,在处理工业废水的处理厂中往往不是优势丝状菌[51]。

2005 年对 86 座污水处理厂做了一项新的调查[50],有 70 座是处理工业废水,*F*/*M* 比范围为 0.2~0.8kgCOD/(kgSS · d)。从过去到现在,泥水分离问题有所改善:36%的城市污水处理厂只遭遇了生物泡沫问题,但是没出现污泥膨胀的问题。只有 21%的工业废水处理厂中出现过污泥膨胀问题(但没有生物泡沫问题,也没有在这些处理厂中检测到 GALO 或者 *M. parvicella*)。在城市污水处理厂中,比较优势的丝状菌主要有 GALO、0041/0675 型、*M. parvicella*、*N. limicola*、*Thiothrix*、0092 型。在工业废水处理厂中发现了很多不同种类的丝状菌,优势的丝状菌主要有:0041/0675 型、*N. limicola*、*Thiothrix*、0092 型、*S. natans*、0803 型、1851 型、1863 型、0914 型、*H. hydrossis*。

4. 对 167 座城市污水处理厂的调查结果

先后联系了意大利的 500 座城市污水处理厂,收到了其中 167 座污水处理厂的调查反馈,包括完整的数据和泥样[49]。有 66%的城市污水处理厂被污泥膨胀或生物泡沫的问题所困扰,其中 33%的污水处理厂同时被这两个问题同时困扰。*M. parvicella*、0041 型和 021N 型都是污泥膨胀中最常见的丝状菌,而引起生物泡沫的主要优势菌为 *M. parvicella* 和 GALOs。*M. parvicella* 和 0092 型在传统污水处理厂和污水处理厂工厂污水里都是优势菌,而 *Nostocoida linicola* 和 1701 型仅仅在传统污水处理厂会优势生长。运行人员反应的主要问题为由于污泥的流失而导致的水质恶化。

9.4.2 控制措施

为控制污泥膨胀和生物泡沫,意大利已经分别采用了非特异性的和特异性的控制措施。

1. 非特异性控制措施

絮凝剂：诸如 $FeCl_3$(50mg/L)、$Ca(OH)_2$(50mg/L)等絮凝剂都经常在小的污水处理厂使用，而且经常与阳离子电解质联合使用(1～2mg/L)[52]。

毒性化合物：在污泥回流管道中，经常按剂量5～15mg/L投加NaClO来控制污泥膨胀，有时候一天需要投加3次药。有时也会投加10～15mg/L剂量的 H_2O_2，但由于 H_2O_2 相对次氯酸钠较难购买到，因此它的使用受到一定的限制。

2. 特异性控制措施

污泥膨胀的特异性控制措施主要基于丝状菌和诱因的相互关系[28]。用“生物接触池”(2个案例全部成功)，投加营养元素(8个试验成功7个案例)，消泡剂(7个试验成功6个案例)，絮凝剂(33个试验成功24个案例)，降低污泥龄(75个试验成功40个案例)，降低溶解量(30个试验成功解决19个案例)，机械撇除生物泡沫(27个试验成功17个案例)都获得了成功[53]。下面是几个典型的实际污水处理解决泥水分离问题的成功案例。

9.4.3　污水处理厂解决泥水分离问题的案例分析

1. 在Bagnuolo污水处理厂通过加氯减少021N型

该污水处理厂处理规模为9000人口当量(其中90%的生活污水，10%的工业废水)，该污水处理厂的二沉池设在曝气池内，通过气提的方式回流污泥。该污水处理厂曾遭受着严重的污泥膨胀(DSVI>500mL/g)，而二沉池内的污泥层高度离出水液位仅为10cm。丝状菌的丰度为5～6，第一优势丝状菌为021N型，第二优势丝状菌有1701型、0041型和 *M. parvicella*。曾经投加 $FeCl_3$，但没有效果，因此尝试着采用加氯的方法来控制污泥膨胀[53]。

以 $3gCl_2/(gSS \cdot d)$ 的投加速率直接往曝气池中投加NaClO，一周后DSVI降至300mL/g。丝状菌丰度在在长时间内维持在5～6级之间，45天后才降至4级。氯杀死了丝状菌：1701型先被杀死，接着是021N型，最后是 *M. parvicella*。投加氯后，污泥的氧呼吸速率并没有受到明显影响。异养菌的活性为 $20\sim30mgO_2/(gSS \cdot h)$，而自养菌的活性为 $3\sim8mgNH_4^+\text{-}N/(gSS \cdot h)$。

2. 在Moncasale污水处理厂采用选择器控制 *Nocardia* 和 *M. parvicella* 的生长

在Moncasale(Reggio Emilia)污水处理厂中采用了生物选择器来控制 *Nocardia* 和 *M. parvicella* 的生长。工厂设计流量为28 000人口当量(进水中主要为城市生活污水，仅含有少量的工业废水），该厂由 3 条平行的处理设施，每个的有效容积为 2000m^3。这个污水处理厂遭遇了严重的生物泡沫，夏天主要由 *Nocardia* 引起，冬天主要由 *M. parvicella* 引起。Davoli 等在 1997 年进行了三次试验来评估选择器的作用[54]：

在第一条生产线上安装了一个 250m^3 的缺氧选择器，第二条生产线作为空白参照。缺氧选择器的设置能临时降低 *Nocardia* 的数量，但是最终会导致 *M. parvicella* 的增长。主要原因在于：① 选择器的有机负荷［1.8kgBOD_5/(kgMLSS · d)］不足以满足使菌胶团菌相对于丝状菌呈优势生长；②*M. parvicella*倾向于随 *Nocardia* 的降低而增长。*M. parvicella* 的生长伴随着 *Nocardia* 数量的减少，*Nocardia* 一般在高温下生存。

为了进一步改善污泥沉降性能，设置了一个小的缺氧选择器（100m^3）来获得较高的有机负荷。该小的生物选择器有效地控制了 *Nocardia* 的过量生长，该菌在 40 天后被消除。而在作为参照的第二条生产线内，*Nocardia* 依然存在（其数量为 2.5×10^6 intersections/μL）。小体积的缺氧选择器降低了丝状菌数量，DSVI 控制在 50～120mL/g，而参照反应器内的 DSVI 为 80～300mL/g。

考虑到 *M. parvicella* 能在污水处理厂内的缺氧区或厌氧区生存，采用了好氧选择器来改善污泥沉降性。好氧选择器的设置一定程度上能控制 *M. parvicella* 生长，但不能消除（相对参照反应器内的数量为 40～80 intersections/μL，采用好氧选择器后的数量为 30～40 intersections/μL）。DSVI 降低为 100～300mL/g，而参照反应器内的 DSVI 是 250～400mL/g。此外，参照生产线上二沉池内的生物泡沫量明显多于主反应器内的生物泡沫量。

3. 在 Varese-Olona 污水处理厂通过降低污泥龄控制 *Nocardia* 和 *M. parvicella* 生长

Varese-Olona 污水处理厂的曝气池和二沉池内发生了严重的生物泡沫现象，SVI 值大约为 250mg/L，镜检发现小的絮状中 *Nocardia* 和 *M. parvicella* 呈优势生长。

采取的策略[55]就是把污泥龄从 15 天减少至 2 天，并维持了 2 个月以上。出水水质和污泥的沉降性均逐渐出现了好转。在 COD 处理效率提高的情况下，SVI 值稳定在 200mL/g 以下。污泥絮体逐渐变密实，而 *Nocardia* 和 *M. parvicella* 则最终消失。缩短污泥龄导致了硝化能力的丧失，但是微生物同化去除的氮足以满足意大利对 N 的出水排放标准（15mg/L）。

4. Nolana 污水处理厂设置缺氧选择器控制 021N 型和 *Thiothrix* 的繁殖

Nolana 污水处理厂的设计处理量是 450 000 人口当量，目前进水量为设计流量的 1/3。生化池由几个长方形的曝气池构成。正常条件下污泥龄为 4 天，有机负荷是 0.3kgBOD_5/(kgMLSS · d)。跟意大利南部污水处理厂一样，回流污泥被引入到初沉池，剩余污泥从初沉池底部排走(初级和二级污泥的混合物)。这种工序会带来 2 个问题：①很难控制活性污泥，污泥龄比预期的要高。②初沉池内会发生发酵。初沉池的出水 ORP 很低(－125mV)，而且含有较高浓度的短链脂肪酸和硫化物，它会促进丝状菌 021N 型和 *Thiothrix* 的生长。

每当夏季，一些季节性的工厂(西红柿罐头厂)排放大量含 VFAs 的废水，将会引发严重的泥水分离问题。这个阶段活性污泥的沉淀特性都会急剧恶化，DSVI 升至 900mg/L，丝状菌 021N 型和 *Thiothrix* 数量也会显著增加。

采用投加化学药剂的方法来控制丝状菌的过量繁殖。每天以 40mg/L 的剂量持续投加 $FeCl_3$ 10 天，并向回流污泥中以 3g Cl_2/(kgSS · d)的剂量投加次氯酸钠 15 天，但是均没有改善污泥沉降性。为了解决出现的泥水分离问题，安装一个缺氧选择器(250m^3，约为曝气池容积的 1/24)，用螺旋泵通过一个池子将混合污水转移至曝气池。回流污泥和进水在选择器里充分混合。选择器的水力停留时间(进水加上回流液)是 7.4 分钟，回流液中的 NO_3^--N 浓度是 5～7mg/L。同时将污泥龄减少至 2.5 天，并提高了曝气池内的 DO 浓度，进水端为 3.5mg/L，出水端为 5.8mg/L。

维持上述所做的调整 80 天，15 天后 DSVI 从最初的 800mL/g 开始下降，35 天后降到 190mL/g。选择器中的 ORP 近似－110mV，表示处于缺氧状态，在缺氧选择器中进水中有 75% RBCOD(161mg/L)被利用。生物选择器主要会影响 021N 型种群数量，其丰度从 6 降至 1～2。对 *Thiothrix* 的影响不是很明显，丰度从 6 降至 3～4。由于 021N 型的架桥作用，该菌种对污泥沉降性具有更大的影响。

5. 在 Fusina 污水处理厂采用聚合氯化铝消除 *M. parvicella*

Fusina 污水处理厂主要处理来自威尼斯地区的工业废水和城市生活污水，处理量大约 330 000 人口当量。由于 *M. parvicella* 细菌的繁殖，在冬季里该污水处理厂曾出现过大量的生物泡沫。为了找出诱发 *M. parvicella* 细菌繁殖的具体原因，以及控制其繁殖的方法，在 2001～2002 年间对该污水处理厂进行了仔细的监控。发现活性污泥中的丝状菌的出现与温度有一定的相关性，丝状菌的繁殖也和曝气池冬季出现生物泡沫的时间相吻合。而与进水中表面活性剂及油分没有相关性，在一年内这两类物质的浓度没有太大的变化。

2002 年 2 月，尝试采用投加聚合氯化铝的方法，并取得了一定的效果[56]。在回流污泥中按 1.5gAl/(kgMLSS · d)的剂量投加聚合氯化铝，总共投加了 42 天。投加 2 周后，混合液中游离的丝状菌数量和表面生物泡沫中丝状菌的含量得到明显降低。SVI 的值从 188mL/g 降到了 88mL/g，出水中 SS 浓度也从 60mg/L 降低至 24mg/L。投加聚合氯化铝后,*M. parvicella* 被破坏,最终被包裹在微生物絮体内部。*M. parvicella* 一般在冬季会大量繁殖,为节约运行成本,一般建议当观测到有 *M. parvicella* 存在时,采用投加聚合氯化铝的方法效果会较好。

9.5 日　　本

9.5.1 日本泥水分离问题概况

截止到 1995 年,日本污水数据库显示在日本有 1187 座大大小小的城市污水处理厂正在运行,其中 93%的污水处理厂采用活性污泥法处理。这些污水处理厂中有许多都存在污泥膨胀和生物泡沫问题。日本下水道协会(JSWA)是一家监管城市污水系统的设计和运行的半公共机构。该协会曾先后 3 次对日本采用活性污泥法的污水处理厂的运行问题进行了综合调查。第一次调查是 1982～1984 年[57-59],第二次调查是在 1993 年[60],第三次调查是在 1997～1999 年[61]。表 9-13 是从这些调查中总结得到的关键观察结果。由 021 N 型引起的污泥膨胀与运行条件如 BOD-污泥负荷,温度或者 DO 的关系不大,该膨胀往往会在冬季或者季节性温度改变期间(春季或者秋季)发生。

9.5.2 诱发泥水分离问题的主要丝状菌

表 9-14 总结了日本活性污泥法污水处理厂出现的主要丝状菌,并对泰国[63]丝状菌调查的结果也予以罗列。

Kohno[64]对来自于城市和工业污水处理厂的活性污泥中的丝状微生物进行了微生物学方面的研究。他利用采集到活性污泥样品,并试着鉴定和分类观察到的丝状菌。通过分类,有五个主要的丝状菌种群(Kohno Ⅰ-Ⅴ型),每个种群可以进一步分为几个亚种群。Kohno[64]详细地描述了每个亚种群的形态学和生理学。通过用 Eikelboom 的检索表,Kohno Ⅱ-3 型可归结为 Eikelboom 021N 型[44]。然而,Kohno[65]表明在日本观察到Ⅱ-3 型的形态学与 Eikelboom 描述的 021N 型并不完全一致。泰国的一种丝状菌细丝以形态学为基础被确定认为是 021N 型。尽管 021N 型的细胞形状是方形的或桶状的,和通常情况下的 021N 型形态较相似,然而 021N 型典型的不规则弯曲生长则很难观察到。不同区域的 021N 型呈现出了不同的形态,可见所谓的 021N 型丝状菌具有明显的生物多样性。Kanagawa 等[66]考察了由 Kohno 分离的 5 株 021N 型菌的 16S rDNA,并且发现它们系统发育呈多样性,Wagner 等设计的 021N 型寡核苷酸探针的序列与 Kohno 分离的 4 个菌株的相应序列有 1～2 个不相匹配。

表 9-13　日本关于活性污泥分离问题综合性调查总结

调查年限	1997	1993	1984	1983	1982
调查方法	对日本 824 个污水处理厂的污水数据库进行了调查研究，并且对 200 个曾经遭遇污泥膨胀的污水处理厂进行了问卷调查（其中有 181 个作出了回应）。	对 785 个污水处理厂进行了综合性问卷调查（其中有 663 个作出回应），对 405 个遭遇污泥膨胀的污水处理厂进行了详细调查（其中有 318 个作出了回应）。	对 54 个污水处理厂的曝气池和污水管道中的丝状菌的类型进行了考察，并对其运行条件，进水水质进行了调查。	对 8 个污水处理厂中引起污泥膨胀的丝状菌进行了鉴定研究。其中 5 个污水处理厂的进水中均检测到了 *Nocardia*。	对 45 个污水处理厂进行了问卷调查（其中有 42 个作出了回应），对 22 个污水处理厂中引起泡沫或浮渣的丝状菌进行了鉴定，并对其中 9 个污水处理厂做了进一步详细的研究。
主要观察结果	-每个污水处理厂污泥膨胀的发生呈现出季节性特征。例如，在雪融化的季节或者在温度变化期间（春季或秋季）最容易发生。 -Eikelboom 021 N 型是最主要的优势菌种，不过很多情况下也伴有其他的优势菌种，包括 *Sphaerotilus*，0041 型，*Thiothrix*，0675 型，等。 -厌氧-好氧工艺的引入能够有效的控制 021 N 型引起的污泥膨胀。	-82%污水处理厂遭遇过泥水分离问题，有 32%遭遇过污泥膨胀。 -引发污泥膨胀的原因主要包括：春秋季节温度的改变，剩余污泥处理系统的腐化污水回流，冬季低温，高负荷，低 DO。 -其中 82%的污泥膨胀是由 021 N 型引起的。 -泡沫或浮渣形成的可能原因有：长 SRT，高 MLSS，过量曝气，夏季高温，浮渣在系统中的反复循环。 -引起泡沫的主要菌种是 *Nocardia amarae*。	-导致污泥膨胀的优势丝状菌是 021 N 型，其次是 1701 型，*Nocardia amarae*。 -BOD 污泥负荷，温度，DO 或者地理位置与 021 N 型的增殖没有明显的关系。 -在废水管道中滋生的 021 N 型是污水处理厂中 021 N 型菌繁殖的根源，此外来自于初沉池或剩余污泥处理系统的硫化物的产生也似乎能够诱发 021 N 型污泥膨胀。	-主要是由 021 N 型引起污泥膨胀 -与不起泡沫污水厂中含有 1×10^2 个/mL *Nocardia* 的相比，在有泡沫的污水厂中在可检测到更高数量级的 *Nocardia*（2.4×10^3 个/mL）	-52%污水处理厂遭遇过污泥膨胀 -其中 74%遭遇过泡沫，这当中有 59%的是由于放线菌引起的，14%是由于反硝化或者腐化条件引起。 -*Nocardia amarae* 在 14～26℃范围内出现，而 *Rodococcus* spp. 在 26℃左右的温暖地区或夏天出现。 -*Nocardia* 来源于污水管道。 -长 SRT（平均 9.1 天）比短 SRT（平均 5.2 天）更容易引发 *Nocardia* 泡沫。

资料来源：1997 调查-Yumikura 和 Ishi[61]；1993 年调查-JSWA[62]；1984 年调查-JSWA[59]；1983 年调查-JSWA[58]；1982 年调查-JSWA[67]。

表 9-14　日本和泰国引发污泥膨胀的主要丝状菌

国家	日本								泰国
调查	JSWA,1997		JSWA,1993		JSWA,1984		JSWA,1983		Mino,1990
污水处理厂个数		195		162		43		11	6
丝状菌	排序	出现概率/%	排序	出现概率/%	排序	出现概率/%	排序	出现概率/%	出现
012N 型	1	41	1	81.5	1	42	1	73	++
Nocardia sp.	NA	NA	2	45.0	2	28	2	36	+
S. natans	2	11	3	11.5	5	9			
0041 型	3	5	4	6.3	6	7	3	9	++
Thiothrix sp.	4	3	8	0.7					
0675 型	5	3							
M. parvicella					4	14			
N. limicola					6	7			+
1851 型	6	2	6	4.5					
0961 型	7	2	5	5.2			3	9	
1702 型	7	2		3.4	3	19			
1701 型	9	1	7		6	7	3	9	++
H. hydrossis									+
0092 型									+
未鉴定		29				30			++

资料来源：1997 调查-Yumikura 和 Ishi[61]；1993 年调查-JSWA[62]；1984 年调查-JSWA[59]；1983 年调查-JSWA[58]；1982 年调查-JSWA[57]；Mino 1990 调查-Mino[63]。

9.5.3　采取的控制措施

通过 JSWA 的调查(1983 年、1984 年、1985 年、1994 年)，引起 021N 型污泥膨胀的原因主要包括以下几点：①下水道中的 021N 型细菌被接种到了活性污泥处理厂。②在下水道的腐化条件下，通过发酵产生了短链脂肪酸(SCFAs)，且部分硫酸盐被还原产生硫化物。③含有大量 COD 的工业废水。④初沉池内的腐化条件。⑤污泥处理过程中腐化的回流液进入系统。

可能对抑制 021N 型污泥膨胀的措施有以下几个方面。

(1) 合理运行污水管网中泵站或者合理控制污水处理厂进水闸门：尽量避免下水道中有机沉淀物的积累，因为它能引起腐化条件的形成。通过泵或进水闸门的合理操作来冲洗下水管道可以防止腐化条件的形成。

(2) 超越初沉池：过长的初沉淀池停留时间会导致池底形成腐化条件。超越初沉淀池有时可改善污泥膨胀现象。

(3) 采用厌氧-好氧或者缺氧-好氧的运行方式或工艺：由于 021N 型是专性好

氧菌，且不具备反硝化能力。在厌氧或缺氧的条件下，将基质和活性污泥充分接触，能够抑制该细菌的繁殖。用于生物除磷的厌氧-好氧法和用于生物脱氮的缺氧-好氧法都能够提供这种条件。在传统活性污泥中设置缺氧或厌氧区均能有效的控制 021N 型污泥膨胀。甚至把曝气池后部进水的供气量减少有时也是有效的。

(4) 物化方法：在回流污泥管道中投加氯或者在曝气池投加混凝剂也可作为控制丝状污泥膨胀的有效方法。当停止加氯或混凝剂的时候，活性污泥膨胀又可能重新发生。

9.5.4 案例研究

该案例是一启关于在传统活性污泥厂(流量 16 591m^3/d，进水 BOD 平均 70～90mg/L)控制污泥膨胀的实例。表 9-15 总结了该污水处理厂以前发生过的污泥膨胀。尽管诱发污泥膨胀的优势丝状菌没有鉴定出来，但从产生现象的主要特征和得到的 SVI 值来判断：021N 型很有可能引起污泥膨胀的优势丝状菌。

表 9-15　T 厂污泥膨胀的记录

年份	平均 SVI/(mL/g)	最高 SVI/(mL/g)	污泥膨胀持续时间/d	污泥膨胀时间段
1976	113	343	29	12 月～1 月(1977)
1977	108	730	22	12 月～1 月(1978)
1978	99	187	0	—
1979	136	482	66	12 月～3 月(1980)
1980	113	316	21	11 月
1981	239	649	185	9 月～3 月(1982)
1982	171	654	66	5 月～6 月
1983	219	852	114	11 月～2 月(1984)
1984	179	698	46	9 月～11 月

在 1976～1982 年，采取了几种措施，如添加消化污泥或者当地的土壤并没有取得较好的效果。在曝气池中尝试着培养新的活性污泥种群，但是没有成功。1983 年，进水超越了初沉池被直接引流到曝气池，该操作使污泥膨胀情况稍有改善。同时，絮凝剂的添加使污泥沉降性也有所改善，但是每 3 个月花费了 3 百万日元。1985 年，对组合方法进行了尝试，包括抽吸废水的策略和在好氧池进水末端设置厌氧区。为了避免进水管道积累污泥，管道中的液位应尽可能维持较低水平。此外，将曝气区的一半区域内的曝气量减少至最低值。采用这些措施后，污泥膨胀条件能够持续的改善，SVI 能够维持在 200mL/g 以下。

9.6 美　　国

美国十分重视泥水分离问题，并在“微生物种群动态变迁”方向取得了突出的研究成果。在许多污水处理厂中都要定期监测活性污泥的微观特性，并作为诊断活性污泥运行故障的重要指标。在活性污泥工艺设计中通常采取设置生物选择器、回流污泥氯化以及在二沉池投加生物絮凝剂等措施来防止丝状菌增长。并且在全国范围内，每年都提供专业的关于活性污泥评估和控制方面的教程和培训。

9.6.1 活性污泥系统中丝状菌的控制

目前有多种设计和维护的方法可以控制活性污泥系统中丝状菌膨胀的问题。在美国不同丝状菌可能引起的污泥膨胀问题汇总如表 9-16 所示[67-68]。然而最近几年并没有类似的总结，因此采用表 9-16 不能完全准确的表明目前的状况，且表中给出的方法适用于表格中提到的丝状菌。由于采用加氯的方法是一种比较广谱且有效的方法，在表中没有包括该方法。

表 9-16　常见的丝状菌及其控制方法 1984 美国

丝状菌	控制方法
1701 型/*S. natans*	提高 DO，降低 F/M 值 缺氧/厌氧选择器
021N 型/*Thiothrix* spp.	缺氧选择器 补充 N/P 营养物 去除含—SH 化合物
Haliscomenobacter hydrossis	提高 DO，降低 F/M 值
0041 型和 0675 型	降低 MCRT 设置缺氧/厌氧选择器
M. parvicella	消除缺氧/厌氧区 增加好氧区 DO 降低 MCRT
0092 型	降低 MCRT 消除缺氧/厌氧区

美国有大量的关于丝状菌控制方法在实际工程中的应用的文献报道，对于处理污泥膨胀问题累积了丰富的经验，并且应用于实际工程设计中。表 9-17 总结了

表 9-17　美国一些关于丝状菌控制的经验总结

丝状菌研究	丝状菌控制方法	结果	参考文献
S. natans	实际污水处理厂发生了污泥膨胀，采用实际污水的小试完全混合缺氧选择器来验证是否能控制膨胀	当反应器(曝气池＋澄清池)的 HRT 为 17h，SRT 为 6d 时，控制缺氧选择器的 HRT 为 17～164min，可取得较好的结果	[72]
Nocardioforms	污水处理厂发生明显生物泡沫现象时，投加 0.5mg/L 阳离子聚丙烯酰胺聚合物	曝气池表面覆盖的生物泡沫明显减少，诺卡氏菌浓度大大降低	[73]
Nocardioforms 021N 型	中试试验，在三段纯氧反应器前设置四级厌氧选择器(容积占总容积的 25%)。实际污水厂的工艺为一段厌氧选择器(占总容积的 1/6)＋五段纯氧反应器	中试试验中，当选择器控制参数为：HRT 为 50min，MCRT 为 2.4d，pH 为 6.3，温度为 20℃，能够有效控制丝状菌的增长 实际污水厂 中选择器最优的参数为：HRT 为 17～24min，MCRT 为 3.5d，T 为 20℃。污泥膨胀的控制与除磷效果的增强有关	[74]
N. limicola Ⅱ 0041 型	调研了四个设置有缺氧选择器的污水处理厂	有效地控制丝状菌膨胀有两个条件。一是控制缺氧选择器的运行参数为：①缺氧 F/M 为 0.8～1.2kgBOD_5/kgMLSS，或者②缺氧 SRT 为 1d，T>18℃，F/M 在 0.7～1.0kgBOD_5/kgMLSS；或者③在更低的温度下控制 SRT 在 1.4d 左右。二是好氧区 SRT 小于 12d	[70]
Thiothrix Ⅱ *M. Parvicella* Nocardioforms 0675 型 0092 型	在具有去除 COD 和硝化功能的处理制药废水的活性污泥系统中采用控制温度的策略	当温度大于 40℃时丝状菌大量生长，当温度低于 38℃时能够有效的控制丝状菌膨胀	[75]
M. parvicella 0092 型 0041 型 0675 型	回流污泥氯化	投加 2g Cl_2/kgMLVSS，降低了 SVI 值，该投加剂量只对 P 的去除略有影响，对 N 的去除没有影响。提高 Cl_2的投加量，会对 N 和 P 的去除均产生负面影响	[76]

续表

丝状菌研究	丝状菌控制方法	结果	参考文献
0041 型 0675 型	在处理市政和食品加工厂废水的污水处理厂中通过投加营养物质，间歇曝气，设置好氧选择器或缺氧选择器来控制污泥膨胀	间歇曝气是一种非常有效的手段，但是在采用重力流回流污泥时会给运行带来一些问题。增加营养物质略有效果。当采用完全混合的缺氧选择器时控制 F/M 为 1.0～1.3kgBOD$_5$/kgMLSS 效果明显。如能保证完全反硝化将会更好地控制 SVI 值。设置好氧选择器效果显著，提高负荷 F/M 到 1.0～1.4kgBOD$_5$/kgMLSS，好氧选择器性能大大提高。	[77]
丝状菌未鉴定	处理奶酪加工厂废水，设置好氧和厌氧选择器	在单个完全混合的好氧选择器中，控制 F/M 值 3～5kgBOD$_5$/kgMLSS 时才能控制污泥膨胀，但由于 MLSS 浓度过低会导致出现生物泡沫现象。在单个完全混合的厌氧选择器中，控制 F/M 为 2.6kgBOD$_5$/kgMLSS 能取得较好的效果	[78]
丝状菌未鉴定	对于 N 缺乏的污水补充一定比例的氨	该策略使 SVI 从 145mL/g 降至 117mL/g，并有效降低了丝状菌的丰度	[79]
021N 型(Predominant) 0041 型 1701 型 *Thiothrix* Ⅱ *S. natans* *Nostocoida limicola* Ⅱ (Predominant)	天花板瓦厂废水处理厂中，设置厌氧选择器，并对 HRT 长达 3.7 天的污泥氯化	对回流污泥氯化无明显效果，但是在好氧池中投加 1～3g Cl_2/kgMLSS，效果明显。当控制厌氧选择器 F/M 为 14.3kgBOD$_5$/kgMLSS 时能取得一定效果	[80]
Nostocoida limicola Ⅱ (Predominant)	在完全混合好氧反应器前设置 3 格等体积串联的好氧选择器处理可快速生物降解的工业废水，并对污泥进行定期氯化	第一级好氧选择器 F/M 调节为 10kgCOD/kgMLSS，选择器总的 F/M 控制为 3kgCOD/kgMLSS 时能有效控制 SVI。为驯化污泥获得充足的储存能力需要较长的启动时间。污泥定期氯化，能使搅拌 SVI 值低于 100mL/g	[81]
Nocardioforms	设置分级选择器，并投加 0.5mg/L 可生物降解的非离子型表面活性剂，此外在好氧区撇除生物泡沫	在小试和实际工程中均能有效控制诺卡氏菌引起的生物泡沫	[82]

1999 年这一年内在美国一些专业期刊上刊登的关于丝状菌控制方面的文章。这些文章的结论表明在采用活性污泥法处理的工艺中，使用适合的方法都能够控制丝状菌的过量繁殖。

一些学者就生物选择器控制污泥膨胀的成功经验进行了深入探讨[69-71]。这些学者提出，对于已经设置选择器的工艺来说，如果想要使生物选择器最大程度的发挥作用，就应该使体系污泥在 90% 的时间内的 SVI 值＜100mL/g，而不是＜150mL/g。他们还指出不同类型的生物选择器(好氧、缺氧或厌氧)均能取得较好的效果，但对于生物选择器必须要重视其正确设计和运行，否则达不到预期效果。

缺氧和厌氧生物选择器在美国被广泛使用。比如，在美国 Tri-City 的现有的两个污水处理厂中均遭遇了严重的污泥膨胀问题，因此在设计过程中考虑设置缺氧选择器来解决这一问题。自从 1986 年应用缺氧反应器以来，遏制污泥膨胀效果显著(选择器的运行模式见图 9-1)。然而当采用传统运行方式或分段进水运行方式时，SVI 值一般大于 200mL/g，并伴随污泥膨胀现象。相反，如果设置了缺氧选择器，SVI 值一般低于 120mL/g，或低于 100mL/g。事实上由于选择器的效果太明显以至于大大遏制了丝状菌的生长，使得污泥絮体由于缺乏丝状菌骨架作用而变得结构稀疏。当发生这种情况，需要向缺氧选择器中通入一部分氧，利用低氧条件来诱发部分丝状菌生长。

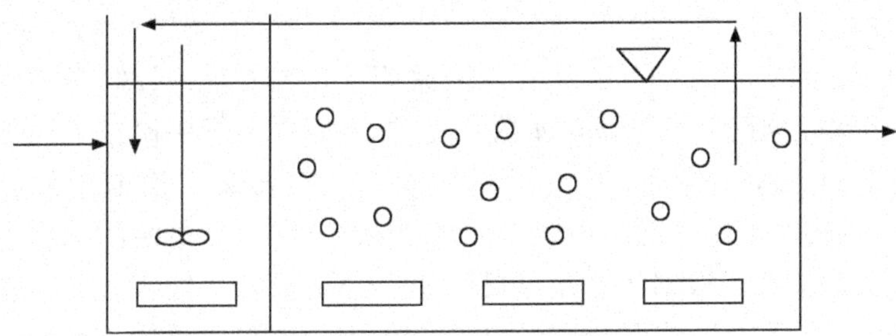

图 9-1　Tri-city 污水处理厂反应器缺氧选择器运行模型

9.6.2　生物泡沫

在美国，导致生物泡沫现象最主要的原因是诺卡氏丝状菌的过量生长，其次是 *M. parvicella* 的生长繁殖。随着脱氮处磷污水处理厂的增多，*M. parvicella* 引起的生物泡沫现象也随之增加。

目前已提出了一些解决诺卡氏菌属引起生物泡沫问题的方法，见表 9-18 所示，但是对这些方法产生作用机理研究还欠深入。美国学者发现，当设有泡沫收集器时，联合使用淘洗、缺氧或者厌氧选择器耦合的方法来控制生物泡沫时效果明显。然而，系统设有选择器并且有泡沫收集时也能够加剧生物泡沫现象。因此在设计中需要着重关注处理单元的硬件配置来减少生物泡沫诱捕现象。一些谨慎的工程师也会在设计中增加补救措施，如表面喷氯，投加阳离子聚合物等。

表 9-18　诺卡氏菌属控制的方法和状态

控制方法	结果	需开展的研究
移走生物泡沫收集器	允许生物泡沫排放，阻止生物泡沫积累	生物泡沫捕捉系统是否会影响对诺卡氏菌的生长习性？ 是否生物泡沫层会重新接种到混合液当中？
选择性排放生物泡沫	能选择性的从系统中撤除生物泡沫和相关微生物，从而降低生物泡沫现象	采用什么样的选择方式可以移除诺卡氏菌属？ 混合液中硝化菌等微生物是否能得到富集？
消除生物泡沫循环	阻止生物泡沫重新接种到活性污泥中	无
表面喷洒氯	杀死表面富集的诺卡氏菌	无
降低污泥龄	淘洗出诺卡氏菌	无
好氧、缺氧或厌氧选择器	淘汰诺卡氏菌	无
投加阳离子聚合物	能否使诺卡氏菌絮凝包裹到絮体内部？降低了表层暴露的生物泡沫	需验证试验

美国的 San Jose/Santa Clara WPCP 采用了几种方法来控制诺卡氏菌生物泡沫[83]。该污水处理厂采用分段进水脱氮工艺，并且在池子中设置了捕捉生物泡沫的装置(图 9-2)。运行过程中控制污泥龄在 5～7d，出现了诺卡氏菌生物泡沫现象。首先采用笼罩喷雾在第一个好氧区喷洒 3g/L NaClO 溶液的细水雾来控制生物泡沫现象(图 9-3)。根据污水流量投加 0.5～1mgCl_2/L 能够有效控制诺卡氏菌生物泡沫现象，但不会影响混合液当中诺卡氏菌的浓度，这意味着该方法仅仅能杀死表层的诺卡氏菌。该方法并不影响生物脱氮除磷的效果。

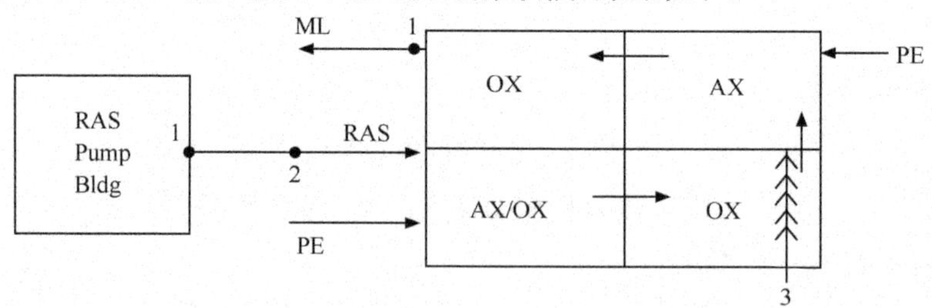

图 9-2　San Jose/Santa Clara step WPCP Feed 生化池．诺卡氏菌属控制特点演示图

1：TSS 测定仪；2：投加阳离子聚合物；3：氯气喷洒；AX：缺氧；OX：好氧；PE：原水；RAS Pump Bldg：回流污泥泵；ML：混合液

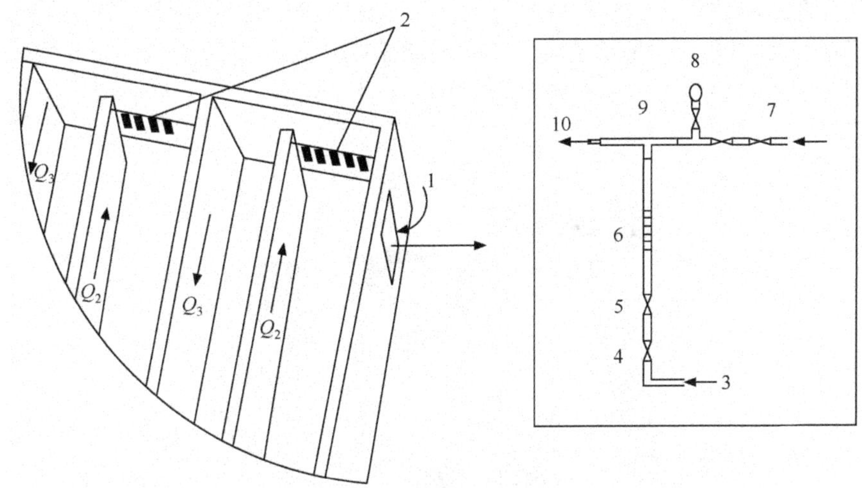

图 9-3　为抑制放线菌生物泡沫设计的表面薄雾加氯消毒系统

1：投加嵌板；2：氯磺化聚乙烯橡胶应在顶端或背部关闭，在背部，预留了少量液位差来捕捉生物泡沫，生物泡沫捕捉条装置在捕捉喷嘴处；3：与含有 12.5%NaClO 的储液罐和泵相连；4：检查阀；5：阀门；6：流量计；7：压力调节器；8：压力计量器；9：喷射器；10：与生物泡沫捕捉条相连；Q_2：第二段流量；Q_3：第三段流量

第二种方法是根据进水流量和回流污泥流量添加 0.3～0.5mg/L 的高电荷阳离子聚合物于回流污泥管道中或直接投加到混合液中[73]。在十天之内，好氧池的生物泡沫便消失了。当采用在线测定 MLSS 和回流污泥浓度来自动控制污泥龄的工况时，由于没有诺卡氏生物泡沫的情况发生，就没必要采用上述两种控制生物泡沫的方法。由于手动测定 MLSS 来人为控制污泥龄存在短期的高污泥龄状况，在该条件下会导致诺卡氏菌的生长，并在好氧区将得到累积[83]。

9.6.3　黏性膨胀和分散生长

对于黏性膨胀和分散生长需要更深入的研究。黏性膨胀(即非丝状菌膨胀)是指在没有丝状菌繁殖的情况下出现的沉降缓慢、压缩不紧密的活性污泥。该现象一般被认为是由于过多的胞外酶聚合物没有很好的黏附在微生物表面所造成的。

微生物分泌的胞外聚合物包含多种化合物：多聚糖、蛋白质、DNA 和磷脂。在活性污泥中，蛋白质和多聚糖是主要的胞外聚合物。Novak 研究小组[84-89]就污泥絮体阳离子浓度对污泥沉降性的影响进行了较深入的研究，研究指出，一些泥水分离问题和污泥脱水性能会受到绝对的和相对的一价阳离子(如 Na^+、K^+、NH_4^+)和二价阳离子(如 Ca^{2+}、Mg^{2+})数量的影响。他们所提到的污泥性能主要包括絮体强度、沉降速率、上清液浊度、可溶性有机物浓度、过滤速率、毛细抽吸时间、过滤浊度及其溶解有机物浓度。现已提出了一种污泥絮体结构说，该学说指出：蛋白质附着在絮体表面，细菌之间通过多聚糖分子和二价阳离子之间的架桥作用结合在一起。阳离子也可以与邻近多聚糖分子的阴离子基团之间进行桥连。所形成的絮体网络将胞外聚合物和蛋白质绑定到絮体团中(图 9-4)。

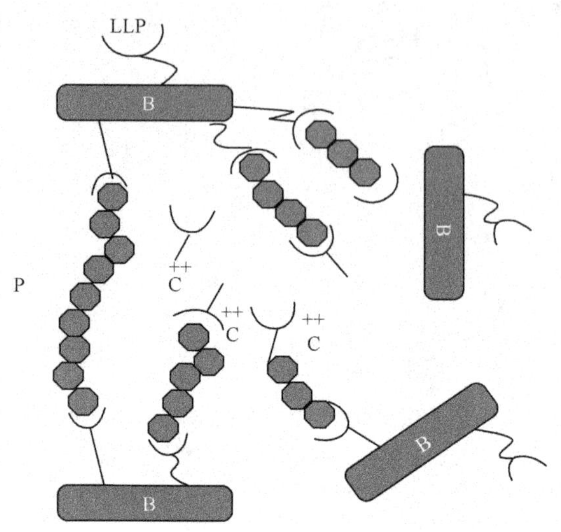

图 9-4 多聚糖，蛋白质和二价阳离子对生物絮凝的影响

B：细菌；LLP：凝集素类蛋白；$\overset{++}{C}$：二价阳离子

当出现二价阳离子浓度不足或者一价阳离子过量的情况时，蛋白质或者多聚糖之间的桥连将会被打断。絮体将变得松散，进而降低了对剪切力的抵抗性，将会导致出现分散颗粒，最终使污泥难于沉降和脱水。产生的这些影响将导致上清液浊度上升，出水中的可溶性多聚糖浓度也会随之增加。同时，产生的不良后果尤其对污泥脱水和浓缩过程带来关键的影响，会严重导致颗粒物浓度的升高。几个实际工程的研究结果表明，当在污水中增加一价/二价阳离子的浓度可以提高活性污泥的性能和提高污泥的脱水效果[90-91]。

Murthy 等[91]考察了向处理高 COD 浓度(10000mg/L，大部分是醋酸)工业废水处理厂中投加二价阳离子(Mg^{2+}，$MgSO_4$)对污泥沉降性的影响。因为工艺中需要使用 NaOH 中和 pH 达到 8.8，因此进水中平均 Na^+ 离子浓度为 2000mg/L。当向反应器投加 $MgSO_4$，使 Mg^{2+} 浓度达到 24mg/L 时，污泥沉降性得到了明显改善。表 9-19 给出了在污泥回流管道中投加聚合物可降低 $Mg(OH)_2$ 的投加量。

美国环境工程领域建立了活性污泥种群动态变迁的研究和污泥性状质量(sludge quality)的概念。针对活性污泥系统中丝状菌和菌胶团特性进行了广泛研究，建立的过程控制、故障诊断和问题解决方案也日趋完善。在工程实际中，使用合理的设计和运行方法能够有效的控制丝状菌膨胀和生物泡沫现象。然而，活性污泥黏性膨胀和污泥分散生长的问题还需进一步研究。

表 9-19　投加 $Mg(OH)_2$ 和 NaOH 的活性污泥运行参数的月实验数据比较[91]

参数	$Mg(OH)_2^a$	NaOH[a]
每周投加量/(磅[b]/周)	6 860	3 360
SVI/(mg/L)	170	200
好氧池 MLSS/(mg/L)	3 180	3 370
消化池 MLSS/(mg/L)	17 600	16 800
聚合物投量/(磅/周)	150	580

a 只取月平均值不包括一些峰值；b 1 磅=0.453 592kg

主要参考文献

[1] Blackall L L, Seviour E M, Bradford D, Stratton H M, Cunningham M A, Hugenholtz P, Seviour R J. Towards understanding the taxonomy of some of the filamentous bacteria causing bulking and foaming in activated sludge plants. Water Sci Technol, 1996, 34(5-6): 137-144

[2] Seviour E M, Williams C J, Seviour R J, Soddell J A, Lindrea K C. A survey of filamentous bacterial populations from foaming activated sludge plants in eastern states of Australia. Water Res, 1990, 24(4): 493-498

[3] Soddell J A, Seviour R J. Numerical taxonomy of Skermania piniformis and related isolates from activated sludge. J Appl Microbiol, 1998, 84(2): 272-284

[4] Seviour E M, Williams C, Degrey B, Soddell J A, Seviour R J, Lindrea K C. Studies on filamentous bacteria from Australian activated sludge plants. Water Res, 1994, 28(11): 2335-2342

[5] Bradford D, Christensson C, Jakab N, Blackall L L. Molecular biological methods to detect "*Microthrix parvicella*" and to determine its abundance in activated sludge. Water Sci Technol, 1998, 37(4-5): 37-45

[6] Cyrus Z, Sladka A. Several interesting organisms present in activated sludge. Hydrobiologia, 1970, 35(3/4): 383-396

[7] Sladka A, Ottova V. Filamentous organisms in activated sludge. Hydrobiologia, 1973, 43(3-4): 285-299

[8] Wanner J, Grau P. Identifacation of filamentous microorganisms from activated sludge—a compromise between wishes, needs and possibilities. Water Res, 1989, 23(7): 883-891

[9] Wanner J, Kucman K, Ottova V, Grau P. Effect of anaerobic conditions on activated sludge filamentous bulking in laboratory systems. Water Res, 1987, 21(12): 1541-1546

[10] Wanner J, Kucman K, Grau P. Activated sludge process combined with biofilm cultivation. Water Res, 1988, 22(2): 207-215

[11] Eikelboom D H, van Buijsen H J J. Microscopic sludge investigation manual. Delft NL: IMG-TNO, Report A94a, 1981

[12] Jenkins D, Richard MG, Daigger GT. Manual on the causes and control of activated sludge bulking and foaming. 2nd edition. Bocca Raton(FL), USA: Lewis Publishers, 1986

[13] Wanner J, Ruzickova I, Jetmarova P, Krhutkova O, Paraniakova J. A national survey of activated sludge separation problems in the Czech Republic: Filaments, floc characteristics and activated sludge metabolic properties. Water Sci Technol, 1998, 37(4-5): 271-279

[14] Wanner J, Ruzickova I, Krhutkova O, Pribyl M. Activated sludge population dynamics and wastewater

treatment plant design and operation. Water Sci Technol,2000,41(9):217-225

[15] Wanner J. The implementation of bulking control in the design of activated sludge systems. Water Sci Technol,1994,29(7):193-202

[16] Wanner J. Activated sludge bulking and foaming control. USA: Technomic Publishing, Co Lancaster (PA),1994

[17] Kos M,Wanner J,Sorm I,Grau P. R-D-N activated sludge process. Water Sci Technol,1992,25(4-5): 151-160

[18] Krhutkova O,Ruzickova I,Wanner J. Microbial evaluation of activated-sludge and filamentous population at eight Czech nutrient removal activated-sludge plants during year 2000. Tandoi V, Passino R, Blundo M C,eds. Proc of the 3rd IWA International Specialised Conference on Microorganisms in Activated-Sludge and Biofilm Processes. 13-15 June Rome Italy,2001

[19] Blackbeard J R,Gabb D M D,Ekama G A,Marais G V. Identification of filamentous organisms in nutrient removal activated sludge plants in South Africa. Water Sa,1988,14(1):29-33

[20] Eikelboom D H. Effect of N and P removal on the settling properties of activated sludge(in Dutch). TNO report R93/074,1993

[21] Kristensen G H,Jorgensen P E,Nielsen P H. Settling characteristics of activated sludge in Danish treatment plants with biologival nutrient removal. Water Sci Technol,1994,29(7):157-165

[22] Andreasen K,Sigvardsen L. Experiences with sludge settleability in different process alternatives for nutrient removal. Water Sci Technol,1996,33(12):137-146

[23] Andreadakis A. Sludge bulking in treatment plants in Greece Final NTUA report to the Greek Secretariat for Research(in Greek),1998

[24] Raunkjaer K,Hvitvedjacobsen T,Nielsen P H. Measurement of pools of protein,carbohydrate and lipid in domestic wastewater. Water Res,1994,28(2):251-262

[25] Eikelboom D H, Andreadakis A, Andreasen K. Survey of filamentous populations in nutrient removal plants in four European countries. Water Sci Technol,1998,37(4-5):281-289

[26] Eikelboom D H,van Buijsen H J J. Microscopic sludge investigation manual 2nd. Delft the Netherlands: TNO Research Institute for Environmental Hygiene,1983,1-81

[27] Sezgin M,Lechevalier M P,Karr P R. Isolation and identification of actinomycetes present in activated sludge scum. Water Sci Technol,1988,20(11-12):257-263

[28] Jenkins D,Richard M G,Daigger G T. manual on the cause and control of activated sludge bulking and foaming. 2nd edition. USA:Lewis Publishers,Bocca Raton(FL),1993

[29] Jacobsen B N,Guildal T,Vestergaard J,Andreasen K,Sigvardsen L. Full scale experience with the control of *Microthrix parvicella*. Proceedings 2nd Int conf on Microorg in Activated-Sludge and Biofilm Processes,Berkeley(CA). 1997

[30] Slijkhuis H. The physiology of the filamentous bcterium *Micorthrix parvicella*. PhD thesis. the Netherlands:Landbouwhogeschool,wageningen,1983

[31] Andreasen K,Nielsen P H. In situ characterization of substrate uptake by *Microthrix parvicella* using microautoradiography. Water Sci Technol,1998,37(4-5):19-26

[32] Nielsen P H,Andreasen K,Lee N,Wagner M. Use of microautoradiography and fluorescent in situ hybridization for characterization of microbial activity in activated sludge. Water Sci Technol,1999,39(1): 1-9

[33] Tandoi V, Rossetti S, Blackall L L, Majone M. Some physiological properties of an Italian isolate of "*Microthrix parvicella*". Water Sci Technol, 1998, 37(4-5): 1-8

[34] Eikelboom D H. Bulking sludge control manual(in dutch). TNO Report R87/358, 1987

[35] Heide B A, Pasveer A. Oxidation ditch: Prevention and control of filamentous bulking. 1974

[36] Eikelboom D H, Grovenstein J. Control of bulking in a full scale plant by addition of talc (PE 8418). Water Sci Technol, 1998, 37(4-5): 297-301

[37] Eikelboom D H, Geurkink B. Filamentous micro-organisms observed in industrial activated sludge plants. Water Sci Technol, 2002, 46(1-2): 535-542

[38] Andreasen K, Nielsen P H. Application of microautoradiography to the study of substrate uptake by filamentous microorganisms in activated sludge. Appl Environ Microb, 1997, 63(9): 3662-3668

[39] Nielsen P H, Andreasen K, Wagner M, Blackall L L, Lemmer H, Seviour R J. Variability of type 021N in activated sludge as determined by in situ substrate uptake pattern and in situ hybridization with fluorescent rRNA targeted probes. Water Sci Technol, 1998, 37(4-5): 423-440

[40] Knoop S, Kunst S. Influence of temperature and sludge loading on activated sludge settling, especially on Microthrix parvicella. Water Sci Technol, 1998, 37(4-5): 27-35

[41] Jacobsen B N, Guildal T, Vestergaard J, Andreasen K, Sigvardsen L. Full scale experience with the control of *Microphrix parvicella*. Proceedings 2nd Int Conf on Microorg in Activated Sludge and Biofilm Processes. Berkeley(CA), 1997.

[42] Slijkhuis H, Deinema M H. Effect of environmental conditions on the occurrence of *Microthrix parvicella* in activated sludge. Water Res, 1988, 22(7): 825-828

[43] Istat. Gli impianti di depurazione delle acque reflue urbane. Anno 1993, Informazioni n3, 1996.

[44] Eikelboom D H, van Buijsen H J J. Microscopic sludge investigation manual 2nd ed. Delft the Netherlands: TNO Research Institute for Environmental Hygiene, 1983

[45] Cingolani L, Ciccarelli E. Depurazione biologica a Fanghi Attivi; I microrganismi responsabili di bulking e schiume biologiche. Vol I, Centro Studi Provincia di Perugina, Perugia Italy. 1996

[46] Madoni P, Davoli D, Guglielmi L, Stefanini C. Guida all′ analisi microscopica del fango attivo. AGAC Reggio Emilia and Universita degli Studi di Parma eds. Atlante Fotografico. 1996

[47] Di Marino R, Donadio F, Verdini B. "Alcune esperienze sul controllo del bulking filamentoso e foaming indagini ed interventi proposti". II bulking filamentoso: controllo e gestione. AGAC ed. Reggio Emilia, Italy, 5 Maggio, 1992

[48] Rossetti S, Carucci A, Rolle E. Survey on the occurrence of filamentous organisms in municipal wastewater treatment plants related to theid operating conditions. Water Sci Technol, 1994, 29(7): 305-308

[49] Madoni P, Davoli D, Gibin G. Survey of filamentous microorganisms from bulking and foaming activated-sludge plants in Italy. Water Res, 2000, 34(6): 1767-1772

[50] Pasinetti E, Emondi V. Survey of activated sludge filamentous microorganisms from several North Italian Wastewater Treatment Plants. ACE ed. 6th International Conference and exhibition, Teplice. Crech Republic, 2005

[51] Molinari M, Canziani R. Analisi microscopoca dei fanghi attivati in rimozione biologia dell'azoto: impianti per reflui industriali. Canziani R, Dubini M, Molinari M, eds. Istituto per 1' Ambiente, Milano. 1992

[52] Vismara R. Problemi di sedimentabilita dei fanghi attivi. Ingegneria Ambientale, 1998, 11: 414-427

[53] Davoli D, Guglielmi L. Utilizzo della clorazione nella lotta al bulking filamentoso. Technical Report AGAC Ed. ,Reggio Emilia; December 1998

[54] Davoli D,Madoni P,Guglielmi L,Pergetti M,Barilli S. Testing the effect of selectors in the control of bulking and foaming in full scale activated-sludge plants. Water Sci Technol,2002,46(1-2):495-498

[55] Bargna R,Terzi C,Ramadori R. Bulking-foaming control in the Varese-Olona plant. *In*:Jenkins D,Ramadori R,Cingolani L,eds. Prevention and control of bulking activated sludge. Centro Studi Provincia di Perugia,Italy,1993

[56] Eikelboom D. Control of *Microthrix parvicella* by addition of PAX 14. TNO Report R 97/305,1997

[57] JSWA. Survey report on measures to control activated sludge bulking and foaming. Intermediate Reprot Ⅰ(in Japanese),1983

[58] JSWA. Survey report on measures to control activated sludge bulking and foaming. Intermediate Reprot Ⅰ(in Japanese),1984

[59] JSWA. Survey report on measures to control activated sludge bulking and foaming(in Japanese),1985

[60] JSWA. Survey report on measures to control activated sludge bulking and foaming(in Japanese),1986

[61] Yumikura J,Ishi M. Survey on effective separation of activated sludge. Annual Report of Japan Sewage Works Agency(in Japanese),1998

[62] JSWA. Survey report in activated sludge separation problems(in Japanese),1994

[63] Mino T. Survey on filamentous microorganisms in activated sludge processes in Bangkok,Thailand. Water Sci Technol,1995,31(9):193-202

[64] Kohno T. Microbiological study on activated sludge bulking. PhD thesis,Yamanashi University,1987

[65] Kohno T. Morphology,physiology and nutrition of a sulfur-oxidizing filamentous organism isolated from activated sludge. Water Sci Technol,1988,20(11-12):241-247

[66] Kanagawa T,Kamagata Y,Yamada K,Kohno T. Diversity of Type 021N isolated from bulking sludges. Proc 1st Symposium of Japan Society on Water Environment,1998:205-206(in Japanese)

[67] Richard M G,Hao O J,Shimiju G,Jenkins D. The isolation and characterization of filamentous microorganisms from activated sludge bulking. National Science Foundation Report,December,1981

[68] Strom P F,Jenkins D. Identification and significance of filmentous microorganisms in activated sludge. Journal Water Pollution Control Federation,1984,56(5):449-459

[69] Parker D,Ekama G,Melcer H,van Niekirk A. Full-scale evaluation of factors affecting the performance of anoxic selectors. Water Environ Res,1998,70(6):1225-1228

[70] Marten W L,Daigger G T. Full-scale evaluation of factors affecting the performance of anoxic selectors. Water Environ Res,1997,69(7):1272-1281

[71] Marten W L,Daigger G T. Closure to: Full-scale evaluation of factors affecting the performance of anoxic selectors. Water Environ Res,1998,70(6):1229-1231

[72] Murakami C,Babcock J. Effect of anoxic selector detention time and mixing rate on denitrification rate and control of *Sphaerotilus natans* bulking. Proceedings of the Water Environmental Federation, 71st Annual Conference & Exposition,Wastewater Treatment Research and Municipal Wastewater Treatment,Alexandria (VA),USA,1998,1:89-98

[73] Shao Y J,Starr M,Kaporis K,Kim H S,Jenkins D. Polymer addition as a solution to *Nocardia* foaming problems. Water Environ Res,1997,69(1):25-27

[74] Fainsod A,Pagilla K R,Jenkins D,Pitt P A,Mamais D. The effect of anaerobic selectors on nocardioform

organism growth in activated sludge. Water Environ Res,1999,71(6):1151-1157

[75] Bastain M,Parks J A,Bordacs K,Philp J. Effect of high temperature on filament growth and nitrifier activity in an activated sludge process: A pilot study. Proceedings of the Water Environmental Federation, 72nd Annual Conference & Exposition,1999:CD-ROM,Alexandria (VA),USA

[76] Ward D B,Oldham K,Abraham. Resolution of capacity constraints and performance varations in a biological nutrient removal process. Proceedings of the Water Environmental Federation,72nd Annual Conference & Exposition,1999:CD-ROM,Alexandria (VA),USA,89-98

[77] Nakhla G,Lugowski A. Full-scale comparative performance assessment of selectors and intermittent aeration for filament control. Proceedings of the Water Environmental Federation,72nd Annual Conference & Exposition,1999:CD-ROM,Alexandria (VA),USA,89-98

[78] Rein D A, Paulson S. Selectors for high strength industrial wastewater treatment. Proceedings of the Water Environmental Federation,70th Annual Conference & Exposition,Remediation of soil & groundwater and industrial issues & treatment technology,1997:CD-ROM,Alexandria (VA),USA

[79] Barber J B, Bullard C M, J. MJA. Nitrogen supplementation strategy for variable-strength industrial wastewater. Proceedings of the Water Environmental Federation, 70th Annual Conference & Exposition,Remediation of soil & groundwater and industrial issues & treatment technology,1997:CD-ROM, Alexandria (VA),USA,551-557

[80] Adey A H,McClintock S A. Control of filamentous bulking in a complete-mix activated sludge process treating high-strength industrial wastewater. Proceedings of the Water Environmental Federation, 69th Annual Conference & Exposition, Remediation of soil & groundwater and industrial wastes, 1996, 3: 395-404

[81] Boe R S, Givens D, Jenkins D, Daigger G T. Use of selectors for bulking control in an industial wastewater activated sludge treatment plant. Proceedings of the Water Environmental Federation, 69th Annual Conference & Exposition, Remediation of soil & groundwater and industrial wastes, 1996, 3: 487-497

[82] Pagilla K R,Jenkins D,Kido W H. *Nocardia* control in activated sludge by classifying selectors. Water Environ Res,1996,68(2):235-239

[83] Ekster A,Jenkins D. *Nocardia* Foaming Control in a BNR Plant. Proceedings of the Water Environment Federation, 72nd Annual Conference&Exposition, Water Environment Federation Alexandria VA CD-ROM. 1999

[84] Nguyen T P,Hilal N,Hankins N P,Novak J T. The relationship between cation ions and polysaccharide on the floc formation of synthetic and activated sludge. Desalination,2008,227(1-3):94-102

[85] Nguyen T P,Hilal N,Hankins N P,Novak J T. Determination of the effect of cations and cationic polyelectrolytes on the characteristics and final properties of synthetic and activated sludge. Desalination, 2008,222(1-3):307-317

[86] Novak J T,Higgins M J,Love N G. The effect of cationic salt addition on the settling and dewatering properties of an industrial activated sludge-Closure. Water Environ Res,1999,71(2):252-254

[87] Novak J T,Love N G,Smith M L,Wheeler E R. The effect of cationic salt addition on the settling and dewatering properties of an industrial activated sludge. Water Environ Res,1998,70(5):984-996

[88] Higgins M J,Novak J T. Characterization of exocellular protein and its role in bioflocculation. J Environ Eng-asce,1997,123(5):479-485

[89] Murthy S N, Novak J T. Effects of potassium ion on sludge settling, dewatering and effluent properties. Water Sci Technol, 1998, 37(4-5): 317-324

[90] Higgins M J, Novak J T. Dewatering and settling of activated sludges: The case for using cation analysis. Water Environ Res, 1997, 69(2): 225-232

[91] Murthy S N, Novak J T, De Haas R D. Monitoring cations to predict and improve activated sludge settling and dewatering properties of industrial wastewaters. Water Sci Technol, 1998, 38(3): 119-126

第 10 章　污泥膨胀的研究热点和进展

国内外 90%以上的城市污水和 50%左右的工业废水采用活性污泥法处理。污泥膨胀是活性污泥法自问世以来在运行管理中，一直困扰人们的难题之一，不仅发生率高，而且普遍存在。如何控制和预防污泥膨胀成了国内外研究的热点和难点。迄今为止，国外对污泥膨胀的机理、控制与预防进行了大量深入的研究[1]，研究主要集中在丝状菌的分离与鉴定上，目前已经鉴别出了存在于不同条件下的各种优势丝状菌[2-3]，并对各种丝状菌形态和生理特性进行了大量研究，认识到了丝状菌在活性污泥絮体的组成、结构和形态上发挥了重要作用，提出了低溶解氧导致丝状菌增殖的理论解释[4-5]，以及大量的关于污泥膨胀的控制与预防和数学模型的研究[6-8]。

10.1　低 DO 污泥微膨胀节能方法的发现、提出及理论基础

由于活性污泥膨胀长期困扰污水处理厂的稳定运行，国内对此也投入了大量的研究，研究方向和国外的大致相同，多集中在污泥膨胀的预防与控制等方面[9-10]。但是到目前为止，国内外还尚未出现利用丝状菌生理生态特性、针对利用丝状菌污泥膨胀的节能理论与方法的报道。

本课题组在长期研究污泥膨胀控制与防治的过程中，发现很多污水处理厂由于供氧不足引起了污泥膨胀，但并没有导致污泥流失，相反出水水质有所改善。并基于对污水处理厂运行情况的实际考察，提出了低溶解氧污泥微膨胀节能理论与方法[11]。本节在介绍低溶解氧污泥微膨胀节能方法的发现和提出的基础上，对低溶解氧引发丝状菌适度生长、丝状菌和微膨胀在提高出水水质的重要作用，以及利用低溶解氧微膨胀来节能的机理进行了理论分析。

10.1.1　低溶解氧污泥微膨胀节能方法的发现

北京市某污水处理厂承担着北京市总计 $86km^2$ 流域范围内的污水治理，服务人口 48 万，占地 $24hm^2$，设计水量为 20 万 m^3/d。该厂采用氧化沟工艺，污水经格栅、沉砂池预处理，先后进入厌氧选择池和氧化沟进行二级处理，氧化沟处理后的混合液经二沉池沉淀后上清液排放。该污水处理厂主要工艺参数为：污泥龄控制在 16d 左右；回流比为 100%～120%；污泥浓度在 4000～6000mg/L；BOD_5 污泥负荷为 0.03～0.12kgBOD_5/(kgMLSS · d)；水力停留时间 17h 左右。自 2000 年

运行以来，处理效果稳定，出水水质很好，活性污泥沉降性能较好。但是在 2002 年冬天，曾因曝气设备发生故障，致使曝气池内溶解氧浓度降低，发生了丝状菌污泥膨胀，并持续了半年。对发生污泥膨胀前后的运行数据和污水处理效率进行分析，在低溶解氧条件下发生丝状菌污泥膨胀后，处理出水水质良好，对污染物的处理能力并没有下降。污泥膨胀期间污水处理厂的运行情况对比如表 10-1 所示。污泥膨胀前后的处理出水水质变化不大，出水仍可达标排放。膨胀期间 TP 的去除率大大提高，由原来的 48.9%提高到 76.6%。氨氮去除率降低主要是为了提高曝气池内的 DO 浓度，人为加大排泥量，降低了曝气池内的 MLSS 浓度所致。此外，需强调的是丝状菌污泥膨胀期间，二沉池出水非常清澈。

表 10-1 污泥膨胀期间和污泥沉降性能良好时的去除效率

去除率	污泥沉降性良好期间平均值/%	整个污泥膨胀期间平均值(6 个月)/%	污泥膨胀较严重期间平均值(1 个月)/%
COD	90.4	90.7	90.7
BOD_5	94.8	94.6	95.1
SS	93.0	94.4	95.1
TN	75.0	68.8	75.7
TP	48.9	76.6	85.4
NH_4^+-N	96.3	90.6	91.2

发生污泥膨胀后，除了考察出水水质外，另一个关键问题在于是否会出现污泥流失的问题，其关系到曝气池能否维持原有污泥浓度，能否保证处理系统稳定运行。实际的运行情况表明，污泥膨胀本身只是使污泥的沉降性能变差，并没有发生污泥流失的现象，曝气池内污泥浓度维持在 4000～6000mg/L，SVI 大多在 200mL/g 左右。污泥膨胀期间的 SV、SVI、MLSS 变化情况见图 10-1 所示。

除此，该方法在重庆市忠县州屏污水处理厂实际运行中得到了进一步的验证。该污水处理厂采用改良 A/O(anoxic/aerobic，缺氧/好氧)氧化沟工艺，为降低曝气能耗，特意将 3 台表面曝气机曝气减少为 2 台表面曝气机曝气，曝气池内 DO 浓度由原来的 2.0mg/L 降低到 0.5～0.8mg/L，发生了丝状菌污泥微膨胀。但是对比发现，日耗电量节省了 20%，总氮去除率从 45%增加到 75%，总磷、COD、BOD 去除率仍然维持原来水平。

基于对上述实际污水处理厂的生产实践，发现低溶解氧引起了污泥膨胀，污泥膨胀程度轻微，没有导致二沉池内污泥流失，而且出水水质得到了一定改善，并达到了节能效果。在此基础上提出了低溶解氧污泥微膨胀节能理论与方法。

10.1.2 低溶解氧污泥微膨胀节能方法的提出

活性污泥法污水处理系统在低溶解氧运行下，会导致丝状菌污泥膨胀的发生。

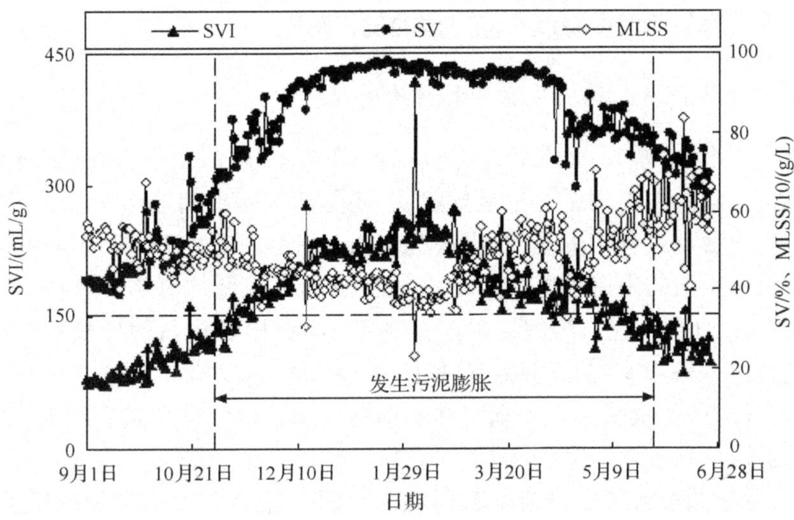

图 10-1　北京某污水处理厂发生污泥膨胀期间 SVI、SV 和 MLSS 的变化

若能保证其他运行和环境条件正常，单纯由低溶解氧引发的污泥膨胀，发生速度很慢，膨胀的程度也有限。低溶解氧活性污泥微膨胀节能方法是调整系统在低氧条件下运行，人为地促使丝状菌适量生长，调节其余参数在正常的范围内，并控制丝状菌增殖程度不影响沉淀池中的泥水分离。由于丝状菌延长的菌丝和较大的比表面积，具有较强的降解低浓度底物的能力，且能够形成网状污泥，更好地网捕水中细小的悬浮物。与正常溶解氧控制条件下的出水相比，不仅提高了对悬浮物的去除能力、得到更清澈的出水，同时由于大大节约了供氧量，从而也达到节能的目的。

低溶解氧污泥微膨胀从膨胀程度、引发因素、SVI 范围、是否节能等几方面有别于经常发生的较为严重的污泥膨胀(表 10-2)，其主要区别在于污泥微膨胀是由单一的低 DO 引发的，膨胀程度轻微，SVI 能维持在一定范围内(150～250mL/g)。二者最大的区别在于由低溶解氧引起的污泥微膨胀意味着污水的节能处理。

表 10-2　污泥微膨胀与较严重污泥膨胀的区别

项目	污泥微膨胀	较严重的污泥膨胀
膨胀程度	轻微	严重
SVI/(mL/g)	150～250	>250
是否引起污泥流失	不会	经常
引发因素	主要是低 DO	众多因素：过高或过低负荷、低 DO、低 pH、低温度、冲击负荷、水质等
出水情况	COD 和 SS 去除率提高，其余指标去除率可保持不变	污泥流失导致出水水质恶化
是否节能	节能	不节能

10.1.3　低溶解氧污泥微膨胀节能方法的理论基础

1. 低溶解氧下丝状菌适度生长的理论解释

根据 Chudoba 等[4-5]提出的动力选择性理论，活性污泥中存在菌胶团细菌和丝状菌两类不同的微生物。无论是丝状菌，还是菌胶团细菌的生长都需要氧，溶解氧是它们代谢活动过程中的基质，当曝气池内溶解氧不足时(即低溶解氧)，溶解氧就成为微生物生长的限制性基质。由于丝状菌具有较低的氧饱和常数 K_S和最大比生长速率 μ_{max}值[6]，在低溶解氧浓度条件下，具有相对较高的生长速率，从而具有竞争优势。另外，丝状菌还具有比表面积大的特点，结合扩散选择理论[12-13]，在低溶解氧条件下，丝状菌将充分利用其生理和生态特性快速繁殖。综上，低溶解氧条件容易引发丝状菌污泥膨胀。

但是，对于低溶解氧是否会引起严重的污泥膨胀目前没有从理论层面进行过深入的探讨。从笔者课题组前期进行的大量试验和其他学者的研究报道看，单纯的靠低溶解氧不会导致恶性的污泥膨胀[8]。目前，很多学者已建立了关于污泥膨胀的数学模型。Cenens 等[7]建立了基于动力学选择的污泥膨胀数学模型，该模型指出，如果不考虑丝状菌的骨架作用，仅仅靠丝状菌和菌胶团菌在底物竞争中的差异不会出现二者共存的现象。

2. 丝状菌及微膨胀在提高出水水质中的重要作用

1) 较高的 COD 去除率

微生物的比净增长速率由式(10-1)确定：

$$\mu = Y\frac{\mu_{max}S}{K_S + S} - K_d \tag{10-1}$$

式中，μ、μ_{max}分别为微生物的实际和最大比生长速率，d^{-1}；K_S为半饱和常数，即当 $\mu=\mu_{max}/2$ 时的底物浓度，mg/L；S 为底物浓度，包括 DO 浓度，mg/L；K_d为微生物的衰减系数，d^{-1}；Y 为微生物产率系数，kg/kg。

按照式(10-1)可得处于稳态条件下的最小基质浓度(S_{min})的表达式：

$$S_{min} = K_d \cdot K_S/(Y\mu_{max} - K_d) \tag{10-2}$$

在丝状菌与菌胶团菌共生的系统中，由于丝状菌具有较低的 K_S和 μ_{max}，则其 S_{min}值较小，因而丝状菌的存在保证获得低浓度的出水水质，从而保证净化效率。

此外，根据动力学选择理论，丝状菌和菌胶团菌是两种不同类型的微生物，如图 10-2 所示。当底物浓度低于 S_0时，丝状菌的比生长速率 (μ_1) 高于菌胶团菌比生长速率 (μ_2)，而微生物比增长速率与底物比降解速率成正比，如式(10-3)～(10-4)所示：

$$\mu_1 = Y_1 v_1 \tag{10-3}$$

$$\mu_2 = Y_2 v_2 \tag{10-4}$$

式中，v_1 和 v_2 分别为丝状菌和菌胶团菌对应的底物比降解速率，Y_1 和 Y_2 分别为丝状菌和菌胶团菌的产率系数；将式(10-3)和式(10-4)做比例，可以得出 $\frac{v_1}{v_2} = \frac{\mu_1 Y_2}{\mu_2 Y_1}$，由于 $Y_2 > Y_1$，$\mu_1 > \mu_2$，可推知 $v_1 > v_2$，即在低浓度底物条件下，丝状菌对应的底物比降解速率高于菌胶团菌对应的底物比降解速率。

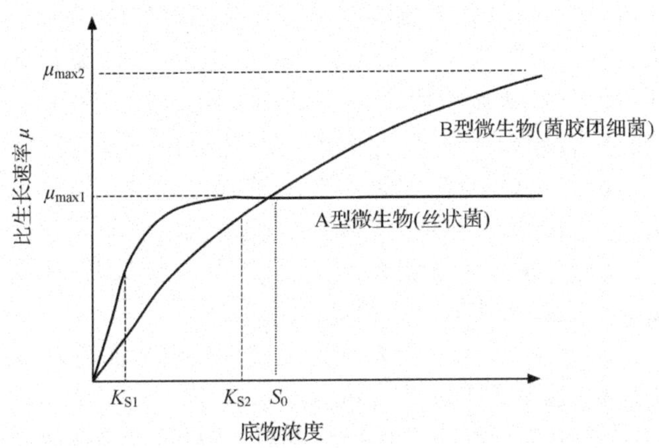

图 10-2　两种微生物在不同底物浓度下的选择性竞争

2）较高的 SS 去除率

菌胶团和丝状菌在竞争中出现严重失衡，将会对污水处理厂的正常运行带来不良影响。如果污水处理系统中菌胶团占绝对优势而丝状菌几乎不存在时，会出现由于丝状菌过少而缺少骨架作用导致的“针状污泥”(pin-point sludge)，这种污泥絮体小，虽然污泥沉降性好，但是出水的 SS 和浊度会严重升高；如果系统中丝状菌繁殖过多，虽然出水的 SS 和浊度会明显降低，但污泥的沉降性会大大降低，出现严重的污泥膨胀会导致二沉池内污泥的流失，甚至整个处理系统将会崩溃。而适宜数量的丝状菌形成的污泥絮体网状结构在沉淀过程中对上升水流起到过滤作用，并吸附和截流水中细小颗粒物和游离细菌，又可保持良好的沉降性能，从而产生清澈的出水水质。

3）较高的脱氮除磷效率

采用低溶解氧污泥微膨胀方法不但不会造成系统 COD 和 SS 去除率的下降，反而会提高它们的去除率。但对于脱氮除磷系统来说，低溶解氧运行下系统的脱氮除磷效果会不会恶化更值得关注。

对于脱氮系统，溶解氧作为氨氧化菌(AOB)和亚硝酸氧化菌(NOB)的反应底物，其值的高低严重影响硝化速率的大小。如果溶解氧过低，则硝化反应速率将会变慢，会导致一定的水力停留时间内硝化反应不能完全进行，出水氨氮浓度将会升高。系统长期的在低溶解氧下运行，可能出现氨氧化菌和亚硝酸氧化菌增长缓慢而逐渐从系统中淘洗出去，将意味着系统硝化功能的丧失。但是利用低溶解氧来实现污泥微膨胀节能不一定意味着硝化效果的恶化。近几年许多研究表明，在较低的溶解氧条件下系统仍然能够维持较好的硝化效果，而且容易出现亚硝酸氮的积累，从而实现短程硝化[14-16]。Hanaki 等[17]的研究结果表明，当溶解氧浓度低于 0.5mg/L 时，反应器中氨氧化菌的氨氧化速率并未受到影响。相反，反硝化过程应该在严格的缺氧条件下进行，如果缺氧区存在分子态氧气，则系统的反硝化效果将会恶化。对于 A/O 工艺，如果好氧区的溶解氧浓度过高，则硝化回流液中的溶解氧势必会破坏系统首端缺氧环境，从而导致反硝化效果的恶化，出水的硝态氮浓度升高。因此，要想获得较好的反硝化效果，应该控制好氧末端的溶解氧处于较低的水平。此外，实现同步硝化反硝化最重要的控制方法就是维持系统在较低的溶解氧条件下运行。大量的研究表明，维持好氧段在低溶解氧下运行能实现较好的同步硝化反硝化，这将会提高系统整体的脱氮效果[18-19]。因此采用低溶解氧污泥微膨胀节能方法不一定会造成系统脱氮效果的下降。

对于生物强化除磷系统，控制厌氧段的厌氧条件极为重要，它直接影响到聚磷菌在此阶段的生长状况、释磷能力及有机基质合成 PHA 的能力，从而影响到其在好氧段的过量摄磷能力。若厌氧段存在溶解氧，一方面它将作为最终电子受体而抑制厌氧菌的发酵产酸作用，妨碍或抑制磷的释放；另一方面由于氧的存在而发生的好氧作用消耗了一定数量的有机基质，不利于聚磷菌储存足够底物。厌氧段的 DO 应控制在 0.2mg/L 以下。为最大限度地发挥聚磷菌的吸磷作用，必须在好氧段供给足够 DO，以满足聚磷菌对其储存的 PHA 降解时对最终电子受体 DO 的需求，实现最大限度地转化 PHA 而释放出足够的 ATP，供其过量吸磷之需。一般应将此段的 DO 控制在 2mg/L 左右。故较低的溶解氧对于放磷具有正面影响，而对于吸磷具有负面影响，但对于带有回流系统的除磷工艺，维持好氧段在低 DO 下(1mg/L 左右)运行，有利于厌氧段磷的释放，而且不会影响好氧段的吸磷。此外，陈滢等[20]考察了低溶解氧条件下 SBR 系统的除磷性能，在全程低氧曝气的 SBR 系统内聚磷菌可得到富集，并出现了明显的放磷、过量吸磷现象。在最佳的 BOD_5 污泥负荷[0.26kgBOD_5/(kgMLSS · d)]条件下，其 COD 去除率为 85%，除磷效率为 96%，出水 PO_4^{3-}-P 的浓度<1.0mg/L。因此，采用低溶解氧污泥微膨胀节能方法不一定会造成系统除磷效果的下降。而且有研究报道采用厌氧-低氧的运行方式，不仅能保证好氧段磷的充分吸收，而且在好氧段实现了同步硝化反硝化，这进一步节约了曝气能耗[21]。

3. 利用低溶解氧污泥微膨胀节能的原理

由双膜理论可知，在气膜中存在氧的分压浓度，在液膜中存在氧的浓度梯度，它们是氧转移的推动力。而氧难溶于水，因此氧转移决定性的阻力集中在液膜上，通过液膜的转移速度是氧转移过程的控制速度。而氧气在混合液中的传递速度由式(10-5)表示：

$$\frac{\mathrm{d}c}{\mathrm{d}t}=K_La(c_S-c) \tag{10-5}$$

式中，K_La 为氧总转移系数，1/h；c_S和 c 分别为氧的饱和浓度和液体中氧的浓度，mg/L。

当混合液中氧的浓度维持在较低的水平时，相对于高溶解氧比，由于具有较大的推动力，氧的转移速率也比高溶解氧时高。当混合液中氧的浓度为零时，由于具有最大的推动力，对应的氧转移速率最大。因此，如果采用低溶解氧污泥微膨胀方法处理污水，将会提高氧转移速率，从而达到节能的效果。

10.2 图像分析在控制污泥膨胀中的应用

10.2.1 图像分析技术简介

1. 图像分析技术的发展

图像是各种观测系统以不同形式和手段去感知客观世界而获得的，可以直接或间接作用于人的视觉系统的实体。图像分析就是以各种图像为研究对象，研究它的获取、传输、存储、变换、显示、理解与综合利用的一门学科。广义上讲，图像分析包括模拟图像分析(如早期照相店的手工修改照片)和数字图像处理；后者通常又称为计算机图像分析或简称为图像分析。现代图像分析产生于 20 世纪 60 年代，美国一家公司引进了可以存储全黑和全白图像的图像分析器。借助该图像分析器，可将图像以一系列点的坐标的形式被存储。几个月之后，该公司又推出了二进制式图像分析器。这种图像分析器将像素二进制化，转换成 64 灰度级的图像。20 世纪 50 年代中期，在美国太空探索计划的推动下，美国喷气推进试验室(Jet Propulsion Laboratory)为了处理“徘徊者 7 号”太空船送回的 4000 多张月球照片，应用了计算机图像处理技术，获得了空前清晰的效果。到 20 世纪 70 年代初，随着以计算机和计算技术为核心的信息科学的发展，图像处理和分析技术得到蓬勃的发展与应用。特别是 20 世纪 90 年代开始，计算机多媒体技术的发展对图像处理产生了巨大的促进和推动作用，图像分析技术已经从航空航天、军事等走向遥感、地质、医学、生命科学、材料科学、气象工程、交通工程等众多领域，甚至走向了人们的日常生活，发挥着越来越重要的作用。

2. 图像分析的基本过程

图像分析过程大体包含 5 个不同的阶段，这 5 个阶段逻辑上相互衔接，即：图像显示、图像增强、图像分割、数学形态学操作和特征信息的提取。其中，图像分割和数学形态学操作是最重要的两部分。

所谓图像分割是指根据灰度、彩色、空间纹理、几何形状等特征把图像划分成若干个互不相交的区域，使得这些特征在同一区域内，表现出一致性或相似性，而在不同区域间表现出明显的不同。简单地讲，就是在一幅图像中，把目标从背景中分离出来，以便于进一步处理。图像分割是图像处理与计算机视觉领域低层次视觉中最为基础和重要的领域之一，它是对图像进行视觉分析和模式识别的基本前提。分割最常使用的方法是阈值化方法，其在实时处理和简单系统中的应用最广泛。阈值法是利用图像的灰度特征来选择一个(或多个)最佳灰度阈值，并将图像中每个像素的灰度值与阈值相比较，最后将对应的像素根据比较结果分到合适的类别中，把属于同一部分的像素视作同一个物体。若把 M×N 的二维图像 X 在像素 (i,j) 处的灰度值记为 f，设 t 为该图像的一个灰度阈值，则用阈值 t 分割目标与背景的分割原则为

$$\text{目标部分：} O = \{f(i,j) \leqslant t \mid (i,j) \in X\}$$
$$\text{背景部分：} B = \{f(i,j) > t \mid (i,j) \in X\}$$

对于目标与背景的灰度级有明显差别的图像，其灰度直方图的分布呈双峰状，两个波峰分别与图像中的目标和背景相对应，波谷与图像边缘相对应。当分割阈值位于谷底时，图像分割可以取得很好的效果。

数学形态学是以形态为基础对图像进行分析的一种数学工具。用具有一定形态的结构单元去度量和提取图像中的对应形状特征，从而对图像进行分析和识别，以达到简化图像、保持其基本的结构形态并除去不相干结构单元影响的目的。数学形态学基本运算包括：膨胀、腐蚀、开启和闭合。其中主要的形态学处理为：膨胀和腐蚀。膨胀操作增加目标边缘的图素，使边缘图像得到延伸。而腐蚀操作去除目标边缘的图素，使边缘部位相对较高的灰度值降低，从而边缘会向灰度值高的区域内收缩。通过数学形态学对二值图像进行加强后，能更好提取图像中对应的形状特征，以达到对图像分析和识别的目的。

3. 图像分析技术的应用

针对具体对象的图像分析技术，已经应用在工业、检测、遥感、计算机、军事等技术中。①工业自动化方面：如机器手抓取物体，自动操纵线焊机和切削刀具，与制造超大规模集成电路有关的工艺如引线焊接、片子对准和封装，对于油井现场或地震资料的大量数据进行监测和筛选，对自动装配和修理提供视觉反馈。②检测

方面：如检查印刷电路板上的尖角、短路和连接不良，检验铸件中的杂质和裂缝，筛选医学图像和断层图像，常规筛选工厂产品。③遥感方面：如制图学、交通监控、资源管理、矿物勘探。④计算机应用方面：如信息系统管理，文件阅读机，建筑和机械工程的计算机辅助设计。⑤军事方面：如跟踪运动物体、自动导航、目标搜索和测距等。

10.2.2　图像分析技术在污泥膨胀中的应用

污泥膨胀是活性污泥法运行管理中常见的问题，其根本原因是菌胶团菌和丝状菌竞争不平衡所致。过去，主要通过在显微镜下人工计数的方法来研究絮体特征、估算丝状菌含量，整个过程十分枯燥、耗时，而且分析结果受主观影响较大。数字图像分析技术的引入，使研究人员从乏味和耗时的工作中解脱出来。同时克服了人工分析的主观性，从图像中提取定量数据，研究结果客观可靠高效[22]。

1. 活性污泥图像处理分析的基本流程

如前所述，活性污泥图像分析的基本流程包括了图像显示、图像增强、图像分割、数学形态学操作和特征信息提取等五个阶段。图10-3为一典型活性污泥图像的分析流程。首先调出显微镜获取的活性污泥图像，并以768×576像素的灰度图像(GL)读取。再通过背景影像，运用直方图平滑、线性变换或halo抑制等方法，增强灰度影像。所得图像采用灰度阈值算法进行自动分割，得到二值图像。在二值图像中，絮体和丝状菌或小碎片之间的差异主要在于大小上，经过两次开启操作后剩下的就被认为是絮体，并从原二值图像中拿掉。丝状菌和小碎片则是通过大小和回转半径两个参数进行区分的：投影面积大于200像素、回转半径大于1的目标被确定为丝状菌[23]。

完成个体识别后，实际工作中往往需要对絮体或丝状菌的大小、长度等形态学参数进行统计，这一过程也就是特征信息提取。活性污泥中丝状菌和絮体的常用参数的计算方法如下[22]。

1）丝状菌特征参数

(1) 丝状菌总数(Fil Nb)：先去除小于12像素的分支，再将端点总数除以2。

(2) 丝状菌平均长度(L)：丝状菌骨架所占像数总数乘以参数1.1222，该参数是用来消除因丝状菌生长方向不同，重叠或分断引起的缺失。

(3) 丝状菌总长度(TL)：图像里各丝状菌骨架所占像数总合乘以参数1.1222。

2）絮体特征参数

(1) 絮体总数(Floc Nb)：没有被图像边界分断的絮体总数。

(2) 絮体平均面积(A)：絮体所占总面积(以像素计)，除以絮体总数。

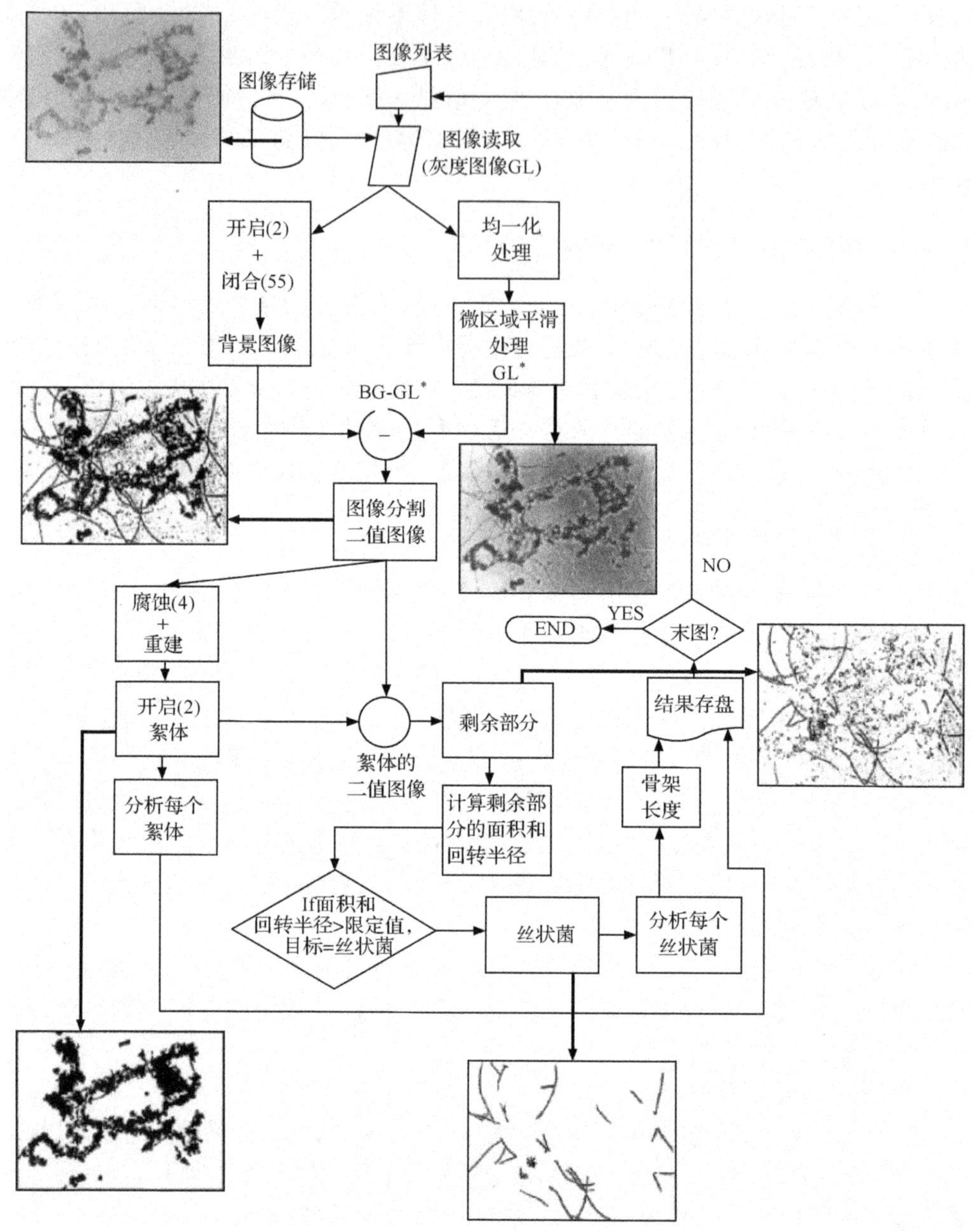

图 10-3　活性污泥图像处理流程图

(3) 絮体总面积(TA)：所有絮体所占总像素。

(4) 延展率(Ext)：目标絮体的面积和它的包围盒面积(bounding box area)的比值。

(5) 偏心率(Ecc)：由絮体面积(A)和絮体的二阶矩(M_2)按式(10-6)计算：

$$\mathrm{Ecc} = \frac{(4\pi)^2\ (M_{2X} - M_{2Y})^2 + 4M_{2XY}^2}{A^2} \tag{10-6}$$

(6) 凸率(Conv)：凸面周长与絮体总周长比值。

(7) 圆度(Round)：由絮体面积(A)与凸面周长(P_{Conv})按式(10-7)计算：

$$\mathrm{Round} = \frac{4\pi A}{P_{\mathrm{Conv}}^2} \tag{10-7}$$

(8) 密实度(Comp)：由絮体面积(A)与费雷直径(Feret diameter)按式(10-8)计算：

$$\mathrm{Comp} = \frac{\sqrt{(4/\pi)A}}{F_{\max}} \tag{10-8}$$

(9) 实度(Sol)：絮体面积(A)与凸面包围区面积的比值。

3) 组合参数

(1) 单位面积絮体丝状菌长度(L/A)：选定絮体所含丝状菌长度与该絮体面积的比值。

(2) 单位面积絮体丝状菌平均长度(TL/TA)：所有絮体所含丝状菌长度与所有絮体所占面积的比值。

(3) 单位质量污泥丝状菌长度(TL/TSS)：总丝状菌长度与总悬浮固体质量的比值。

2. 图像分析技术在污泥膨胀中应用的研究进展

Li 等[24]首次应用图像分析系统来定量描绘活性污泥絮体的特征，他们对絮体的几何学特征如最长尺寸、宽度、当量直径、截面面积、周长和圆度进行测定。Grijspeerdt等[25]将一放大倍数为 50 倍的显微镜与一暗视场照明系统结合，通过图像分析来分析絮体形状以判断污泥沉降性能，结果发现只能分辨出图像中大块的污泥絮体。随后，通过对描绘絮体形态学的参数(对絮体形状、大小、轮廓规则程度的定量描述)、三维纵横比、圆度和分形维数的测定分析，他们总结出这些特定的参数，并发现污泥沉降性能对形态学参数的变化很敏感。

da Motta 等在 2001 年开发了一个自动分析程序，利用光学显微镜图像估计丝状菌数量、絮体大小和分形尺寸。研究发现，活性污泥形态学参数和反映污泥沉降性能的参数如悬浮固体浓度(SS)和污泥容积指数(SVI)之间有一定的相关性[23,26]。随后，da Motta[27]进一步展开研究，在一中试规模污水处理系统中通过对活性污泥形态学特征的图像分析检测其生物量。在不同温度下分别进行试验。通过对图像中丝状菌的形态学参数，如细丝总长度、细丝数目和絮体尺寸等的探测分析得出污泥容积指数和沉降速率与细丝总长度和数目及絮体尺寸有直接关联性，这为丝状菌引起的污泥膨胀现象提供了简便的分析方法。通过这个图像分析进程，能更方便快捷监测到污水处理厂运行中丝状菌引起的膨胀现象。

Jenne 等[28]研究了一个全自动图像分析系统，自动估计和分析整体或单个细丝和絮体的特性。该研究将此图像分析系统作为一个监测工具，观测活性污泥系统中丝状菌引起的污泥膨胀发生之前或之后的絮体形状变化及菌丝的生长规律，并与污泥沉降性能（以污泥容积指数表示）进行相关分析。分析结果表明，每个图像中的菌丝长度变化与污泥容积指数有很强的关联性。另外，絮体受到大量丝状菌生长的影响，平均絮体尺寸发生显著变化，图像分析中描述絮体的形态学参数随之变化，主要体现在以下两点：①随着丝状菌的大量繁殖，絮体被拉得更长，圆度降低，简化的回转半径（reduced radius of gyration）增加。②随着丝状菌的大量繁殖，平均分形维数增加，显示更粗糙的边界或更开放的絮体结构。2005 年，Jenen 等[29]进一步定量分析活性污泥性能。研究中，使用光学显微镜（奥林巴斯 BX51），配备 3CCD 彩色录像机（索尼公司 DXC-950P），大量拍摄活性污泥图像，这些图像经数字化处理并通过特定软件以 JPG 格式储存。这些图像通过 MATLAB 数据处理软件对图像进行处理和分析。通过对图像分割、物体识别及对絮体、菌丝和污泥碎片的定量分析和特征描述，发现 SVI 和图像中总菌丝长度间存在显著的相关性，并呈线性关系，而且菌丝丰度和沉降性能之间也有明显的关联性。该图像分析程序能成功区分图像中的污泥碎片，显示出每个图像的碎片总面积和每个图像碎片的数量信息。通过对这些污泥碎片信息与出水中悬浮固体含量之间进行关联性分析，发现两者之间有着很强的关联性，从而可以将图像中污泥碎片的信息反映出水中污泥流失的情况。经过研究表明，图像信息不仅与污泥沉降性能有关，同时也能有效预测出水水质。

10.3 FISH 在丝状菌检测上的应用与研究进展

荧光原位杂交（FISH）技术，具有细胞在测定过程中不被破坏、形状不改变、特异性强、能够真实反映在自然环境下微生物的情况及分布等特点，在环境微生物群落探测分析中已逐渐被广泛应用。本节结合国内外文献报道，将主要介绍 FISH 技术在丝状菌定性及定量上的应用，探讨其在控制污泥膨胀上的意义，并展望该技术在丝状菌鉴定上应用的发展趋势。

10.3.1 定性分析应用

活性污泥絮体中有很多菌种至今仍没有被鉴别出来，因此也没有在册记录，而 1975 年 Eikelboom [2,30] 发展了第一个活性污泥系统中丝状菌的鉴定方法，其依据主要建立在细胞形态特征以及一些细菌染色试验的基础上。该方法与 Jenkins

等[31]提出的有略微的差别的鉴定方法，在世界范围内丝状菌的鉴定上广泛使用。虽然这种鉴定方法能够鉴定许多菌属的丝状菌，但也存在较大局限性。比如，许多丝状菌能够随着外界环境的变化而改变其形态。即使丝状菌的形态一致，其生理特性及种属也相差甚远。Nielsen 等在以 Eikelboom 所建立的丝状菌鉴定方法鉴定为主要丝状菌为 021N 型的 7 个来自澳大利亚、德国以及丹麦的污水处理厂中的污泥进行了荧光原位杂交试验，发现其中 5 个与 021N 型探针杂交上，1 个与发硫菌属探针杂交上，而另一个仍未确定其菌属[32]。建立在形态学上的丝状菌的鉴定需要操作人员训练有素，否则很容易产生错误的判断。而从宏观上来说，越来越多的丝状菌被发现也给丝状菌的鉴定带来了更大的困难。以上这些因素都会对丝状菌的定性研究产生干扰。传统鉴定方法的误导和鉴定的难度使得微观观测技术向分子生物学方向发展。

建立在细菌 DNA 及 RNA 研究上的分子生物学方法近年来发展迅速，16S-23S rRNA 序列数据库的建立更使得 rRNA 靶细胞杂交成为可能。各种针对不同细菌门、种、属甚至核酸片段的探针被开发出来，这些探针既可以在膜上与核酸分子杂交也可以与整个细菌细胞杂交。分子生物学的鉴定方法具有准确、不随环境因素而改变等优点，且相对传统方法而言为丝状菌的定量提供了可能性，从而在近年来得到广泛应用[1]。

10.3.2　定量分析应用

1）人工计数法

FISH 技术在活性污泥菌种鉴定中应用广泛，然而，通过利用该技术手段得到菌种定量上的数据仍受到一定程度的限制。目前 FISH 技术应用于丝状菌定量的方法主要为菌丝长度的测量。据报道，人工计数测量和通过图像分析的自动测定相比，人工测量方法更为准确[33]。这主要是由于菌丝在活性污泥絮体内夹杂并延伸出絮体外围，而图形分析软件的自动域函数不能充分地表示来自于背景里丝状菌；而人工计数测定包含着主观判断，相对而言比自动域函数的测定更加准确。因此，菌丝的测量方法多采用人工计数法。Liao 等[33]通过对 *S. natans* 以及 *L. mucor* 纯菌的培养，使用 FISH 人工计数方法得出了 2 种菌种总菌丝长度（μm/mL）和污泥浓度 VSS（mg/mL）之间的回归线性方程，2 次重复试验得到相同的回归系数，证明该方法的重现性较好，具有较强的可操作性。

2）评价体系法

人工计数法虽然较为准确，但当菌丝稠密或成团时将会给计数造成很大困难，且各回归方程的建立必须通过对纯菌的培养才能得到。新近开发的荧光原位杂交技术的丝状菌定量方法是采用共聚焦激光扫描显微镜（CLSM）与数字图形分析系统相结合，该方法可以完全独立于目标菌种的形态，然而其精确程度与荧光的强度有很大的相关性，从而影响测定结果。无论人工计数还是采用 CLSM 都只能对同菌种的分析结果进行比较，不能对不同菌种的增长进行比较。因此，Hug 等[34]在粗略的评价体系法基础上提出了新的丝状菌定量方法。

其主要步骤如下：

➢ 在荧光染色图片的某一区域内，以灰色表示菌胶团，黑线或圆点表示丝状菌(图 10-4)。

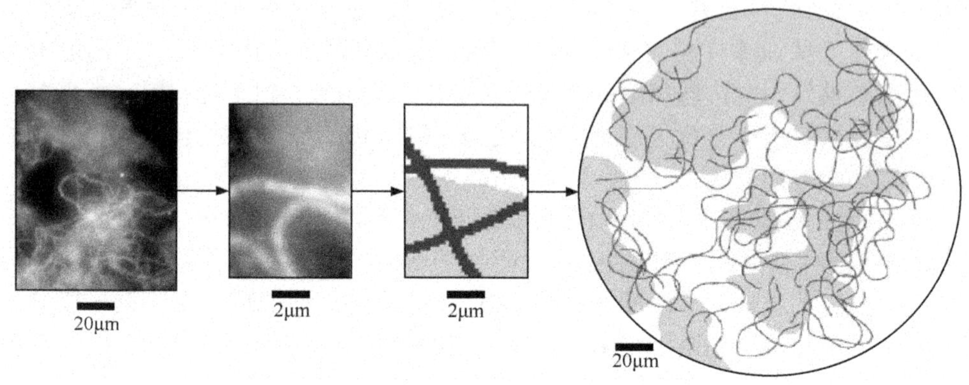

图 10-4 以灰色表示菌胶团，黑线或圆点表示丝状菌

➢ 选取总菌体面积占背景面积 50% 的区域建立 10 等级的评价体系(图 10-5)。

➢ 按建立的评价体系标准，对样品玻片进行随机的观察并记录其等级 x。

➢ 按式(10-9)计算 x 均值，该值即表征丝状菌的数量。

$$\bar{x} = \log_2\left(\frac{1}{n}\sum_{i=1}^{n} 2^{x_i}\right) \tag{10-9}$$

该方法虽然能快速地对丝状菌进行定量分析，但其检测过程采用较多经验常数，其可信度仍需斟酌。

FISH 技术应用于丝状菌定量方向上的技术仍不成熟，随着社会科技的发展，新仪器及新技术的出现将会在给这一领域带来新的契机。

10.3.3 运用 FISH 技术在丝状菌鉴定中的意义

在污水生物处理工艺系统内，丝状微生物的大量滋生是引起污泥膨胀的主要成因。一些种类的丝状菌大量增殖，严重影响活性污泥的沉降性能造成污泥膨胀，将导致系统整体的处理能力和处理效率下降。资料整理发现[30,35-36]，这些丝状菌类群主要包括丝状真菌、放线菌和丝状细菌 3 大类，其中具体包括有：亮发菌属(*Leucothrix cohaerens*) 、诺卡氏菌属(*Nocardia*)、球衣菌属(*Sphacrotilus*)和发硫菌属(*Thiothrix*)等微生物类群。Eikelboom[37]利用传统的分离和培养方法对丝

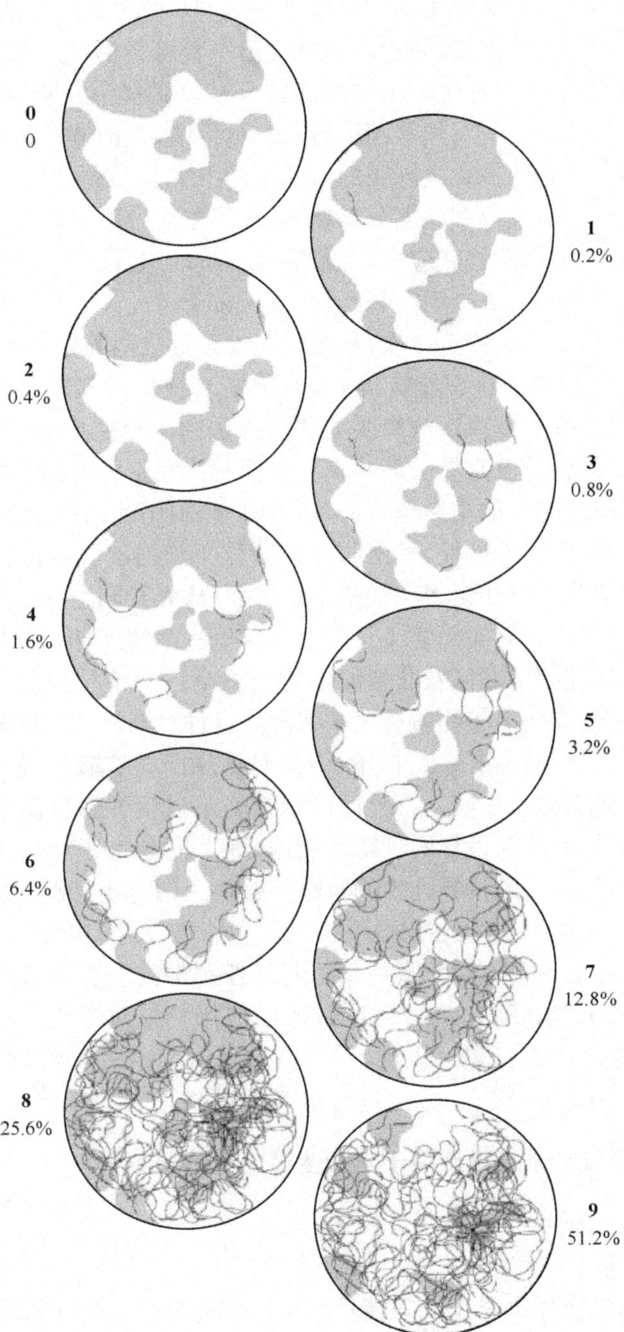

图 10-5　等级评价体系

状菌作了大量的研究:他从膨胀的污泥中采集到1100个样品,分离出26种典型的丝状菌,其中大多为丝状细菌,通过研究总结出一套可行的传统鉴定分类方法[38]。所以一直以来沿袭下来的传统分析方法通常是在显微镜下直接观察,粗略地进行分析。但是,用传统的方法对丝状菌进行鉴定过程中,在菌体的培养问题上遇到了较大的困难,尽管丝状菌在发生膨胀的活性污泥中客观存在,但由于其对培养基的选择性很强,所以不易进行试验室分离培养,也就更加难以进行其生态学分析。基于分子生物学试验技术发展和应用,人们利用FISH技术使该问题得到了较好的解决,Francis等、Peter、Linda等、Wagner和Kanagawa等[39-41]对活性污泥中丝状微生物作了大量的FISH鉴定工作,从探针的设计及应用等方面作了详尽的阐述。FISH技术的应用对深入认识丝状微生物膨胀机理提供了大量有用的信息。

迄今仍然没有找到解决污泥膨胀的通用方法的一个主要原因是:在对从哪个层面上去考虑该问题并没有统一的共识。目前对污泥膨胀的研究主要从两个方面入手:①鉴定膨胀污泥中的主导丝状菌,通过研究(利用纯菌种培养或是原位技术)理解该丝状菌的生态生理特性,找出防止该菌种生长的解决办法。②通过对细胞形态学的研究,细胞形态如何影响细菌生态特征,从而找到独立于菌种的一般解决办法。前者的研究更具有实用意义。而至今对丝状菌污泥膨胀的控制主要从两个方面入手:特异性控制策略以及非特异性控制策略。非特异控制策略主要是通过加入氯气、臭氧、过氧化氢等物质氧化丝状菌。这种策略没有去除丝状微生物的过度,只具有短暂实效,其主要缺点在于,不仅对菌胶团具有破坏性 、价格昂贵且容易生成副产物,影响出水水质。特异性控制策略是以使得菌胶团细菌相对丝状菌而言处于优势增长地位为目标的预防性措施,而其问题在于如何找到活性污泥法中适合的环境条件。一般特异性控制策略能够持久的防止污泥膨胀的发生,因此,在选择控制策略时应对其优先考虑[1]。

如上所诉,无论是对污泥膨胀的预防还是控制都建立在对特定丝状菌的生理或动力学特性的了解基础上,而FISH技术的应用能够对深入认识丝状微生物膨胀机理提供大量有用的信息。因此,FISH技术的应用在控制污泥膨胀层面上具有广阔的意义。

10.3.4 荧光原位杂交技术应用于丝状菌鉴定上的缺陷

1) 检测的假阳性

a. 自身荧光

FISH技术的应用最显著的问题是微生物的自身荧光。尽管自身的背景荧光有利于复染,但是降低了信噪比,同时掩盖了特异的荧光信号。在细胞遗传学和免疫学研究领域,进行数字图像处理时通过逐渐减少像数可以成功消除组织自身荧光[42]。通过分析样品的自身背景荧光和避免其对FISH检测的影响是很困难的,应用传统的表面荧光显微镜则很难检测到信号，而应用共聚焦激光扫描显微镜则能获得较好的效果。微生物的培养基、固定方法和封闭剂对荧光的信号强度均有很大的影响。

b. 缺乏特异性

FISH 检测的精确性和可靠性主要依赖于寡核苷酸探针的特异性，因此探针的设计和评价十分重要。在每次 FISH 检测中都设置阳性对照，同时把与靶序列相似具有几个错配碱基的探针作为阴性对照。阴性对照探针的错配碱基数量和位置十分重要，通常在 18 个碱基的寡核苷酸探针中一个错配碱基是足够鉴别不同的微生物细胞。因此，即使未获得系统发育上十分接近的非靶细菌的 rRNA 序列，靶细菌也能够很快被检测到。对于一些未被培养的微生物，首先应该用杂交(如点杂交)分析探针的特异性，以确定探针设计的合理性，否则就要重新分离菌株，然后重新设计探针。另外，探针的特异性和灵敏性也取决于杂交条件，杂交和洗脱温度、变性剂的浓度等。

2) 检测的假阴性

a. 穿透力不足

细胞壁的结构影响探针的穿透力，可能导致杂交信号强度降低。革兰氏阴性菌通透性较好，即使是多聚核苷酸探针也能很好的穿透到细胞内。革兰氏阳性菌必须进行特殊的固定和前处理，以提高探针的渗透力[43]。

b. 更高的靶或探针序列结构

由于 rRNA 形成的三维结构，并不是所有的序列都能平等地接近探针。在 rRNA 中存在发夹、颈环结构和 RNA-蛋白质的复合体，导致寡核苷酸探针的差别感受性而无法接近靶序列，阻碍了杂交，这也就是在杂交中即使将 RNA 或 DNA 变性也不能获得理想结果的原因。探针设计不合理形成的自身退火或发夹结构也能导致杂交信号降低。采用 PNA(peptide nucleic acid)探针可能解决上述问题，提高杂交效果，从而避免 FISH 检测的假阴性[44]。

c. 低 rRNA 含量和光褪色

虽然细菌细胞中 rRNA 含量在正常情况下非常丰富，但其含量的高低对杂交也有较大的影响。不同种属 rRNA 含量变化较大，即使是同一菌株的不同生理状态其含量也不同，休眠的细胞或代谢不活跃的细胞可能导致信号强度降低或假阴性。此外，当细胞呈现不规则形状或形成链状和紧密的群体时，微生物的定量可能会很困难。使用高亮度的荧光染料 Cy3 或 Cy5 和多重探针标记，以及应用信号放大系统或多聚核苷酸探针均可增强杂交信号。由于许多荧光染料在激发后很快就发生光熄灭，因此最好使用狭窄波段的滤镜核光稳定的荧光染料，防褪色的封固剂也是十分重要的[42,44]。

d. 细菌探针的使用

使用细菌探针是控制因方法学问题而导致假阴性结果的最好手段。如果在FISH 技术中用普通的探针杂交就能得到满意的结果，那么微生物固定方法、封闭剂、探针渗透力和细菌细胞 rRNA 含量将不是限制性因素。然而最近有研究表明，由于使用普通的探针而丢失了许多细菌。因此，分析复杂的微生物群落时，使用一组细菌探针以得到更全面的观点是必要的。为了控制真细菌类探针与细菌16S rRNA 或细胞成分而不是核酸的非特异性结合，可以使用补充探针如NON338，在 FISH 中这种探针不会产生任何信号。

近年来，人们经过对活性污泥中常见丝状菌的研究，开发出的一些主要的丝状微生物探针，经整理列为表 10-3[45]。

表 10-3　目前应用的重要丝状菌探针

分类/微生物	寡核苷酸探针	参考文献
Alpha-subclass of Proteobacteria		
Alisphaera europea (EU24)	Noli-644	[46]
Alisphaera MC2	MC2-649	[46]
Alisphaera PP×3	PP×3-1428	[46]
Beta-subclass of Proteobacteria		
Leptothrix discophora and other members of the β1 group of Proteobacteria	LDⅠ	[47]
S. natans and other members of the β1 group of Proteobacteria	SNA23a	[47]
Gamma-subclass of Proteobacteria		
Acinetobacter spp., some Eikelboom type 1863	ACA	[48]
Eikelboom type 021N	21N	[47]
T. nivea, *T. unzii*	TNⅠ	[47]
Eikelboom type 021N group Ⅰ	GIB	[40]
Eikelboom type 021N group Ⅱ (*T. eikelboomii*)		[40]
Eikelboom type 021N group Ⅲ (*T. defluvii*)		[40]
Eikelboom type 021N		[40]
Leucothrix mucor	LMU	[47]
T. fructosivorans, *T. ramosa*	TFR	[49]
Competitor against TNⅠ and TFR	TEI	[49]
Cytophaga-flavobacterium-Bacteroides		
Haliscomenobacter spp.	HHY	[47]

续表

分类/微生物	寡核苷酸探针	参考文献
Green non-sulphur bacteria		
Chloroflexi：Eikelboom type 1851(BEN 52)	CHL 1851	[50]
'*N. limicola*'-like bacteria	AHW 183	[51]
High mol% G+C Gram-positive bacteria：Actinomycetes		
Corynebacterineae	Myc657	[52]
Genus *Gordonia*	Gor-0596	[53]
Gordonia amarae	G. am-0192	[53]
Gordonia amarae	G. am-0205	[54]
Gordonia amarae group 1 stains	G. am 1-0439	[54]
Gordonia amarae group 2 stains	G. am 2-0439	[54]
N. limicola Ⅱ	NlimⅡ175，NlimⅡ192	[55]
M. parvicella	MPA60，MPA223，MPA645	[56]
	MPA650，CompMPA650. 1 and CompMPA650. 2	
Low mol% G+C Gram-positive bacteria：		
N. limicola Ⅰ	NlimⅠ91	[55]
Planctomycetes		
N. limicola Ⅲ	Nlim Ⅲ301，Nlim Ⅲ792，Nlim Ⅲ830	[55]
TM7，candidate division of the domain Bacteria Eikelboom Type 0041/0675	TM7305，TM7905	[57]

10.3.5 发展前景

FISH技术在国内外微生物群落解析工作中已得到较为广泛的应用，技术水平日趋成熟。10余年来，一些科研工作者将该技术初步应用于环境科学研究中，这些研究工作取得了较好的结果，揭示了FISH技术在环境科学领域内应用的可行性和实用性。FISH技术的主要原理是利用rRNA并结合其他分子生物学研究方法，突出特点是可以克服纯培养的技术限制，可以在原位水平进行探测和分析生物处理工艺系统中微生物群落的组成及演替，以及不同种群的空间联系等生态学变化规律。

尽管FISH技术应用于丝状菌监测中还存在一些问题，如特异性较差、荧光信号弱、清晰度低；还有一些种类的微生物细胞壁穿透性差，使探针不能充分进入细胞内与 rRNA 分子杂交;另外,一些生长缓慢的细胞由于 rRNA 含量低而很难被探测到。相信随着分子生物学技术和精密仪器设备研制技术的不断发展,FISH 技术将会具有更强的可操作性和实用性,并且随着新探针的开发,将应用到更多的生态系统的解析中,从而更深入地对各类生物处理系统进行分析,具有更为广阔的应用前景。

总之,FISH 技术在环境科学领域内的广泛应用,对于深入、完整地进行环境微生物生态学理论研究,具有重要的理论意义和现实意义。

10.4 好氧颗粒污泥与污泥膨胀

好氧颗粒污泥是继厌氧颗粒污泥后,以颗粒形态的污泥为介质,提出的一项新的污水处理技术。同传统的絮状颗粒污泥相比,好氧颗粒污泥具有规则的外形、密实的结构和优良的沉淀性。好氧颗粒污泥的 SVI 很低,一般低于 50mL/g,比传统的活性污泥小。好氧颗粒污泥的沉降速度与颗粒大小和结构密切相关,一般在 30～70m/h,相对于普通活性污泥沉降速度 8～10m/h,前者基本是后者的 3 倍多。好氧颗粒污泥是高活性微生态系统,它的存在使生物反应器有较高浓度的生物相。同时,好氧颗粒污泥对外界的敏感性较普通活性污泥差,对有毒有害物质的承受能力强。

利用好氧颗粒污泥的这些优点,能够实现反应器中较高的污泥浓度,从而减小反应器容积,提高冲击负荷,在处理高浓度有机废水方面具有较好的前景。因此,好氧颗粒污泥成为当前研究的热点,国内外有多个课题组进行相关的研究。荷兰 T. U. Delft 将好氧颗粒污泥运用到实际工程中,并定义为 Nereda® 工艺。2005 年,VIKA 在艾得建立了 Nereda®工艺污水处理厂,并且获得了良好的处理效果。Nereda®工艺的特点是简洁高效,省去了二沉池的设置,占地面积仅为传统工艺占地面积的 1/3。

好氧污泥颗粒污泥尤其在 SBR 中的应用被广泛报道,且该工艺被设计用来处理各种类型的污水[58-68]。和连续流培养相比,SBR 独有的功能是它能够周期性的运行。SBR 的一个周期包括进水、曝气、沉淀、闲置和排泥这几个阶段。在对好氧颗粒污泥 SBR 反应器的研究中,闲置阶段通常不被考虑在运行过程之中。运行好氧颗粒污泥 SBR 反应器的过程中,出现的主要技术问题就是好氧颗粒的不稳定性。丝状菌的增长在好氧颗粒污泥 SBR 体系中非常常见[15,60,65,67,69]。一旦丝状菌成为反应器中的主体微生物,好氧颗粒污泥的沉降性能就开始变差,随后污泥颗粒开始解体,最后好氧颗粒消失。因此,丝状菌的增长导致了好氧颗粒污泥的不稳定性,而这个问题正是好氧颗粒污泥应用于污水处理的瓶颈所在。然而,促进丝状菌生长的因素以及它的控制措施并不是完全清楚。下面几节主要阐明可能导致丝状菌增长的运行条件和主要因素，以及控制丝状菌过量增长的策略。

10.4.1　好氧颗粒污泥中丝状菌的存在形式

目前，好氧污泥的成功颗粒化只在 SBR 反应器中实现了。和连续流培养方式相比，SBR 的反应步骤是一个从进水到排水过程都处于完全混合状态的过程。曝气和沉淀阶段都在同一个反应器中进行[70]。几乎所有的好氧颗粒污泥 SBR 系统都包括四个阶段：进水阶段、曝气阶段、沉淀阶段和排水阶段。和悬浮生长的普通 SBR 相比[70]，好氧颗粒污泥 SBR 系统中没有闲置阶段。

试验证明，在以葡萄糖为底物基质的好氧颗粒污泥中丝状菌占主导地位，而以醋酸为底物机制培养的好氧颗粒污泥中非丝状菌则占大多数(图 10-6)[15,71]。然而，即使在以醋酸为底物培养的好氧颗粒污泥中，仍然有少量或中等数量的丝状菌存在，它们作为颗粒污泥的骨架巩固颗粒污泥的结构(图 10-7)。在以苯酚[72]和牛奶流出液[67]为底物培养的好氧颗粒污泥体系中，丝状菌同样存在。

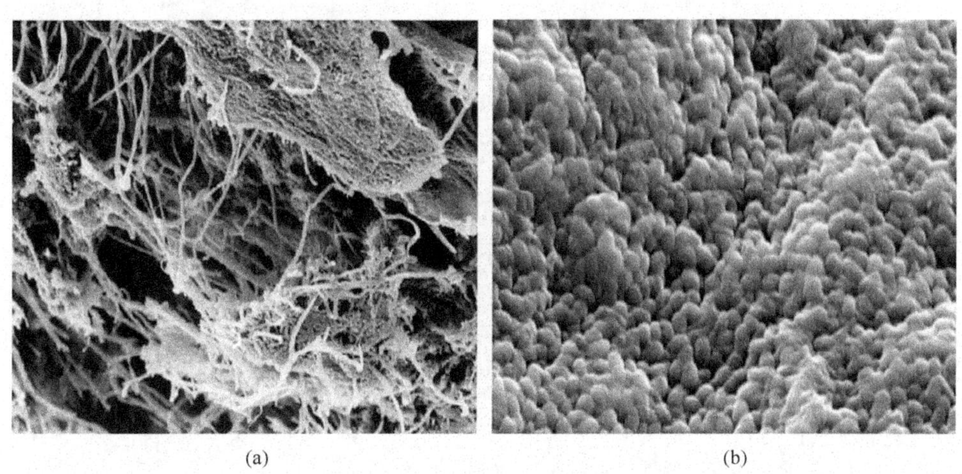

(a)　(b)

图 10-6　分别以葡萄糖(a)和醋酸(b)为底物培养的好氧颗粒污泥的微观结构[71]

10.4.2　好氧颗粒污泥 SBR 反应器中丝状菌的外延生长

好氧污泥的颗粒化是一个由悬浮污泥聚集进而形成有规则外形和密实结构的污泥颗粒的过程[60,71]。污泥容积指数常被作为反应活性污泥体系中污泥沉降性能和丝状菌增长状况的参数。图 10-8 所示为以醋酸作为唯一碳源的好氧颗粒污泥 SBR 反应器中 SVI 值与污泥浓度随时间变化曲线。从图中可以看出，当好氧颗粒形成时，系统的 SVI 值有下降趋势，并伴随着污泥量的增长；在 40～100 天时间段内，SVI 值趋于稳定；100 天后，可以观察到 SVI 值有较明显的上升(图 10-8)，表明颗粒污泥中的丝状菌的出现，这点在之后的显微镜检测中得到证实(图 10-9)。

图 10-7　好氧颗粒(a)内部非丝状菌(b)与丝状菌(c)的共同生长[73]

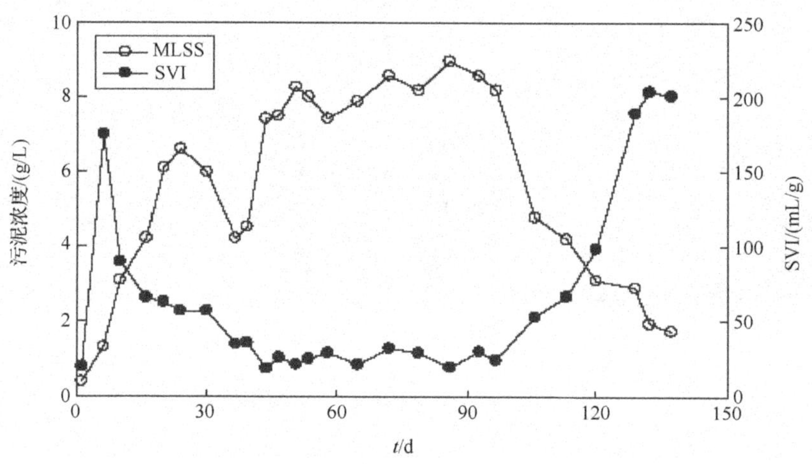

图 10-8　好氧颗粒污泥 SBR 中 SVI 和污泥浓度变化曲线图[73]

一般来说,SVI 值低于 80mL/g 时就认为污泥的沉降性很好。然而,丝状菌在好氧污泥颗粒的内部或表面增长致使污泥沉降性能变差,随后污泥浓度降低,说明污泥颗粒发生解体(图 10-8)。用好氧颗粒污泥 SBR 反应器处理各种污水的过程中,丝状菌的增长问题随处可见[15,65,67,69,72,75-77]。图 10-10 显示的是以乳品加工厂出水为底物培养的好氧颗粒污泥中的丝状菌。McSwain 等也观察到了相似的绒毛状的污泥颗粒[78]。尽管丝状菌在好氧颗粒污泥 SBR 反应器中增长是非常普遍的

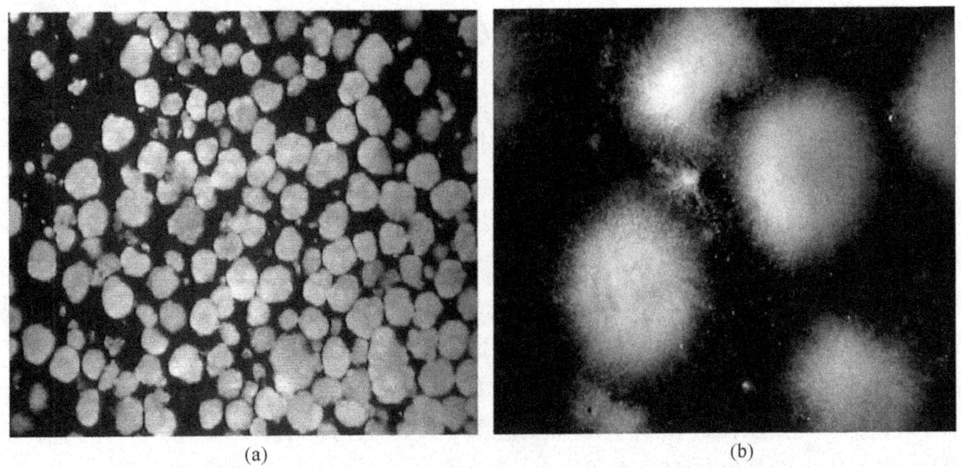

图 10-9　(a)非丝状菌好氧颗污泥(图 10-8 中第 58 天)和(b)丝状菌好氧颗粒污泥(图 10-8 中第 129 天,Bar: 2 mm)[74]

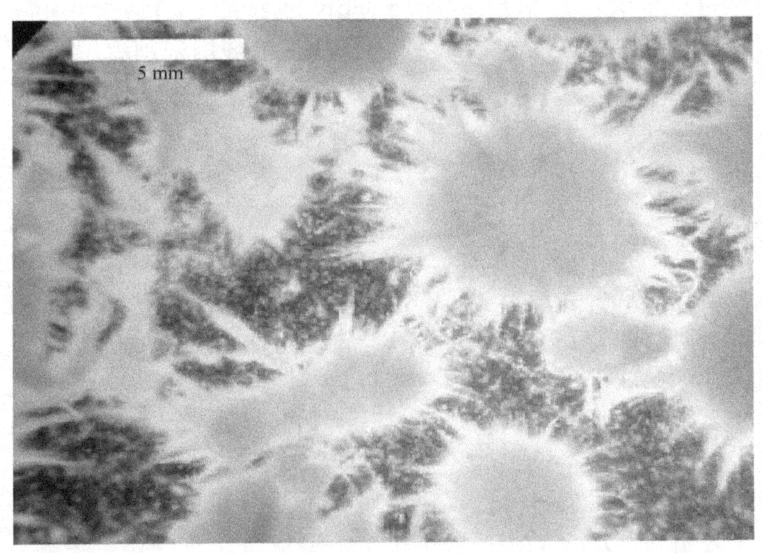

图 10-10　乳品加工厂出水培养的好氧颗粒污泥[67]

现象,低等级和中等级的丝状菌增长并不会导致运行上的问题,它们甚至能加强污泥的颗粒结构(图 10-7)。然而,丝状菌的过度增殖仍是我们所不需要的,因为它会导致:①好氧颗粒的沉降性差;②丝状颗粒的流失;③丝状菌颗粒比非丝状菌颗粒占竞争优势;④悬浮固体浓度增加;⑤最后,颗粒污泥解体(图 10-8)。丝状菌的持续增长最终导致好氧颗粒污泥 SBR 反应器的运行失败。

10.4.3 好氧颗粒污泥 SBR 反应器中丝状菌过度生长的诱发因素

能够影响生物进程中丝状菌增长的因素很多，下面主要说明一下能够是好氧颗粒污泥 SBR 反应器中丝状菌过度增殖的主要因素：

1）长固体停留时间

固体停留时间(SRT)与微生物的比生长速率成反比。Chudoba[79]认为丝状菌的最大比增长速率比非丝状菌小，较长的固体停留时间有利于丝状菌的生长。很多研究人员就此进行了大量的试验研究：Richard[80]等对实际污水处理厂进行调查发现，由于丝状菌 *M. parvicella* 的存在，固体停留时间大于 10 天时多数情况都会引发严重的污泥膨胀。此外，Lin 等[61]的研究显示，固体停留时间太长会引发丝状菌大量繁殖，颗粒污泥沉降性变差，最终导致颗粒污泥解体、流失。因此，在工程实际运用中，应该控制固体停留时间在有利于非丝状菌生长的范围内。

2）底物浓度和浓度梯度

通常，好氧颗粒污泥 SBR 的进水 COD 比较稳定，在污泥颗粒形成以后，污泥浓度一般维持在 1000～2000mg/L。由于 SBR 为间歇式运行，因此每个周期的初始底物浓度(S_0)与初始悬浮固体浓度(X_0)的比值能够用来判断污泥负荷的大小。S_0/X_0 低有利于丝状菌的生长，相反，S_0/X_0 值高，非丝状菌利用底物的速率将高于丝状菌，从而有利于非丝状菌的生长。随着好氧颗粒污泥的增多，污泥浓度就会相应增长；污泥浓度增长就会导致值 S_0/X_0 减小，从而引发丝状菌大量繁殖。

与普通活性污泥絮体相比，好氧颗粒污泥形状规则，结构密实。国外有研究指出，在低底物浓度下，基质扩散是颗粒污泥系统中的限制性因素。在扩散限制条件下，好氧颗粒就会出现多孔或不规则的形状。可以说，底物浓度的高低在混合液中以及在絮体内部发挥着双重的作用。密实的污泥颗粒在低底物条件下会变得松散，给颗粒内部的丝状菌迅速生长提供了有利条件。

3）好氧颗粒中的溶解氧缺乏

SBR 法是一个以周期形式重复运行的动态过程。在好氧颗粒污泥 SBR 法中，溶解氧必须传递到污泥颗粒内部，从而使附着在污泥颗粒上的细菌能够利用。理论上，溶解氧在颗粒中传递的深度取决于水中溶解氧的浓度和污泥颗粒对溶解氧的消耗速率。充分的证据表明 DO 不足有利于丝状菌的增殖[12,81-83]。图 10-11 为好氧颗粒污泥 SBR 反应器一个周期内液相中典型 DO 变化曲线图[84]。从图中可知，好氧颗粒污泥 SBR 反应器中 DO 浓度的波动范围在 2mg/L 至饱和值。当 DO 浓度＜1.1mg/L 时，对污泥的沉降性有负面影响，并最终导致丝状菌的增殖[12]。为防止丝状菌(如 *Sphaerotilus natans*)在系统中的占主导地位，应维持 DO 浓度在 2.0mg/L 以上[85]。其他试验表明，当溶液主体中 DO 浓度为 0.5～2.0mg/L 时，系统中污泥的沉降性及出水浊度均比 DO 浓度为 2.0～5.0mg/L 条件下的差[86]。污泥沉降性能的变差主要是由于丝状菌的过度生长和多孔性污泥絮体的形成引起的[86]。

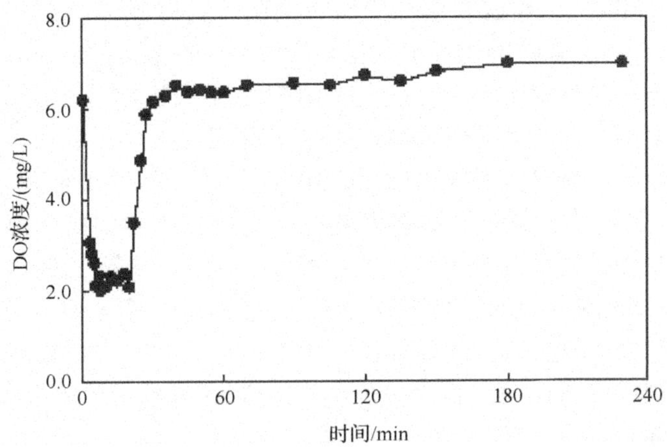

图 10-11　好氧颗粒污泥 SBR 反应器一个周期内液相中典型 DO 变化曲线图[84]

如前所述，好氧颗粒污泥 SBR 反应器中的高 DO 浓度可以有效的防止丝状菌的增长。然而，和平均尺寸小于 100μm 且结构松散的传统污泥絮体相比，颗粒污泥尺寸较大(0.25 毫米至几个毫米)且结构密实。因此，好氧颗粒内部溶解氧的浓度梯度非常高，液相主体中的 DO 浓度也并不能恰当地反应好氧颗粒污泥 SBR 反应器中的真实情况。好氧污泥颗粒内部底物和 DO 的扩散是个动态的过程，既有底物利用的动力学扩散也有分子扩散，试验结果表明，好氧颗粒中存在高的溶解氧梯度(图 10-12)。确实，污泥膨胀的发生先前也假设为是由于活性污泥中存在底物、DO 及营养物质浓度梯度的协同作用而引起的[1,13,83,87]。

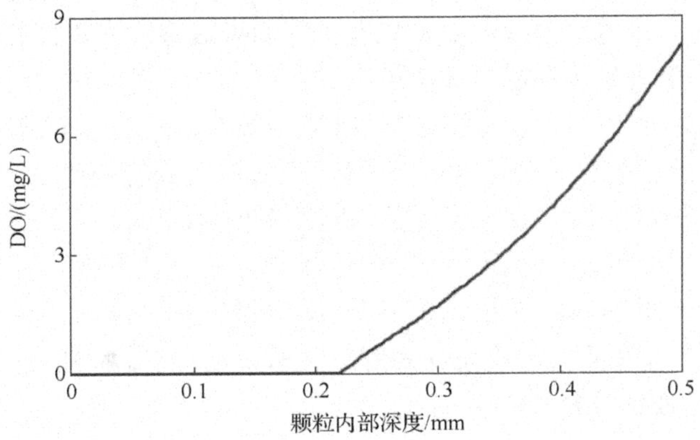

图 10-12　半径为 0.5mm 的好氧颗粒内部溶解氧浓度变化曲线[74]

再者，好氧颗粒污泥SBR反应器的一个运行周期中，底物的利用动力学可以划分为两个部分：①在高底物浓度条件下，颗粒内部的DO浓度为限制因素；②一旦底物被消耗殆尽，污泥颗粒的新陈代谢活性则主要受颗粒内部底物浓度影响。由于周期性运行，污泥颗粒的生长重复受到DO和底物浓度的限制。有证据表明，持续的溶解氧不足是丝状菌增殖成为优势菌种的主要诱因[82]。好氧颗粒表面或是内部DO浓度的降低会促进好氧颗粒污泥SBR反应器中丝状菌的增长，这也就表明，好氧颗粒污泥SBR反应器中丝状菌的增长符合扩散选择理论。控制由低DO引起的丝状菌增殖现象的主要手段就是提高液相主体中的溶解氧浓度，这也就分别需要更强的曝气系统和更低有机负荷。根据Palm等[81]的研究，活性污泥进程中防止丝状菌增长所需的DO浓度(mg/L)由底物的比降解速率[U, kgCOD/(kgMLSS·d)]决定，并且其值大于$(U-0.1)/0.22$。然而，由于好氧颗粒比普通的活性污泥絮体更大也更密实，所以Palm等的结论不能简单的运用在好氧颗粒污泥体系中。

4) 好氧颗粒中的营养物质缺乏

生物处理过程需要N、P等营养物质，从而使微生物能够有效地去除水中的有机物。如第五章所述，营养物质的缺乏，尤其是N的缺乏容易造成活性污泥法用于污水处理设施中的污泥膨胀问题[83,87-90]。因此，保持出水中氨氮浓度应在1.5mg/L以上，更有利于菌胶团细菌的增长。在一些条件下，氨氮浓度大于1.5mg/L时能够有效地抑制丝状菌的增长[89]。大多数关于好氧颗粒污泥的试验研究采用的都是COD/N为100/5的人工配水。然而，由于好氧颗粒污泥中扩散受到限制，好氧颗粒污泥SBR反应器要比传统的活性污泥进程复杂得多。

根据扩散选择理论，污泥絮体中底物和营养物质的浓度梯度会对丝状菌的增长产生影响，即污泥絮体中高的浓度梯度相对于菌胶团细菌而言更利于丝状菌的筛选[1]。为了简化问题，用醋酸、氨氮以及DO的扩散系数来表征其在好氧颗粒中的扩散速率。其值分别为醋酸$2.5\times10^{-9}m^2/s$[58]，溶解氧$1.67\times10^{-9}m^2/s$[91]，氨氮$1.01\times10^{-9}m^2/s$[92]。显然，氨氮的扩散能力最差。这也就说明好氧颗粒内部COD/N比要比液相主体中的值大的多，即好氧颗粒内部容易出现N缺乏的现象。在缺N的情况下，微生物常会分泌大量的胞外多糖(ECP)[87,93]。好氧颗粒内部出现多糖的积累可以证明这一点[94]。这强有力的说明污泥颗粒的内部含N物质的缺乏。因此，要想了解好氧颗粒污泥SBR反应器中发生丝状菌的增长现象的原因，就应和颗粒内部营养物的不足联系起来。所以，应使出水中无机氮和磷的浓度为1～2mg/L，从而保证营养物质的充足[87]。

关于好氧颗粒污泥中高含量的胞外多糖的报道非常多，根据Liu等[95]的结论，它可能是好氧颗粒形成的成因之一。据Richard和Collins报道[87]，ECP的过量产生是生物污水处理进程中营养物质不足的重要标志。在营养物质不足条件下运行的好氧颗粒污泥 SBR 反应器中，可以发现像果冻一样、黏性的好氧颗粒[94]。同样的，在营养物缺乏的活性污泥体系中，也能观察到果冻状的污泥絮体，其 ECP 含量约占污泥干重的 90%[87-88]。高 ECP 含量的污泥絮体或是好氧颗粒都存在沉降性和稳定性差的问题。

5）反应器中温度的转变

温度对活性污泥进程中污泥形态的影响可以用动力学选择理论合理地解释[5]。然而，并没有关于温度对好氧颗粒污泥 SBR 反应器中丝状菌增殖影响的文献报道。早期的工作至少表明，好氧颗粒污泥 SBR 反应器在 25℃下运行比在 17℃下运行更容易受丝状菌增殖的影响[96]。这个结果和动力学选择理论相符合。在一个温度对污泥沉降性能影响的试验中表明，当温度升高时污泥 SVI 值大幅上升[97]。此外，温度的上升会导致溶解氧浓度的降低，从而促进丝状菌的增长。

6）反应器流态

根据动力选择理论，高浓度梯度能够抑制丝状菌的过量生长[5]。为了能得到高的浓度梯度，就必须使反应器中的流态呈现推流式。Tay 等[76]曾对此做过试验，利用直径分别为 5cm 和 20cm 的两个 SBR 反应器在同一条件下运行。结果发现直径 20cm 的 SBR 反应器中底物浓度均匀，而直径 5cm 的 SBR 中沿轴向形成了较高的浓度梯度。这说明直径 5cm 的 SBR 中形成了理想的推流式流态，而直径 20cm 的 SBR 中流态则呈现出完全混合式。随着试验的进行，直径为 20cm 的 SBR 中丝状菌明显增多，好氧颗粒污泥变得松散并逐渐被淘洗出系统，运行 100 天后基本上观察不到好氧颗粒污泥的存在了；相反，直径 5cm 的 SBR 中好氧颗粒结构和形态始终比较稳定，不存在丝状菌大量繁殖的现象，污泥沉降性能良好。另外，Liu 和 Tay[98]提出 SBR 中的环流比混合流更有利于好氧颗粒污泥的形成。

10.4.4　好氧颗粒污泥 SBR 反应器中丝状菌的增殖方式

溶解氧偏低、营养物质缺乏、易生物降解有机物偏少等原因都会诱发丝状菌增殖。几乎所有的好氧颗粒污泥反应器中都能观察到丝状菌，只是丝状菌的丰度不同而已。Gaval 和 Pernell[82]研究指出，SBR 周期性的操作会对丝状菌产生持续的压力作用，助长丝状菌的生长。根据持续性压力理论和实践观察发现，反应器中丝状菌的生长类型大致可以分为三类：1 类为平稳生长型；2 类为跳跃增长型；3 类为阶梯增长型，分别如图 10-13(a)、(b)、(c)所示。

· 控制策略

丝状菌在好氧颗粒污泥 SBR 反应器中的增长现象，其过程要比在传统活性污泥中的增长过程复杂得多。这主要是由于底物、DO 和营养物质在好氧颗粒的扩散难度大，从而促进了丝状菌的增长。在好氧颗粒污泥 SBR 中，可能同时存在多重促进丝状菌增长的影响因素，且丝状菌的增长是多个因素协和、持续影响的结

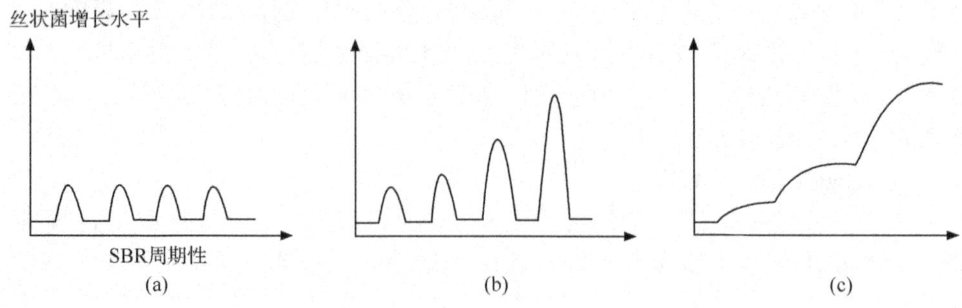

图 10-13　受 SBR 中持续性压力影响的丝状菌生长类型[82]

果。运行操作条件显然对丝状菌的增殖产生作用，不同种类的丝状菌很可能在不同的压力下增长。

有关活性污泥法的经验表明，几乎所有的控制丝状菌增长的策略都建立在动力学选择理论和新陈代谢理论上。比如好氧、厌氧及缺氧选择器都是通过设计造成液相主体中高的底物浓度梯度，从而抑制丝状菌的增长[5,89,99-103]。同样的原理可以运用于好氧颗粒污泥 SBR 反应器中的丝状菌的控制。除生物选择器外，好氧颗粒污泥 SBR 本身的一些特性也应该考虑在丝状菌的控制策略当中。因此，控制 SBR 中丝状菌的增殖需注意以下几点：

(1) SRT 必须通过每天的排泥控制在 10 天之内。

(2) 为保证氧气量的充足，系统中颗粒污泥浓度应该控制在合理的范围之内，不大于 10g/L。

(3) 考虑到底物、营养物和溶解氧的扩散难度较大，且液相主体当中底物、营养物质和 DO 浓度并不能真实反应污泥颗粒内部的情况。因此，由传统活性污泥法确定的 COD/N/P 比值以及 DO 水平需经重新确定。

(4) 在大多数的好氧颗粒污泥 SBR 中，进水时间只有几分钟。这样就降低了液相主体中有利于非丝状菌的增长的高底物浓度梯度。有证据表明，在不同的曝气进水阶段投加底物能够造成高的底物浓度梯度，进而改善污泥沉降性能[13,65,88,104]。Bitton 指出[88]，间歇的培养方式为非丝状菌的增长提供了良好的条件，即高底物浓度下的高底物利用速率和底物储存能力。越来越多的证据证明底物的储存有利于丝状菌增殖的控制[1]。

(5) 好氧颗粒污泥是由各种微生物同时存在的构筑物。有研究表明，慢生长细菌的筛选(如聚磷菌和硝化细菌)，能起到抑制丝状菌的增长进而改善好氧颗粒污泥沉降性能的作用[61,64,68,105]。

低等级和中等级的丝状菌常在好氧颗粒污泥中出现，并可能作为黏合剂加强好氧颗粒的稳定性。在好氧颗粒污泥 SBR 反应器中，能够造成颗粒污泥内丝状菌增殖、污泥沉降性变差并最终致使颗粒开始解体的因素是多重的。要想控制丝状菌的增长，需要注意各种因素的协同影响。由于底物、营养物质、DO 在污泥颗粒内的扩散率不一样，为了防止丝状菌的主导增长，营养物质和 DO 在主体中所占的比例应增加到一定的值。此外，间歇性的底物投加是造成液相中高底物浓度梯度的有效方式，进而控制丝状菌的增长。目前，并没有关于具体条件下生长何种优势丝状菌的报道。

10.5　膜生物反应器与污泥膨胀

膜生物反应器(membrane biological reactor，MBR)是将膜分离技术和生物反应器结合而成的一个新的污水处理工艺。它把膜分离与生物降解结合起来，以膜分离装置取代普通生物反应器中的二沉池，从而取得高效的固液分离效果。与传统污水处理工艺相比，MBR 具有出水水质好、设备占地面积小、污泥浓度高、剩余污泥产量低、便于自动化控制等优点。其应用已涉及化工、制药、食品、畜产和生活污水处理等许多行业，特别是在污水回用和难降解有机废水处理领域崭露头角。截止到 2006 年，在世界范围内，已运行和在建的 MBR 污水处理厂达 2200 座。作为一种新型的高效水处理技术，MBR 也日益受到各国的水处理技术研究者的关注。

由于膜生物反应器中的膜分离作用取代了常规活性污泥法中的二沉池，使微生物全部留在反应器中，不存在由于污泥膨胀导致的污泥流失问题，因此过去一直认为该系统运行并不受污泥沉降性能及污泥膨胀的影响，是 MBR 的重要优点之一。然而，最近研究表明，污泥膨胀会加剧膜污染，恶化膜分离过程，严重影响 MBR 的正常运行，并可能影响处理效果。

10.5.1　污泥膨胀对 MBR 膜污染的影响

膜污染是指被过滤料液中的某些组分在膜表面或膜孔中沉积导致膜渗透量下降的现象，包括膜孔吸附小分子溶质、膜孔被大分子溶质堵塞引起膜过滤阻力增加，膜表面形成滤饼层增加传质阻力。膜污染后其渗透通量严重下降，过膜压力增大，截留效率下降。

王勇等[106]对丝状菌在膜污染表面的附着过程及作用进行了细致的分析。提出了膜污染的“逐层包裹式”形成过程(图 10-14)。丝状菌黏附于膜污染滤饼层上形成网格式支撑结构，丝状菌以网格式结构在污染层表面覆盖、捆绑，对膜表面污染物起到支撑和固定作用，最终在膜表面形成厚度大、结构致密、黏着牢靠的污染层。

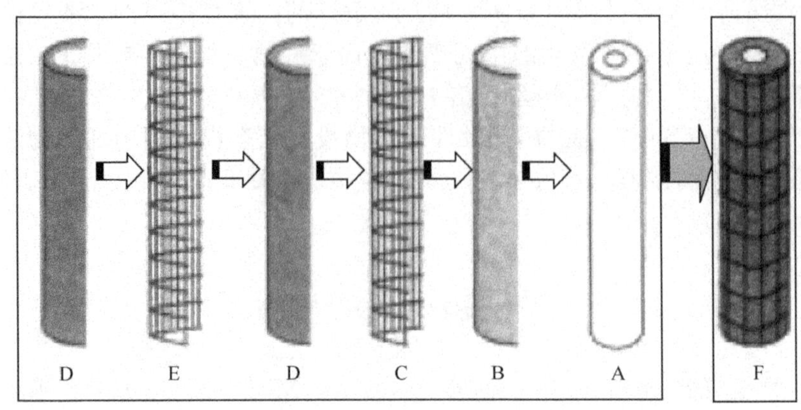

图 10-14　膜污染形成过程模式[106]

A：清洁膜；B：凝胶层；C：丝状微生物网式结构；D：颗粒污泥层；
E：丝状微生物网式结构；F：污染后膜表面形貌

为了深入解析丝状污泥膨胀引起的膜污染机理，孟凡刚[107]全面分析研究了丝状菌对膜污染、活性污泥性质(EPS、相对疏水性、ζ电位)及污泥形态的影响。研究表明，丝状菌指数FI对膜过滤性能有明显的影响。FI=2时，膜孔堵塞阻力、膜污染滤饼层阻力都很小；而当FI从2增大到5时，膜污染加剧，表明丝状菌的过度繁殖会恶化MBR的运行。然而，当活性污泥体系中丝状菌过少时(FI≤1)，膜污染也较为严重，尤其是造成严重的膜孔堵塞。新膜表面具有大量的孔隙结构；当FI=1时，膜表面有严重的膜孔堵塞；FI=2和FI=3时，膜表面形成的滤饼层具有明显的孔隙结构。而当丝状菌过度繁殖时，在膜表面形成致密无孔的滤饼层，丝状菌在滤饼层中起到支撑骨架作用。

丝状菌的过量繁殖会致使污泥絮体产生大量EPS，并导致污泥混合液有低的Zeta电位和高的相对疏水性，从而引起严重的膜污染。Choi等[108]同样认为相对于普通活性污泥细菌来说丝状菌能够产生更多的污染物(如EPS)；同时，丝状菌的存在使得膨胀污泥体系中的脂类浓度远大于正常污泥体系。任南琪等的试验得到的结果与之类似[109]。

丝状菌过度繁殖时，污泥絮体粒径急剧增加；同时，污泥絮体形态结构变得更加不规则。丝状菌之间相互交联，形成立体空间网格结构，在膜表面起到支撑、固定作用；最终在膜表面形成密实、厚大的滤饼层，加剧膜污染。

膜污染发生后，膜通量下降，膜操作压力增大，并导致膜清洗频率增加，清洗效率下降，直接影响了膜组件的效率和使用寿命，阻碍了其在实际中的广泛应用。

10.5.2　污泥膨胀对MBR污染物去除的影响

污泥膨胀的发生对有机物去除率的影响不大[110-111]，甚至略有增加[112-113]。这是因为MBR对有机物的去除效果来自两方面：一方面是生物反应器内微生物对有机物的降解；另一方面是膜对有机物大分子的截留作用。污泥膨胀后，丝状菌由于其在形态上的优势，能够更好地利用低浓度底物；同时，膜的截留作用也弥补了生物降解效果不稳定的不足，可以降低出水中的悬浮物，选择性膜还可以截留混合液中的大分子物质和细菌、病毒等。

在氮的去除方面，MBR中长的污泥停留时间有利于增殖慢的细菌（如硝化细菌等微生物）生长。硝化速率的提高还源于MBR中污泥絮体较小，较小的絮体有着更大的周长/面积比，氧传质阻力小。另外，MBR中污泥浓度高，因而易在污泥絮体中形成表面好氧、内部缺氧状态，所以可在同一反应器中实现硝化和反硝化，使MBR在去除COD的同时具有良好的脱氮效果[114]。因此，一般污泥膨胀不会影响氮的去除。但是，因低DO或低pH而引发的污泥膨胀往往会使得硝化效果变差，并且由于膜对氨氮没有截留作用，导致系统氨氮去除率下降[110-111,115]。

10.5.3 污泥膨胀对MBR微生物群落的影响

目前关于MBR中污泥膨胀的丝状菌分析报道较少。孙寓姣等[112]采用人工配水，葡萄糖和淀粉作碳源，借助FISH跟踪分析了一体式膜生物反应器长期运行下的优势丝状微生物，鉴定结果确定引起污泥膨胀的主要是变形菌γ-亚纲的021NⅡ型。该种细菌的环境适应能力强，在活性污泥典型膨胀期丝状菌含量超过40%。

王勇等[116]对MBR系统活性污泥混合液中的微型动物进行了连续跟踪监测，发现微型动物优势种群及其数量随环境变化而波动，呈现一定的规律性。按照运行时间的顺序，游动型纤毛虫、红斑瓢体虫、轮虫及累枝钟虫、表壳虫，交替成为优势种群。系统内发生丝状菌污泥膨胀后，微型动物种类减少，主要优势种群为轮虫、累枝钟虫、表壳虫[116]。醌指纹技术监测结果验证了污泥膨胀后微生物的多样性明显减少、微生物分布的均匀性降低[117]。另一项试验中同样发现，污泥膨胀后，原本活跃的原生动物如盖纤虫、钟虫等不见踪迹[115]。

10.5.4 膜生物反应器中污泥膨胀的控制

MBR中发生污泥膨胀后的控制措施与普通活性污泥法的基本相同。王嵘等[115]分别采用提高有机负荷、DO浓度的特异性方法和通入臭氧的非特异性方法成功控制了MBR中出现的丝状菌膨胀。王彬等[118]报道了处理洗浴废水的MBR中非丝状菌膨胀的现象，分析原因为氮缺乏引起。通过投加氮源并适当提高有机负荷的方法使污泥沉降性恢复正常。投加混凝剂如硫酸亚铁、三氯化铁只能作为应急控制措施[119]。张凤君等[120]在用MBR处理豆制品废水时，发生了低pH引发的污泥膨胀问题，投加Na_2CO_3调节碱度，并降低有机负荷后，污泥沉降性也得到了很快改善。

10.6 尚未解决的问题[121]

尽管已经作了很多关于污泥膨胀方面的研究，但是它仍然在世界范围内普遍发生，且至今仍然还没能找到一种确实行之有效的解决方法。这其中有一部分原因是因为人们或者是从工程的角度（即非特异性解决方法）去解决该问题，或者是从微生物的角度（即特异性解决方法）去解决该问题。为了能够对那些促进丝状菌生长的因素有一个全面深入的了解，故应该将以上这两种观点结合在一起。为了能够理解复杂的污泥膨胀现象，我们需要知道越来越多的关于一些过程的知识，比方说，丝状菌的形态及其生理过程、扩散过程、底物动力学和底物的储存过程，颗粒底物的水解过程及其作用、使用分子方法对细菌进行鉴定以及对其数量进行确定的过程，对絮凝体进行解离和结合的过程、对多种限制性底物的竞争过程，和其他微生物的互相作用的过程，例如：共生、互生、寄生或捕食关系，以及为了改进他们的预测结论对模型所作的进一步优化过程，这些知识都需要了解以更好的理解这个复杂的污泥膨胀的现象。

在污泥膨胀研究领域，目前还存在以下一些问题还没有得到很好的解决。

10.6.1 污泥结构

活性污泥作为微生物聚集体，其中包含了各种微生物、EPS、微生物增长和衰减的产物（soluble microbial products，SMP），以及一些无机物。目前关于其真实的、微观的内部结构至今未探究清楚，今后需对絮体内部的结构进行深入研究，从而揭开内部丝状菌、菌胶团菌和 EPS 等的相互关系。

值得研究的问题有：

(1) 丝状菌作为絮体的骨架，其骨架系数为多少？这个问题对于建立更完善的数学模型具有重要的意义。

(2) 丝状菌和菌胶团菌在分泌 EPS 方面是否存在差异，导致这种差异的原因是什么？

(3) 丝状菌大量存在的污泥絮体和无丝状菌存在的污泥絮体在表面特性（包括 Zeta 电位、表面张力等）上是否存在差异？

(4) 絮体的外观结构（球形、规则、不规则）、絮体的空隙率、含水率和污泥沉降性存在怎样的关系？

至今上述问题很少见文献报道或没有明确的结论和观点。在研究污泥微观结构时，采用不同的显微技术和现代分子学手段必不可少。例如有不少报道分别采用扫描电镜、透射电镜、微电极以及共聚焦激光扫描显微镜结合特异性探针在来研究其内部结构。

10.6.2　微生物鉴定

到目前为止，存在一些丝状菌能在缺氧或厌氧的条件下储存有机底物，从而在生物脱氮除磷系统占有竞争优势。例如 *M. parvicella* 能在厌氧的条件下将有机底物转化为 PHA 等内含物。但在无任何可利用的底物情况下，丝状菌能否依然在缺氧或厌氧条件维持其基本的新陈代谢功能目前还不得而知。今后需进一步考察微丝菌等典型的丝状菌能否在上述条件下维持自身的代谢或繁殖。

采用现代分子生物学手段（FISH、DNA 微阵列技术、生物芯片、流动细胞仪）建立更为准确和快速的丝状菌定性和定量检测手段对于研究污泥膨胀具有重要的意义。同样可采取一些分子生物学手段建立运行条件和微生物形态结构的相互关系。大多数丝状菌很难进行分离和纯化，原位技术在研究丝状菌空间结构、代谢特性等方面显示出了优势，如大多研究采用 FISH-MAR 技术研究各种丝状菌的生理生态特性。目前，FISH 联合微电极可同时研究微生物的种群结构和新陈代谢活动，进而揭示絮体内部厌氧或缺氧的微环境下各种底物的转化规律。

10.6.3　颗粒性底物的作用

哪种底物导致了污泥膨胀，溶解性底物还是颗粒性底物？尽管颗粒性底物（大部分为慢速生物降解的 COD）占了进水总 COD 的大部分，很少有研究报道颗粒性底物对丝状菌生长的影响。一般的观点认为颗粒性底物的存在有利于菌胶团菌获得竞争优势，因为该底物的水解产物一般很难扩散到絮体外部。然而，大多数复杂底物，比如脂质物质的吸附、水解、利用和储存等机理均没有研究清楚。今后很有必要揭示这些机理，并研究它们在丝状菌生长中的具体作用。

10.6.4　底物储存的作用

微生物储存聚合物是活性污泥法中重要的一个过程，尤其在设置生物选择器的工艺系统中。而关于丝状菌和菌胶团菌在储存代谢方面是否存在差异，具体的差异是什么至今还没有研究清楚。关于在明显非稳态的系统中底物的储存特性，以及与丝状菌膨胀的关系也鲜见文献报道。目前存在的结果多来源于小试研究，实际污水处理厂中的聚合物的储存数量可能与小试结果存在差异，这方面需要进行深入的调研研究，以求发现之间的相关关系。除了测量微生物体内储存的 PHA、糖原、聚磷等聚合物外，对于其他储存物，如脂质等也应建立相应的测量方法进行检测分析。此外，关于细胞内储存的底物是否和吸附的、或细胞内非储存的物质是否在数量存在差异，例如储存的脂肪和细胞膜中的磷脂，糖原和其他吸附的细胞内的多糖是否明显不同也需进一步研究探清。

10.6.5 生物选择器

生物选择器的正确设计对于其抑制丝状菌功能的正常发挥至关重要，过大或过小的容积或不合理的 HRT 均会导致其丧失有效防止污泥膨胀的功能。目前选择器的设计准则多基于一些经验，还缺乏合理的设计指南。例如，就推流式反应器前端是否需要设置缺氧或好氧选择器仍无统一观点。作为在实际工程中最有效的解决污泥膨胀的工具，今后需投入更多的研究建立更完善的生物选择器的设计准则和运行指南。对于反复的厌氧-缺氧-好氧循环系统（如氧化沟工艺）在抑制丝状菌生长方面的作用还有待于进一步研究。

此外，应弄清好氧、缺氧和厌氧选择器分别在何种条件下才具有更好的抑制丝状菌繁殖的效果，这对于不同的工艺条件下选择正确的选择器种类至关重要。为更好的评价生物选择器的性能，除了研究物料平衡关系、COD 降解速率、反硝化速率、放磷速率、硝化速率、F/M 比和底物储存速率等速率外，应建立它们与污泥沉降性、丝状菌种类和数量的具体关系。建立生物选择器的控制策略和控制方法对于有效解决污泥膨胀问题也至关重要。

10.6.6 预防和控制

生物选择器如何才能安全稳定的运行和控制？在实际污水处理厂，生物选择器往往作为一个辅助单元，从而它的合理运行条件经常被忽视。生物选择器在保证整个污水处理系统稳定运行中的具有极其重要作用，因此需建立生物选择器的控制参数和运行条件。采用可靠的、抗噪的控制参数，比如采用氧化还原电位 ORP 控制来防止缺氧选择器中出现微好氧环境或者厌氧选择器中引入了硝酸盐和氧气。

更重要的是如何建立合理的控制策略防止污泥膨胀的发生，尤其是建立能预测污泥膨胀发生的控制系统。通过对工艺运行工况的实时监控，来及时预测是否会出现污泥膨胀，因何种原因出现，并通过工艺的调控达到及时预防污泥膨胀的目的。

随着现代分子学的发展和应用，可考虑开发和建立新的预测丝状菌生长的检测方法。例如通过采用微阵列技术、流式细胞仪等现代分子生物学手段来及时跟踪监测系统中丝状菌数量和种类的变化，并建立种群变迁与丝状菌膨胀的相关关系，通过了解种群结构来预测是否即将发生污泥膨胀。建立具有预测功能的控制系统比建立常规的反馈控制系统对于解决污泥膨胀的问题具有更有效的作用。此外，由于污水处理厂在实际运行过程中，工艺的调控缺乏灵活性，因此建立的面向应用的控制系统应越简单越好、越容易操作越好。

10.6.7 数学模型

今后可仿照 ASM 模型,建立更为普遍的污泥膨胀数学模型。数学模型是研究活性污泥系统中微生物种群结构和变迁时不可缺少的工具之一。大多情况下,多种因素联合在一起引发了严重的污泥膨胀,而数学模型在研究这种复杂的情况时具有明显的优势,能帮助我们更深入了解各种生化过程。例如,前面提到的生物选择器的设计和运行多基于经验和观察,很少建立相应的数学模型来研究其功能和机理。如果能建立很好模拟各种生物选择器的数学模型,对于更深的理解生物选择器的机理、建立更合理的设计准则和优化控制具有重要的意义。

在底物浓度梯度明显的处理系统中,丝状菌的形态和生态特性相互作用,共同影响着污泥的沉降性。应建立能同时模拟动力学选择和扩散选择的丝状菌和菌胶团菌竞争的数学模型。此外,对丝状菌的单向生长和双向生长进行仿真和模拟能帮助我们更深地了解不同的污泥沉降特性。像对多重限制性底物或者对其他微生物之间的相互作用这样一些过程的更多的理解也将有助于做出更好的模型预测。最大的挑战是如何将目前现有的知识统一在一起,建立更为广泛和全面的数学模型。

主要参考文献

[1] Martins A M P, Pagilla K, Heijnen J J, van Loosdrecht M C M. Filamentous bulking sludge-a critical review. Water Research, 2004, 38(4): 793-817

[2] Eikelboom D H. Process control of activated sludge plants by microscopic investigation. London: IWA Publishing, 2000

[3] Jenkins D, Richard M G, Daigger G T. Manual on the causes and control of activated sludge bulking and other solids separation problems. London: IWA Publishing, 2004

[4] Chudoba J, Ottová V, Madera V. Control of activated sludge filamentous bulking—Ⅰ. Effect of the hydraulic regime or degree of mixing in an aeration tank. Water Research, 1973, 7: 1163-1182

[5] Chudoba J, Grau P, Ottavá V. Control of activated sludge filamentous bulking—Ⅱ. Selection of microorganism by means of a selector. Water Research, 1973, 7: 1389-1406

[6] Chiesa S C, Irvine R L. Growth and control of filamentous microbes in activated-sludge—an integrated hypothesis. Water Research, 1985, 19(4): 471-479

[7] Cenens C, Smets I Y, Ryckaert V G, van Impe J F. Modeling the competition between floc-forming and filamentous bacteria in activated sludge waste water treatment systems I. Evaluation of mathematical models based on kinetic selection theory. Water Research, 2000, 34(9): 2525-2534

[8] Cenens C, Smets I Y, van Impe J F. Modeling the competition between floc-forming and filamentous bacteria in activated sludge waste water treatment systems II. A prototype mathematical model based on kinetic selection and filamentous backbone theory. Water Research, 2000, 34(9): 2535-2541

[9] 白璐,王淑莹,彭永臻,高守有. 低溶解氧条件下活性污泥沉降性的研究. 工业水处理,2006,(05):54-56

[10] 周利,彭永臻,黄志,高春娣,丁峰. 丝状菌污泥膨胀的影响因素与控制. 环境科学进展,1999,(01):

88-93
[11] 陈滢．生活污水的短程硝化反硝化和污泥膨胀的研究．北京：北京工业大学工学博士学位论文，2004
[12] Martins A M P, Heijnen J J, van Loosdrecht M C M. Effect of dissolved oxygen concentration on sludge settleability. Applied Microbiology and Biotechnology, 2003, 62(5-6): 586-593
[13] Martins A M P, Heijnen J J, van Loosdrecht M C M. Effect of feeding pattern and storage on the sludge settleability under aerobic conditions. Water Research, 2003, 37(11): 2555-2570
[14] Pollice A, Tandoi V, Lestingi C. Influence of aeration and sludge retention time on ammonium oxidation to nitrite and nitrate. Water Research, 2002, 36(10): 2541-2546
[15] Wang J L, Yang N. Partial nitrification under limited dissolved oxygen conditions. Process Biochemistry, 2004, 39(10): 1223-1229
[16] Peng Y Z, Chen Y, Peng C Y, Liu M, Wang S Y, Song X Q, Cui Y W. Nitrite accumulation by aeration controlled in sequencing batch reactors treating domestic wastewater. Water Science and Technology, 2004, 50(10): 35-43
[17] Hanaki K, Wantawin C, Ohgaki S. Nitrification at low-levels of dissolved-oxygen with and without organic loading in a suspended-growth reactor. Water Research, 1990, 24(3): 297-302
[18] Pochana K, Keller J. Study of factors affecting simultaneous nitrification and denitrification (SND). Water Science and Technology, 1999, 39(6): 61-68
[19] Zhang D J, Lu P L, Long T R, Verstraete W. The integration of methanogensis with simultaneous nitrification and denitrification in a membrane bioreactor. Process Biochemistry, 2005, 40(2): 541-547
[20] 陈滢，彭永臻，杨向平，曾薇，刘秀红．低溶解氧 SBR 除磷工艺研究．中国给水排水，2004，(08)：40-42
[21] Zeng R J, Lemaire R, Yuan Z, Keller J. Simultaneous nitrification, denitrification, and phosphorus removal in a lab-scale sequencing batch reactor. Biotechnology and Bioengineering, 2003, 84(2): 170-178
[22] Amaral A L, Ferreira E C. Activated sludge monitoring of a wastewater treatment plant using image analysis and partial least squares regression. Analytica Chimica Acta, 2005, 544(1-2): 246-253
[23] da Motta M, Pons M N, Roche N, Vivier H. Characterisation of activated sludge by automated image analysis. Biochemical Engineering Journal, 2001, 9(3): 165-173
[24] Li D H, Ganczarczyk J J. Application of image analysis for study of activated sludge flocs. Water Pollution Research Journal of Canada, 1986, 21(1): 130-140
[25] Grijspeerdt K, Verstraete W. A sensor for the secondary clarifier based on image analysis. Water Science and Technology, 1996, 33(1): 61-70
[26] da Motta M, Pons M N, Roche N. Automated monitoring of activated sludge in a pilot plant using image analysis. Water Science and Technology, 2001, 43(7): 91-96
[27] da Motto M, Pons M N, Roche N. Study of filamentous bacteria by image analysis and relation with settleability. Water Science and Technology, 2002, 46(1-2): 363-369
[28] Jenne R, Cenens C, Geeraerd A H, van Impe J F. Towards on-line quantification of flocs and filaments by image analysis. Biotechnology Letters, 2002, 24(11): 931-935
[29] Jenne R, Banadda E N, Smets I Y, Bamelis A, Verdickt L, van Impe J F. Activated sludge image analysis system: monitoring settleability and effluent clarity. Water Science and Technology, 2005, 52(10-11): 193-199
[30] Eikelboom D H, vanBuijsen H J J. Microscopic sludge investigation manual. TNO report A 94A, 1981
[31] Jenkins D, Richard M G, Daigger G T. Manual on the causes and control of activated sludge bulking and

foaming. Water Research Commission, 1984

[32] Nielsen P H, Andreasen K, Wagner M. Varibility of type 021N in activated sludge as determined by in situ substrate uptake pattern and in situ hybridization with fluorescent rRNA targeted probes. Water Science and Technology, 1998, 37(4-5): 423-430

[33] Liao J Y. Quantifying activated sludge bulking-causative filamentous bacteria using molecular methods. Department of civil engineering environmental engineering and water resources. North Carolina State University, 2003

[34] Hug T, Gujer W, Siegrist H. Rapid quantification of bacteria in activated sludge using fluorescence in situ hybridization and epifluorescence microscopy. Water Research, 2005, 39(16): 3837-3848

[35] Hornsby L A, Horan N J. Isolation of filamentous bacteria from activated-sludge using micromanipulation. Water Research, 1994, 28(9): 2033-2034

[36] 周群英,周增炎,高廷耀. 活性污泥膨胀成因的研究——基质和生态因子对活性污泥膨胀的影响. 同济大学学报,1985,77(2):78-85

[37] Eikelboom D H. Filamentous organisms observed in activated-sludge. Water Research, 1975, 9(4): 365-388

[38] Amann R I. Molecular microbial ecology manual: In situ identification of microorganisms by whole cell hybrization with rRNA targeted mucleic acid probes. Dordrecht: Kluwer Academic, 1995

[39] Aruga S, Kamagata Y, Kohno T, Hanada S, Nakamura K, Kanagawa T. Characterization of filamentous Eikelboom type 021N bacteria and description of *Thiothrix disciformis* sp. nov. and *Thiothrix flexilis* sp. nov. International Journal of Systematic and Evolutionary Microbiology, 2002, 52: 1309-1316

[40] Kanagawa T, Kamagata Y, Aruga S, Kohno T, Horn M, Wagner M. Phylogenetic analysis of and oligonucleotide probe development for Eikelboom type 021N filamentous bacteria isolated from bulking activated sludge. Applied and Environmental Microbiology, 2000, 66(11): 5043-5052

[41] Suzuki T, Kanagawa T, Kamagata Y. Identification of a gene essential for sheathed structure formation in *Sphaerotilus natans*, a filamentous sheathed bacterium. Applied and Environmental Microbiology, 2002, 68(1): 365-371

[42] 宋琳玲,曾光明,陈耀宁,蒋茹,黄国和. 荧光原位杂交技术及其在环境微生物生态学中的应用研究. 微生物学杂志,2007,(01):40-44

[43] Krimmer V, Merkert H, von Eiff C, Frosch M, Eulert J, Lohr J F, Hacker J, Ziebuhr W. Detection of *Staphylococcus aureus* and *Staphylococcus epidermidis* in clinical samples by 16S rRNA-directed in situ hybridization. Journal of Clinical Microbiology, 1999, 37(8): 2667-2673

[44] 李华芝,李秀艳,徐亚同. 荧光原位杂交技术在微生物群落结构研究中的应用. 净水技术,2006,(01):16-20

[45] Lipski A, Friedrich U, Altendorf K. Application of rRNA-targeted oligonucleotide probes in biotechnology. Applied Microbiology and Biotechnology, 2001, 56(1-2): 40-57

[46] Snaidr J, Beimfohr C, Levantesi C, Rossetti S, van der Waarde J, Geurkink B, Eikelboom D, Lemaitre M, Tandoi V. Phylogenetic analysis and in situ identification of "*Nostocoida limicola*"-like filamentous bacteria in activated sludge from industrial wastewater treatment plants. Water Science and Technology, 2002, 46(1-2): 99-104

[47] Wagner M, Amann R, Kampfer P, Assmus B, Hartmann A, Hutzler P, Springer N, Schleifer K H. Identification and in-situ detection of gram-negative filamenous bacteria in active-sludge. Systematic

and Applied Microbiology,1994,17(3):405-417

[48] Wagner M,Erhart R,Manz W,Amann R,Lemmer H,Wedi D,Schleifer K H. Development of an rRNA-targeted oligonucleotide probe specific for the genus *Acinetobacter* and its application for in situ monitoring in activated sludge. Applied and Environmental Microbiology,1994,60(3):792-800

[49] Kim S B,Goodfellow M,Kelly J,Saddler G S,Ward A C. Application of oligonucleotide probes for the detection of *Thiothrix* spp. in activated sludge plants treating paper and board mill wastes. Water Science and Technology,2002,46(1-2):559-564

[50] Beer M,Seviour E M,Kong Y,Cunningham M,Blackall L L,Seviour R J. Phylogeny of the filamentous bacterium Eikelboom type 1851, and design and application of a 16S rRNA targeted oligonucleotide probe for its fluorescence in situ identification in activated sludge. Fems Microbiology Letters, 2002, 207(2):179-183

[51] Schade M,Beimfohr C,Lemmer H. Phylogenetic and physiological characterization of a "*Nostocoida limicola*"-like organism isolated from activated sludge. Water Science and Technology,2002,46(1-2):91-97

[52] Davenport R J,Curtis T P,Goodfellow M,Stainsby F M,Bingley M. Quantitative use of fluorescent in situ hybridization to examine relationships between mycolic acid-containing actinomycetes and foaming in activated sludge plants. Applied and Environmental Microbiology,2000,66(3):1158-1166

[53] DelosReyes F L,Ritter W,Raskin L. Group-specific small-subunit rRNA hybridization probes to characterize filamentous foaming in activated sludge systems. Applied and Environmental Microbiology,1997, 63(3):1107-1117

[54] de los Reyes M F,de los Reyes F L,Hernandez M,Raskin L. Quantification of gordona amarae strains in foaming activated sludge and anaerobic digester systems with oligonucleotide hybridization probes. Applied and Environmental Microbiology,1998,64(7):2503-2512

[55] Liu J R,Seviour R J. Design and application of oligonucleotide probes for fluorescent in situ identification of the filamentous bacterial morphotype *Nostocoida limicola* in activated sludge. Environmental Microbiology,2001,3(9):551-560

[56] Erhart R,Bradford D,Seviour R J,Amann R,Blackall L L. Development and use of fluorescent in situ hybridization probes for the detection and identification of "*Microthrix parvicella*" in activated sludge. Systematic and Applied Microbiology,1997,20(2):310-318

[57] Hugenholtz P,Tyson G W,Webb R I,Wagner A M,Blackall LL. Investigation of candidate division TM7,a recently recognized major lineage of the domain bacteria with no known pure-culture representatives. Applied and Environmental Microbiology,2001,67(1):411-419

[58] Beun J J,Hendriks A,van Loosdrecht M C M,Morgenroth E,Wilderer P A,Heijnen J J. Aerobic granulation in a sequencing batch reactor. Water Research,1999,33(10):2283-2290

[59] Peng D C,Bernet N,Delgenes J P,Moletta R. Aerobic granular sludge—a case report. Water Research, 1999,33(3):890-893

[60] Tay J H,Liu Q S,Liu Y. Microscopic observation of aerobic granulation in sequential aerobic sludge blanket reactor. Journal of Applied Microbiology,2001,91(1):168-175

[61] Lin Y M,Liu Y,Tay J H. Development and characteristics of phosphorus-accumulating microbial granules in sequencing batch reactors. Applied Microbiology and Biotechnology,2003,62(4):430-435

[62] Yang S F,Tay J H,Liu Y. A novel granular sludge sequencing batch reactor for removal of organic and nitrogen from wastewater. Journal of Biotechnology,2003,106(1):77-86

[63] Arrojo B, Mosquera-Corral A, Garrido J M, Mendez R. Aerobic granulation with industrial wastewater in sequencing batch reactors. Water Research, 2004, 38(14-15): 3389-3399

[64] de Kreuk M K, van Loosdrecht M C M. Selection of slow growing organisms as a means for improving aerobic granular sludge stability. Water Science and Technology, 2004, 49(11-12): 9-17

[65] McSwain B S, Irvine R L, Wilderer P A. Effect of intermittent feeding on aerobic granule structure. Water Science and Technology, 2004, 49(11-12): 19-25

[66] Schwarzenbeck N, Erley R, Wilderer P A. Aerobic granular sludge in an SBR-system treating wastewater rich in particulate matter. Water Science and Technology, 2004, 49(11-12): 41-46

[67] Schwarzenbeck N, Borges J M, Wilderer P A. Treatment of dairy effluents in an aerobic granular sludge sequencing batch reactor. Applied Microbiology and Biotechnology, 2005, 66(6): 711-718

[68] Zhu J Y, Liu C X, Wilderer P A. Bio-P removal profile of aerobic granule activated sludge (AGAS) from an anaerobic/aerobic SBR system. Munich, Germany: Presented in IWA Workshop on Aerobic Granular Sludge, 2004

[69] Pan S. Inoculation of microbial granular sludge under aerobic conditions. Singapore. PhD thesis. Nanyang Technological University, 2003

[70] Eddy, Metcalf. Wastewater engineering: treatment and reuse. Boston: McGraw Hill, 2003

[71] Tay J H, Liu Q S, Liu Y. Characteristics of aerobic granules grown on glucose and acetate in sequential aerobic sludge blanket reactors. Environmental Technology, 2002, 23(8): 931-936

[72] Jiang H L. Development of aerobic granules for enhanced biological wastewater treatment. Singapore: PhD thesis, Nanyang Technological University, 2005

[73] Liu Q S. Aerobic granulation in a pilot-scale sequencing batch reactor Internal research report. Singapore: Nanyang Technological University, 2005

[74] Liu Y, Liu Q S. Causes and control of filamentous growth in aerobic granular sludge sequencing batch reactors. Biotechnology Advances, 2006, 24(1): 115-127

[75] Moy B Y P, Tay J H, Toh S K, Liu Y, Tay S T L. High organic loading influences the physical characteristics of aerobic sludge granules. Letters in Applied Microbiology, 2002, 34(6): 407-412

[76] Tay J H, Pan S, He Y X, Tay S T L. Effect of organic loading rate on aerobic granulation. II: Characteristics of aerobic granules. Journal of Environmental Engineering-Asce, 2004, 130(10): 1102-1109

[77] Hu L L, Wang J L, Wen X H, Qian Y. The formation and characteristics of aerobic granules in sequencing batch reactor (SBR) by seeding anaerobic granules. Process Biochemistry, 2005, 40(1): 5-11

[78] McSwain B S, Irvine R L, Wilderer P A. The influence of settling time on the formation of aerobic granules. Water Science and Technology, 2004, 50(10): 195-202

[79] Chudoba J, Bláha J, Madera V. Control of activated sludge filamentous bulking—III. Effect of sludge loading. Water Research, 1974, 8(4): 231-237

[80] Richard M G. Activated sludge microbiology. Alexandria, VA: Water Pollut Control Fed, 1989

[81] Palm J C, Jenkins D, Parker D S. Relationship between organic loading, dissolved-oxygen concentration and sludge settleability in the completely mixed activated-sludge process. Journal Water Pollution Control Federation, 1980, 52(10): 2484-2506

[82] Gaval G, Pernelle J J. Impact of the repetition of oxygen deficiencies on the filamentous bacteria proliferation in activated sludge. Water Research, 2003, 37(9): 1991-2000

[83] Rossetti S, Tomei M C, Nielsen P H, Tandoi V. "*Microthrix parvicella*", a filamentous bacterium cau-

sing bulking and foaming in activated sludge systems: a review of current knowledge. Fems Microbiology Reviews, 2005, 29(1): 49-64

[84] Liu Q S. Aerobic granulation in sequencing batch reactor. Singapore: PhD thesis, Nanyang Technological University, 2003

[85] Chudoba J. Control of activated-sludgf filamentous bulking—Ⅵ. Formulation of basic principles. Water Research, 1985, 19(8): 1017-1022

[86] Wilen B M, Balmer P. The effect of dissolved oxygen concentration on the structure, size and size distribution of activated sludge flocs. Water Research, 1999, 33(2): 391-400

[87] Richard M R, Collins S B F. Activated sludge microbiology problem and their control. Presented at the 20th USEPA National Operator Trainers Conference. 2003

[88] Bitton G. Wastewater microbiology. New York: Wiley-Liss, 1999

[89] Eckenfelder W W. Industrial water pollution control. Singapore: McGraw-Hill, 2000

[90] Peng Y, Gao C, Wang S, Ozaki M, Takigawa A. Non-filamentous sludge bulking caused by a deficiency of nitrogen in industrial wastewater treatment. Water Science and Technology, 2003, 47(11): 289-295

[91] Chen S K, Juaw C K, Cheng S S. Nitritification and denitrification of high-strength ammonium and nitrite wastewater with biofilm reactors. Water Science and Technology, 1991, 23(7-9): 1417-1425

[92] Rittmann B E, Manem J A. Development and experimental evaluation of a steady-state, mulispecies biofilm model. Biotechnology and Bioengineering, 1992, 39(9): 914-922

[93] Aquino S F, Stuckey D C. Production of soluble microbial products (SMP) in anaerobic chemostats under nutrient deficiency. Journal of Environmental Engineering-Asce, 2003, 129(11): 1007-1014

[94] Wang Z W, Liu Y, Tay J H. Distribution of EPS and cell surface hydrophobicity in aerobic granules. Applied Microbiology and Biotechnology, 2005, 69(4): 469-473

[95] Liu Y Q, Liu Y, Tay J H. The effects of extracellular polymeric substances on the formation and stability of biogranules. Applied Microbiology and Biotechnology, 2004, 65(2): 143-148

[96] Liu Y Q. Comparative study of aerobic granulation in bubble column and airlift SBRs Internal research report. Singapore: Nanyang Technological University, 2005

[97] Krishna C, van Loosdrecht M C M. Effect of temperature on storage polymers and settleability of activated sludge. Water Research, 1999, 33(10): 2374-2382

[98] Liu Y, Tay J H. The essential role of hydrodynamic shear force in the formation of biofilm and granular sludge. Water Research, 2002, 36(7): 1653-1665

[99] Wanner J, Kucman K, Ottova V, Grau P. Effect of anaerobic conditions on activated-sludge filamentous bulking in laboratory systems. Water Research, 1987, 21(12): 1541-1546

[100] Chudoba P. Etude et inte′rêt du de′couplage e′nerge′tique dans les processus dTe′puration des eaux par voie biologique proce′de OSA. France: PhD thesis, INSA-Toulouse, 1991

[101] Pujol R, Canler J P. Contact zone-french practice with low *F/M* bulking control. Water Science and Technology, 1994, 29(7): 221-228

[102] Prendl L, Kroiss H. Bulking sludge prevention by an aerobic selector. Water Science and Technology, 1998, 38(8-9): 19-27

[103] Lee Y, Oleszkiewicz J A. Bench-scale assessment of the effectiveness of an anaerobic selector in controlling filamentous bulking. Environmental Technology, 2004, 25(7): 751-755

[104] Nowak G, Brown G, Yee A. Effects of feed pattern and dissolved-oxygen on growth of filamentous bac-

teria. Journal Water Pollution Control Federation, 1986, 58(10): 978-984

[105] Liu Y, Yang S F, Tay J H. Improved stability of aerobic granules by selecting slow-growing nitrifying bacteria. Journal of Biotechnology, 2004, 108(2): 161-169

[106] 王勇,孙寓姣,黄霞. 丝状菌对膜-生物反应器中膜污染过程的影响. 中国环境科学, 2004, (02): 120-124

[107] 孟凡刚. 膜生物反应器膜污染行为的识别与表征. 大连:大连理工大学博士学位论文, 2007

[108] Choi J G, Bae T H, Kim J H, Tak T M, Randall A A. The behavior of membrane fouling initiation on the crossflow membrane bioreactor system. Journal of Membrane Science, 2002, 203(1-2): 103-113

[109] 任南琪,刘娇,王秀蘅. 低温时污泥膨胀对MBR中膜污染的影响. 环境科学, 2009, 30(1): 155-159

[110] 李亚峰,李进,姚敬博. 污泥膨胀对膜生物反应器脱氮除磷效果的影响. 工业水处理, 2009, 29(5): 27-29

[111] 傅金祥,苏锦明,朴芬淑,周晴,赵玉华. 一体式膜生物反应器的污泥膨胀控制. 中国给水排水, 2005, 21(4): 46-47

[112] 孙寓姣,王勇,黄霞. MBR系统内丝状菌污泥膨胀的分子生态学解析. 环境科学, 2004, (S1): 56-58

[113] 张颖,任南琪,吕炳南. 污泥膨胀对一体式膜生物反应器影响的研究. 高技术通讯, 2003, (7): 79-82

[114] 刘锦霞,顾平. 膜生物反应器脱氮除磷工艺的研究进展. 城市环境与城市生态, 2001, 14(2): 27-29

[115] 王嵘,王华,万金保. 膜生物反应器污泥培养过程中丝状菌污泥膨胀的控制. 中国给水排水, 2009, 25(3): 46-49

[116] 王勇,孙寓姣,黄霞. 膜-生物反应器中微型动物变化与活性污泥状态相关性研究. 环境科学研究, 2004, (5): 48-51

[117] 孙寓姣,王勇. 膜-生物反应器中污泥膨胀对生物相及微生物多样性影响. 哈尔滨工业大学学报, 2006, (6): 887-888+892

[118] 王彬,邢国平,田宝义,徐斌,王晓华. 膜生物反应器(MBR)污泥膨胀控制对策的应用实例. 环境保护科学, 2005, (1): 17-19

[119] 张云霞,郭淑琴,季民,邢国平. 膜生物反应器发生污泥膨胀后的控制措施研究. 中国给水排水, 2007, 23(9): 64-66

[120] 张凤君,赵芝清,周海林,杜祥君,王爽. 膜生物反应器中污泥膨胀和腐败研究. 环境污染治理技术与设备, 2005, (6): 32-35

[121] Martins A M P, Pagilla K, Heijnen J J, van Loosdrecht M C M. Filamentous bulking sludge—a critical review. Water Research, 2004, 38: 793-817

彩　图

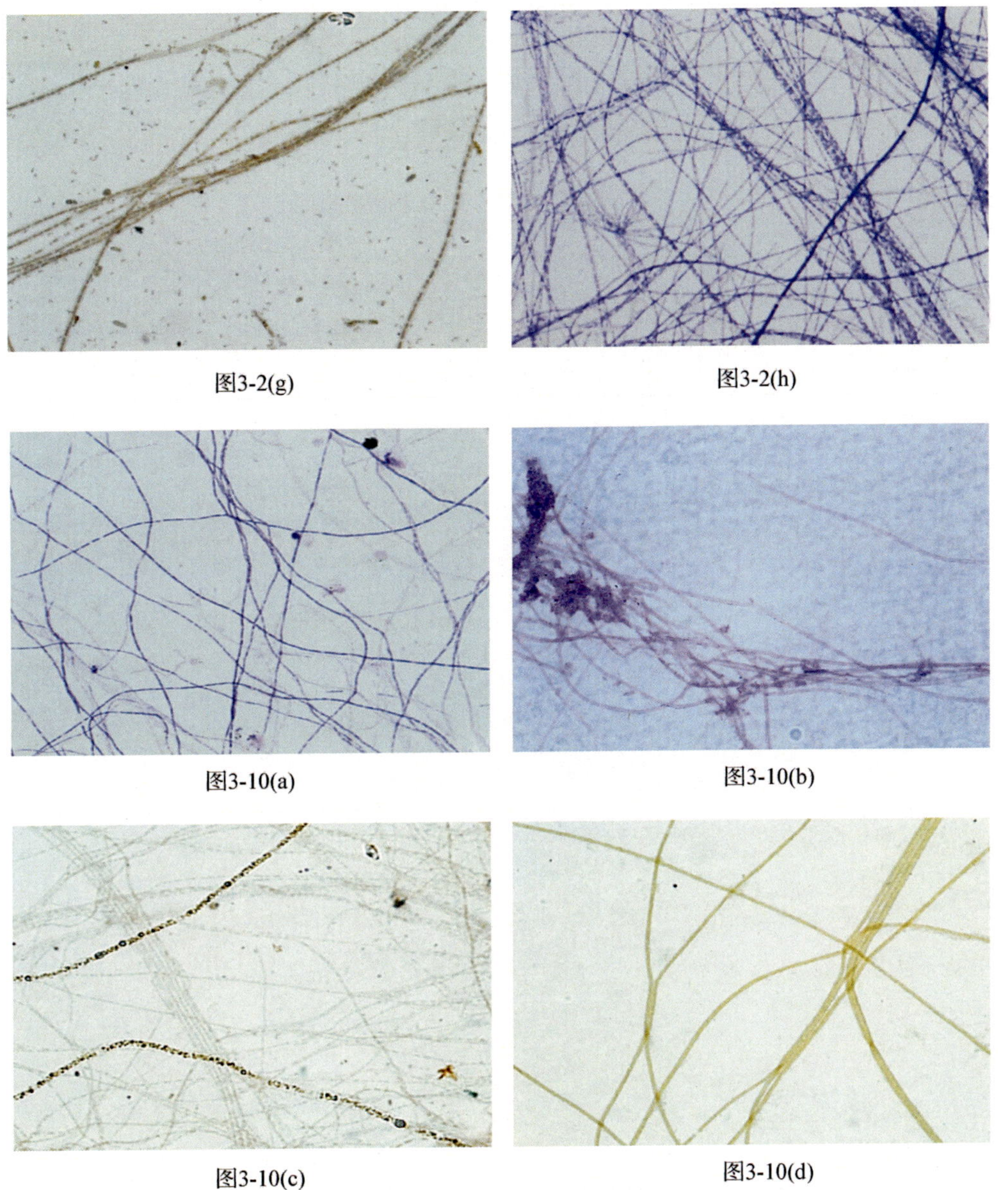

图3-2(g)

图3-2(h)

图3-10(a)

图3-10(b)

图3-10(c)

图3-10(d)

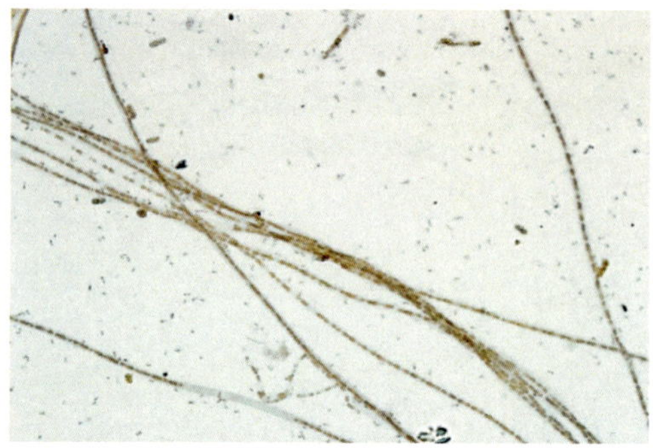

图3-10(e)

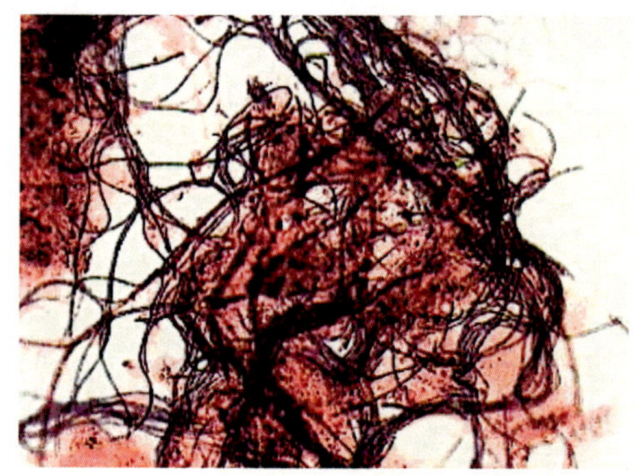

图3-14(a)

图3-14(b)

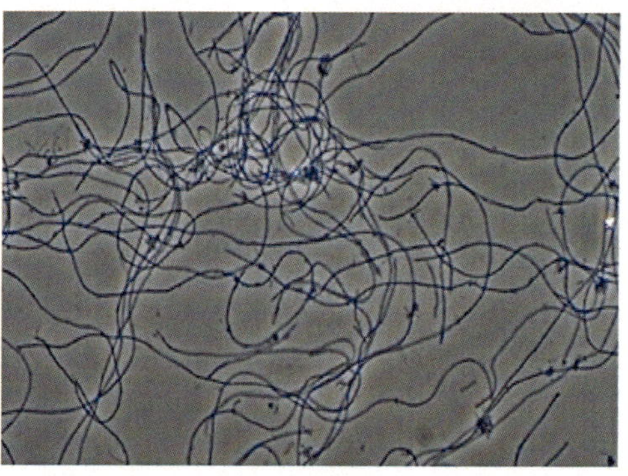

图3-14(c)

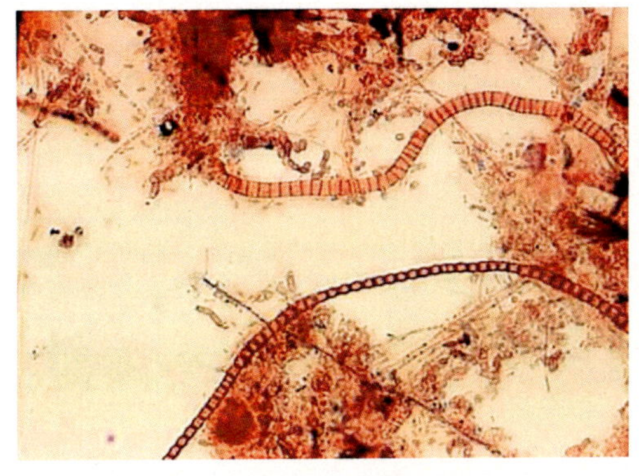

图3-15(a) 革兰氏染色

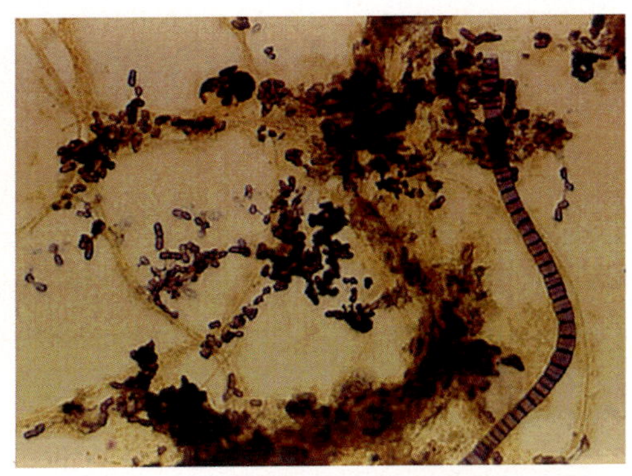

图3-15(b) 纳氏染色

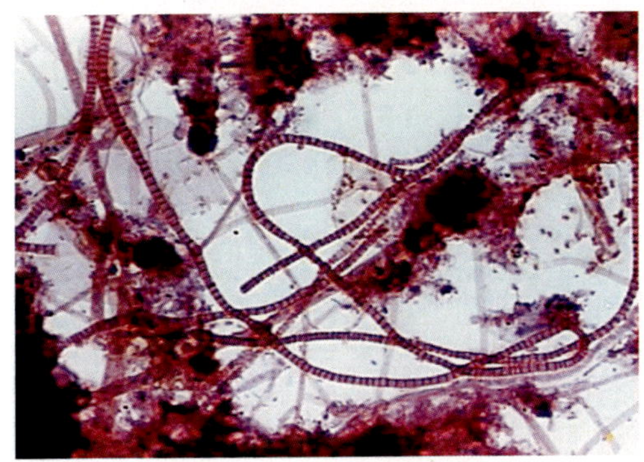

图3-16(a) 革兰氏染色

图3-16(b) 纳氏染色

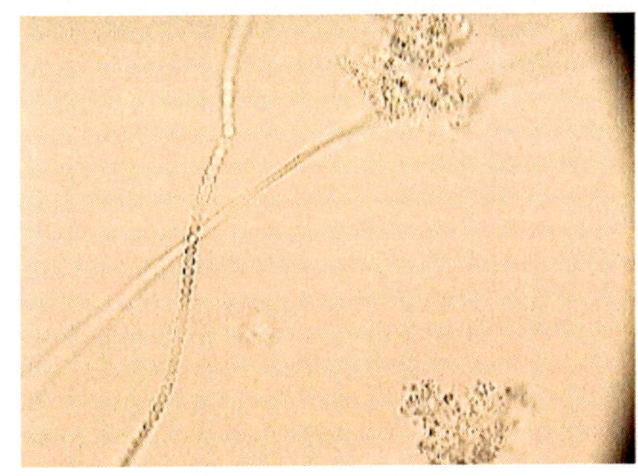

图3-17(a) 普通镜检

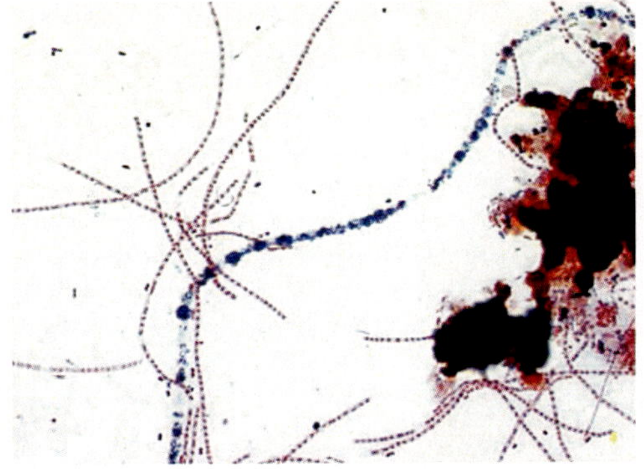

图3-17(b) 革兰氏染色

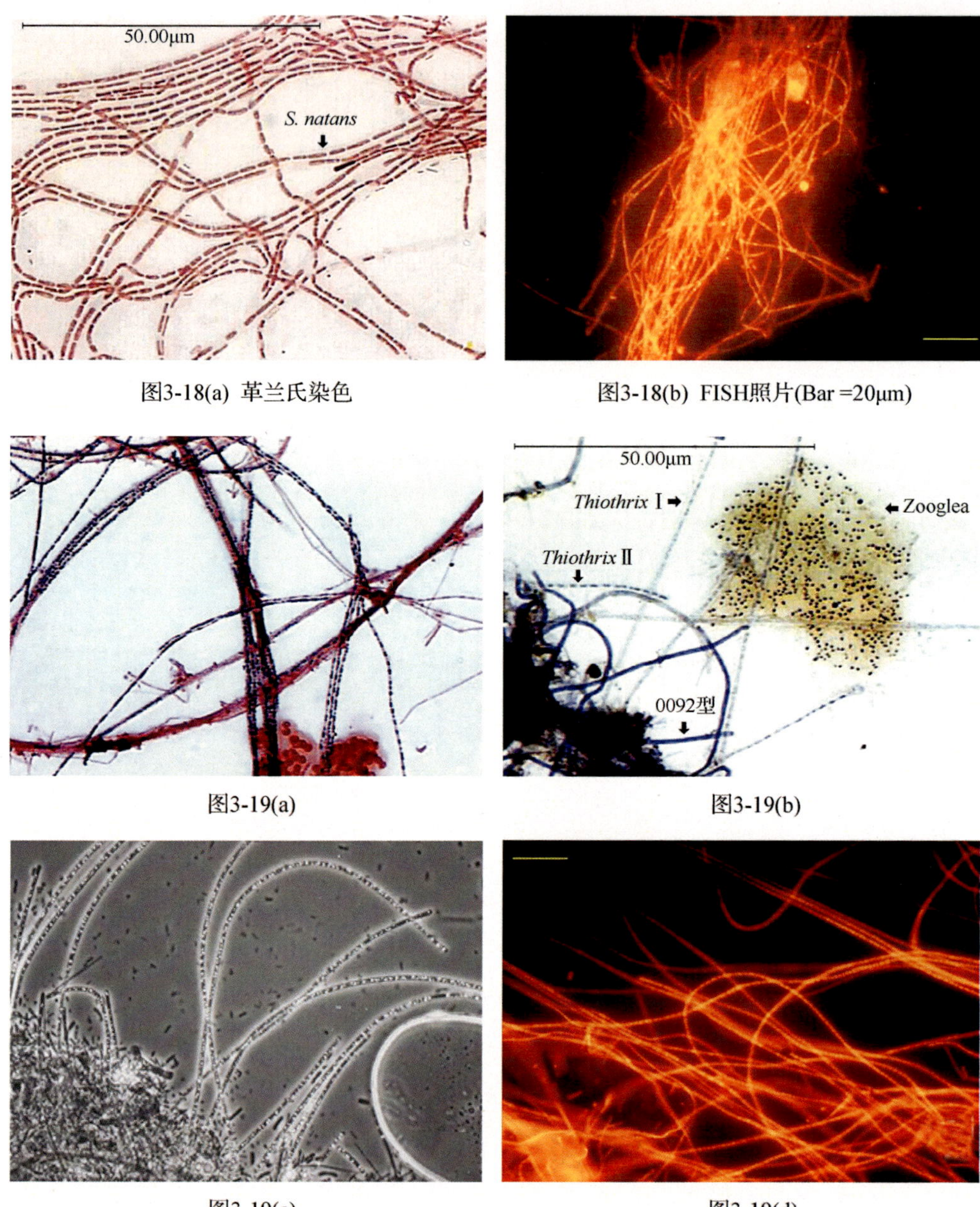

图3-18(a) 革兰氏染色

图3-18(b) FISH照片(Bar =20μm)

图3-19(a)

图3-19(b)

图3-19(c)

图3-19(d)

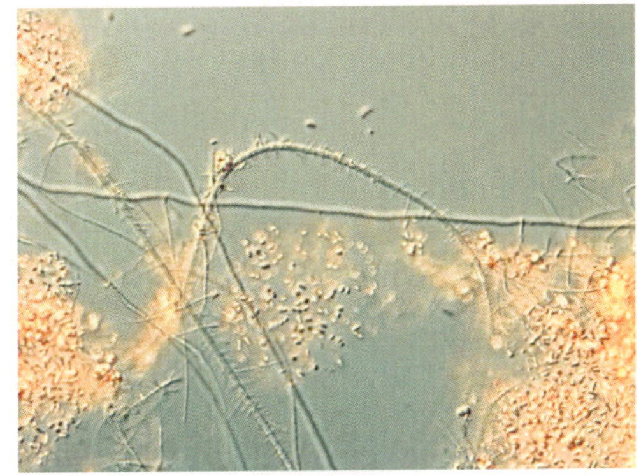

图3-20(a)

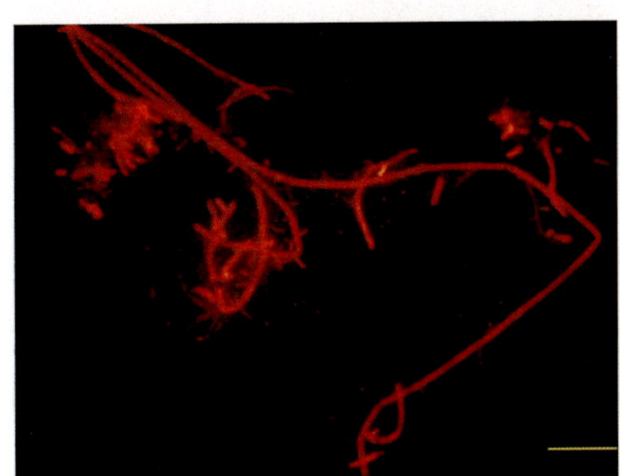

图3-20(b)

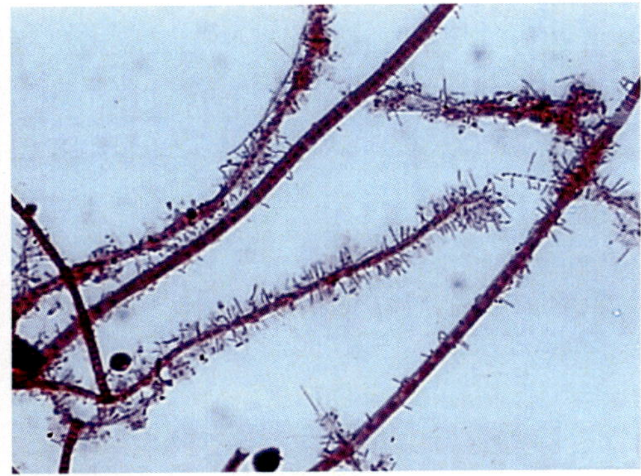

图3-20(c)

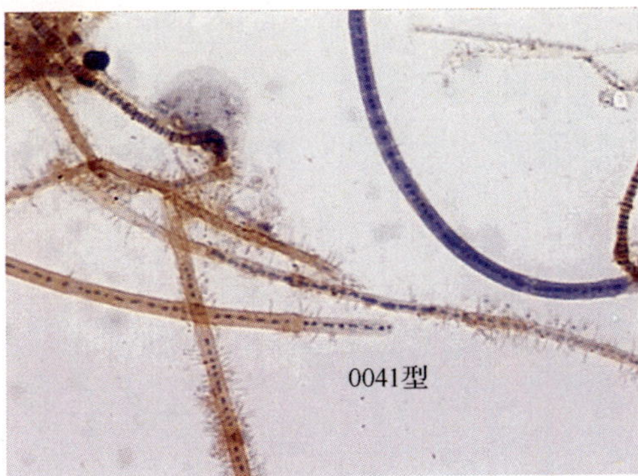

图3-20(d)

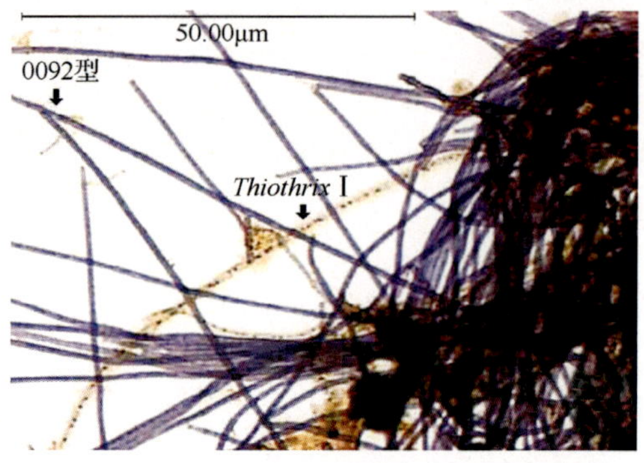

图3-21(a)

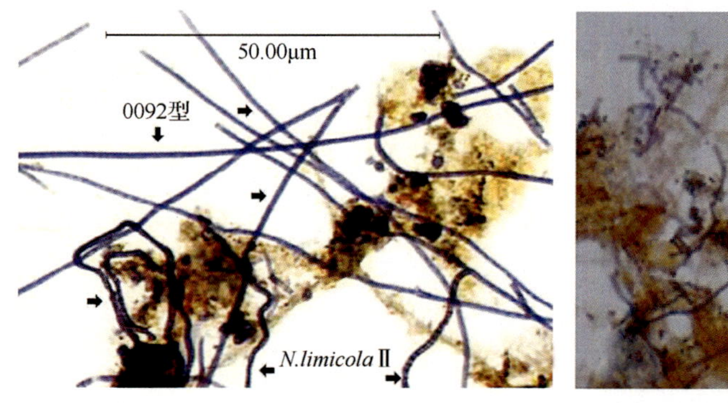

图3-21(b)

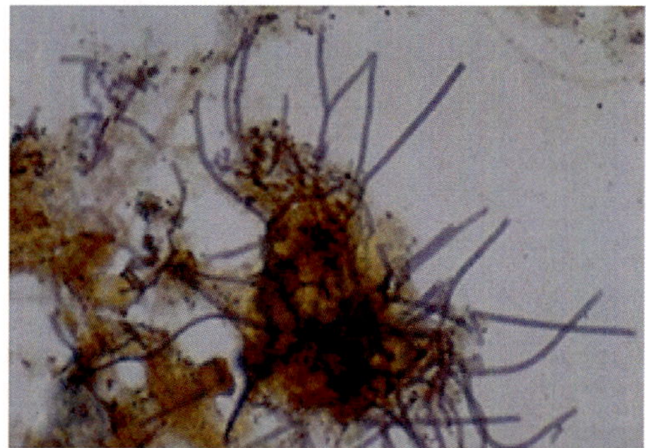
图3-21(c)

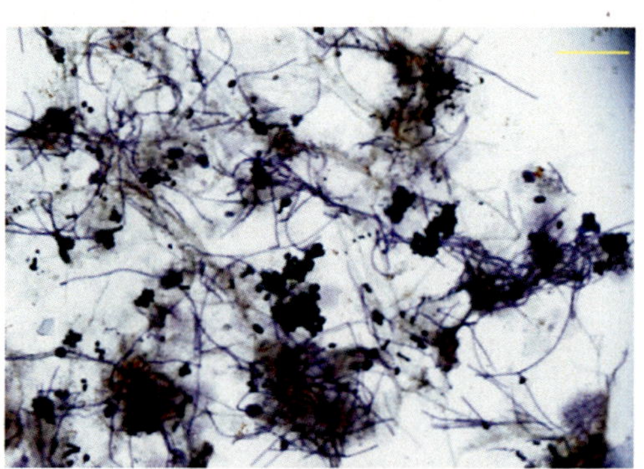
图3-21(d)

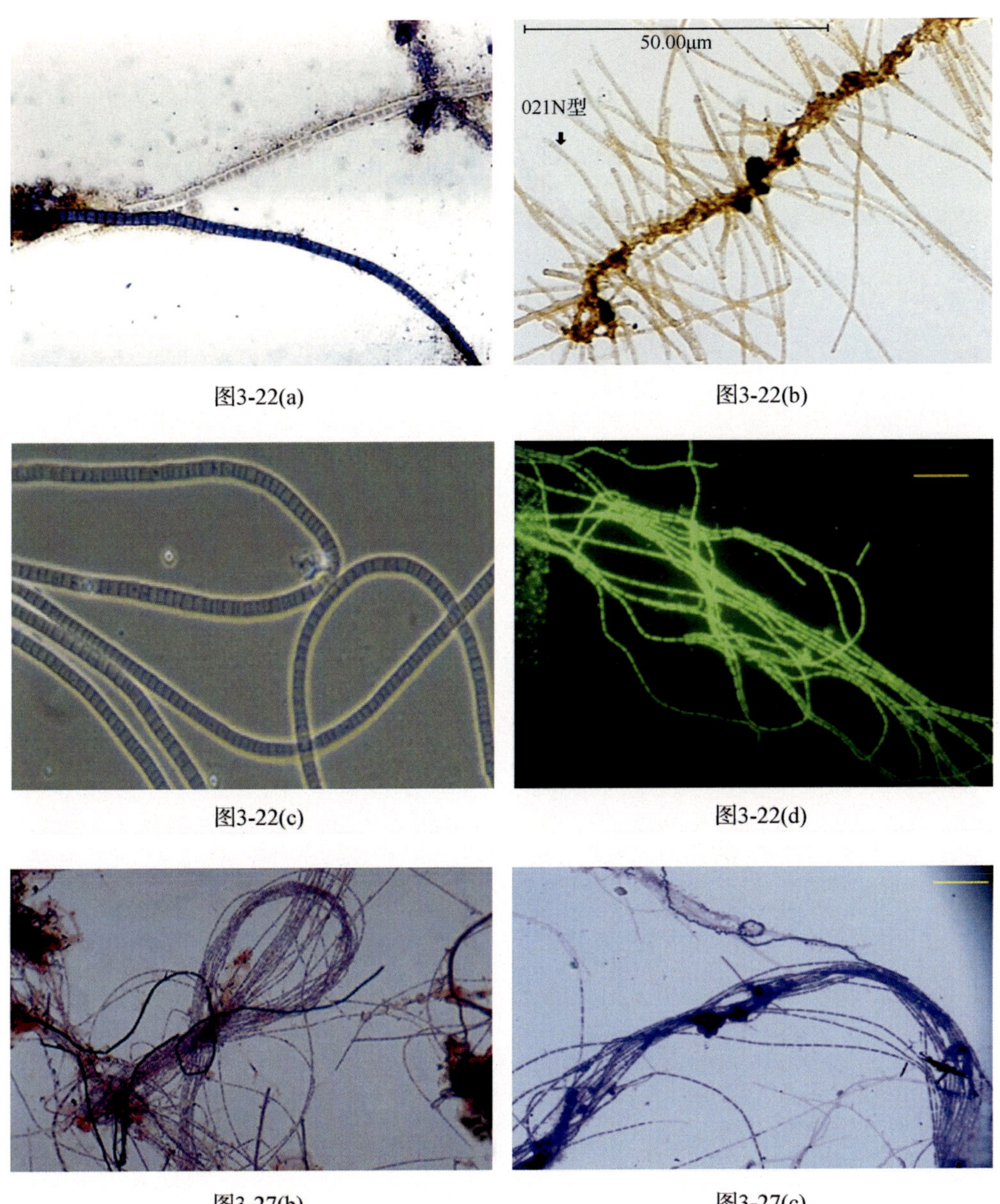

图3-22(a)

图3-22(b)

图3-22(c)

图3-22(d)

图3-27(b)

图3-27(c)

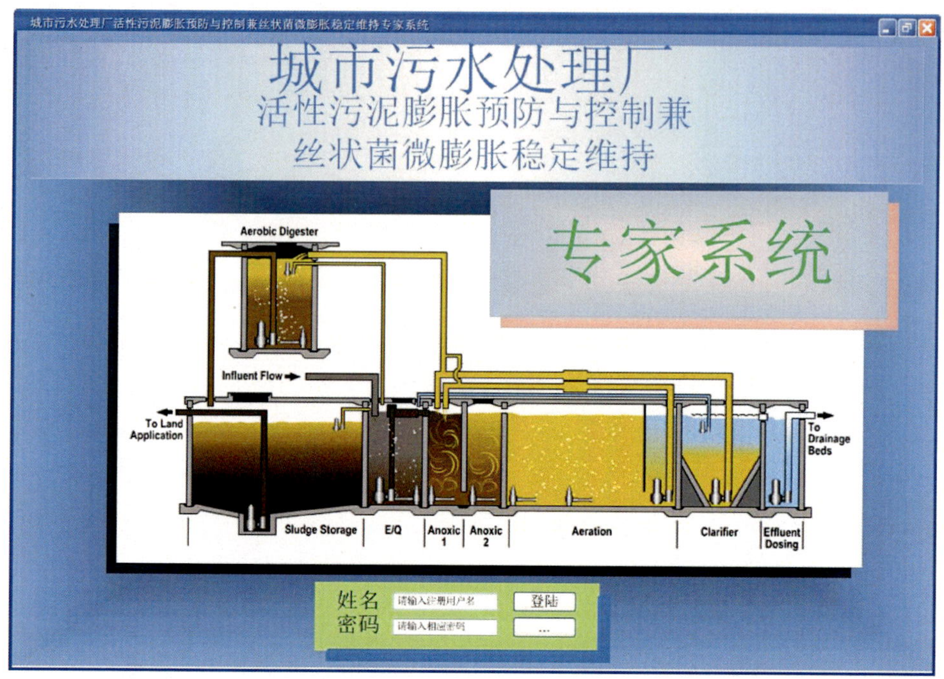
城市污水处理厂活性污泥膨胀预防与控制兼丝状菌微膨胀稳定维持专家系统
城市污水处理厂
活性污泥膨胀预防与控制兼
丝状菌微膨胀稳定维持
专家系统
Aerobic Digester
Influent Flow
To Land Application
To Drainage Beds
Sludge Storage
E/Q
Anoxic 1
Anoxic 2
Aeration
Clarifier
Effluent Dosing
姓名
密码
登陆
...

图7-9

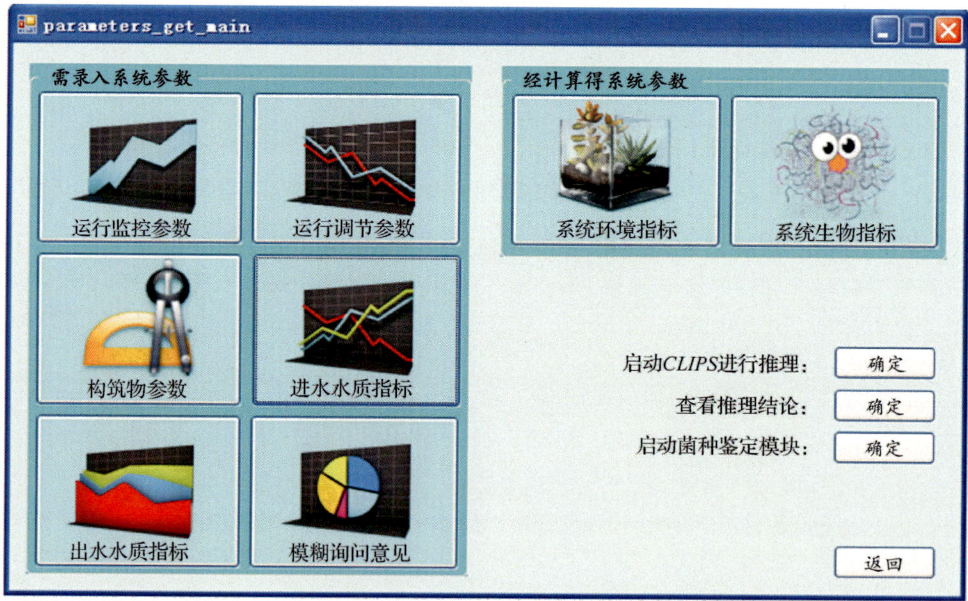
parameters_get_main
需录入系统参数
运行监控参数
运行调节参数
构筑物参数
进水水质指标
出水水质指标
模糊询问意见
经计算得系统参数
系统环境指标
系统生物指标
启动CLIPS进行推理：
确定
查看推理结论：
确定
启动菌种鉴定模块：
确定
返回

图7-10